水利水电工程施工现场管理人员培训教材

基 础 知 识

中国水利工程协会　主编

黄 河 水 利 出 版 社

·郑 州·

内 容 提 要

本书是基于水利水电工程建设发展的需求,按照国家有关法律法规和水利行业规范标准,以紧密联系工程建设为核心,以培养高素质、高水准、高规格的水利工程从业人员为目标,注重知识的实用性和系统性。全书共分十章,内容包括概述、工程制图、数理统计与应用、力学与结构、建筑材料及中间产品、水工建筑物、施工机械、主要施工方法、施工管理和信息技术。

本书主要作为水利水电工程施工现场管理人员培训、学习及考核用书,也可供从事水利领域专业研究和工程建设有关设计、施工、监理等人员及大专院校相关专业师生参考阅读。

图书在版编目(CIP)数据

基础知识/中国水利工程协会主编. —郑州:黄河水利出版社,2020.5
水利水电工程施工现场管理人员培训教材
ISBN 978 – 7 – 5509 – 2475 – 8

Ⅰ.①基…　Ⅱ.①中…　Ⅲ.①水利水电工程 – 技术培训 – 教材　Ⅳ.①TV5

中国版本图书馆 CIP 数据核字(2019)第 178594 号

出　版　社:黄河水利出版社　　　　　　　　　网址:www.yrcp.com
　　　　地址:河南省郑州市顺河路黄委会综合楼 14 层　　邮政编码:450003
发行单位:黄河水利出版社
　　　　发行部电话:0371 – 66026940、66020550、66028024、66022620(传真)
　　　　E-mail:hhslcbs@126.com
承印单位:河南承创印务有限公司
开本:787 mm×1 092 mm　1/16
印张:25
字数:608 千字　　　　　　　　　　　　　印数 :1—2 000
版次:2020 年 5 月第 1 版　　　　　　　　　印次:2020 年 5 月第 1 次印刷

定价:84.00 元

序

随着我国经济社会的快速发展,水利作为国民经济的基础设施和基础产业,在经济社会发展中起着越来越重要的作用。党中央、国务院高度重视水利工作,水利投资逐年增加,水利工程建设方兴未艾,172 项节水供水重大水利工程在建投资规模超万亿,开工建设 80% 以上。"水利工程补短板、水利行业强监管"正有效推进大规模水利工程的建设和水利事业改革发展。

"百年大计,质量第一"。水利工程质量涉及社会公共利益、人民生命安全,至关重要。水利工程施工是确保工程质量的关键,它不仅要求严格执行施工作业程序,还要求对质检、材料、资料等方面进行严格管理,特别是涉及人民生命财产安全的施工质量和施工安全,一旦出现问题,极有可能导致灾难性后果。水利水电工程施工现场管理人员作为水利工程建设的一线人员,与水利工程施工质量、安全密切相关,提高水利工程施工管理人员技术水平,是确保工程质量顺利实施的关键。因此,重视水利工程施工的管理,加强对生产一线的水利工程建设施工单位的施工现场管理人员的培养,建设一支合格的、高水平的、技术精湛的水利工程建设施工管理人员队伍显得尤为重要。

中国水利工程协会组织国内多年从事水利水电工程施工、管理的有关单位和专家、学者、教授,在两年时间里编写了水利水电工程施工现场管理人员培训教材,包括《基础知识》《施工员》《安全员》《质检员》《资料员》《材料员》。本套教材将会对水利工程建设一线的相关人员提供一个有益的借鉴和参考。有利于规范水利工程施工管理行为,提高施工现场管理人员综合素质与业务水平,打造一支过硬的水利工程建设人员队伍。对弘扬工匠精神,打造精品工程,保障水利工程建设质量和安全,发挥积极的作用。

孙继昌

《基础知识》编审委员会

前　言

在水利水电建设快速发展的新形势下,水利水电工程建设领域对施工现场管理人员的职业素质提出了更高的要求,中国水利工程协会于2017年6月26日发布了《水利水电工程施工现场管理人员职业标准》。为全面贯彻、执行水利行业法律法规和规范标准,提高水利水电工程施工现场管理人员的专业素质和业务水平,中国水利工程协会组织编写了水利水电工程施工现场管理人员培训教材,包括《基础知识》《施工员》《质检员》《安全员》《材料员》《资料员》。

《基础知识》作为基础用书,在编写过程中注重知识的系统性和实用性,详细介绍了水利水电工程施工现场管理的理论和实践知识。全书共分为十章,第一章阐述了建设法规、技术标准和水工建筑物的分类;第二章介绍了工程制图,包括投影、识图和简单建筑物绘图;第三章介绍了数理统计与应用的相关知识;第四章阐述了力学与结构的内容,包括静力学基础、材料力学、结构力学、水力学、岩土力学、钢筋混凝土结构、钢结构和砌体结构;第五章介绍了建筑材料及中间产品,包括常用材料分类、有机质材料、无机非金属材料、金属材料、复合材料和中间产品;第六章阐述了水工建筑物的相关知识;第七章介绍了施工机械,主要包括土石方机械、地基处理与基础工程机械、施工起重机械、混凝土施工机械;第八章以土石方工程、支护工程、地基处理、混凝土工程、金属结构安装、机电设备安装为主,讲解了施工方法;第九章阐述了施工管理的内容;第十章介绍了信息技术在工程管理和建设中的应用;附表中列出了水利工程常用标准。

本书由安徽水安建设集团股份有限公司胡先林担任主编,由中国安能建设集团有限公司梅锦煜担任主审。本书由安徽水安建设集团有限公司和安徽水利水电职业技术学院等单位的人员编写,其中李剑、沈伟编写第一章,沈刚编写第二章,黄建国、孟再生编写第三章,丁学所编写第四章,叶礼宏、孙方勇编写第五章,宋春发编写第六章,毕守一编写第七章,王一平、朱娜编写第八章,胡先林、李俊编写第九章,胡亮亮编写第十章。

本书在编写过程中参考和引用了文献中的某些内容,谨向这些文献的作者表示衷心的感谢!

由于编者水平有限,书中难免存在不足之处,敬请广大读者不吝批评指正,以便再版改进。

编　者

2019 年 6 月

目　录

第一章　概　述

第一节　建设法规

一、法规体系

(一)建设法规的概念

建设法规是指国家立法机关或者其授权的行政机关制定的旨在调整国家及其有关机构、企事业单位、社会团体、公民之间,在建设活动中或者建设行政管理活动中发生的各种社会关系的法律、法规的总称。建设法规的调整对象是指在建设活动中所发生的各种社会关系。它包括建设活动中所发生的行政管理关系、经济协作关系及其相关的民事关系。

(二)建设法规的调整对象

1.建设活动中的行政管理关系

建设活动与国家的经济发展、人们的生命财产安全、社会的文明进步息息相关,国家应对其加以全面的管理。在进行建设活动管理的过程中,建设行政主管部门就会与建设单位、设计单位、施工单位、建筑材料和设备的生产供应单位及建设监理等中介服务单位之间产生管理与被管理的关系,这种关系应由相应的建设法规进行规范与调整。

2.建设活动中的经济协作关系

建设活动是一个相当复杂的过程,需要很多的单位和相关人员参与,在此过程中就产生了彼此之间的权利与义务关系,这也应由相关的建设法规进行规范和调整。

3.建设活动中的民事关系

在建设活动进行的过程中,会涉及土地的征用、房屋的拆迁、从业人员及其相关人员的人身与财产伤害、财产及相关权利的转让等有关公民个人的权利问题,将产生国家、单位和公民个人之间的民事权利与义务的关系,这也应由相关的建设法规及其他相关法律进行规范与调整。

(三)建设法规体系

1.建设法规体系的概念

建设法规体系是指把已经制定和需要制定的建设法律、建设行政法规和建设部门规章衔接起来,形成一个相互联系、相互补充、相互协调的完整统一的框架结构。

2.建设法规体系构成

建设法规体系构成是指法规体系采取的结构形式。我国建设法规体系由四个层次构成。

1)建设法律

建设法律是指由全国人民代表大会及其常务委员会制定通过的,由国家主席以主席令的形式发布的属于国务院建设行政主管部门业务范围的各项法律,如《中华人民共和国建筑法》等。

2）建设行政法规

建设行政法规是指由国务院制定,经国务院常务委员会审议通过,由国务院总理以中华人民共和国国务院令的形式发布的属于建设行政主管部门主管业务范围的各项法规。建设行政法规的名称常以"条例"、"办法"、"规定"、"规章"等名称出现,如《建设工程质量管理条例》、《建设工程安全生产管理条例》等。

3）建设部门规章

部门规章是国务院所属的各部、委员会根据法律和行政法规制定的规范性文件,如《水利工程质量管理规定》、《实施工程建设强制性标准监督规定》等。

4）地方性建设法规

地方性建设法规是指在不与宪法、法律、行政法规相抵触的前提下,由省、自治区、直辖市人民代表大会及其常委会结合本地区实际情况制定颁行的或经其批准颁布的由下级人民代表大会或其常委会制定的,只在本行政区域有效的建设方面的法规。

建设法律的法律效力最高,越往下法律效力越低;法律效力低的建设法规不得与比法律效力高的建设法规相抵触。

二、常用法规

（一）《中华人民共和国建筑法》

《中华人民共和国建筑法》(简称《建筑法》)的立法目的在于加强对建筑活动的监督管理,维护建筑市场秩序,保证建筑工程的质量和安全,促进建筑业健康发展。《建筑法》分别从建筑许可、建筑工程发包与承包、建筑工程监理、建筑安全生产管理、建筑工程质量管理等方面做出了规定。

1.《建筑法》关于从业资格的有关规定

从事建筑活动的建筑施工企业、勘察单位、设计单位和工程监理单位,按照其拥有的注册资本、专业技术人员、技术装备和已完成的建筑工程业绩等资质条件,划分为不同的资质等级,经资质审查合格,取得相应等级的资质证书后,方可在其资质等级许可的范围内从事建筑活动。

从事建筑活动的专业技术人员,应当依法取得相应的执业资格证书,并在执业资格证书许可的范围内从事建筑活动。

2.《建筑法》关于承包的有关规定

承包建筑工程的单位应当持有依法取得的资质证书,并在其资质等级许可的业务范围内承揽工程。

禁止建筑施工企业超越本企业资质等级许可的业务范围或者以任何形式用其他建筑施工企业的名义承揽工程。禁止建筑施工企业以任何形式允许其他单位或者个人使用本企业的资质证书、营业执照,以本企业的名义承揽工程。

大型建筑工程或者结构复杂的建筑工程,可以由两个以上的承包单位联合共同承包。共同承包的各方对承包合同的履行承担连带责任。

两个以上不同资质等级的单位实行联合共同承包的,应当按照资质等级低的单位的业务许可范围承揽工程。

禁止承包单位将其承包的全部建筑工程转包给他人,禁止承包单位将其承包的全部建筑工程肢解以后以分包的名义分别转包给他人。

建筑工程总承包单位可以将承包工程中的部分工程发包给具有相应资质条件的分包单位;但是,除总承包合同中约定的分包外,必须经建设单位认可。施工总承包的,建筑工程主体结构的施工必须由总承包单位自行完成。

建筑工程总承包单位按照总承包合同的约定对建设单位负责;分包单位按照分包合同的约定对总承包单位负责。总承包单位和分包单位就分包工程对建设单位承担连带责任。

禁止总承包单位将工程分包给不具备相应资质条件的单位。禁止分包单位将其承包的工程再分包。

3.《建筑法》关于安全生产管理的有关规定

水利水电工程安全生产管理必须坚持以人为本,坚持安全发展,坚持安全第一、预防为主、综合治理的方针,建立健全安全生产的责任制度和群防群治制度。

建筑工程设计应当符合按照国家规定制定的建筑安全规程和技术规范,保证工程的安全性能。

建筑施工企业在编制施工组织设计时,应当根据建筑工程的特点制定相应的安全技术措施;对专业性较强的工程项目,应当编制专项安全施工组织设计,并采取安全技术措施。

建筑施工企业应当在施工现场采取维护安全、防范危险、预防火灾等措施;有条件的,应当对施工现场实行封闭管理。

施工现场对毗邻的建筑物、构筑物和特殊作业环境可能造成损害的,建筑施工企业应当采取安全防护措施。

建设单位应当向建筑施工企业提供与施工现场相关的地下管线资料,建筑施工企业应当采取措施加以保护。

建筑施工企业应当遵守有关环境保护和安全生产的法律、法规的规定,采取控制和处理施工现场的各种粉尘、废气、废水、固体废物以及噪声、振动对环境的污染和危害的措施。

有下列情形之一的,建设单位应当按照国家有关规定办理申请批准手续:

(1)需要临时占用规划批准范围以外场地的;

(2)可能损坏道路、管线、电力、邮电通信等公共设施的;

(3)需要临时停水、停电、中断道路交通的;

(4)需要进行爆破作业的;

(5)法律、法规规定需要办理报批手续的其他情形。

建设行政主管部门负责建筑安全生产的管理,并依法接受劳动行政主管部门对建筑安全生产的指导和监督。

建筑施工企业必须依法加强对建筑安全生产的管理,执行安全生产责任制度,采取有效措施,防止伤亡和其他安全生产事故的发生。

建筑施工企业的法定代表人对本企业的安全生产负责。

施工现场安全由建筑施工企业负责。实行施工总承包的,由总承包单位负责。分包单位向总承包单位负责,服从总承包单位对施工现场的安全生产管理。

建筑施工企业应当建立健全劳动安全生产教育培训制度,加强对职工安全生产的教育培训;未经安全生产教育培训的人员,不得上岗作业。

建筑施工企业和作业人员在施工过程中,应当遵守有关安全生产的法律、法规和建筑行业安全规章、规程,不得违章指挥或者违章作业。作业人员有权对影响人身健康的作业程序和作业条件提出改进意见,有权获得安全生产所需的防护用品。作业人员对危及生命安全和人身健康的行为有权提出批评、检举和控告。

建筑施工企业应当依法为职工参加工伤保险缴纳工伤保险费。鼓励企业为从事危险作业的职工办理意外伤害保险,支付保险费。

涉及建筑主体和承重结构变动的装修工程,建设单位应当在施工前委托原设计单位或者具有相应资质条件的设计单位提出设计方案;没有设计方案的,不得施工。

房屋拆除应当由具备保证安全条件的建筑施工单位承担,由建筑施工单位负责人对安全负责。

施工中发生事故时,建筑施工企业应当采取紧急措施减少人员伤亡和事故损失,并按照国家有关规定及时向有关部门报告。

4.《建筑法》关于质量管理的相关规定

建筑工程勘察、设计、施工的质量必须符合国家有关建筑工程安全标准的要求,具体管理办法由国务院规定。

有关建筑工程安全的国家标准不能适应确保建筑安全的要求时,应当及时修订。

国家对从事建筑活动的单位推行质量体系认证制度。从事建筑活动的单位根据自愿原则可以向国务院产品质量监督管理部门或者国务院产品质量监督管理部门授权的部门认可的认证机构申请质量体系认证。经认证合格的,由认证机构颁发质量体系认证证书。

建设单位不得以任何理由,要求建筑设计单位或者建筑施工企业在工程设计或者施工作业中,违反法律、行政法规和建筑工程质量、安全标准,降低工程质量。

建筑设计单位和建筑施工企业对建设单位违反前款规定提出的降低工程质量的要求,应当予以拒绝。

建筑工程实行总承包的,工程质量由工程总承包单位负责,总承包单位将建筑工程分包给其他单位的,应当对分包工程的质量与分包单位承担连带责任。分包单位应当接受总承包单位的质量管理。

建筑工程的勘察、设计单位必须对其勘察、设计的质量负责。勘察、设计文件应当符合有关法律、行政法规的规定和建筑工程质量、安全标准、建筑工程勘察、设计技术规范以及合同的约定。设计文件选用的建筑材料、建筑构配件和设备,应当注明其规格、型号、性能等技术指标,其质量要求必须符合国家规定的标准。

建筑设计单位对设计文件选用的建筑材料、建筑构配件和设备,不得指定生产厂、供应商。

建筑施工企业对工程的施工质量负责。

建筑施工企业必须按照工程设计图纸和施工技术标准施工,不得偷工减料。工程设计的修改由原设计单位负责,建筑施工企业不得擅自修改工程设计。

建筑施工企业必须按照工程设计要求、施工技术标准和合同的约定,对建筑材料、建筑构配件和设备进行检验,不合格的不得使用。

建筑物在合理使用寿命内,必须确保地基基础工程和主体结构的质量。

建筑工程竣工时,屋顶、墙面不得留有渗漏、开裂等质量缺陷,对已经发现的质量缺陷,建筑施工企业应当修复。

交付竣工验收的建筑工程,必须符合规定的建筑工程质量标准,有完整的工程技术经济资料和经签署的工程保修书,并具备国家规定的其他竣工条件。

建筑工程竣工经验收合格后,方可交付使用;未经验收或者验收不合格的,不得交付使用。

建筑工程实行质量保修制度。建筑工程的保修范围应当包括地基基础工程、主体结构工程、屋面防水工程和其他土建工程,以及电气管线、上下水管线的安装工程,供热、供冷系统工程等项目;保修的期限应当按照保证建筑物合理寿命年限内正常使用,维护使用者合法权益的原则确定。具体的保修范围和最低保修期限由国务院规定。

任何单位和个人对建筑工程的质量事故、质量缺陷都有权向建设行政主管部门或者其他有关部门进行检举、控告、投诉。

(二)《中华人民共和国劳动法》、《中华人民共和国劳动合同法》

劳动合同是劳动者与用人单位确立劳动关系、明确双方权利和义务的协议。建立劳动关系应当订立劳动合同。

订立和变更劳动合同,应当遵循平等自愿、协商一致的原则,不得违反法律、行政法规的规定。劳动合同依法订立即具有法律约束力,当事人必须履行劳动合同规定的义务。

下列劳动合同无效:

(1)违反法律、行政法规的劳动合同;

(2)采取欺诈、威胁等手段订立的劳动合同。

无效的劳动合同,从订立的时候起,就没有法律约束力。确认劳动合同部分无效的,如果不影响其余部分的效力,其余部分仍然有效。劳动合同的无效,由劳动争议仲裁委员会或者人民法院确认。

劳动合同应当以书面形式订立,并具备以下条款:

(1)劳动合同期限;

(2)工作内容;

(3)劳动保护和劳动条件;

(4)劳动报酬;

(5)劳动纪律;

(6)劳动合同终止的条件;

(7)违反劳动合同的责任。

劳动合同除前款规定的必备条款外,当事人可以协商约定其他内容。

劳动合同的期限分为有固定期限、无固定期限和以完成一定的工作为期限。劳动者在同一用人单位连续工作满十年以上,当事人双方同意续延劳动合同的,如果劳动者提出订立无固定期限的劳动合同,应当订立无固定期限的劳动合同。

劳动合同可以约定试用期。试用期最长不得超过六个月。

劳动合同当事人可以在劳动合同中约定保守用人单位商业秘密的有关事项。

劳动合同期满或者当事人约定的劳动合同终止条件出现,劳动合同即行终止。

经劳动合同当事人协商一致,劳动合同可以解除。

劳动者有下列情形之一的,用人单位可以解除劳动合同:

（1）在试用期间被证明不符合录用条件的；

（2）严重违反劳动纪律或者用人单位规章制度的；

（3）严重失职，营私舞弊，对用人单位利益造成重大损害的；

（4）被依法追究刑事责任的。

有下列情形之一的，用人单位可以解除劳动合同，但是应当提前三十日以书面形式通知劳动者本人：

（1）劳动者患病或者非因工负伤，医疗期满后，不能从事原工作也不能从事由用人单位另行安排的工作的；

（2）劳动者不能胜任工作，经过培训或者调整工作岗位，仍不能胜任工作的；

（3）劳动合同订立时所依据的客观情况发生重大变化，致使原劳动合同无法履行，经当事人协商不能就变更劳动合同达成协议的。

用人单位濒临破产进行法定整顿期间或者生产经营状况发生严重困难，确需裁减人员的，应当提前三十日向工会或者全体职工说明情况，听取工会或者职工的意见，经向劳动行政部门报告后，可以裁减人员。

用人单位依据本条规定裁减人员，在六个月内录用人员的，应当优先录用被裁减的人员。

用人单位依据《中华人民共和国劳动法》的相关规定解除劳动合同的，应当依照国家有关规定给予经济补偿。

劳动者有下列情形之一的，用人单位不得依据《中华人民共和国劳动法》的相关规定解除劳动合同：

（1）患职业病或者因工负伤并被确认丧失或者部分丧失劳动能力的；

（2）患病或者负伤，在规定的医疗期内的；

（3）女职工在孕期、产期、哺乳期内的；

（4）法律、行政法规规定的其他情形。

用人单位解除劳动合同，工会认为不适当的，有权提出意见。如果用人单位违反法律、法规或者劳动合同，工会有权要求重新处理；劳动者申请仲裁或者提起诉讼的，工会应当依法给予支持和帮助。

劳动者解除劳动合同，应当提前三十日以书面形式通知用人单位。有下列情形之一的，劳动者可以随时通知用人单位解除劳动合同：

（1）在试用期内的；

（2）用人单位以暴力、威胁或者非法限制人身自由的手段强迫劳动的；

（3）用人单位未按照劳动合同约定支付劳动报酬或者提供劳动条件的。

企业职工一方与企业可以就劳动报酬、工作时间、休息休假、劳动安全卫生、保险福利等事项，签订集体合同。集体合同草案应当提交职工代表大会或者全体职工讨论通过。集体合同由工会代表职工与企业签订；没有建立工会的企业，由职工推举的代表与企业签订。

集体合同签订后应当报送劳动行政部门；劳动行政部门自收到集体合同文本之日起十五日内未提出异议的，集体合同即行生效。

依法签订的集体合同对企业和企业全体职工具有约束力。职工个人与企业订立的劳动合同中劳动条件和劳动报酬等标准不得低于集体合同的规定。

(三)《中华人民共和国环境保护法》

1. 概述

为保护和改善环境,防治污染和其他公害,保障公众健康,推进生态文明建设,促进经济社会可持续发展,制定《中华人民共和国环境保护法》。

保护环境是国家的基本国策。国家采取有利于节约和循环利用资源、保护和改善环境、促进人与自然和谐的经济、技术政策和措施,使经济社会发展与环境保护相协调。

环境保护坚持保护优先、预防为主、综合治理、公众参与、损害担责的原则。

一切单位和个人都有保护环境的义务。企业事业单位和其他生产经营者应当防止、减少环境污染和生态破坏,对所造成的损害依法承担责任。

公民应当增强环境保护意识,采取低碳、节俭的生活方式,自觉履行环境保护义务。

国家支持环境保护科学技术研究、开发和应用,鼓励环境保护产业发展,促进环境保护信息化建设,提高环境保护科学技术水平。

2. 相关规定

环境,是指影响人类生存和发展的各种天然的和经过人工改造的自然因素的总体,包括大气、水、海洋、土地、矿藏、森林、草原、湿地、野生生物、自然遗迹、人文遗迹、自然保护区、风景名胜区、城市和乡村等。

3. 国家促进清洁生产和资源循环利用

企业应当优先使用清洁能源,采用资源利用率高、污染物排放量少的工艺、设备以及废弃物综合利用技术和污染物无害化处理技术,减少污染物的产生。

建设项目中防治污染的设施,应当与主体工程同时设计、同时施工、同时投产使用。防治污染的设施应当符合经批准的环境影响评价文件的要求,不得擅自拆除或者闲置。

排放污染物的企业事业单位和其他生产经营者,应当采取措施,防治在生产建设或者其他活动中产生的废气、废水、废渣、医疗废物、粉尘、恶臭气体、放射性物质以及噪声、振动、光辐射、电磁辐射等对环境的污染和危害。

排放污染物的企业事业单位,应当建立环境保护责任制度,明确单位负责人和相关人员的责任。

重点排污单位应当按照国家有关规定和监测规范安装使用监测设备,保证监测设备正常运行,保存原始监测记录。

严禁通过暗管、渗井、渗坑、灌注或者篡改、伪造监测数据,或者不正常运行防治污染设施等逃避监管的方式违法排放污染物。

排放污染物的企业事业单位和其他生产经营者,应当按照国家有关规定缴纳排污费。排污费应当全部专项用于环境污染防治,任何单位和个人不得截留、挤占或者挪作他用。

依照法律规定征收环境保护税的,不再征收排污费。

任何单位和个人不得生产、销售或者转移、使用严重污染环境的工艺、设备和产品。

生产、储存、运输、销售、使用、处置化学物品和含有放射性物质的物品,应当遵守国家有关规定,防止污染环境。

禁止将不符合农用标准和环境保护标准的固体废物、废水施入农田。

各级人民政府应当统筹城乡建设污水处理设施及配套管网,固体废物的收集、运输和处置等环境卫生设施,危险废物集中处置设施、场所以及其他环境保护公共设施,并保障其正常运行。

三、常用规章

(一)《建设工程安全生产管理条例》

施工单位从事建设工程的新建、扩建、改建和拆除等活动,应当具备国家规定的注册资本、专业技术人员、技术装备和安全生产等条件,依法取得相应等级的资质证书,并在其资质等级许可的范围内承揽工程。

施工单位主要负责人依法对本单位的安全生产工作全面负责。施工单位应当建立健全安全生产责任制度和安全生产教育培训制度,制定安全生产规章制度和操作规程,保证本单位安全生产条件所需资金的投入,对所承担的建设工程进行定期和专项安全检查,并做好安全检查记录。

施工单位对列入建设工程概算的安全作业环境及安全施工措施所需费用,应当用于施工安全防护用具及设施的采购和更新、安全施工措施的落实、安全生产条件的改善,不得挪作他用。

施工单位应当设立安全生产管理机构,配备专职安全生产管理人员。

建设工程实行施工总承包的,由总承包单位对施工现场的安全生产负总责。

垂直运输机械作业人员、安装拆卸工、爆破作业人员、起重信号工、登高架设作业人员等特种作业人员,必须按照国家有关规定经过专门的安全作业培训,并取得特种作业操作资格证书后,方可上岗作业。

施工单位应当在施工组织设计中编制安全技术措施和施工现场临时用电方案,对下列达到一定规模的、危险性较大的分部分项工程编制专项施工方案,并附具安全验算结果,经施工单位技术负责人、总监理工程师签字后实施,由专职安全生产管理人员进行现场监督:

(1)基坑支护与降水工程;

(2)土方开挖工程;

(3)模板工程;

(4)起重吊装工程;

(5)脚手架工程;

(6)拆除、爆破工程;

(7)国务院建设行政主管部门或者其他有关部门规定的其他危险性较大的工程。

对上述所列工程中涉及深基坑、地下暗挖工程、高大模板工程的专项施工方案,施工单位还应当组织专家进行论证、审查。

达到一定规模的危险性较大工程的标准,由国务院建设行政主管部门会同国务院其他有关部门制定。

建设工程施工前,施工单位负责项目管理的技术人员应当对有关安全施工的技术要求向施工作业班组、作业人员做出详细说明,并由双方签字确认。

施工单位应当在施工现场入口处、施工起重机械、临时用电设施、脚手架、出入通道口、楼梯口、电梯井口、孔洞口、桥梁口、隧道口、基坑边沿、爆破物及有害危险气体和液体存放处等危险部位,设置明显的安全警示标志。安全警示标志必须符合国家标准。

施工单位应当将施工现场的办公、生活区与作业区分开设置,并保持安全距离;办公、生活区的选址应当符合安全性要求。职工的膳食、饮水、休息场所等应当符合卫生标准。施工单位不得在尚未竣工的建筑物内设置员工集体宿舍。

施工单位对因建设工程施工可能造成损害的毗邻建筑物、构筑物和地下管线等,应当采取专项防护措施。

施工单位应当在施工现场建立消防安全责任制度,确定消防安全责任人,制定用火、用电、使用易燃易爆材料等各项消防安全管理制度和操作规程,设置消防通道、消防水源,配备消防设施和灭火器材,并在施工现场入口处设置明显标志。

施工单位应当向作业人员提供安全防护用具和安全防护服装,并书面告知危险岗位的操作规程和违章操作的危害。

作业人员应当遵守安全施工的强制性标准、规章制度和操作规程,正确使用安全防护用具、机械设备等。

施工单位采购、租赁的安全防护用具、机械设备、施工机具及配件,应当具有生产(制造)许可证、产品合格证,并在进入施工现场前进行查验。

施工单位在使用施工起重机械和整体提升脚手架、模板等自升式架设设施前,应当组织有关单位进行验收,也可以委托具有相应资质的检验检测机构进行验收;使用承租的机械设备和施工机具及配件的,由施工总承包单位、分包单位、出租单位和安装单位共同进行验收。验收合格的方可使用。

施工单位的主要负责人、项目负责人、专职安全生产管理人员应当经建设行政主管部门或者其他有关部门考核合格后方可任职。

施工单位应当对管理人员和作业人员每年至少进行一次安全生产教育培训,其教育培训情况记入个人工作档案。安全生产教育培训考核不合格的人员,不得上岗。

作业人员进入新的岗位或者新的施工现场前,应当接受安全生产教育培训。未经教育培训或者教育培训考核不合格的人员,不得上岗作业。

施工单位应当为施工现场从事危险作业的人员办理意外伤害保险。

(二)《生产安全事故报告和调查处理条例》

根据生产安全事故造成的人员伤亡或者直接经济损失,事故一般分为以下等级:

(1)特别重大事故,是指造成30人以上死亡,或者100人以上重伤(包括急性工业中毒,下同),或者1亿元以上直接经济损失的事故;

(2)重大事故,是指造成10人以上30人以下死亡,或者50人以上100人以下重伤,或者5 000万元以上1亿元以下直接经济损失的事故;

(3)较大事故,是指造成3人以上10人以下死亡,或者10人以上50人以下重伤,或者1 000万元以上5 000万元以下直接经济损失的事故;

(4)一般事故,是指造成3人以下死亡,或者10人以下重伤,或者1 000万元以下直接经济损失的事故。

国务院安全生产监督管理部门可以会同国务院有关部门,制定事故等级划分的补充性规定。

本等级划分所称的"以上"包括本数,所称的"以下"不包括本数。

(三)《建设工程质量管理条例》

施工单位应当依法取得相应等级的资质证书,并在其资质等级许可的范围内承揽工程。

禁止施工单位超越本单位资质等级许可的业务范围或者以其他施工单位的名义承揽工程。禁止施工单位允许其他单位或者个人以本单位的名义承揽工程。

施工单位不得转包或者违法分包工程。

施工单位对建设工程的施工质量负责。

施工单位应当建立质量责任制,确定工程项目的项目经理、技术负责人和施工管理负责人。

建设工程实行总承包的,总承包单位应当对全部建设工程质量负责;建设工程勘察、设计、施工、设备采购的一项或者多项实行总承包的,总承包单位应当对其承包的建设工程或者采购的设备的质量负责。

总承包单位依法将建设工程分包给其他单位的,分包单位应当按照分包合同的约定对其分包工程的质量向总承包单位负责,总承包单位与分包单位对分包工程的质量承担连带责任。

施工单位必须按照工程设计图纸和施工技术标准施工,不得擅自修改工程设计,不得偷工减料。

施工单位在施工过程中发现设计文件和图纸有差错的,应当及时提出意见和建议。

施工单位必须按照工程设计要求、施工技术标准和合同约定,对建筑材料、建筑构配件、设备和商品混凝土进行检验,检验应当有书面记录和专人签字;未经检验或者检验不合格的,不得使用。

施工单位必须建立、健全施工质量的检验制度,严格工序管理,做好隐蔽工程的质量检查和记录。隐蔽工程在隐蔽前,施工单位应当通知建设单位和建设工程质量监督机构。

施工人员对涉及结构安全的试块、试件以及有关材料,应当在建设单位或者工程监理单位监督下现场取样,并送具有相应资质等级的质量检测单位进行检测。

施工单位对施工中出现质量问题的建设工程或者竣工验收不合格的建设工程,应当负责返修。

施工单位应当建立、健全教育培训制度,加强对职工的教育培训;未经教育培训或者考核不合格的人员,不得上岗作业。

（四）《水利工程质量事故处理暂行规定》

发生质量事故,必须坚持"事故原因不查清楚不放过、主要事故责任者和职工未受到教育不放过、补救和防范措施不落实不放过"的原则,认真调查事故原因,研究处理措施,查明事故责任,做好事故处理工作。

水利工程质量事故处理实行分级管理的制度。

工程建设中未执行国家和水利部有关建设程序、质量管理、技术标准的有关规定,有违反国家和水利部项目法人责任制、招标投标制、建设监理制和合同管理制及其他有关规定而发生质量事故的,对有关单位或个人从严从重处罚。

水利工程质量事故按直接经济损失的大小,检查、处理事故对工期的影响时间长短和对工程正常使用的影响,分为一般质量事故、较大质量事故、重大质量事故、特大质量事故,如表1-1所示。

表 1-1　质量事故分类

损失情况		特大质量事故	重大质量事故	较大质量事故	一般质量事故
事故处理所需的物质、器材和设备、人工等直接损失费用(万元)	大体积混凝土、金结制作和机电安装工程	>3 000	>500,≤3 000	>100,≤500	>20,≤100
	土石方工程、混凝土薄壁工程	>1 000	>100,≤1 000	>30,≤100	>10,≤30
事故处理所需合理工期(月)		>6	>3,≤6	>1,≤3	≤1
事故处理后对工程功能和寿命影响		影响工程正常使用,需限制条件运行	不影响正常使用,但对工程寿命有较大影响	不影响正确使用,但对工程寿命有一定影响	不影响正常使用和工程寿命

第二节　技术标准

一、标准分类

"标准"是统称,有多种表现形式,如规范、规程、导则、指南、制度、规定、方法等。此外还有"标准物质",如化学分析使用的基准试剂,热工、电气的标准表计等。

水利水电工程常用标准有国家(GB)、水利(SL)、电力(DL、NB)及建工(JG、JGJ、CJJ)等,按照级别分为国家标准、行业标准、地方标准和团体标准、企业标准。按照用途和适用范围将水利工程标准分为技术、试验、检验、验收、管理等类别。

国家标准分为强制性标准、推荐性标准,行业标准、地方标准是推荐性标准。强制性标准必须执行,国家鼓励采用推荐性标准。推荐性国家标准、行业标准、地方标准、团体标准、企业标准的技术要求不得低于强制性国家标准的相关技术要求。

二、标准应用

(一)国家标准

国家标准是指由国家机构通过并公开发布的标准。中华人民共和国国家标准是指对我国经济技术发展有重大意义,必须在全国范围内统一的标准。对需要在全国范围内统一的技术要求,应当制定国家标准。我国国家标准由国务院标准化行政主管部门编制计划和组织草拟,并统一审批、编号和发布。国家标准在全国范围内适用,其他各级标准不得与国家标准相抵触。国家标准一经发布,与其重复的行业标准、地方标准相应废止,国家标准是标准体系中的主体。

（二）行业标准

行业标准是指没有推荐性国家标准、需要在全国某个行业范围内统一的技术要求。行业标准是对国家标准的补充，是在全国范围的某一行业内统一的标准。行业标准在相应国家标准实施后，应自行废止。

（三）地方标准

地方标准是指在国家的某个地区通过并公开发布的标准。对没有国家标准和行业标准而又需要为满足地方自然条件、风俗习惯等特殊技术要求，可以制定地方标准。地方标准由省、自治区、直辖市人民政府标准化行政主管部门编制计划，组织草拟，统一审批、编号、发布，并报国务院标准化行政主管部门和国务院有关行政主管部门备案。地方标准在本行政区域内适用。在相应的国家标准或行业标准实施后，地方标准应自行废止。

（四）团体标准

团体标准是由团体按照团体确立的标准制定程序自主制定发布，由社会自愿采用的标准。社会团体可在没有国家标准、行业标准和地方标准的情况下，制定团体标准，快速响应创新和市场对标准的需求，填补现有标准空白。国家鼓励社会团体制定严于国家标准和行业标准的团体标准，引领产业和企业的发展，提升产品和服务的市场竞争力。

工程建设标准是为在工程建设领域内获得最佳秩序，对施工、试验、检验、验收及管理等活动所制定的共同的、重复使用的技术依据和准则，是指导项目施工全过程中的规范性文件，在施工过程中应按照标准的各条文严格执行。

有国家标准和行业标准时，优先选用国家标准和行业标准；没有国家标准和行业标准时，制定企业标准。通常情况下，我们选用标准时的顺序为：国家标准→行业标准→团体标准→企业标准。如果团体标准高于行业标准或者国家标准，也可以执行所备案的团体标准。国家标准、行业标准、企业标准允许同时存在，但企业标准应严于行业标准，行业标准应严于国家标准。

第三节　水工建筑物等级及分类

一、水工建筑物等级

（一）水工建筑物等级划分

为了综合利用水资源，达到防洪、灌溉、发电、供水、航运等目的，需要修建几种不同类型的建筑物，以控制和支配水流，满足国民经济发展的需要，这些建筑物通称为水工建筑物。组在一起协同工作的建筑物群称为水利枢纽。为了贯彻执行国家的经济和技术政策，达到既安全又经济的目的，应把水利水电工程按其规模、效益和在经济社会中的重要性分等。根据《水利水电工程等级划分及洪水标准》（SL 252）规定，水利水电工程的等别，按表1-2确定。综合利用的水利水电工程，当按各综合利用项等指标确定的等别不同时，其工程等别应按其中最高等别确定。

表 1-2 水利水电工程分等指标

| 工程等别 | 工程规模 | 水库总库容（亿 m³） | 防洪 | | | 治涝 | 灌溉 | 供水 | | 发电 |
			保护人口（万人）	保护农田面积（万亩）	保护区当量经济规模（万人）	治涝面积（万亩）	灌溉面积（万亩）	供水对象重要性	年引水量（亿 m³）	发电装机容量（MW）
I	大（1）型	≥10	≥150	≥500	≥300	≥200	≥150	特别重要	≥10	≥1 200
II	大（2）型	<10, ≥1.0	<150, ≥50	<500, ≥100	<300, ≥100	<200, ≥60	<150, ≥50	重要	<10, ≥3	<1 200, ≥300
III	中型	<1.0, ≥0.10	<50, ≥20	<100, ≥30	<100, ≥40	<60, ≥15	<50, ≥5	比较重要	<3, ≥1	<300, ≥50
IV	小（1）型	<0.10, ≥0.01	<20, ≥5	<30, ≥5	<40, ≥10	<15, ≥3	<5, ≥0.5	一般	<1, ≥0.3	<50, ≥10
V	小（2）型	<0.01, ≥0.001	<5	<5	<10	<3	<0.5		<0.3	<10

注:1.水库总库容指水库最高水位以下的静库容;治涝面积指设计治涝面积;灌溉面积指设计灌溉面积;年引水量指供水工程渠首设计年均引(取)水量。

2.保护区当量经济规模指标仅限于城市保护区;防洪、供水中的多项指标满足 1 项即可。

3.按供水对象的重要性确定工程等别时,该工程应为供水对象的主要水源。

(二)水工建筑物级别划分

水利水电工程永久性水工建筑物的级别,应根据工程的等别或永久性水工建筑物的分级指标综合分析确定。综合利用水利水电工程中承担单一功能的单项建筑物的级别,应按其功能、规模根据表 1-3 确定;承担多项功能的建筑物级别,应按规模指标较高的确定。

表 1-3 永久性建筑物级别

工程等别	主要建筑物	次要建筑物
I	1	3
II	2	3
III	3	4
IV	4	5
V	5	5

失事后损失巨大或影响十分严重的水利水电工程的 2~5 级主要永久性水工建筑物,经论证并报主管部门批准,建筑物级别可提高一级;水头低、失事后造成损失不大的水利水电工程的 1~4 级主要永久性水工建筑物,经论证并报主管部门批准,建筑物级别可降低一级。当永久性水工建筑物采用新型结构或其基础的工程地质条件复杂时,对 2~5 级建筑物可提

高一级设计,但洪水标准不予提高。

　　水库大坝按表1-3确定为2级、3级,如坝高超过表1-4规定的指标,其级别可提高一级,但洪水标准可不提高。

表1-4　水库大坝提级指标

级别	坝型	坝高(m)
2	土石坝	90
	混凝土坝、浆砌石坝	130
3	土石坝	70
	混凝土坝、浆砌石坝	100

二、水工建筑物分类

(一)按作用分类

　　水工建筑物按其作用可分为挡水建筑物、泄水建筑物、输水建筑物、取水建筑物、整治建筑物及专门建筑物。

　　1.挡水建筑物

　　挡水建筑物是以拦截江河,形成水库或壅高水位的建筑物,如各种坝和闸,以及为抗御洪水或挡潮,沿江河海岸修建的堤防、海塘等。

　　2.泄水建筑物

　　泄水建筑物是用以宣泄在各种情况下、特别是洪水期的多余入库水量,以确保大坝和其他建筑物的安全的建筑物,如溢流坝、溢洪道、泄洪洞等。

　　3.输水建筑物

　　输水建筑物是为灌溉、发电和供水的需要从上游向下游输水用的建筑物,如输水洞、引水管、渠道、渡槽等。

　　4.取水建筑物

　　取水建筑物是输水建筑物的首部建筑的建筑物,如进水闸、扬水站等。

　　5.整治建筑物

　　整治建筑物是用以整治河道,改善河道的水流条件的建筑物,如丁坝、顺坝、导流堤、护岸等。

　　6.专门建筑物

　　专门建筑物是专门为灌溉、发电、供水、过坝需要而修建的建筑物,如电站厂房、沉沙池、船闸、升船机、鱼道、筏道等。

(二)按建筑物用途分类

　　水工建筑物按其用途可分为一般性水工建筑物与专门性水工建筑物。

　　一般性水工建筑物具有通用性,如挡水坝、溢洪道、水闸等。

　　专门性水工建筑物只实现其特定的用途。专门性水工建筑物又分为水电站建筑物、水运建筑物、农田水利建筑物、给水排水建筑物、过鱼建筑物等。

(三)按建筑物使用时间分类

　　水工建筑物按使用时间的长短分为永久性建筑物和临时性建筑物两类。

1. 永久性建筑物

永久性建筑物在运用期长期使用,根据其在整体工程中的重要性又分为主要建筑物和次要建筑物。主要建筑物是指该建筑物失事后将造成下游灾害或严重影响工程效益,如闸、坝、泄水建筑物、输水建筑物及水电站厂房等;次要建筑物是指失事后不致造成下游灾害和对工程效益影响不大且易于检修的建筑物,如挡土墙、导流墙、工作桥及护岸等。

2. 临时性建筑物

临时性建筑物仅在工程施工期间使用,如围堰、导流建筑物等。

第二章　工程制图

第一节　投　影

一、点的投影

点的投影仍是点。

二、直线与平面的投影

（一）显实性

平行于投影面的直线段或平面图形，在该投影面上的投影反映了该直线段或平面图形的实长或实形，这种投影特性称为显实性，如图 2-1 所示。

（二）积聚性

垂直于投影面的直线段或平面图形，在该投影面上的投影积聚成为一点或一条直线，这种投影特性称为积聚性，如图 2-2 所示。

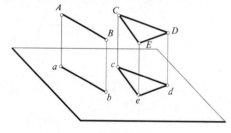

图 2-1　投影的显实性

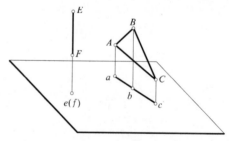

图 2-2　投影的积聚性

（三）类似收缩性

倾斜于投影面的直线段或平面图形，在该投影面上的投影长度变短的直线或是一个比真实图形小，但形状相类似的图形，这种投影特性称为类似收缩性，如图 2-3 所示。

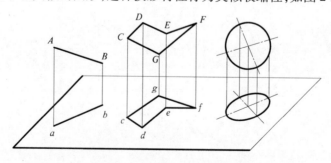

图 2-3　投影的类似收缩性

三、面视图

(一)三视图的形成

1.三面投影体系的建立

如图2-4所示,建立三面技影体系。

正立投影面用"*V*"标记;水平投影面用"*H*"标记;侧立投影面用"*W*"标记。三个投影面垂直相交,其交线*OX*、*OY*和*OZ*称为投影轴。*OX*轴方向表示物体的长度;*OY*轴方向表示物体的宽度;*OZ*轴方向表示物体的高度。三个轴相交于投影原点*O*。

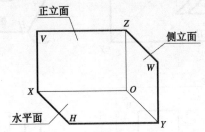

图2-4　三面投影体系

2.三视图的形成

将被投影的物体置于三面投影体系中,充分利用显实性、积聚性,将物体分别向三个投影面做投影,得到的三个投影图统称为物体的三视图,如图2-5(a)所示。

(1)正视图:物体在正立面上的投影,即从前向后看物体所得的视图。

(2)俯视图:物体在水平面上的投影,即从上向下看物体所得的视图。

(3)左视图:物体在侧立面上的投影,即从左向右看物体所得的视图。

3.三视图的展开

由于工程图是二维的平面图纸,因此需要将三面投影体系展开,如图2-5(b)所示。

(二)三视图的规律

三视图反映了物体的空间位置和度量关系,空间位置为上下、左右、前后,度量关系为长、宽、高,如图2-5(c)所示。

正视图:反映物体的长、高尺寸和上下、左右位置。

俯视图:反映物体的长、宽尺寸和左右、前后位置。

左视图:反映物体的高、宽尺寸和前后、上下位置。

三视图的投影规律,是指三个视图之间的关系。三视图之间存在如下的度量关系:正视图和俯视图"长对正",即长度相等,并且左右对正;正视图和左视图"高平齐",即高度相等,并且上下平齐;俯视图和左视图"宽相等"。

"长对正、高平齐、宽相等",是三视图之间的投影规律。如图2-5(d)所示,这是画图和读图的根本规律。

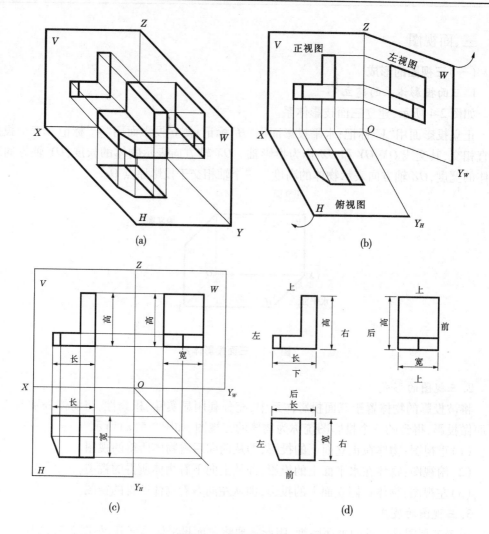

图 2-5　三视图的形成

第二节　识　图

一、制图规定

由于效率高,且精度高,现阶段广泛采用电脑绘图,传统绘图只用于手工绘制草图。为了便于生产和交流,使绘图与读图有一个共同的准则,就必须在图纸格式、图线、字体、比例、尺寸标注等方面制定统一的标准,现采用的是《水利水电工程制图标准》(SL 73.1)及《技术制图》(GB/T 10609)。

(一)图纸幅面及格式

1.图纸幅面

图纸幅面是指图纸的大小规格,简称图幅。制图标准对图纸的基本幅面做了规定,工程中应依据内容和比例选用图纸幅面的大小,如表 2-1 所示。

表 2-1　基本幅面及图框尺寸

幅面代号		A0	A1	A2	A3	A4
幅面尺寸（宽 B × 长 L，mm×mm）		841×1 189	594×841	420×594	297×420	210×297
周边尺寸 （mm）	e	20			10	
	c	10			5	
	a	25				

2. 图框格式

　　绘图时，应先在图纸上用粗实线绘出图框，图形只能绘制在图框范围内。图框格式分为无装订边和有装订边两种。无装订边的图纸，其图框格式如图 2-6 所示；有装订边的图纸，其图框格式如图 2-7 所示。图框周边尺寸见表 2-1。

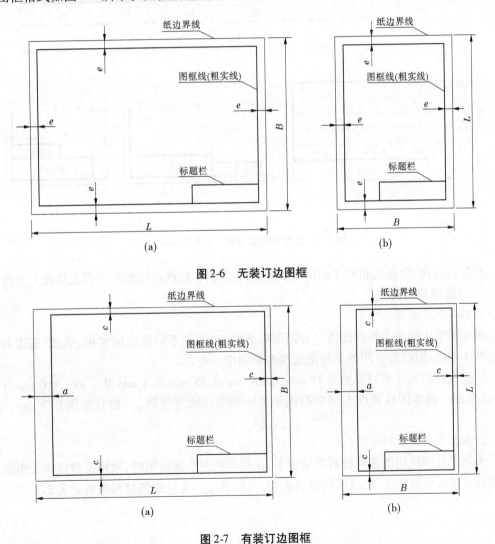

图 2-6　无装订边图框

图 2-7　有装订边图框

3. 标题栏与会签栏

　　每张图纸都必须画出标题栏。标题栏画在图纸右下角,外框线为粗实线,内部分格线为细实线,样式多种,依据需要选用,如图 2-8 所示。

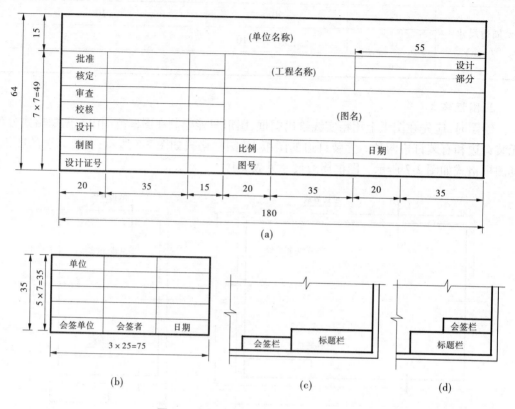

图 2-8　标题栏与会签栏　(单位:mm)

　　会签栏的内容、格式和尺寸如图 2-8 所示,会签栏一般画在标题栏的右上角或左下角。

(二)线型与图例

1. 图线及其应用

　　画在图纸上的线条统称图线。在制图标准中,对各种不同图线的名称、形式、宽度和应用都做了明确的规定,常用的几种图线线型和用途见表 2-2。

　　图线宽度的尺寸系列应为 0.18 mm、0.25 mm、0.35 mm、0.5 mm、0.7 mm、1.0 mm、1.4 mm、2.0 mm,基本图线宽度 b 应根据图形大小和图线密度选取,一般宜选用 0.7 mm、1.0 mm。

2. 水工常用建筑材料图例

　　水利工程中使用的建筑材料类别很多,在画剖视图与断面图时,须根据建筑物所用的材料填画出建筑材料的图例,以区别材料类别,方便识图。常见建筑材料图例见表 2-3。

表 2-2　图线线型和用途

序号	图线名称	线型	线宽	一般用途
1	粗实线		b	(1)可见轮廓线； (2)钢筋； (3)结构分缝线； (4)材料分界线； (5)断层线； (6)岩性分界线
2	虚线	1~2 mm　3~6 mm	$b/2$	(1)不可见轮廓线； (2)不可见结构分缝线； (3)原轮廓线； (4)推测地层界线
3	细实线		$b/3$	(1)尺寸线和尺寸界线； (2)剖面线； (3)示坡线； (4)重合剖面的轮廓线； (5)钢筋图的构件轮廓线； (6)表格中的分格线； (7)曲面上的素线； (8)引出线
4	点画线	1~2 mm　1~2 mm　15~30 mm	$b/3$	(1)中心线； (2)轴线； (3)对称线
5	双点画线		$b/3$	(1)原轮廓线； (2)假想投影轮廓线； (3)运动构件在极限或中间位置的轮廓线
6	波浪线		$b/3$	(1)构件断裂处的边界线； (2)局部剖视图的边界线
7	折断线		$b/3$	(1)中断线； (2)构件断裂处的边界线

表 2-3　常用建筑材料图例

材料		符号	说明	材料	符号	说明
水、液体			用尺画水平细线	岩基		用尺画
自然土壤			徒手绘制	夯实土		斜线为 45°细实线,用尺画
混凝土			石子带有棱角	钢筋混凝土		斜线为 45°细实线,用尺画
干砌块石			石缝要错开,空隙不涂黑	浆砌块石		石缝间空隙涂黑
卵石			石子无棱角	碎石		石子有棱角
木材	纵纹		徒手绘制	砂、灰、土、水泥砂浆		点为不均匀的小圆点
	横纹					
金属			斜线为 45°细实线,用尺画	塑料、橡胶及填料		斜线为 45°细实线,用尺画

（三）字体

制图标准对图样中的汉字、数字和字母的大小及字型做出明确规定,并要求书写时必须做到:字体工整、笔画清楚、间隔均匀、排列整齐。

字体的大小以字号表示,字号就是字体的高度。图样中字体的大小应依据图幅、比例等情况从制图标准中规定的下列字号中选用:2.5 mm、3.5 mm、5 mm、7 mm、10 mm、14 mm、20 mm。字宽一般为字高的 0.7 倍。

通常在图样中,说明一般选用 5 号字,图名一般选用 7、10 号字;尺寸一般选用 3.5 号字;字母字号与相应的汉字、数字等匹配。汉字应尽可能书写成长仿宋体,并采用国家正式公布实施的简化字,字高不应小于 3.5 mm。数字和字母可以写成直体,也可以写成与水平线成 75°的斜体。工程图样中常用斜体,但与汉字组合书写时,则宜采用直体。

（四）尺寸标注

在图纸中,图样反映物体的形状,而物体的实际大小和相对位置由尺寸表示。必须认真细致,准确无误,并严格按照制图标准中的有关规定标注。如果尺寸有遗漏或错误,可能带来重大事故。

1. 尺寸组成

完整的尺寸包括四个要素:尺寸界线、尺寸线、尺寸起止符号和尺寸数字,如图 2-9 所示。

尺寸数字标注样式如图 2-10 所示。尺寸标注时应保证尺寸数字的完整,不可被任何图线或符号所穿过,当无法避开时,必须将其他图线或符号断开,留出注写尺寸数字的区域。

图样中标注的尺寸单位,除标高、桩号及规划图、总布置图的尺寸以 m 为单位外,其余尺寸均以 mm 为单位,图中标注可省略尺寸单位,不必说明。若采用其他尺寸单位,则必须

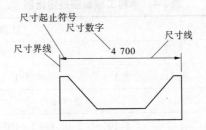

图2-9　尺寸标注四要素

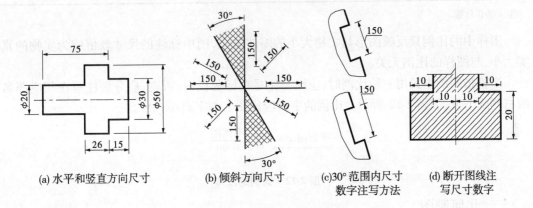

(a) 水平和竖直方向尺寸　　　(b) 倾斜方向尺寸　　　(c)30°范围内尺寸数字注写方法　　　(d) 断开图线注写尺寸数字

图2-10　尺寸数字标注样式

在图纸中加以说明。

2.其他常见尺寸标注方法

直线段、角度、圆和圆弧的尺寸标注样式如图2-11所示。

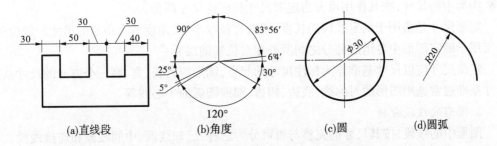

(a)直线段　　　(b)角度　　　(c)圆　　　(d)圆弧

图2-11　直线段、角度、圆和圆弧的尺寸标注样式

（五）比例

由于水工建筑物的体型庞大，图示表达时需选用适当的比例将图形缩放。

图样中图形与实物相对应的线性尺寸之比即为比例。绘图时，所用的比例应根据图样的表达效果和便于换算的原则选取，采用表2-4中所示《水利水电工程制图标准》规定的比例，并优先选用表中常用比例。

表 2-4　水利工程制图规定比例

种类	选用	比例			
原值比例	常用比例	1:1			
放大比例	常用比例	2:1	5:1	$(10^n):1$	
	可用比例	2.5:1		4:1	
缩小比例	常用比例	$1:10^n$	$1:(2\times10^n)$	$1:(5\times10^n)$	
	可用比例	$1:(1.5\times10^n)$	$1:(2.5\times10^n)$	$1:(3\times10^n)$	$1:(4\times10^n)$

注:n 为正整数。

图样中的比例只反映图形与实物大小的缩放关系,图中标注的尺寸数值应为实物的真实大小,与图样的比例无关。

当整张图纸中只用一种比例时,应统一注写在标题栏内;否则,应分别注写在相应图名的右侧或下方,如图 2-12 所示。比例的字高应比图名的字高小一号。

$$\underline{平面图1:500} \quad 或 \quad \frac{平面图}{1:500}$$

图 2-12　比例的注写

二、几何制图

(一)图形及尺寸分析

图形是若干线段连接而成的,所以在画图时应首先对图形进行尺寸分析和线段分析。

1. 图形的尺寸分析

图形中的尺寸,按其作用可分为定形尺寸和定位尺寸两种。

定形尺寸是指用于确定线段的长度、圆的直径或半径、角度的大小等的尺寸。定位尺寸是指用于确定图形中各组成部分之间所处相对位置的尺寸。

定位尺寸应以尺寸基准作为标注尺寸的起点,图形应有长、宽、高三个方向的尺寸基准。尺寸基准通常选用图形的对称线、底边、侧边、圆或圆弧的中心线等。

2. 图形的线段分析

图形中的线段,按其尺寸的完整与否可分为三种:已知线段、中间线段和连接线段。

已知线段是指定形和定位尺寸均已知的线段,可以根据尺寸直接画出;中间线段或连接线段是指已知定形尺寸,但缺少相关定位尺寸,做图时需根据它与其他已知线段的连接条件,才能确定其位置的线段。

(二)几何制图

1. 准备阶段

(1)绘图工具准备。根据需要选配需用的工具。手工绘图选用能保证精度的工具,如图板、丁字尺、三角板、绘图仪、铅笔等;电脑绘图选用性能良好的电脑、功能优良的专用绘图软件等。

(2)资料准备。收集齐全相关的工程资料,并弄懂,做到对图示表达对象全方位了解。

(3)状态准备。由于图示内容多,一旦出错责任重大,因此在绘图中应认真细致,全身心投入。

2. 草图阶段

（1）拟定图示表达方案。根据图示内容和图样复杂程度，选定图幅和图纸样式；选定标题栏样式；拟定图纸相关参数，如图线的线型和线宽、各种字体的样式和字号、尺寸样式、比例等。

如 CAD 绘图中，应进行各类绘图参数与图层设置。根据图样间的相互关系，进行图样布置，确定做图基准。

（2）绘制图样草图，操作绘图工具做图或绘图与编辑命令做图（CAD 做图）。

（3）检查图样草图，对照设计资料检查图样草图绘制是否正确，并及时修正。

3. 成图阶段

（1）按图线的线型和线宽处理图样中的所有图线。

（2）检查图样中的图线。对照设计资料认真细致检查图样中所有图线的线型和线宽是否正确，并及时修正。

（3）标注尺寸和符号等。

（4）检查图样中标注尺寸等是否正确。对照设计资料认真细致检查图样中标注的尺寸和符号是否正确，并及时修正。

（5）校核修正底稿，清理图面，注写图名和说明等。

（6）填写标题栏完图或设置打印出图。

三、图形及标注

在实际工程图中，由于工程结构的复杂多样，仅用三视图难以完整、清晰地表达，常采用视图、剖视图和断面图组合表达。

（一）视图

视图一般图示表达立体外部形状。常用的视图有基本视图、局部视图等。

1. 基本视图

立体向基本投影面投影所得的图形称为基本视图。制图标准规定用正六面体的六个面作为基本投影面，分别向这六个基本投影面投影，可得六个基本视图，如图 2-13 所示。

六个基本视图按投影关系配置，可省略标注视图名称。如果不能按投影关系配置，则应当进行标注，方法如下：在视图的下方用大写拉丁字母标出"×向"，并在图名下方加绘一粗实线，其长度以图名所占长度为准，并在具有形成该视图的其他视图旁用箭头指明投影方向，并注上相同的字母。

2. 局部视图

在图示表达过程中，经常出现结构的主体表达清楚，而在一些局部结构尚未表达清楚的情况，此时可采用局部视图来表达，见图 2-14。

局部视图不仅可提高图示表达效率，而且重点突出，表达灵活。识图时应结合基本视图综合分析。

（二）剖视图

对于工程结构内部形状及材料，常采用剖视图图示来表达。

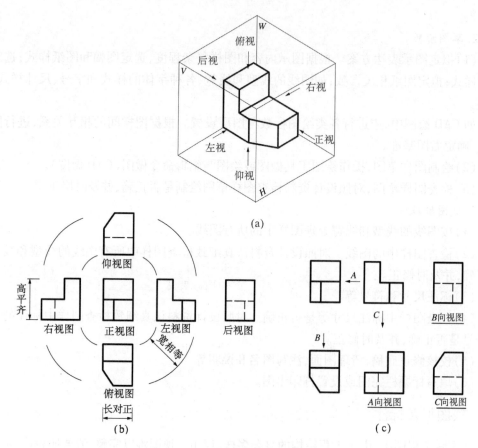

图 2-13　基本视图的形成及展开

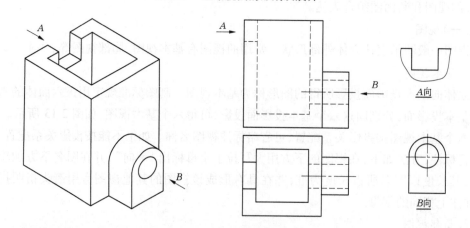

图 2-14　局部视图

1. 剖视图的形成

图 2-15 为剖视图的形成。

2. 剖视图的标注

为了表明剖视图与有关视图之间的投影关系,剖视图一般均应加以标注,即利用剖切位置线注明剖切位置,投影方向线注明投影方向,以及剖视图的名称。

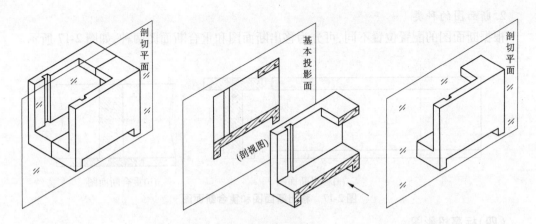

图 2-15　剖视图的形成

剖切位置线：为成对短粗实线，标注在剖切位置处。

投影方向线：为成对短粗实线，垂直标注在剖切位置线外侧，指明投影方向。

剖视图的编号：用成对的数字或大写字母标注，用于标识。

3. 剖视图的种类

剖视图常用类型有全剖视图、半剖视图、局部剖视图、阶梯剖视图、旋转剖视图、复合剖视图和斜剖视图等。

全剖视图是使用最广泛的剖视图类型，图 2-16 为闸室结构的全剖视图。

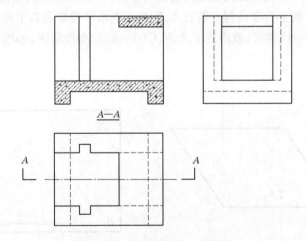

图 2-16　闸室结构的全剖视图

（三）断面图

对于一些形体简单的结构，常采用断面图的形式来表达，如大坝的纵横断面、翼墙、排架、挡土墙、工作桥、涵管、梁和柱等。

1. 断面图的画法

假想用剖切平面在适当的位置将结构剖切，仅画出断面形状和断面处的材料图例符号，这种图形称为断面图。它与剖视图的区别是：虽然断面图的形成原理与剖视图相同，但断面图只表达剖切断面。断面图主要用来表达结构某处的断面形状和材料属性。

2. 断面图的种类

根据断面图的配置位置不同,可分为移出断面图和重合断面图两种,如图2-17所示。

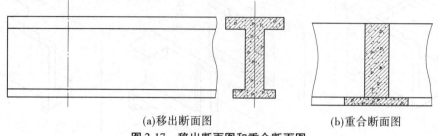

　　　　(a)移出断面图　　　　　　　　　　(b)重合断面图

图2-17　移出断面图和重合断面图

(四)标高投影图

利用水平投影和高程数值结合起来表示空间物体的图示方法称为标高投影法。

高程以 m 为单位,在图中不需注明。在工程图中一般采用与测量学相一致的基准面,称为绝对高程;也可以任选水平面作为基准面,称为相对高程,高于基准面为正高程,反之为负高程。

由于标高投影图表达范围大,因此在图中需应用绘图比例或比例尺。

标高投影图需要计算做图。

1. 点的标高投影

首先选择水平面 H 为基准面,规定其高程为零,点 A 在 H 面上为正高程,点 B 在 H 面下为负高程,点 C 在 H 面上为零高程。若在 A、B、C 三点水平投影的右下角注上其高程数值即 a_3、b_{-2}、c_0,再注上图示比例尺,就得到了 A、B、C 三点的标高投影图,如图2-18所示。

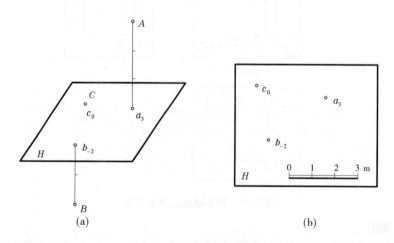

　　　　　　(a)　　　　　　　　　　　　　　　　(b)

图2-18　点的标高投影

2. 直线的标高投影

1)直线的坡度和平距

直线上任意两点间的高度差与水平距离(L)的比值称为直线的坡度,用符号 i 表示,如图2-19所示。

$$坡度(i) = \frac{高度差(H)}{水平距离(L)} = \tan\alpha$$

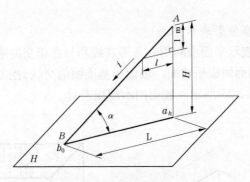

图 2-19 直线的坡度和平距

直线的平距是指直线上两点的高度差为 1 m 时的水平距离(L)的数值,用符号 l 表示。

$$平距(l) = \frac{水平距离(L)}{高度差(H)} = \cot\alpha = \frac{1}{\tan\alpha} = \frac{1}{i}$$

由此可见,平距与坡度互为倒数,常写成 $i = 1:l$。

2)直线的标高投影表示方法

用直线上两点的高程和直线的水平投影表示或用直线上一点的高程和直线的方向来表示,直线的方向规定用坡度和箭头表示,箭头指向下坡方向,如图 2-20 所示。

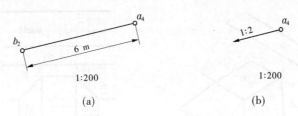

(a)   (b)

图 2-20 直线的标高投影表示方法

3. 平面的标高投影

1)平面的等高线和坡度线

平面上的等高线是该面上高程相同的点的集合,平面上的等高线是直线,且相互平行。如图 2-21 所示,当相邻等高线的高差相等时,其水平距离也相等。

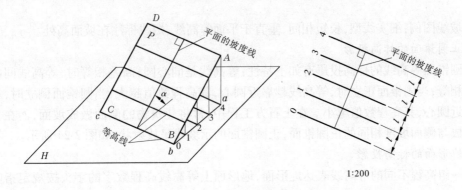

1:200

图 2-21 平面上的等高线

平面坡度线垂直平面上的等高线,如图 2-21 所示。坡度线的坡度就代表该平面的坡度。

2）基坑与堤坝的标高投影表示方法

利用两平行等高线表示平面或利用一条等高线和与之相交的平面坡度线表示平面。在工程中,常在建筑物的侧面做成平坡面。坡面与基准面的交线,挖方称开挖线,如图 2-22 所示。填方称坡脚线,如图 2-23 所示。坡面用示坡线表示。

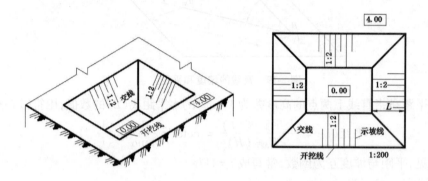

图 2-22　基坑标高投影图

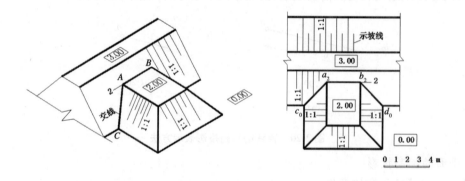

图 2-23　堤坝标高投影图

基坑与堤坝的标高投影图(见图 2-23),由等高线、交线、坡面示坡线和高程等要素表示。

示坡线图例:细实线型,长短相间,垂直于平面等高线,短线标注在坡面高处。

4.正圆锥面的标高投影

正圆锥面等高线的标高投影有如下特性:等高线是同心圆;高差相等时,等高线间的水平距离相等;当圆锥面正立时,等高线越靠近圆心,其高程数值越大;当圆锥面倒立时,等高线越靠近圆心,其高程数值越小。在土石方工程中,常将建筑物的侧面做成坡面,而在其转角处做成与侧面坡度相同的正圆锥面,正圆锥面的示坡线呈放射状,如图 2-24 所示。

5.地形面的标高投影

用一组高程不同的等高线表达地形面,地形面上等高线高程数字的字头按规定指向上坡方向。

地形图能够清楚地反映出地面的形状、地势的起伏变化,以及坡向等,如图 2-25 所示。

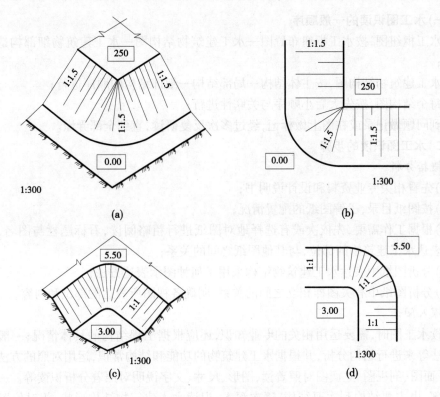

图 2-24 圆锥面标注实例

地形图具有地形等高线、地物、比例(比例尺)和方位四要素。地形图中同高程地形等高线必封闭,图中未封闭是因为图示范围有限。

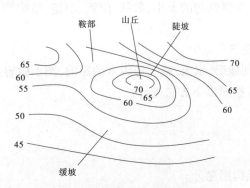

图 2-25 地形图上等高线的特性

(1)中间高,四周低为山头;反之,为坑。

(2)等高线密集,表示地势陡峭;等高线稀疏,表示地势平缓。

(3)等高线凸起指向高处,此处为山谷;等高线凸起指向低处,则为山脊。

(4)等高线相交处为悬崖。

四、识图方法

识图能力的形成,是多种因素的积累,它源于对各类工程结构的观察、专业知识的学习,以及工程实践的积累等因素的融合。对于阅读工程图来讲,方法因人而异。

（一）水工图识读的一般顺序

对水工枢纽图,按水工枢纽布置图—水工建筑物结构图—水工建筑物细部构造图的顺序进行;

对水工建筑物结构图,按主体结构—局部结构—细部结构的顺序进行;

对每个结构图,按先大后小顺序与关联性进行;

遇到问题做记录或在图上做标记,经过多次反复研读,直到全部弄懂。

（二）水工图识读的步骤

1. 概括分析

（1）先看相关专业资料和设计说明书;

（2）按图纸目录,了解图纸的配置情况;

（3）根据工作需要,先依次或有选择地对图纸进行粗略阅读,看标题栏与图名,了解本张图纸表达水工建筑物的部位,与其他图纸之间的关系;

（4）分析图纸中表达水工建筑物结构采用了何种图示表达方法;

（5）分析图纸中有关图样相互之间的关系,明确各视图所表达的部位和内容。

2. 深入阅读

识读水工图时,需要运用相关的专业知识,还应根据工程结构的具体情况;一般采用形体分析法等来进行结构分析,并根据水工建筑物的功能和结构常识,运用对照的方法进行读图,即平面图、剖视图、立面图对照着读,图形、尺寸、文字说明对照着分析识读等。一般由总体到局部,由主要结构到次要结构,逐次深入,识读水工建筑物结构形状、相对位置和材料等。

3. 归纳总结

通过归纳总结,对水工建筑物的大小、形状、位置、功能、结构特点、材料等有一个完整和清晰的理解。

4. 水利工程图识读要点

由于水工建筑物受到地形、水流、施工等因素的影响,图示内容显得杂乱,识读时首要工作就是"清理"图纸,一般按照以下方法进行:

（1）按地形位置分;

（2）按施工流程分;

（3）按水流方向分;

（4）按水工建筑物结构用途分。

这样在读图过程中,识读目标明确,相互干扰小。

5. 水利工程图识读注意事项

（1）找齐识读目标的所有图示图样,分析相互之间的关系;

（2）读图时不要只盯一张图或一个图样看,要做到全面分析,更不能背图纸;

（3）读图时可根据具体的工作任务,有选择地确定识读内容;

（4）读图时应先看图样形状,然后再看尺寸、标注和图例等,确定大小、相对位置和材料等。

总而言之,要想掌握识图技能,需要具备扎实的专业知识、丰富的实践经验、认真细致的工作态度。

五、水工图识读

(一)涵闸类图纸

1. 概括分析

水闸设计图如图 2-26 所示,一般采用了基本视图(纵剖视图、平面图与上下游立面图),以及若干部位的断面图等组合图形表达。

2. 分析图示表达方案

平面图表达了涵闸各组成部分的平面布置、形状、材料和大小。

纵剖视图是用剖切平面沿水流方向经过闸孔剖开得到的。它表达了铺盖、闸室底板、消力池、海漫等部分的剖面形状、各段的长度及连接形状和材料,图中可以看到门槽位置、排架形状及上下游设计水位和各部分的高程等。

上下游立面图:表达了河道剖面及涵闸上、下游立面的结构布置。

断面图:表达相关结构的剖面形状、尺寸、材料、施工要求等情况。

3. 深入阅读

综合阅读相关视图,涵闸类图纸可采取分段、分层和分部位阅读。读出涵闸的上游段、闸室段、下游段各部分的尺寸、材料和构造,然后根据其相对位置关系进行组合,可以理解出涵闸空间的整体结构形状、尺寸、材料、构造与施工要求等。

(二)泵站与电站类图纸

1. 概括分析

泵站设计图如图 2-27 所示,一般采用基本视图(纵剖视图、横剖视图与平面图),以及水平分层断面图和结构断面图等图形表达结构和组成。

2. 分析图示表达方案

平面图表达了各组成部分的平面布置、形状、材料和大小,纵剖视图是用剖切平面沿水流方向经过泵站(电站)剖开得到的。它表达了相关结构的剖面形状和各段的长度及连接形状,以及尺寸、高程和材料等。

断面图表达了厂房各层与相关结构的剖面形状、尺寸、材料和施工要求等。

3. 深入阅读

综合阅读相关视图,泵房(电站)可采取分段、分层和分部位阅读。

理解该泵站(电站)各组成部分的结构形状、尺寸和材料等,然后根据其相对位置关系进行组合,可以理解出泵站(电站)整体结构形状、尺寸、材料、构造与施工要求等。

(三)坝类图纸

1. 概括分析

坝类图纸主要有水库枢纽布置图、大坝横断面图和细部详图。中小型水利工程常采用土坝,这里以土坝为例说明。

土坝设计图一般由平面图、横断面图和细部详图等图形表达坝的结构和组成。

2. 分析图示表达方案

水库枢纽布置图表达了水库枢纽各水工建筑物的平面布置、形状、材料和主要技术参数,地形等高线反映了该处地貌特征,指北针反映方位。

土坝横断面图是用剖切平面垂直坝轴线剖切得到的,反映了坝各部位断面形状,图中还

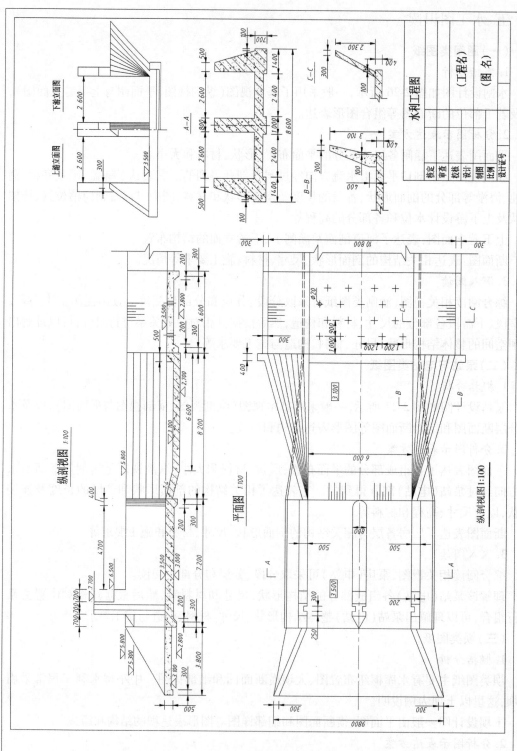

图 2-26　水闸设计图

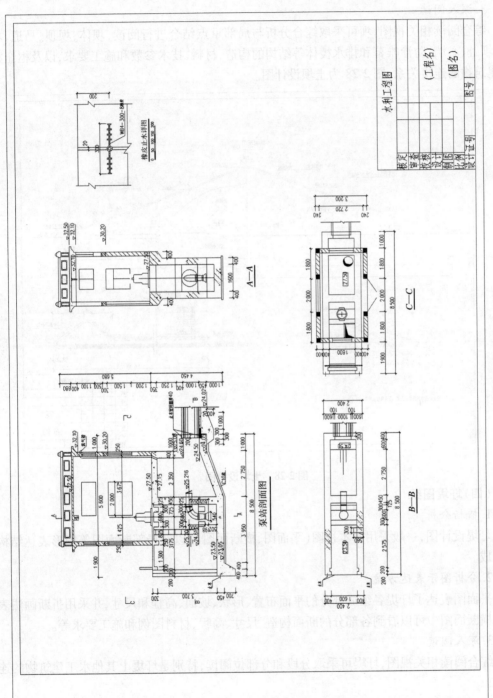

图 2-27　泵站设计图

表达了土坝有关结构的位置、尺寸、高程、材料图例等。

　　土坝细部详图分别表达了坝不同位置结构的断面形状、尺寸、材料等的情况。

　　3. 深入阅读

　　综合阅读相关视图,坝可采取综合分析与局部重点结合进行阅读,坝体、坝顶、马道、坝面、坝趾、心墙、防渗帷幕和排水棱体等结构的构造、材料、技术参数和施工要求,以及枢纽相关建筑物的连接关系,图 2-28 为土坝设计图。

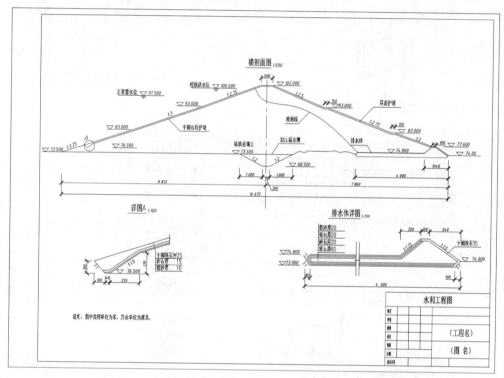

图 2-28　土坝设计图

(四)圩堤图纸

　　1. 概括分析

　　圩堤设计图,一般采用基本视图(平面图、横断面图),以及局部断面图等图形表达结构和组成。

　　2. 分析图示表达方案

　　平面图表达了圩堤各组成部分的平面布置、形状、坡面、高程和尺寸,并采用折断画法表达。横断面图中可以看到各部分的断面构造、尺寸、高程、材料图例和施工要求等。

　　3. 深入阅读

　　综合阅读相关视图,圩堤可采取分段和分部位阅读,特别是圩堤上其他水工建筑物的连接。

　　经过对图纸中圩堤结构的仔细阅读和分析,理解圩堤各部位置的结构形状、尺寸和材料等,然后根据其相对位置关系进行组合,可以理解出圩堤的整体结构形状。

（五）钢筋图识读

1.概括分析

水工建筑物常采用钢筋混凝土结构,钢筋混凝土结构的配筋图主要表达钢筋的加工与绑扎。

2.分析图示表达方案

配筋图主要表达了钢筋的编号、型号、形状、尺寸、位置、直径、根数等,一般采用钢筋布置图和断面图表达,如图 2-29 所示。

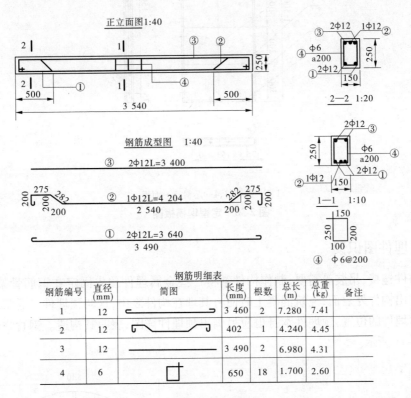

钢筋编号	直径(mm)	简图	长度(mm)	根数	总长(m)	总重(kg)	备注
1	12		3 460	2	7.280	7.41	
2	12		402	1	4.240	4.45	
3	12		3 490	2	6.980	4.31	
4	6		650	18	1.700	2.60	

钢筋明细表

图 2-29　配筋图

3.深入阅读

综合阅读相关视图,经过对图纸中结构配筋图的仔细阅读和分析,理解各结构混凝土的强度,钢筋的编号、型号、形状、尺寸、位置、直径、根数与加工方法等。

钢筋的标注应包括钢筋的编号、数量、直径、间距代号、间距及所在位置,通常应沿钢筋的长度标注,或标注在有关钢筋的引出线上;$i\Phi d$,i 为钢筋编号,n 为钢筋根数,Φ 为钢筋直径及种类的符号,d 为钢筋直径;$i\Phi d@s$,i 为钢筋编号,$@$ 为钢筋间距的代号,s 为钢筋间距。

六、模板图识读

模板图主要表示构件的外形与尺寸,同时也要表示出预埋件、预留孔洞的大小与位置。模板图的图示方法与一般形体的图示方法一样,就是画出构件的外形视图,其外形轮廓线用中实线。当构件外形简单时,可把模板图与配筋图合并,只画其配筋图。

工程常用的定型钢模板图如图 2-30 所示。

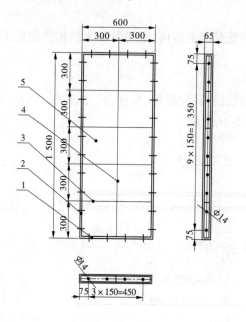

1、2—边肋;3、4—芯料;5—面板

图 2-30　定型钢模板图

七、预埋件图识读

由于构件连接、吊装等需要,制作构件常将一些金属埋件预先固定在钢筋骨架上,并使其一部分露出构件外表面,浇筑混凝土时便将其埋在构件之中,这叫预埋件。通常要在配筋图中标明预埋件的位置,预埋件本身也应另画出预埋件详图,表明其构造。钢管临时墩预埋件图如图 2-31 所示。

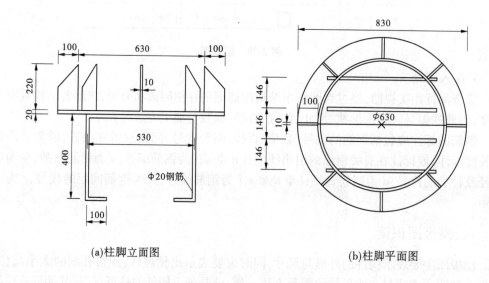

(a)柱脚立面图　　　　　　　　　(b)柱脚平面图

图 2-31　钢管临时墩预埋件图

第三节 简单建筑物绘图

一、轴测图

(一)轴测投影基本知识

视图的优点是表达准确、清晰,做图简便,其不足是缺乏立体感。轴测图的优点是直观性强,立体感明显,但不适合表达复杂形状的物体,也不能反映物体的实际形状。在工程实践中,工程图一般用视图来表达,而轴测图则用作辅助图样。

1. 常用轴测图的三要素

正等测图与斜二测图的轴间角和轴向伸缩系数如表 2-5 所示。

表 2-5 正等测图与斜二测图的轴间角和轴向伸缩系数

种类	轴间角	轴向伸缩系数	示例	种类	轴间角	轴向伸缩系数	示例
正等测图		$p = q = r = 0.82$,简化系数 $p = q = r = 1$		斜二测图		$p = r = 1$, $q = 0.5$	

2. 轴测图的基本特性

(1)平行性:物体上互相平行的线段,在轴测图上仍然互相平行;物体上平行于投影轴的线段,在轴测图中平行于相应的轴测轴。

(2)轴测性:物体上互相平行的线段,在轴测图中具有相同的轴向伸缩系数;物体上平行于投影轴的线段,在轴测图中与相应的轴测轴有相同的轴向伸缩系数。

(3)真实性:物体上平行于轴测投影面的平面,在轴测图中反映实形。

(二)轴测图画法

画轴测图最基本的画法是坐标法,而叠加法、切割法、特征面法和网格法等都是根据物体的形体特点对坐标法的灵活运用。下面以坐标法为例介绍平面体轴测图的画法。

如图 2-32 所示,已知一段渡槽的两视图,做出这段渡槽的正等轴测图。

二、组合体

组合体是由若干个基本形体通过叠加、相交、切割或综合等方式组合而成的。水工建筑物不论有多么复杂,都可以看成是组合体。

(一)组合体组合形式

组合体的组合形式通常有三种,即叠加式、切割式和既有叠加又有切割的综合式,如图 2-33 所示。

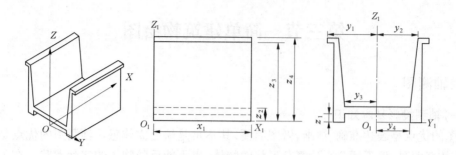

图 2-32　做渡槽的正等测图

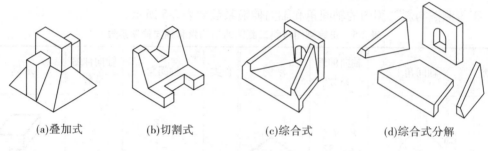

(a)叠加式　　　　(b)切割式　　　　(c)综合式　　　　(d)综合式分解

图 2-33　组合体的组合形式

（二）组合体的视图画法

绘制组合体视图的基本步骤如下。

1. 形体分析

形体分析就是分析所要表达的组合体是采用何种组合方式（叠加式、切割式和既有叠加又有切割的综合式），它们是由哪几个基本形体所组成的，并研究基本形体的形状及其相对位置。

2. 拟定图示表达方案

图示表达方案选择的基本原则是：用最简单、特征最明显的一组视图来表达物体的形状，即用尽量少的视图把组合体完整、清晰地表达出来。图示表达方案的内容包括：确定物体的摆放，物体通常按使用时的工作位置摆放，同时考虑充分利用显实性和积聚性简化做图；选择正视图的投影方向，选择正视图的投影方向时，应使正视图尽可能反映组合体的形状特征，以及充分考虑组合体各组成部分间的遮挡关系（虚线少）；确定视图数量，视图数量以表达清楚、完整为原则，确定表达组合体所需视图的数量。

3. 画组合体视图

1）选定比例、确定图幅

视图选择后，应根据组合体的大小和复杂程度，按制图标准的规定选择适当的比例和图幅。选择要求为：表达清楚、完整、易画、易读，图中的图线不宜过密与过疏。

2）布置视图

布置视图的位置，同时画出各视图的做图基准线。布图应使各视图均匀布置，不能偏向某边或过于集中，各视图之间、视图与图框线之间都要留有适当的空隙，以便于标注尺寸。

基准线一般选用对称线、较大的平面，或较大圆的中心线和轴线，基准线是画图和量取尺寸的起始线。

3）画底稿

按照组合体的位置关系,先画处于下面位置基本体的三视图,再画处于中间位置基本体的三视图,最后画最上面基本体的三视图。

4）检查、加深

底稿图画完后,应对照立体检查各图是否有缺少或多余的图线,修正错处,然后按线型、线宽处理图线,完成做图。

（三）组合体的尺寸注法

组合体的尺寸由组成组合体的基本体尺寸和组合体总尺寸构成。标注组合体的尺寸时,首先标注组成组合体的基本体的定型尺寸和定位尺寸,然后再标注组合体总尺寸。

1．标注原则

组合体尺寸标注的原则:正确、齐全、清晰、合理。

2．标注中需要注意的问题

（1）基本体上同一处的尺寸在视图上一般只标注一次。

（2）两视图相关尺寸尽量标在两视图之间。

（3）尺寸尽量标在视图外面。

（4）尺寸尽量标在反映特征处。

（5）尺寸尽量就近标注。

（6）尺寸应排列整齐。

（7）允许标注少量重复尺寸。

（8）一般不在虚线上标注尺寸。

（四）组合体识图的基本方法

识图是画图的逆向思维过程,所以识图的方法与画图是相同的。识图的基本方法有形体分析法和线面分析法。

1．形体分析法

形体分析法是组合体读图的基本方法,只适用于构成组合体的基本形体特征明显的组合体视图识读。

2．线面分析法

线面分析法适用于所有组合体视图的识读,是通过分析构成组合体的线面投影,达到分析出构成组合体的形体特征的目的。

三、CAD 软件制图

CAD,即 computer aided design,计算机辅助设计;是 Autodesk 公司出品的一款著名的专业制图设计软件,功能非常强大,已经成为国际制图设计的标准软件。在机械、建筑、服装、电子等各个方面都有应用。

由于 CAD 绘图具有效率高与精度高的特点,目前已广泛用于水利工程图的绘制。CAD绘图技能的掌握,主要是通过 CAD 教材与网络视频,并结合 CAD 软件操作进行学习的。

（一）运行 CAD 软件

CAD 软件安装好以后,单击开始菜单中的 CAD 软件或双击桌面 CAD 软件快捷图标,打开运行 CAD 软件。

（二）熟悉 CAD 主界面

学习 CAD 首先应熟悉 CAD 主界面，CAD 主界面主要有标题栏、菜单栏、标准工具栏、对象性质工具栏、绘图工具栏、修改工具栏、绘图区、命令显示区、坐标显示区、对象状态设置栏等，如图 2-34 所示。

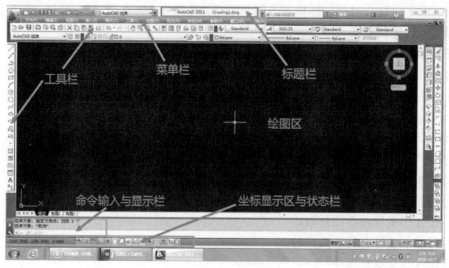

图 2-34　CAD 工作界面

（三）掌握 CAD 命令的输入

CAD 命令的输入：①从菜单栏中选择；②从工具栏中选择；③在命令栏中输入。

（四）相关各项样式设置

在应用 CAD 做图前要进行相关参数的设置，如图层、线型、线宽、文字和标注等样式的设置。

（五）绘图和编辑命令做图

绘图前先对图形进行分析，在此基础上利用绘图和编辑命令做图，并对所做图形仔细检查。

（六）相关参数的标注

绘图完成后，进行尺寸、文字和符号等的标注，要做到正确、齐全、清晰、合理。

（七）打印设置与出图

对绘图成果认真检查后，进行出图设置。打开打印命令：快捷键 Ctrl + P 或直接点击工具栏的打印图标。具体步骤为：①选择打印机设备名，点击下拉菜单选择；②选择图纸尺寸，根据打印设备正确选择；③勾选布满图纸，单位选择为毫米；④打印范围选择窗口，可以方便根据图形以窗口选择；⑤设置好后，选择预览，如果预览效果达到了要求，点击鼠标右键选择"打印"。

第三章　数理统计与应用

建设工程中的质量控制和分析都是以数据为基础的技术活动。如果没有数据的定量分析，就无法形成明确的质量概念并对质量进行控制。因此，必须通过对大量数据的整理和分析，发现事物的规律性和生产中存在的问题，进而做出正确的判断并提出解决的方法。

第一节　抽样方法

一、个体、母体与子样

在统计分析中，构成研究对象的每一个最基本的单位称为个体。例如，某产品市场占有率中的产品即是个体。

研究对象的所有个体的集合即全部个体称为母体或总体，它可以是无限大的，也可以是有限的，如产品生产的工序或一批产品的半成品、成品，可根据需要加以选择。

进行统计分析，通常是从母体中随机地选择一部分样品，称为子样（也称样本）。用它来代表母体进行观察、研究、检验、分析，取得数据后加以整理，得出结论。取样只要是随机并有足够的数量，则所得结论就能近似地反映母体的客观实际。

二、随机抽样

抽取样本的过程被称作抽样。依据对样本的检测或观察结果去推断总体状况，就是所谓的统计推断，也叫判断。随机抽样就是按等概率原则直接从含有 N 个元素的总体中抽取 n 个元素组成样本（ $N > n$ ）。常用的办法就是抽签了，不过，这只适合在总体单位较少时使用。

三、系统抽样

简单随机抽样是指从总体 N 个元素中任意抽取 n 个元素作为样本，使每个可能的样本被抽中的概率相等的一种抽样方式。系统抽样就是把总体的元素编号排序后，再计算出某种间隔，然后按一固定间隔抽取元素来组成样本的方法，它适用于总体及样本规模都较大的情况。例如，在 3 000 名学生中抽取 100 名，则先将这 3 000 名的名单依次编上编号，再根据公式 K（抽样间距）$= N$（总体规模）$/ n$（样本规模）$= 3\ 000/100 = 30$，即每隔 30 名抽 1 名。

四、分层抽样

分层抽样是指先把所有元素按某种特征或标志（比如年龄、性别、职业或地域等）划分成几个类型或层次，在其中采用前两种抽样方法抽取一个子样本，所有子样本构成了总的样本。比如，对学校进行抽样调查，可先把总体分为男生和女生，然后采用简单随机抽样方法或系统抽样的方法，分别从男生和女生中各抽 100 名，这样由这 200 名学生所构成的就是一个由分层抽样所得到的样本。再例如,将一个编号水泥看成是母体,每一包水泥看成是个体,通过随机取样所取出的检验样品为子样,通过检验分析,即可判断该编号水泥(母体)的质量状况。

第二节　统计分析

一、数据、计量值与计数值

(一)数据

通过测试或调查母体所得的数字或符号记录,称为数据。在水泥生产中,无论是对原材料、半成品、成品的检验,还是水泥的出厂销售,都要遇到很多报表和数据,特别是评定水泥质量好坏时,更要拿出检验数据来说明,所以可用与质量有关的数据来反映产品质量的特征。一个具体产品,常需用多个指标来反映它的质量。测量或测定质量指标所得的数值即质量特性值,即为数据。根据数据本身的特征、测试对象和数据来源、质量指标性质的不同,质量特性值可分为计量值和计数值两大类。

(二)计量值

当质量特性值可以取所定范围内的任何一个可能的数值时,这样的特性值称为计量值。如用各种计量工具测量的数据长度、重量、温度、化学成分、强度等就是计量值。不同类的质量特性值所形成的统计规律是不同的,从而形成了不同的控制方法。计量值可以是整数,也可以是小数,具有连续性。

(三)计数值

当质量特性值只能取一组特定的数值,而不能取这些数值之间的数值时,这样的特性值称为计数值。计数值可进一步分为计件值和计点值。计件值是指产品按件检查时所产生的属性,如一批产品中的合格数、废品数等;计点值是指每件产品中质量缺陷的个数,如棉布上的疵点数、铸件上的砂眼数等。计数值是间断的,以离散状态出现。

二、频数、频率与概率

随机变量是一种随着机会而改变其数值并且具有一定规律性的变量。如测定水泥的强度,每一袋水泥的试验结果不可能完全相同,即使一袋水泥,抽取几组试样,其试验结果也不可能完全一致,而是在一定的范围内波动,这是由于水泥的均匀性及试验误差等因素的影响,使得每次试验结果都是一个随机变量。

(一)频数、频率

测定的一组数据中某一数值重复出现的次数或在某一范围内数值重复出现的次数称为频数。频率为频数占数据总数的百分比。

(二)概率

在质量管理实践中发现,生产中某质量数值是经常变化的,但在正常生产情况下,这些数值的变化又是遵循一定规律的,即统计规律,称为概率。概率又叫几率,是表明事件发生的可能性大小的数。如果某事件必然发生,它的概率就是 1;如果某事件完全不可能发生,则它的概率为 0;如果某事件可能发生,也可能不发生,则它的概率介于 0 与 1。

概率的统计定义,就是把概率理解为频率的稳定值。在条件基本相同的大量重复试验中,随着试验总次数的不断增加,频率总是在某一常数附近波动,相对稳定下来,这就是频率的相对稳定性。这个常数表现为该频率的相对稳定值,称为概率。

【例 3-1】　从自动打包机包装的食盐中,随机抽取 20 袋,测得各袋质量分别为(单位:g):492、496、494、495、498、497、501、502、504、496、497、503、506、508、507、492、496、500、501、499,该自动包装机包装的袋装食盐质量在 497.5 ~ 501.5 g 的概率约为多少?

解:在 497.5 ~ 501.5 g 内的数共有 5 个,而总数共有 20 个,所以有 5 ÷ 20 = 0.25,0.25 即为食盐质量在 497.5 ~ 501.5 g 的概率。

三、数据统计特征数

尽管质量数据是波动的,但根据数理统计理论,人们发现在相同条件下生产的产品的质量波动是有一定规律的,它们多数向一个数值集中,同时又在此数值的两旁分散开来。数据统计特征数是用以表达随机变量波动规律的统计量,即数据的集中程度和离散(散差)程度。常见的数据统计特征数有以下几种。

(一)算术平均值

从总体中抽出一个样本(子样),得到一批数据 $X_1, X_2, \cdots, X_n$,在处理这批数据时,经常用算术平均值 $\overline{X}$ 来代表这个总体的平均水平,即

$$\overline{X} = \frac{X_1 + X_2 + \cdots + X_n}{n} \tag{3-1}$$

统计中称这个算术平均值为样本平均值。

(二)中位数

把数据按大小顺序排列,排在正中间的一个数即为中位数。当数据的个数 n 为奇数时,中位数就是正中间的数值;当 n 为偶数时,则中位数为中间两个数的算术平均值。

(三)众数

一组数据中重复出现次数最多的数,称为众数。众数可以是一个,也可以是多个。众数体现了样本数据的最大集中点,但它对其他数据的忽视使得它无法客观地反映总体特征。

(四)极差

极差就是数据中最大值和最小值的差,又称全距,用符号 R 表示。

$$R = X_{\max} - X_{\min} \tag{3-2}$$

式中,$X_{\max}$ 为数据中的最大值;$X_{\min}$ 为数据中的最小值。

(五)标准偏差

标准偏差是人们总结和推导出来的一个衡量总体分散程度的度量值,又称为均方根差。其推导过程是:设有 n 个数据,先计算出算术平均值 $\overline{X}$,将总体中各个数据减去平均值,即得离差。离差可能是正数,也可能是负数或零。如果将全部离差相加,其代数和将会为零。为此先将各离差平方,计算出离差的平方和,求得各离差平方和的算术平均值,称为标准偏差(方差)。用统计方法处理数据时,广泛采用标准偏差来衡量多次测定结果互相接近的程度,子样标准偏差计算公式为

$$S = \sqrt{\frac{\sum_{i=1}^{n} (X_i - \overline{X})^2}{n - 1}} \tag{3-3}$$

【例3-2】 工程抽检测得一组数据分别是200、50、100、200,求它们的标准偏差。

解:

$$\overline{X} = (200 + 50 + 100 + 200) \div 4 = 550 \div 4 = 137.5$$

$$S = \sqrt{\frac{\sum\limits_{i=1}^{4} (X_i - \overline{X})^2}{n-1}}$$

$$= \sqrt{\frac{(200 - 137.5)^2 + (50 - 137.5)^2 + (100 - 137.5)^2 + (200 - 137.5)^2}{4 - 1}} = 75$$

标准偏差给出数据中各值偏离平均值的大小。如果标准偏差比较小,表明这批数据大多集中在它的平均值附近;如果标准偏差比较大,表明这批数据离开平均值的距离较大,较分散。所以,S 是表示数据分散程度的一个重要的特征值。对于控制产品的质量来说,标准偏差大的产品质量波动大,工艺因素不稳定;反之,则表示产品质量比较均匀、稳定。通过标准偏差的计算,可以评价产品质量,控制生产工艺和评定工艺改造的效果等。

(六)变异系数

变异系数是数据的标准偏差与数据的算术平均值之比,用 C_v 表示,用下式计算:

$$C_v = \frac{S}{\overline{X}} \tag{3-4}$$

用极差和标准偏差都只能反映数据波动的绝对大小,当测量单位不同,或测量单位相同但不同组的平均数相差很大时,用标准偏差来衡量离散程度的大小是不合理的,必须用相对标准偏差(变异系数)来表示离散程度。当变异系数值较低时,数据具有较小的变异性和较高的稳定性。如在做水泥均匀性试验时,就要求计算变异系数,通过变异系数就可以比较不同企业的水泥质量波动情况,这是一个比较合理的方法。

(七)加权平均值

加权平均值是将各数值乘以相应的权数,然后加总求和得到总体值,再除以总的单位数的结果。加权平均值的大小不仅取决于总体中各单位数值的大小,而且取决于各数值出现的次数(频数),由于各数值出现的次数对其在平均数中的影响起着权衡轻重的作用,因此叫作权数。

加权平均值是根据权数的不同进行的平均数的计算,所以又称为加权平均数。

若 n 个数 X_1,X_2,$\cdots$,X_n 的权分别是 w_1,w_2,$\cdots$,w_n,则这 n 个数的加权平均值为

$$\overline{X} = \frac{X_1 w_1 + X_2 w_2 + \cdots + X_n w_n}{w_1 + w_2 + \cdots + w_n} \tag{3-5}$$

在市政工程量的计算中,经常遇到子目类型一样,但数量不同的数字,如果一一计算工程量,一一列出定额子目,不仅费工费时且容易出错。要在短暂的投标时间内高速高效准确无误地计算工程量,加权平均法就是一种有效方法。

【例3-3】 某工程水泥产量及强度统计如表3-1所示,计算表3-1中水泥平均强度。

表 3-1 水泥产量及强度

月份	1	2	3	4	5	6	7	8	9	10	11	12
产量	4.1	2.8	5.8	5.5	5.0	4.9	4.7	4.8	5.2	5.2	5.0	6.0
强度	39.2	38.7	38.9	39.4	39.7	38.8	39.1	39.3	39.3	39.4	39.5	39.6

解：当月产量乘以当月平均强度，加上下月产量乘以下月平均强度，以此类推，求和后除以总产量，即得平均强度为：$(\sum_{n=1}^{12}$ 产量 × 当月强度) ÷ 59 = 39.3（MPa）

【例 3-4】 计算表 3-2 中出磨水泥的平均值、最大值、最小值和标准偏差。

表 3-2 出磨水泥汇总

编号	细度		SO₃	烧失量	标准稠度用水量	凝结时间		抗折强度（MPa）				抗压强度（MPa）			
	80 μm	45 μm				初凝	终凝	1 d	3 d	7 d	28 d	1 d	3 d	7 d	28 d
3M126	2.3		1.92		238	185	238	2.4	5.0	6.0	6.8	8.0	21.3	29.5	36.6
3M127	2.5		2.11		238	185	238	2.4	4.7	5.8	7.1	7.8	20.1	28.2	35.8
3M128	2.4		2.35		238	185	238	2.3	5.3	6.4	7.4	8.5	22.5	31.4	38.0
3M129	2.6		1.94		238	185	238	2.1	5.1	6.2	7.5	8.4	22.6	31.5	39.1
3M130	2.5		1.85		238	185	238	2.3	4.2	5.7	6.9	7.9	20.9	29.4	37.2
3M131	2.6		2.03		238	185	238	2.1	4.7	5.6	7.3	7.3	19.6	29.6	36.6
3M132	2.4		2.05		238	185	238	1.7	4.1	5.3	7.1	7.4	19.3	26.3	35.3
3M133	2.5		2.14		238	185	238	2.1	4.7	5.8	6.9	7.1	20.1	26.3	35.4
3M134	2.6		2.25		238	185	238	2.5	5.1	5.8	7.7	8.1	22.7	30.3	37.4
3M135	2.4		1.87		238	185	238	2.4	5.1	6.3	7.4	7.9	22.0	32.0	39.2
3M136	2.4		1.99		238	185	238	2.4	5.1	6.4	7.5	7.5	22.3	33.2	38.7
3M137	2.2		1.96		238	185	238	2.3	5.0	6.3	7.6	8.6	22.9	31.7	39.3
3M138	2.5		2.16		238	185	238	2.4	4.7	6.1	7.7	8.1	22.7	30.8	38.3

解：计算结果见表 3-3。

表 3-3 计算结果表

编号	细度		SO₃	烧失量	标准稠度用水量	凝结时间		抗折强度（MPa）				抗压强度（MPa）			
	80 μm	45 μm				初凝	终凝	1 d	3 d	7 d	28 d	1 d	3 d	7 d	28 d
平均值	2.5		2.05					2.3	4.8	6.0	7.3	7.9	21.5	30.0	37.5
最大值	2.6		2.35					2.5	5.3	6.4	7.7	8.6	22.9	33.2	39.3
最小值	2.2		1.85					1.7	4.1	5.3	6.8	7.1	19.3	26.3	35.3
标准偏差	0.12		0.15					0.21	0.39	0.34	0.31	0.47	1.31	2.11	1.44

四、工程常用统计分析方法

（一）指标对比分析法

指标对比分析法又称比较分析法,是统计分析中最常用的方法,是通过有关的指标对比来反映事物数量上差异和变化的方法。有比较才能鉴别:单独看一些指标,只能说明总体的某些数量特征,得不出什么结论性的认识;一经过比较,如与国外比、与外单位比、与历史数据比、与计划比,就可以对规模大小、水平高低、速度快慢做出判断和评价。

指标对比分析法可分为静态比较分析法和动态比较分析法。静态比较是在同一时间条件下不同总体指标比较,如不同部门、不同地区、不同国家的比较,也叫横向比较;动态比较是在同一总体条件不同时期指标数值的比较,也叫纵向比较。这两种方法既可单独使用,也可结合使用。进行对比分析时,可以单独使用总量指标或相对指标或平均指标,也可将它们结合起来进行对比。比较的结果可用相对数,如百分数、倍数、系数等;也可用相差的绝对数和相关的百分点(每1%为一个百分点)来表示。

（二）分组分析法

指标对比分析法是总体上的对比,但组成统计总体的各单位具有多种特征,这就使得在同一总体范围内的各单位之间产生了许多差别,统计分析不仅要对总体数量特征和数量关系进行分析,还要深入总体的内部进行分组分析。分组分析法就是根据统计分析的目的要求,把所研究的总体按照一个或者几个标志划分为若干个部分,加以整理,进行观察、分析,以揭示其内在的联系和规律性。

分组分析法的关键问题在于正确选择分组标值和划分各组界限。

第三节　实验误差与数据处理

在定量分析中,分析结果应具有一定的准确度,因为不准确的分析结果会导致产品报废、资源浪费,甚至得出错误的结论。但在分析过程中,即使是技术很熟练的人,用同一方法对同一试样仔细地进行多次分析,也不能得到完全一致的分析结果,分析结果总是在一定的范围内波动。这就是说,分析过程中误差是客观存在的。因此,要善于判断分析结果的准确性,查出产生误差的原因,进一步研究减小误差的方法,以不断提高分析结果的准确度。

一、准确度与误差

准确度是分析结果与真实值相符合的程度,通常用误差的大小来表示。误差越小,分析结果的准确度越高。误差有两种表示方法,即绝对误差和相对误差。绝对误差是测定值与真实值之差,相对误差是绝对误差在真实值中所占的百分率,即

$$绝对误差 = 测定值 - 真实值 \tag{3-6}$$

$$相对误差 = 绝对误差 / 真实值 \times 100\% \tag{3-7}$$

由于一般分析测定中误差的数值是相当小的,因此有时也用测定结果代替真实值,即相对误差近似地等于绝对误差与测定结果之比,再乘以100%。

从相对误差的计算公式可以看出,当绝对误差相同,被测定的结果较大,相对误差就比较小,测定的准确度也就比较高。

（一）精密度与偏差

精密度是指在相同条件下几次平行测定的结果相互接近的程度，通常用偏差的大小来表示。偏差越小，分析结果的精密度越高。

偏差有绝对偏差和相对偏差之分。测定结果（X_i）与算术平均值（$\overline{X}$）之差为绝对偏差（d），即个别测定的绝对偏差，绝对偏差 = 测定值 – n 次测定值的算术平均值，用 d 表示；绝对偏差在平均值中所占的百分率为相对偏差（d_r），即个别测定的相对偏差。可分别用式（3-8）、式（3-9）或式（3-10）计算。

$$d = X_i - \overline{X} \tag{3-8}$$

$$相对偏差 = 绝对偏差 / 算术平均值 \times 100\% \tag{3-9}$$

即

$$d_r = \frac{d}{\overline{X}} \times 100\% \tag{3-10}$$

相对标准偏差记为 RSD，其计算公式为

$$RSD = \frac{S}{\overline{X}} \times 100\% = \frac{\sqrt{\dfrac{\sum\limits_{i=1}^{n} (X_i - \overline{X})^2}{n-1}}}{\overline{X}} \times 100\% \tag{3-11}$$

式中，n 为测定次数；（$X_i - \overline{X}$）为各个测定结果与测定结果平均值之差。

偏差小，说明测定的重复性好，精密度高。

（二）准确度与精密度的关系

准确度表示测量的正确性，而精密度则表示测量的重复性或者再现性。检验工作要力求测量准确度高，精密度好。事实证明，只有首先保证精密度好，才有可能使准确度更高。因为分析结果的精密度主要取决于实验操作的仔细程度与精密度，即由偶然误差所决定，而准确度则主要取决于分析方法本身，即由系统误差所决定。因此，粗心大意固然不能得出准确的分析结果，但分析方法本身带来的误差，显然也不会因操作精细而被完全消除。因此，只有在消除了分析的系统误差之后，尽量提高分析的精密程度，这样所得到的测定结果才能准确、可靠。

二、误差类型

根据误差的性质，可将误差分为两类，即系统误差和偶然误差。

（一）系统误差

系统误差又称可定误差或可测误差。这是由于测定过程中某些经常性的原因所造成的误差，它影响分析结果的准确度。产生系统误差的主要原因是：

（1）方法误差。由于分析方法本身不够完善而引入的误差。它是由分析系统的化学性质或物理性质所决定的。例如，反应不能定量地完成或者有副反应；干扰成分的存在；质量分析中沉淀的溶解损失、共沉淀和后沉淀现象；灼烧沉淀时，部分挥发损失或称量形式具有吸湿性；在滴定分析中，指示剂选择不适当、化学计量点和滴定终点不相符合都属于方法上的误差。

（2）仪器误差。由于仪器本身不精密或者有缺陷造成的误差。例如，天平两臂不相等，

砝码、滴定管、容量瓶、移液管等未经校正,在使用过程中就会引入误差。

（3）试剂误差。由于试剂不纯或蒸馏水、去离子水不符合规格,含有微量的被测组分或对测定有干扰的杂质等所产生的误差,例如测定石英砂中铁的含量时,使用的硅酸盐中有铁的杂质,就会给分析结果造成误差。

（4）主观误差。因操作者某些生理特点所引起的误差。例如,有的人视力的敏感程度较差,对颜色的变化感觉迟钝,宜引起的误差。

总之,系统误差是由于某种固定的原因所造成的,在各次测定中,这类误差的数值大体相同,并且始终偏向一方（或者正误差或者负误差）。因此,它对分析结果的影响比较恒定,在同一条件下,重复测定时会重复出现,使测定的结果系统地偏高或偏低。因而误差的大小往往可以估计,并可以设法减小或加以校正。

（二）偶然误差

偶然误差又称非确定误差或随机误差。这是由一些难以控制的偶然因素所造成的误差,没有一定的规律性。虽然操作者仔细操作,外界条件也尽量保持一致,但测得的一系列数据仍有差别,并且所得数据误差的正负不定、大小不定。产生这类误差的原因常常难以觉察,可能是由于室温、气压等检验条件的偶然波动所引起的,或是因使用的砝码偶然缺损、试剂质量或浓度改变所造成的,也可能由于个人一时辨别的差异使读数不一致。

尽管这类误差在操作中不能完全避免,但当测定次数很多时,即可发现偶然误差的分布服从一定的规律:一是正误差和负误差出现的概率相等;二是小误差出现的次数多,大误差出现的次数少,特别大的误差出现的次数极少。

三、减少实验误差的措施

减少实验误差的途径就是减少检测过程中的系统误差和偶然误差,并杜绝一切操作上的过失错误。具体措施如下:

（1）选择合适的分析方法。这是减少系统误差的根本途径,对不同种类的试样应采取不同的分析步骤,以防止不明成分的干扰。

（2）采用对比检验方法。即用标样进行对比分析或用标准方法进行对比分析。利用标准样来检查和校正分析结果消除系统误差的方法,在实际工作中应用得较为普遍。通常应取用与分析样品的组成比较接近的标准样进行对比分析。由于对比分析是在相同的实验条件下进行的,所以比较标准样的测得数据和标准数据,可以很容易看出所选用方法的系统误差有多大。如果在允许误差的范围之内,一般可不予校正。假如存在的系统误差比较大,对分析结果准确度有显著影响,则须根据所得分析结果用如下计算公式进行校正:

被测组分在试样中的含量 = 标样的标准结果／标样的分析结果 × 试样的分析结果

$$(3-12)$$

在生产控制中,有时采用简易的快速分析方法。为检查所用方法是否准确,除应用标准样进行对比外,也常用国家标准方法或公认的准确度高的"经典"方法来分析同一个试样。

（3）进行空白实验。空白实验的目的是为了消除实验所用化学试剂和蒸馏水中含有的某些杂质给分析结果带来的系统误差。对准确度要求高的分析,进行空白实验往往是必要的。

（4）使用校正过的仪器和容量器皿。在准确度要求高或进行某些特别需要的分析时,应根据情况对容量器皿如容量瓶、移液管、滴定管或天平砝码等进行校正,以消除或减小由所用仪器所带来的系统误差。

四、减少偶然误差的方法

根据偶然误差出现的规律可知,测定次数越多,其平均值越接近真值。因此,适当增加平行测定的次数,取其平均值,是减少偶然误差的有效方法。

此外,由于检验人员工作上的粗枝大叶、不遵守操作规程,以致在检验过程中引入某些操作错误,例如器皿不洁净、实验溶液或沉淀损失、试剂用错、记录及计算上的错误等,都会给检验结果带来严重影响,必须避免。

第四节 有效数字及数值修约

一、有效数字位数确定

(一)有效数字的概念

有效数字是指试验中实际测定的数字。由于测量仪器的精密程度总是有限的,所以测定数据的最后一位往往是估计出来的,不够准确。例如,读取滴定管上的刻度,甲读数为23.43 mL,乙读数为 23.42 mL,这四位数中前三位是准确的,第四位数是不确定的,故称为可疑值。但它又不是臆造的,所以记录时应该保留它。所记录的这四位数字都是有效数字,因此所谓有效数字就是只保留末一位不准确数字,其余数字均为准确数字的数字。

有效数字不仅表示数值大小,而且反映测量结果的精密度。例如,用分析天平称量,得到的数据为 3.580 0 g,就不同于 3.580 g,因为两个数据的精密度不同,若数据为 3.580 0 g,其绝对误差为 ±0.000 1 g,相对误差为:

$$\frac{0.000\ 1}{3.580\ 0} \times 100\% = 0.002\ 8\%$$

若数据为 3.580 g,其绝对误差为 ±0.001 g,相对误差为

$$\frac{0.001}{3.580} \times 100\% = 0.028\%$$

精密度相差 10 倍。

由此可见,记录测试数据时不能随意乱写,是多少写多少,特别是末位数的"0"虽不改变数字的绝对值,也不能随便多写或少写。不正确地多写了一位数字,则该数据不真实,因而也不可靠;少写了一位数字,则损失了测量的精密度。总之,在分析测试、检验、计量等工作中,正确表达测量数据的位数非常重要。

(二)确定有效数字位数的方法

有效数字的位数直接与测试结果的精密度有关,在确定有效数字位数时应遵循下列原因:

(1)数字 1~9 都是有效数字。

(2)"0"在数字中所处的位置不同,起的作用也不同。

①"0"在数字前,仅起定位作用,不是有效数字。例如,在 0.025 7 中,"2"前两个"0"均

不是有效数字,因为这些"0"只与所取的单位有关,而与测量的精密度无关;若将单位缩小至1%,则 0.025 7 就变成 2.57,有效数字只有三位,前边的"0"就没有了。类似像 123、12.3、0.123、0.001 23 等数字的有效数位都是三位。

②数字末尾的"0"属于有效数字。例如,在 0.500 0 中,"5"后面的三个"0"均为有效数字;在 0.004 0 中,"4"后面的 1 个"0"也是有效数字。所以,0.500 0 为四位有效数字,0.004 0 为两位有效数字。

③数字之间的"0"为有效数字。例如,1.008 中间的两个"0",8.01 中间的一个"0"都是有效数字,所以 1.008 是四位有效数字,8.01 是三位有效数字。

④以"0"结尾的正整数,有效数字的位数不确定,应根据测试结果的精密度确定。如 3 600,有效数字位数不容易确定,可能是二位、三位,也可能是四位,遇到这种情况,应根据实际测试结果的精密度确定有效数字的位数,把"0"用 10 的乘法表示,有效数字用小数表示。例如,将 3 600 写成 3.6×10^3,表示此数有两位有效数字;写成 3.60×10^3,表示此数有三位有效数字;写成 3.600×10^3,表示此数有四位有效数字。

【例 3-5】　指出 1.000 8;4.363 0;0.600 0;16.75%;0.035 6;345×10^{-8};74;0.006 0;0.03;5×10^4;4 300;100 的有效数字位数。

解:1.000 8、4.363 0 均为五位有效数字;0.600 0、16.75% 均为四位有效数字;0.035 6、345×10^{-8} 均为三位有效数字;74、0.006 0 均为两位有效数字;0.03、5×10^4 均为一位有效数字;4 300、100 有效数字位数不定。

二、数值修约规则

数值修约是一种数据处理方式,是在进行具体的数字运算前,通过省略原数值的最后若干位数字,调整保留的末位数字,使最后所得到的值最接近原数值的过程。在实际工作中,质量检测及计算后得到的各种数据,对在确定精确范围(有效数字的位数)以外的数字,应加以取舍,即进行修约。修约时,应按照《数值修约规则与极限数值的表示和判定》进行。

(一)间隔

间隔是确定修约保留位数的一种方式。修约间隔的数值一经确定,修约值即应为该数值的整数倍。若指定修约间隔为 0.1,修约值即应在 0.1 的整数倍中选取,相当于将数值修约到一位小数。若指定修约间隔为 100,修约值则应在 100 的整数倍中选取,相当于将数值修约到"百"位数。

(二)进舍规则

(1)拟舍弃数字的最左一位数字小于 5 时,则舍去,即保留的各位数字不变。若将 3.124 3 修约到两位小数,得 3.12;若将 3.214 3 修约成四位有效位数,得 3.214。

(2)拟将某一数修约为有效位数 n,当 $n+1$ 位数字为 5 时,若 5 后有数字,则进 1;若 5 后无数字或 5 后皆为"0",看保留数字的末位是奇数还是偶数,按照"奇进偶舍"的原则,即保留数字的最末一位为奇数时,进 1;保留数字的最末一位为偶数时,舍去。例如,将 4.225 1、31.45、31.55 修约为三位有效位数,则得 4.23、31.4、31.6。例如,将 0.032 5 修约为两位有效位数得 0.032。以上规则可概括为如下口诀:"四舍六入遇五要考虑,五后非零则进一,五后皆零视奇偶,五前为偶则舍去,五前为奇则进一"。

（三）不允许连续修约

拟修约数字应在确定修约位数后一次修约获得结果，而不得多次按上述规则连续修约。例如，修约 15.454 6，修约间隔为 1，则修约后值为 15，而不应按 15.454 6→15.455→15.46→15.5→16 的做法修约。

（四）负数修约

先将负数的绝对值按上述规则进行修约，然后在修约值前面加负号。

修约规则总结：四舍六入五留双；五后数字为 0：看前一位，奇进，偶舍；五后数字有非 0 数字：进位；修约一步到位，不可连续修约。

三、有效数字的运算规则

（1）在所有计算式中，常数及非检测所得计算因子（倍数或分数，如 6、2/3 等）的有效数字，可视为无限有效，需要几位就取几位。

（2）计算有效数字位数时，若第一位数字等于 8 或 9，则有效数字可多计一位。例如，8.47、9.56，实际上只有三位，但它们可以被认为是四位有效数字。

（3）在对数计算中，所取对数有效数字位数应只算小数部分数字的位数，与真数的有效数字位数相等。

（4）加减法：几组数字相加或相减时，以小数位数最少的一数为准，其余各数均修约成比该数多一位，最后结果有效数字的位数应与小数最少的一数相同。

例如，$60.4 + 2.02 + 0.212 + 0.036\ 7 \approx 60.4 + 2.02 + 0.21 + 0.04 = 62.67 \approx 62.7$。

（5）乘除法：参加运算的各数先修约成比有效数字位数最少的数多一位，所得最后结果，以有效数字位数最少的一数为准，与小数点位置无关。

（6）乘方或开方：原近似数有几位有效数字，计算结果就可以保留几位。若还要参加运算，则乘方或开方的结果可以比原数值多保留一位。

（7）几组数的算术平均值，可比小数位数最少的一数多一位小数。

第四章　力学与结构

第一节　静力学基础

人们为了工作和生活的需要而建造的各种房屋,如跨越河流渠道而建造的各种桥梁,为兴利除害而兴建的各种水利工程等。这些建筑物从开始建造,到建成使用的过程中,都要承受各种作用。作用可分为两大类:当以力的形式作用于结构或构件上时,称为直接作用,也叫结构的荷载;当以变形的形式作用于结构或构件上时,称为间接作用。工程实际常见的作用多数是直接作用。例如,房屋的楼板要承受自身的重量,人、家具和设备的重量;梁要承受楼板传来的荷载或墙传来的荷载,墙或柱则要承受楼板和梁传来的荷载等,所有这些荷载最后都要通过基础传到地基上。

结构就是指建筑物中承受荷载而起骨架作用的部分。房屋结构由梁、板、柱、墙、基础等基本构件组成,图 4-1 为一厂房的结构示意图。

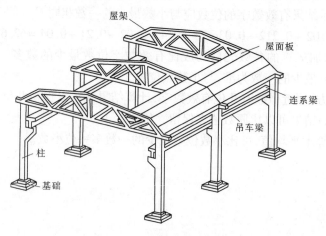

屋架

屋面板

连系梁

吊车梁

柱

基础

图 4-1　厂房结构示意图

要使结构或构件安全可靠,就必须同时满足强度、刚度和稳定性三个方面的要求。

强度是指结构或构件抵抗破坏的能力。因构件强度不够出现工程事故,如图 4-2 所示柱的破坏。

刚度是指结构或构件抵抗变形的能力。结构与构件虽然有足够的强度不至于破坏,但由于产生过大的变形,也会影响它的正常使用,如图 4-3 所示。

图 4-2　柱破坏

图 4-3　变形

　　稳定性是指结构或构件中的细长压杆保持原有直线平衡状态的能力,如图 4-4(a)、(b)所示。特别对于细长的轴心受压构件或由这些构件组成的结构,当压力超过某一临界值时,它会突然地由直变弯,改变它原来的平衡状态直至弯曲破坏,这种现象叫丧失稳定。如图 4-4(c)所示组成工程构件具有足够的强度、刚度,却因失稳造成倒塌事故。

(a)

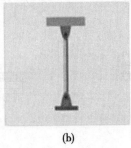
(b)

(c)

图 4-4　压杆稳定

　　工程力学采用理想变形固体模型,材料具有理想的连续性、均匀性、各向同性和小变形。

一、静力学常用概念

(一)力

　　力是物体间相互的机械作用,这种作用使物体的运动状态发生改变(外效应),或者使物体的形状发生改变(内效应)。

　　如图 4-5 所示,起重机起吊工作时,重物与绳索之间有相互作用;地面与车轮之间有相互作用。

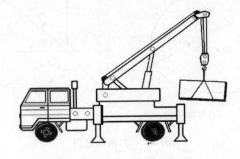

图 4-5　起重机工作示意图

　　力对物体的作用效应取决于力的大小、方向和作用点三个要素。力的国际单位是牛顿(N)或千牛顿(kN),1 kN = 1 000 N;在工程单位制中,力的单位是千克(kg)或吨(t)。两种单位制的换算关系为 1 kg = 9.8 N ≈ 10 N。

（二）平衡

一般将地球作为参照系,物体相对于惯性参考系保持静止或做匀速直线运动,则物体处于平衡状态。工程力学研究构件的平衡问题。例如,房屋、水坝、桥梁相对于地球是保持静止的。

（三）荷载

在工程力学中,将作用于构件上的外力称为荷载。根据不同的标准可以把荷载分成不同的种类,如永久荷载、可变荷载、偶然荷载、静力荷载、动力荷载等。常用的有均布荷载和集中荷载,如图 4-6 所示。

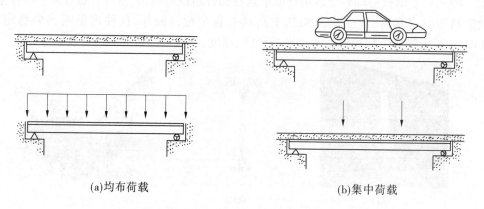

(a)均布荷载　　　　　　　　　　(b)集中荷载

图 4-6　荷载简化示意图

（四）力系

把作用于一物体上的一群力统称为力系,使物体保持平衡的力系,称为平衡力系。根据力系中各力作用线的分布情况可将力系分为平面力系和空间力系两大类。各力作用线位于同一平面内的力系称为平面力系,如图 4-7(a)所示;各力作用线不在同一平面内的力系称为空间力系,如图 4-7(b)所示。

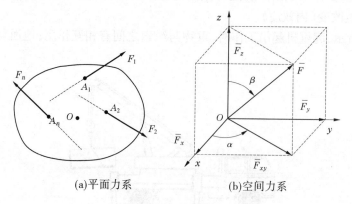

(a)平面力系　　　　　　　　　　(b)空间力系

图 4-7　力系示意图

二、静力学公理

静力学以刚体为假设前提。在静力学研究中,对研究对象没有特别强调的情况下,一般分析时不再考虑杆件的自重,这与中学物理关于力学的分析有区别。

(一)二力平衡公理

公理:一刚体在两个力作用下,该刚体处于平衡状态,其必要和充分条件是:这两个力的大小相等、方向相反,作用在同一条直线上,如图 4-8 所示。

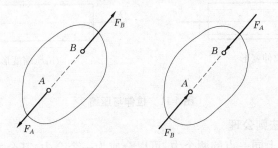

图 4-8 二力平衡

只受二力作用而处于平衡状态的杆件或构件称为二力杆或二力构件。二力杆或二力构件上的两个力的作用线必为这两个力作用点的连线,如图 4-9 所示 AB 杆、AC 杆均为二力杆。

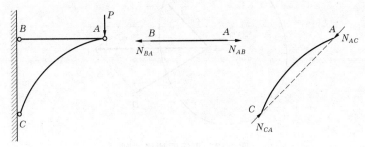

图 4-9 二力杆

(二)加减平衡力系公理及推论

公理:在作用于刚体上的任意力系中,加上或取消一个平衡力系,并不改变原力系对刚体的作用效应。

如图 4-10(a)所示,在 F 作用线上 B 处,加上一平衡力系 F,则图 4-10(a)与图 4-10(b)为等效。

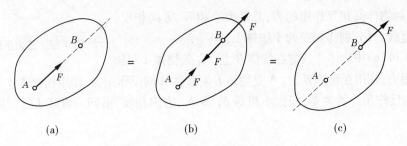

(a)　　　　　　　　(b)　　　　　　　　(c)

图 4-10 加减平衡力系

推论Ⅰ:力的可传性原理

作用在刚体上某点的力,可沿其作用线任意滑移至刚体上的任意一点,而不改变它对刚体的作用效应。

必须指出:加减平衡力系公理和力的可传性原理都只适用于刚体,不适用于变形体。如果 AB 为变形体则如图 4-11(a)所示的拉伸变形转变为如图 4-11(b)所示的压缩变形。

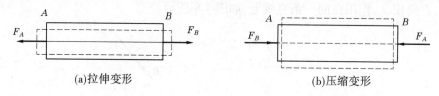

(a)拉伸变形　　　　　　　　　　　　(b)压缩变形

图 4-11　拉伸与压缩

(三)平行四边形法则公理

公理:作用于物体上同一点的两个力,可以合成为一个合力,其合力作用线通过该点,合力的大小和方向由这两个力为邻边所构成的平行四边形的对角线表示。该公理又称为平行四边形法则,如图 4-12 所示。

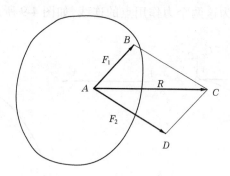

图 4-12　平行四边形法则

推论Ⅱ:三力平衡汇交定理

一刚体受三个共面不平行的力作用而处于平衡时,则这三力的作用线必汇交于一点。

如图 4-13 所示,设有共面不平行的三个力 F_1、F_2、F_3 分别作用在一刚体上的 A_1、A_2、A_3 三点而使刚体平衡。

(四)作用和反作用公理

公理:两物体间相互作用的力,总是大小相等、方向相反,且沿同一直线,并分别作用在两个物体上。

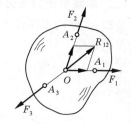

图 4-13　三力平衡汇交

如图 4-14(a)中物体 A 放置在物体 B 上,N_1 是物体 A 对物体 B 的作用力,作用在物体 B 上,N 是物体 B 对物体 A 的反作用力,作用在物体 A 上。N_1 和 N 是作用力与反作用力的关系,即大小相等 $N_1 = N$,方向相反,沿同一直线 KL,如图 4-14(b)所示。

三、平面体系的几何组成分析

自然界中的物体一般分为自由体和非自由体。可以自由运动的物体,称为自由体,如图 4-15 所示的热气球。不能自由地运动,在某些方向的移动和转动因受其他物体的限制而

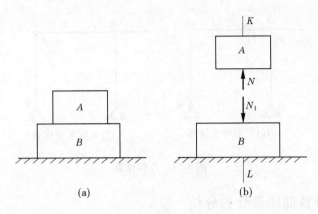

图 4-14　作用力与反作用力

不能任意发生移动和转动的物体,称为非自由体,如图 4-16 所示的塔吊。

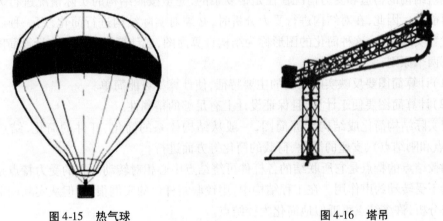

图 4-15　热气球　　　　　　　　　　　　　图 4-16　塔吊

　　平面杆件结构,是由若干根杆件构成的能支撑荷载的平面杆件体系,而任一杆件体系却不一定能作为结构。因此,要研究结构的组成规律和合理形式。在不考虑结构受力后,由于材料的应变而产生的微小变形,即把组成结构的每根杆件都看作完全不变形的刚性杆件。

　　由若干杆件按照一定方式相互连接而组成的平面体系,对平面体系的几何组成进行分析称为几何组成分析。一个结构要能承受各种可能荷载作用,首先它的几何构造应当合理,它本身应是几何稳固,要能够使其几何形状保持不变,从几何构造角度看,一个结构应是一个几何形状不变的体系。

　　(1)几何可变体系。在荷载作用下不能保持其几何形状和位置都不改变的体系称为几何可变体系。如图 4-17(a)所示平面体系在外荷载作用下组成杆件平面位置产生较大位移,则该体系为几何可变体系。

　　(2)几何不变体系。在荷载作用下能保持其几何形状和位置都不改变的体系称为几何不变体系。如图 4-17(b)所示平面体系在外荷载作用下组成杆件平面位置没有产生位移,则该体系为几何不变体系。

　　平面杆系的几何分析就在于分析体系内各个刚片之间的连接方式能否保证体系的几何不变性,如脚手架。

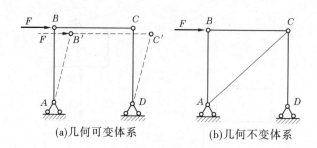

(a)几何可变体系　　　　　　(b)几何不变体系

图 4-17　几何体系

四、结构的计算简图及受力分析

(一)结构的计算简图

建筑结构的构造和受力情况往往是很复杂的,完全按照结构的实际情况进行力学分析是不可能的。因此,在对结构进行受力分析时,必须对实际结构进行简化,用一种简化的图形来代替实际结构,这种简化的图形称为结构计算简图,或计算模型。选取计算简图必须遵循如下两个原则:

(1)计算简图要反映实际结构的主要特征,使计算尽可能简单。

(2)计算简图要便于计算,且保证设计上有足够的精确性。

把实际结构简化成结构计算简图,一般从结构体系的简化、杆件的简化、结点的简化(铰结点和刚结点)、支座的简化、荷载的简化等方面进行。

如铰结点的特点是它所联结的各杆件可绕结点中心相对转动。它的受力特点是铰结处的杆端不受转动约束作用。在工程结构中,用铰联结杆件的实例很少,但从实际构造和受力特点来分析,许多结点可近似地简化为铰结点。

如图 4-18(a)所示木屋架的端结点,显然这两根杆件并不能任意自由转动,但由于联结不可能十分严密牢固,杆件可做微小的转动,所以在计算中可假定为铰结点,如图 4-18(b)所示。

如图 4-19(a)中的屋架端部和柱顶设置有预埋钢板,将钢板焊接在一起,构成结点。由于屋架端部和柱顶之间不能发生相对移动,但可发生微小的相对转动,故可将此结点简化为铰结点,如图 4-19(b)所示。

通常木结构和钢结构的结点都可简化为铰结点。

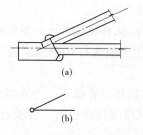

(a)

(b)

图 4-18　木屋架结点简化

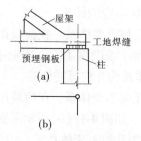

(a)

(b)

图 4-19　钢屋架结点简化

如图 4-20（a）所示为一厂房结构，预制钢筋混凝土柱插入杯形基础，杯口用 C20 细石混凝土灌缝。梁与柱顶的预埋件焊接。屋面传来的荷载为 q，左右两侧墙体传给柱的水平荷载分别为 q_1 和 q_2。绘出结构的计算简图如图 4-20（b）所示。

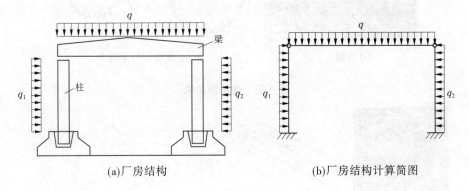

(a)厂房结构　　　　　　　　　　(b)厂房结构计算简图

图 4-20　厂房结构及其计算简图

（二）约束与约束反力

凡对物体运动起着限制作用的周围物体，称为约束。约束限制了物体的运动，物体必然受到约束给予力的作用，这种力称为约束反力；相反，使物体运动或有运动趋势的力，称为主动力。工程中常见的几种约束及约束反力如下。

1. 柔性约束

由绳索、链条和皮带、钢丝等柔性物体用于限制物体运动时，称为柔性约束。柔性约束反力用 T 表示，如图 4-21 所示。

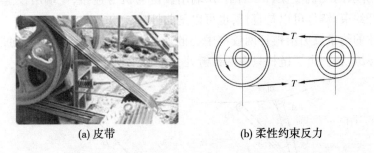

(a) 皮带　　　　　　　　　(b) 柔性约束反力

图 4-21　柔性约束

2. 光滑面约束

物体与另一物体相互接触，当接触处的摩擦力很小可略去不计时，两物体彼此的约束就是光滑面约束。光滑面的约束反力通过接触点，沿着接触面的公法线指向被约束的物体，且为压力。通常以 N 表示，如图 4-22（b）所示。

3. 圆柱铰链约束

圆柱铰链是由一个圆柱形销钉插入两个物体的圆孔中构成的，且认为销钉与圆孔的表面很光滑，如门窗用的合页、生活中常用到的剪刀等。圆柱铰链简图如图 4-23（b）所示。

圆柱铰链的约束反力 R_C 在垂直于销钉轴线的平面内，通过销钉中心，方向未定，通常将 R_C 分解为两个相互垂直的分力 R_{Cx} 和 R_{Cy}，两个分力的指向可作假设。

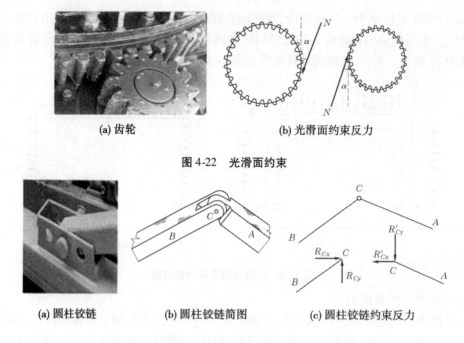

(a) 齿轮　　　　　　　　　(b) 光滑面约束反力

图 4-22　光滑面约束

(a) 圆柱铰链　　　(b) 圆柱铰链简图　　　(c) 圆柱铰链约束反力

图 4-23　圆柱铰链约束

4. 链杆约束

杆两端与其他物体用光滑铰链连接,杆中间不受力,且杆件的自重不计,称为链杆。它可以是直杆,也可以是曲杆或折杆。

如图 4-24 所示的飞机支架,BC 杆在 B 端用铰链与机身连接,C 端用铰链与起落架连接,BC 杆为链杆约束,链杆可以是直杆,也可以是曲杆。

链杆对物体的约束反力沿链杆两铰链中心的连线,其指向未定,N 的指向是假定的,如图 4-24(b)所示 BC 杆。由于链杆只在两铰链处受力,因此链杆又属二力杆。

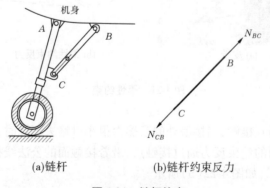

(a)链杆　　　　　　　(b)链杆约束反力

图 4-24　链杆约束

5. 固定铰支座

将结构或构件连接在墙、柱、基础等支撑物上的装置称为支座。用光滑圆柱铰链把结构或构件与支撑底板连接,并将底板固定在支撑物上而构成的支座,称为固定铰支座,如图 4-25(a)、(b)所示。

固定铰支座的约束反力作用于接触点,垂直于销轴,并通过销轴轴线,其方向未定,可用

R_A和一未知方向的 α 角表示,也可用一个水平力 R_{Ax} 和竖直力 R_{Ay} 表示,如图 4-25(d)所示。

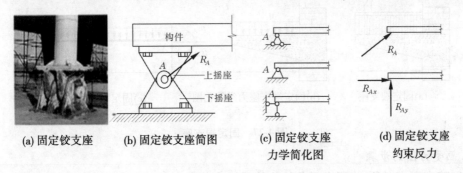

(a) 固定铰支座　　　(b) 固定铰支座简图　　　(c) 固定铰支座　　　(d) 固定铰支座
　　　　　　　　　　　　　　　　　　　　　　　力学简化图　　　　约束反力

图 4-25　固定铰支座

6. 可动铰支座

在固定铰支座底板与支撑面之间安装若干个辊轴,使支座可沿支撑面移动,但支座的连接使它不能离开支撑面,构成了可动铰支座,又称为辊轴支座。其构造示意图如图 4-26(a)、(b)所示,而结构简图如图 4-26(c)所示,此结构支撑也称连杆支座。可动铰支座的约束反力 R_A 通过销钉中心,垂直于支撑面,指向未定。指向可假定,如图 4-26(d)所示。

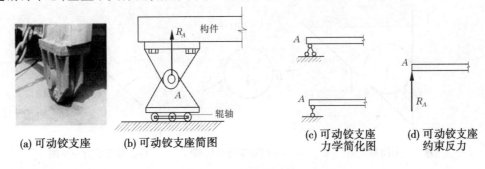

(a) 可动铰支座　　　(b) 可动铰支座简图　　　(c) 可动铰支座　　　(d) 可动铰支座
　　　　　　　　　　　　　　　　　　　　　　　力学简化图　　　　约束反力

图 4-26　可动铰支座

7. 固定端支座

固定端支座也是工程结构中常见的一种支座,它是将构件的一端插入一固定物而构成的。例如,房屋结构中的雨篷、阳台的挑梁,如图 4-27(a)、(b)所示,都是一端插入墙内,另一端悬空。如果构件插入墙内有足够的长度,嵌固得足够牢固,则砖墙与构件连接处就称为固定端支座。

固定端支座反力简化为阻止构件不能移动的两个分力 R_{Ax}、R_{Ay} 和阻止构件不能转动的约束反力偶矩 m_A,其阻移力的指向和阻转力偶矩的转向均可做假定,如图 4-27(c)所示。

(三)物体受力分析及受力图

1. 受力分析

物体的受力分析首先要分析物体受哪些力作用,哪些是已知力,哪些是未知力,然后对所研究的物体进行力学计算,确定其未知力的大小和方向。

2. 受力图

将研究对象(分离体)所受的全部作用力(包括主动力和约束反力),用以表示物体受力情况的图形称为分离体的受力图。

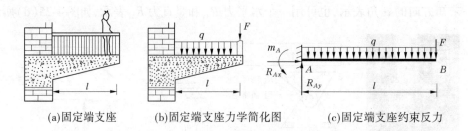

(a)固定端支座　　(b)固定端支座力学简化图　　(c)固定端支座约束反力

图 4-27　固定端支座

3. 画受力图的步骤

(1)确定研究对象,将研究对象从物体系统中分离出来;

(2)在研究对象上画出原系统中作用在研究对象上所有的主动力(荷载);

(3)分析研究对象周围的约束性质,分别画出相应的约束反力。

如图 4-28(a)所示,重量为 W 的圆管放置在简易构架中,AB 杆的自重为 G,A 端用固定铰支座与墙面连接,B 端用绳水平系于墙面的 C 点,若所有接触面都是光滑的,则圆管和 AB 杆的受力图如图 4-28(b)、(c)所示。

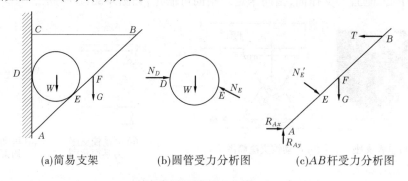

(a)简易支架　　　(b)圆管受力分析图　　　(c)AB 杆受力分析图

图 4-28　物体受力分析图

五、平面力系

平面力系:各力的作用线均位于同一平面的力系。在平面力系中,若各力的作用线均汇交于一点的力系,称为平面汇交力系,如图 4-29(a)所示;若各力的作用线都相互平行的力系,称为平面平行力系,如图 4-29(b)所示;若各力的作用线既不汇交于一点又不相互平行的力系,称为平面一般力系,如图 4-29(c)所示;若由各力构成多个力偶的力系又称为平面力偶系,如图 4-29(d)所示。

(一)力在直角坐标轴上的投影

已知力 F 的大小及其作用线与 x 轴所夹的锐角 α(见图 4-30),则力 F 在坐标轴上的投影 F_x 和 F_y 可按下式计算:

$$\begin{cases} F_x = \pm F\cos\alpha \\ F_y = \pm F\sin\alpha \end{cases} \tag{4-1}$$

(二)合力投影定理

合力在直角坐标轴上的投影等于各分力在同一轴上投影的代数和,即

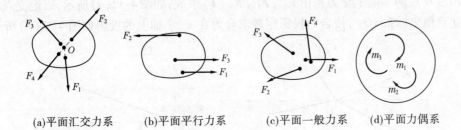

(a)平面汇交力系　　(b)平面平行力系　　(c)平面一般力系　　(d)平面力偶系

图 4-29　平面力系

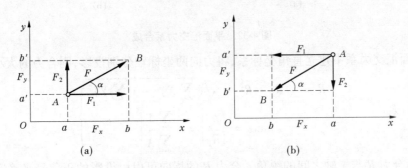

(a)　　　　　　　　　　　　　　　　　(b)

图 4-30　力在直角坐标轴的投影

$$\sum X = R_x = F_{1x} + F_{2x} + \cdots + F_{nx} = \sum_{i=1}^{n} F_{ix}$$
$$\sum Y = R_y = F_{1y} + F_{2y} + \cdots + F_{ny} = \sum_{i=1}^{n} F_{iy}$$
$$(4-2)$$

（三）平面汇交力系合成与平衡

平面汇交力系是指各个力的作用线都汇交于一点的平面力系；如图 4-31 所示建筑工地起吊钢筋混凝土梁时,作用于梁上的力有梁的重力 W,绳索对梁的拉力 T_A 和 T_B 都汇交在 C点,因此对于吊钩来说该力系是一个平面汇交力系。

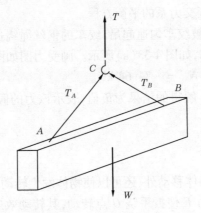

图 4-31　平面汇交力系

作用于 O 点的平面汇交力系由 F_1、F_2、F_3、F_4 组成,如图 4-32(a)所示,以汇交点 O 为原点建立直角坐标系 xOy,按合力投影定理求合力在 x、y 轴上的投影如图 4-32(b)所示。

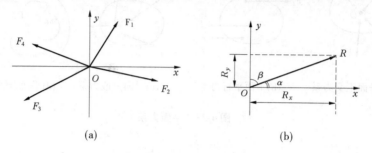

图 4-32　平面汇交力系合成

在平面汇交力系中建立直角坐标系,将力向两坐标轴分别投影,则合力的大小和方向为

$$
\left.
\begin{array}{l}
R = \sqrt{R_x^2 + R_y^2} = \sqrt{\left(\sum X\right)^2 + \left(\sum Y\right)^2} \\[3mm]
\tan\alpha = \left|\dfrac{R_y}{R_x}\right| = \left|\dfrac{\sum Y}{\sum X}\right|
\end{array}
\right\}
\tag{4-3}
$$

式中,α 为合力 R 与 x 轴之间的锐角。合力 R 的指向可以由投影的正负号来确定。用上述公式计算合力大小和方向的方法,称为平面汇交力系合成的解析法。

(四)平面汇交力系的平衡条件及应用

平面汇交力系平衡的充分必要条件是:该力系的合力等于零,即力系中各力的矢量和为零:$R = 0$,即

$$
R = \sqrt{R_x^2 + R_y^2} = \sqrt{\left(\sum X\right)^2 + \left(\sum Y\right)^2} = 0
$$

该式等价于

$$
\begin{cases}
\sum X = 0 \\
\sum Y = 0
\end{cases}
\tag{4-4}
$$

于是,平面汇交力系平衡的充分必要条件:力系中各力在两个坐标轴上投影的代数和分别为零。式(4-4)称为平面汇交力系的平衡方程。

例如,$G = 20$ kN 的物体被绞车匀速起吊,绞车的钢丝绳绕过光滑的定滑轮 A,滑轮由不计重量的 AB 杆和 AC 杆支撑,如图 4-33(a)所示。画受力图如图 4-33(b)、(c)所示,则两杆所受的力:$N_{AB} = 54.64$ kN 和 $N_{AC} = -74.64$ kN。

可见杆件 AC 所受力 N_{AC} 解得的结果为负值,表示该力的假设方向与实际方向相反,因此杆 AC 是受压杆。

(五)力矩与力偶

1. 力对点之矩

力作用于物体上,除使物体移动外,还可以使物体发生转动。如图 4-34 所示,用扳手拧紧螺母时,作用于扳手上的力 F 使扳手绕 O 点转动,其转动效应不仅与力的大小和方向有关,而且与 O 点到力作用线的垂直距离 d 有关。

将乘积 Fd 再冠以适当的正负号,对应的力绕 O 点的转动方向,称为力 F 对 O 点的矩,

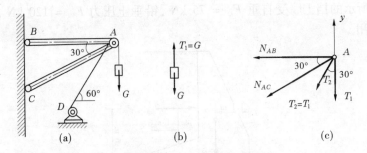

图 4-33 绞车、滑轮示意图

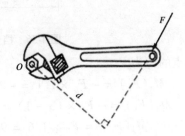

图 4-34 力矩示意图

简称力矩,它是力 F 使物体绕 O 点转动效应的度量,用 $M_O(F)$ 表示,即

$$M_O(F) = \pm Fd \qquad (4\text{-}5)$$

式中,O 为矩心;d 为力臂。

平面内力 F 绕 O 点产生转动方向只有两种情况,为了计算方便,我们用正负号来区别表示,规定力 F 使物体绕矩心 O 点逆时针转动时为正,反之为负。

力矩的单位常用 N·m 或 kN·m,有时为运算方便也采用 N· mm。其中,1 kN·m = 10^3 N·m = 10^6 N· mm。

如图 4-35 所示,数值相同的三个力按不同方式分别施加在同一扳手的 A 端。若 F = 200 N ,三种不同情况下力对点 O 之矩。

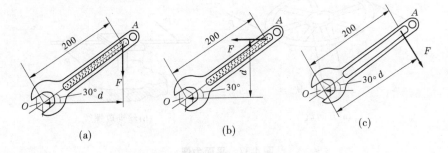

图 4-35 扳手受力图 (单位:mm)

根据力矩的定义[式(4-5)],可求出力对点 O 之矩分别为

图 4-35(a) $M_O(F) = -Fd = -200 \times 200 \times 10^{-3} \times \cos 30° = -34.64 (\text{N·m})$

图 4-35(b) $M_O(F) = Fd = 200 \times 200 \times 10^{-3} \times \sin 30° = 20.00 (\text{N·m})$

图 4-35(c) $M_O(F) = -Fd = -200 \times 200 \times 10^{-3} = -40.00 (\text{N·m})$

如图 4-36 所示的挡土墙受自重 $F_G = 75$ kN,铅垂土压力 $F_V = 120$ kN,水平土压力 $F_H = 90$ kN 作用。

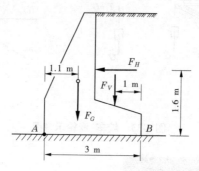

图 4-36   挡土墙受力图

则三个力对 A 点的矩为

$$M_A(F_G) = -F_G \times 1.1 = -75 \times 1.1 = -82.5(\text{kN} \cdot \text{m})$$
$$M_A(F_V) = -F_V \times (3-1) = -120 \times 2 = -240(\text{kN} \cdot \text{m})$$
$$M_A(F_H) = F_H \times 1.6 = 90 \times 1.6 = 144(\text{kN} \cdot \text{m})$$

挡土墙抗倾稳定性:挡土墙在自重和土压力作用下会倾倒,主要看挡土墙会不会绕 A 点发生转动。考虑挡土墙倾倒的极限状态(挡土墙脱离基面瞬间,地基反力为零的状态),则使挡土墙绕 A 点产生倾覆的力矩为

$$M_{倾覆} = M_A(F_H) = 144 \text{ kN} \cdot \text{m}$$

而挡土墙绕 A 点的抗倾力矩为

$$M_{抗倾} = M_A(F_G) + M_A(F_V) = -82.5 - 240 = -322.5(\text{kN} \cdot \text{m})$$

显然,$|M_{抗倾}| > M_{倾覆}$,故该挡土墙满足抗倾稳定性要求。

2. 平面力偶和力偶矩

图 4-37(a)为汽车司机用双手转动方向盘,图 4-37(b)为钳工用丝锥攻螺纹等,在平面内作用两个大小相等的反向平行力 F、F'。

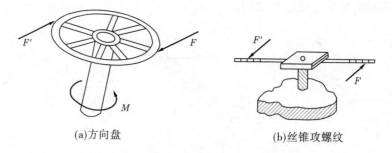

(a)方向盘   (b)丝锥攻螺纹

图 4-37   平面力偶

作用在同一物体平面上的大小相等、方向相反、作用线平行而不共线的两个力所组成的力学基本元素称为力偶,用符号(F、F')表示,如图 4-38 所示。

将力偶的力 F 与力偶臂 d 的乘积冠以正负号对应力偶的转向,作为力偶对物体转动效应的度量,称为力偶矩,用 m 表示,即

$$m = \pm Fd \tag{4-6}$$

式中的正负号规定为:力偶的转向是逆时针时为正;反之,为负。力偶矩的单位用N·m或 kN·m 表示。

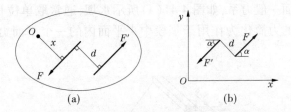

图 4-38　平面力偶和力偶矩

3.平面力偶系的合成

一个力偶对物体的转动效应是由力偶矩(包括大小、转向)来度量的,所以平面力偶系的总效应也应由合力偶来度量。显然,合力偶等于同一个平面内的所有各分力偶矩的代数和,即

$$m = m_1 + m_2 + \cdots + m_n = \sum_{i=1}^{n} m_i \tag{4-7}$$

4.力的平移定理

设在刚体上 A 点作用一个力 F,现要将它平行移动到刚体内任一点 O,如图4-39所示,而不改变 F 对刚体的效应。

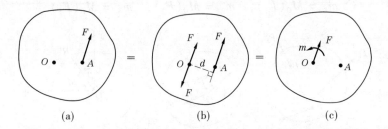

图 4-39　力的平移过程

作用于刚体上的力可以平行移动到刚体内任一指定点,但必须同时附加一个力偶,此附加力偶的矩等于原力对指定点之矩。

如图 4-40(a)所示工业厂房牛腿柱,作用于牛腿上的力 F;如果将 F 平移到柱子的轴线上,如图 4-40(b)所示,可以明显看出,力 F' 沿柱轴线使柱产生压缩,力偶矩 m 将使柱弯曲。

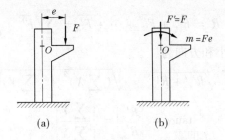

图 4-40　牛腿柱受力变换示意图

（六）平面一般力系

平面一般力系是指各力的作用线同在一个平面内,作用线既不汇交于一点也不相互平行的力系,又称为平面一般力系,如图 4-41(a)所示水坝,通常取单位长度的坝段进行受力分析,并将坝段所受的力简化为作用于坝段中央平面内的一个平面力系,如图 4-41(b)所示。

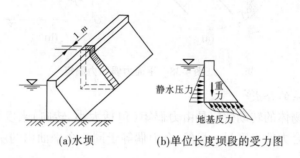

(a)水坝　　　　(b)单位长度坝段的受力图

图 4-41　平面一般力系

1. 力系向一点的简化

如图 4-42(a)所示,设物体受平面一般力系作用,该力系由 F_1、F_2、F_3 三个力组成。由力的平移定理,将力系中各力 F_1、F_2、F_3 平移至 O 点,组成汇交力系 F'_1、F'_2、F'_3,同时加上相应的附加力偶,附加力偶矩分别为

$$m_1 = M_O(F_1), \quad m_2 = M_O(F_2), \quad m_3 = M_O(F_3)$$

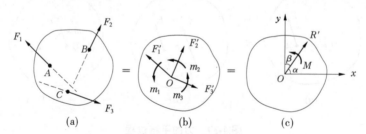

(a)　　　　　　(b)　　　　　　(c)

图 4-42　力系向一点简化过程

如图 4-42(b)所示,原力系可以用作用在 O 点的汇交力系 F'_1、F'_2、F'_3 和力偶系 m_1、m_2、m_3 代替,O 点称为简化中心。

对作用于 O 点的汇交力系,可合成为作用于简化中心 O 的一个力 R'。

$$R' = \overline{F'_1} + \overline{F'_2} + \cdots + \overline{F'_n} = \sum_{i=1}^{n} \overline{F'_i} \tag{4-8}$$

于是求得主矢 R' 的大小和方向为

$$\left. \begin{aligned} R' &= \sqrt{{R'_x}^2 + {R'_y}^2} = \sqrt{\left(\sum X\right)^2 + \left(\sum Y\right)^2} \\ \tan\alpha &= \left| \frac{R'_y}{R'_x} \right| = \left| \frac{\sum Y}{\sum X} \right| \end{aligned} \right\} \tag{4-9}$$

对作用于 O 点的附加偶所组成的平面力偶系,可合成为一个合力偶,合力偶矩应该用 M 表示,即

$$M = m_1 + m_2 + m_3 + \cdots + m_n = \sum_{i=1}^{n} m_O(F_i) \tag{4-10}$$

由此可见,平面一般力系向其作用面内任一点简化后,一般得到一个力和一个力偶矩,见图 4-42(c)。这个力(主矢)等于力系中各力的矢量和,这个力偶矩(主矩)等于力系中各力对简化中心 O 点力矩的代数和。

2. 平面一般力系简化结果讨论

根据主矢与主矩组合可能出现以下四种情况:

(1) $R' \neq 0$, $M \neq 0$,此时力系没有简化为最简单的形式,如图 4-43 所示。

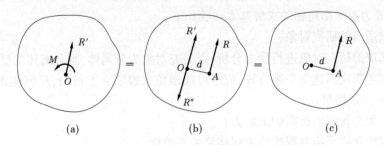

(a)　　　　　　　(b)　　　　　　　(c)

图 4-43　力系简化

(2) $R' \neq 0$, $M = 0$,此时主矢为原力系的合力,即原力系合力的作用线通过简化中心。

(3) $R' = 0$, $M \neq 0$,此时主矩可单独代表原力系,原力系可合成为一合力偶,此时的简化结果与简化中心的位置无关。

(4) $R' = 0$, $M = 0$,物体在此力系作用下处于平衡状态,该力系属平衡力系。

3. 平面一般力系的平衡方程

平面一般力系的平衡方程为

$$\begin{cases} \sum X = 0 \\ \sum Y = 0 \\ \sum m_O = 0 \end{cases} \tag{4-11}$$

如一端固定的悬臂梁 AB 如图 4-44(a)所示。梁上作用有力偶 m 和载荷密度为 q 的均布载荷,在梁的自由端还受一集中力 R 的作用,梁的长度为 l。

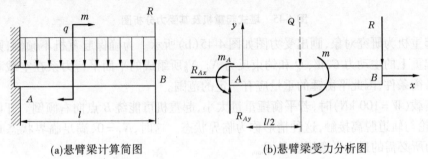

(a)悬臂梁计算简图　　　　　　(b)悬臂梁受力分析图

图 4-44　悬臂梁受力分析

以悬臂梁 AB 为研究对象,画受力分析图,如图 4-44(b)所示。

根据平衡方程

$$\sum X = 0, R_{Ax} = 0$$

$$\sum Y = 0, R_{Ay} - ql - R = 0$$

$$\sum m_A = 0, m_A - q \cdot l \cdot \frac{l}{2} - R \cdot l - m = 0$$

求得固定端 A 处的约束反力

$$R_{Ax} = 0, R_{Ay} = ql + R(\uparrow), \quad m_A = \frac{ql^2}{2} + Rl + m$$

平面一般力系平衡问题的求解基本步骤如下：

(1)选取适当的研究对象；

(2)对选取的研究对象进行受力分析，以研究对象为分离体，画分离体的受力图；

(3)根据需要灵活建立平衡方程，应尽可能避免求解联立方程组，尽可能做到一个平衡方程中只含一个未知量；

(4)由平衡方程解出所需的未知力；

(5)用非独立的平衡方程检验求解结果的正确性。

如图 4-45(a)所示的塔式起重机，已知机身重 $G = 250$ kN，设其作用线通过塔架中心，最大起吊重量 $W = 100$ kN，起重悬臂长 12 m，两轨间距 $b = 4$ m，平衡锤重 Q 至机身中心线的距离 $a = 6$ m。为使起重机在空载和满载时都不致倾倒，试确定平衡锤的重量。

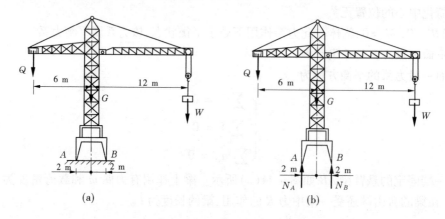

(a)　　　　　　　　　　　　(b)

图 4-45　塔式起重机及其受力分析图

取起重机为研究对象，画出受力图如图 4-45(b)所示。为确保起重机不倾倒，则必须使作用在起重上的主动力 G、W、Q 和约束反力 N_A、N_B 所组成的平面平行力系在空载和满载时都满足平衡条件，因此平衡锤的重量应有一定的范围。

当满载($W = 100$ kN)时，若平衡锤重量太小，起重机可能绕 B 点向右倾倒。开始倾倒的瞬间，左轮与轨道脱离接触，这种情形称为临界状态。这时，$N_A = 0$，满足临界状态时的平衡锤重量为所必需的最小平衡锤重量 $Q_{\min}$。

由

$$\sum m_B = 0, \quad Q_{\min}(6 + 2) + G \times 2 - W \times (12 - 2) = 0$$

求得

$$Q_{min} = \frac{1}{8} \times (W \times 10 - G \times 2) = \frac{1}{8} \times (100 \times 10 - 250 \times 2) = 62.5(kN)$$

当空载($W = 0$)时,若平衡锤重量太大,起重机会绕 A 点向左倾倒,在临界状态下,$N_B = 0$。满足临界状态时的平衡锤重量将是所允许的最大平衡锤重量 Q_{max}。

由

$$\sum m_A = 0, \quad Q_{max}(6 - 2) - G \times 2 = 0$$

求得

$$Q_{max} = \frac{G \times 2}{4} = \frac{250 \times 2}{4} = 125(kN)$$

综上所述,为保证起重机在空载和满载时都不致倾倒,则平衡锤的重量 Q 应满足不等式 $62.5\ kN \leqslant Q \leqslant 125\ kN$。

第二节　材料力学

一、杆件及变形

杆系结构如图 4-46(a)所示杆(轴、梁);薄壁结构如图 4-46(b)所示板(楼板),如图 4-46(c)所示壳(飞机机身、屋顶);实体结构如图 4-46(d)所示实体(坝、挡土墙)。

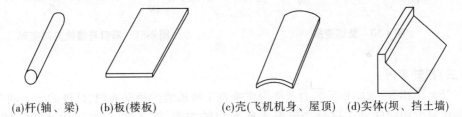

(a)杆(轴、梁)　　(b)板(楼板)　　　(c)壳(飞机机身、屋顶)　(d)实体(坝、挡土墙)

图 4-46　结构基本形式

杆系结构中的杆件轴线多为直线,也有轴线为曲线和折线的杆件。它们分别称为直杆、曲杆和折杆,如图 4-47 所示。

(a)直杆　　　　　　(b)曲杆　　　　　(c)折杆

图 4-47　杆系结构

直杆的四种基本变形形式如下。

(一)轴向拉伸变形或轴向压缩变形

一对方向相反的外力沿轴线作用于杆件,杆件的变形主要表现为长度发生伸长或缩短。这种变形形式称为轴向拉伸变形或轴向压缩变形,如图 4-48 所示;如图 4-49 所示工程三角支架中水平横杆为拉杆,倾斜支撑杆为压杆。

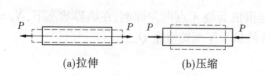

图 4-48　轴向拉伸与压缩变形

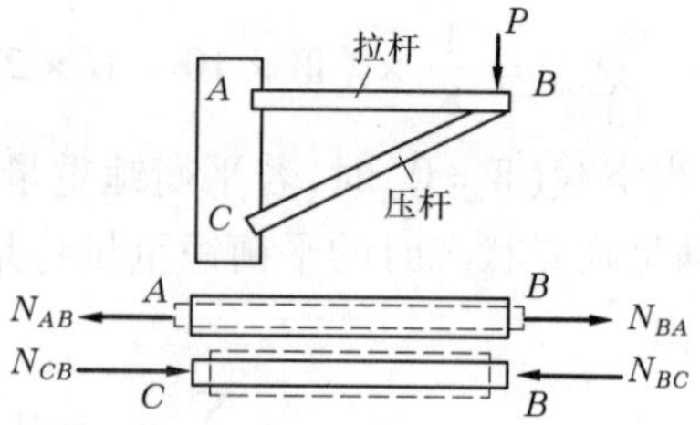

图 4-49　拉压杆件

（二）剪切变形

一对大小相等、方向相反,作用线相距很近的平行力沿横向(垂直于轴线方向)作用于杆件,杆件的变形主要表现为横截面沿力作用方向发生错动。这种变形形式称为剪切变形,如图 4-50 所示;工程中铆钉与螺栓变形,如图 4-51 所示。

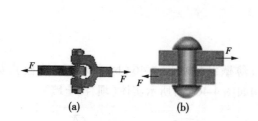

图 4-50　剪切变形

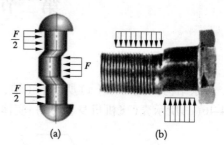

图 4-51　铆钉与螺栓剪切变形

（三）扭转变形

一对大小相等,方向相反的力偶作用在垂直于杆轴线的两平面内,杆件的任意两个横截面绕轴线发生相对转动。这种变形形式称为扭转变形,图 4-52 为汽车传动轴扭转变形,图 4-53 为电动机传动轴的扭转变形。

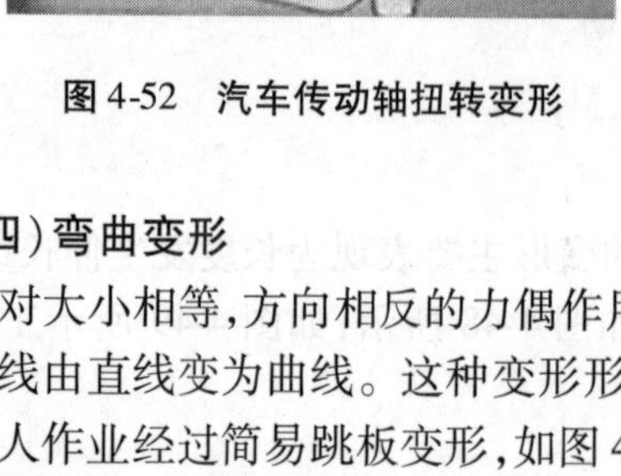

图 4-52　汽车传动轴扭转变形

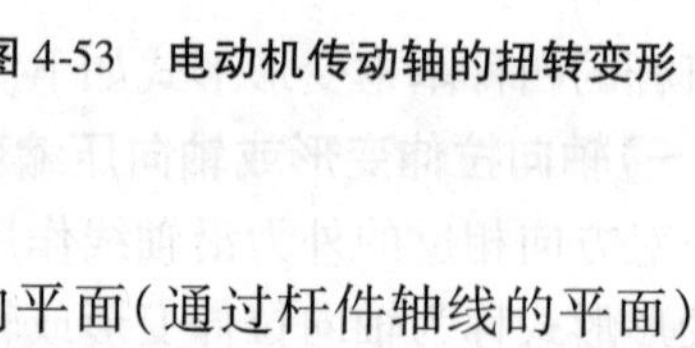

图 4-53　电动机传动轴的扭转变形

（四）弯曲变形

一对大小相等,方向相反的力偶作用于杆件的纵向平面(通过杆件轴线的平面)内,杆件的轴线由直线变为曲线。这种变形形式称为弯曲变形,如图 4-54(a)所示。工程常见实例为工人作业经过简易跳板变形,如图 4-54(b)所示;火车轮轴受力如图 4-55(a)所示,火车轮轴变形如图 4-55(b)所示。

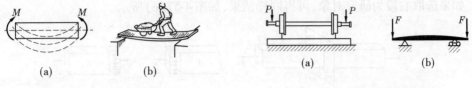

图 4-54 杆、板弯曲变形   图 4-55 火车轮轴弯曲变形

二、轴向拉(压)及轴力图

(一)轴向拉伸与压缩

在工程实际中,如图 4-56(a)所示钢木组合桁架中的钢杆,如图 4-56(b)所示三角支架 ABC 中的杆等,其受力特点是:作用于杆上的外力(或外力合力)的作用线与杆的轴线重合。在这种轴向荷载作用下,杆件以轴向伸长或缩短为主要变形形式,称为轴向拉伸或轴向压缩。以轴向拉压为主要变形的杆件,称为拉(压)杆。

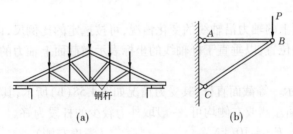

图 4-56 轴向拉伸与压缩实例

1. 内力的概念

杆件所承受的载荷及约束力统称为外力。这种由外力引起的构件内部各部分之间的相互作用力,称为内力。

2. 截面法

研究构件内力通常采用截面法,即将杆件假想地沿某一横截面切开,取其中的一部分为研究对象,在切开的截面上用内力表示去掉部分对保留部分的作用,建立静力平衡方程求出该内力。用截面法分析轴向拉伸(或压缩)杆件的内力,其步骤如下:

(1)欲求某一横截面 $m—m$ 处的内力,就沿该截面假想地将杆件切开,使其分为两部分,如图 4-57(a)所示。

(2)取其中任意一部分(例如左段)作为研究对象,弃去其他部分(例如右段),如图 4-57(b)所示。

(3)杆件原来在外力的作用下处于平衡状态,则选取部分仍应保持平衡。因此,左段除外力作用外,在截面 $m—m$ 处还有右段对左段的作用力。此为连续分布于截面的内力系,由力系简化理论可进一步得到它们的合力或合力偶。在轴向拉伸(压缩)的情况下,内力为一沿杆轴线的力 N ,如图 4-57(b)所示。

(4)横截面上内力的大小可由平衡方程 $\sum X = 0$ 求出,即

$$F - N = 0 \quad N = F$$

如果选取右段为研究对象,可得同样结果,如图 4-57(c)所示。

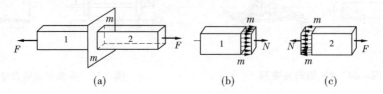

图 4-57　截面法示意图

3. 轴力与轴力图

由前面的讨论可知,轴向拉伸或压缩时杆横截面上的内力应与杆轴线重合,故称为轴力,符号 N。通常规定拉伸时的轴力为正(轴力的方向离开截面),压缩时的轴力为负(轴力的方向指向截面)。

这样,不论选取左段或右段,所得轴力的符号均相同,如图 4-57(b)、(c)中所示的轴力均为正。

(二)轴力图

为了表示横截面上的轴力沿轴线的变化情况,可按选定的比例尺,以平行于杆轴线的坐标表示横截面所在的位置,以垂直于杆轴线的坐标表示横截面上轴力的数值,这样绘出的图形称为轴力图。

如图 4-58(a)表示一等截面直杆,其受力情况如图 4-58(b)所示,其轴力如图 4-58(c)所示。在计算时,取截面左侧或右侧均可,一般取外力较少的杆段为好。

AB 段	$N_{AB} = F_A = 10(\text{kN})$	(考虑左侧)
BC 段	$N_{BC} = F_A + F_1 = 50(\text{kN})$	(考虑左侧)
CD 段	$N_{CD} = F_A + F_1 - F_2 = -5(\text{kN})$	(考虑左侧)
DE 段	$N_{DE} = F_4 = 20(\text{kN})$	(考虑右侧)

由轴力图可知,杆件在 CD 段受压,其他各段均受拉。最大轴力 $N_{\max}$ 在 BC 段。

(三)轴向拉伸(压缩)应力及强度条件应用

1. 应力的概念

分析受力杆件在截面 m—m 上任意一点 C 处的分布内力的集度,可假想将杆件在 m—m 处切开,在截面上围绕 C 点取微小面积 ΔA,ΔA 上分布内力的合力为 ΔP,如图 4-59(a)所示,将 ΔP 除以面积 ΔA,即

$$p_m = \frac{\Delta P}{\Delta A} \tag{4-12}$$

p_m 称为在面积 ΔA 上的平均应力,但它尚不能精确地表示 C 点处内力的分布集度。当面积 ΔA 趋近于零时,即

$$p = \lim_{\Delta A \to 0} \frac{\Delta P}{\Delta A} = \frac{\mathrm{d}P}{\mathrm{d}A} \tag{4-13}$$

p 称为 C 点处的应力,即 C 点处内力的分布集度。通常将 p 分解成与截面垂直的法向分量 σ 和与截面相切的切向分量 τ,如图 4-59(b)所示;σ 称为正应力,τ 称为剪切应力。应力的单位为 Pa,1 Pa = 1 N/m^2。

2. 轴向拉压杆横截面上的应力

轴向受力杆件的正应力在横截面上呈均匀分布状态,如图 4-60 所示。

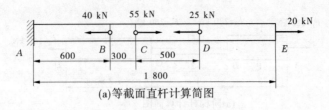

(a)等截面直杆计算简图

(b)AE受力图

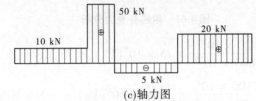

(c)轴力图

图 4-58 轴向拉压

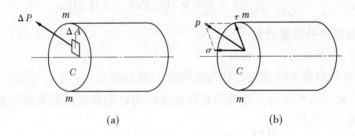

图 4-59 应力示意图

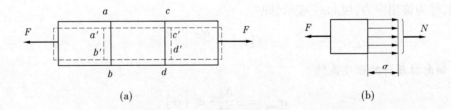

图 4-60 轴向拉压杆正应力

$$\sigma = \pm \frac{N}{A} \tag{4-14}$$

如图 4-61 所示一钢制阶梯杆。各段杆的横截面面积分别为 $A_1 = 1\ 600\ mm^2$, $A_2 = 625$ mm^2, $A_3 = 900\ mm^2$。此杆横截面上的正应力计算如下:

(1)计算杆件各段横截面上的轴力:

$$N_1 = F_1 = 120\ kN; N_2 = F_1 - F_2 = -100\ kN; N_3 = F_4 = 160\ kN$$

(2)计算杆件各横截面上的正应力:

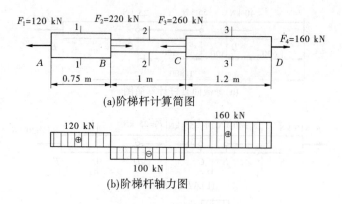

(a)阶梯杆计算简图

(b)阶梯杆轴力图

图 4-61　阶梯杆受力分析

AB 段：$\sigma_{AB} = \dfrac{N_1}{A_1} = \dfrac{120 \times 10^3}{1\,600 \times 10^{-6}} = 75 \times 10^6\,(\text{Pa}) = 75\ \text{MPa}$

BC 段：$\sigma_{BC} = \dfrac{N_2}{A_2} = -\dfrac{100 \times 10^3}{625 \times 10^{-6}} = -160 \times 10^6\,(\text{Pa}) = -160\ \text{MPa}$

CD 段：$\sigma_{CD} = \dfrac{N_3}{A_3} = \dfrac{160 \times 10^3}{900 \times 10^{-6}} = 178 \times 10^6\,(\text{Pa}) = 178\ \text{MPa}$

(四)轴向拉压杆的强度计算

1. 极限应力、许用应力、安全因数

在工程中,将材料破坏时的应力称为极限应力或危险应力,用 σ_u 表示。构件在荷载作用下产生的应力称为工作应力。等截面直杆最大轴力处的横截面称为危险截面。危险截面上的应力称为最大工作应力。

为使构件正常工作,最大工作应力应小于材料的极限应力,并使构件留有必要的强度储备。因此,一般将极限应力除以一个大于 1 的因数 n,即安全因数,作为强度设计时的最大许可值,称为许用应力,用 $[\sigma]$ 表示,即

$$[\sigma] = \frac{\sigma_u}{n}$$

2. 轴向拉压杆的强度条件

$$\sigma_{\max} = \pm \frac{N_{\max}}{A} \leqslant [\sigma] \tag{4-15}$$

如图 4-62(a)所示一刚性梁 ACB 由圆杆 CD 在 C 点悬挂连接,B 端作用有集中载荷 $F = 25\ \text{kN}$,已知:CD 杆的直径 $d = 20\ \text{mm}$,许用应力 $[\sigma] = 160\ \text{MPa}$。试计算:(1)校核 CD 杆的强度;(2)结构的许可荷载 $[F]$;(3)若 $F = 50\ \text{kN}$,设计 CD 杆的直径 d。

(1)校核 CD 杆的强度,做 AB 杆的受力图,如图 4-62(b)所示。
由平衡方程得

$$\sum m_A = 0, 2N_{CD}l - 3Fl = 0$$

得

$$N_{CD} = \frac{3}{2}F$$

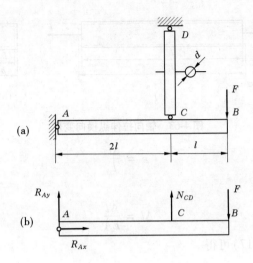

图 4-62 AB 杆受力图

CD 杆的工作应力

$$\sigma_{CD} = \frac{N_{CD}}{A} = \frac{6F}{\pi d^2} = \frac{6 \times (25 \times 10^3)}{\pi \times (0.020)^2} = 119.4 \times 10^6 (\text{Pa}) = 119.4 \text{ MPa} \leq [\sigma] = 160 \text{ MPa}$$

所以，CD 杆是安全的。

(2)求结构的许可荷载 [F]。

由

$$\sigma_{CD} = \frac{N_{CD}}{A} = \frac{6F}{\pi d^2} \leq [\sigma]$$

得

$$F \leq \frac{\pi d^2 [\sigma]}{6} = \frac{\pi \times (0.020)^2 \times 160 \times 10^6}{6} = 33.5 \times 10^3 (\text{N}) = 33.5 \text{ kN}$$

由此得结构的许可荷载 [F] = 33.5 kN。

(3)若 F = 50 kN，设计圆杆直径 d。

由

$$\sigma_{CD} = \frac{N_{CD}}{A} = \frac{6F}{\pi d^2} \leq [\sigma]$$

即

$$d \geq \sqrt{\frac{6F}{\pi [\sigma]}} = \sqrt{\frac{6 \times (50 \times 10^3)}{\pi \times (160 \times 10^6)}} = 24.4 \times 10^{-3} (\text{m}) = 24.4 \text{ mm}$$

所以，取 d = 25 mm。

（五）轴向拉伸（压缩）时的变形虎克定律

1. 纵向变形

设一等截面直杆原长为 l，其截面面积为 A，在轴向拉力 F 的作用下，杆件沿轴线方向的伸长 $\Delta l = l_1 - l$，如图 4-63(a) 所示。

纵向线应变 ε

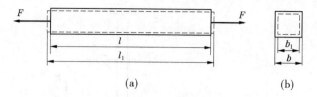

图 4-63　轴向拉伸纵横向变形

$$\varepsilon = \frac{\Delta l}{l} \tag{4-16}$$

2. 虎克定律

$$\Delta l = \frac{Nl}{EA} \tag{4-17}$$

由式(4-16)和式(4-17)可得

$$\sigma = E\varepsilon \tag{4-18}$$

式中，E 为弹性模量，其单位与应力相同，常用单位为 GPa，弹性模量表示杆在受拉(压)时抵抗变形的能力。

3. 横向变形

轴向拉压杆的横向绝对变形用 Δb 表示，相对变形称为横向线应变，用 ε 表示。由图 4-63(b)可得：

横向绝对变形

$$\Delta b = b_1 - b$$

横向线应变

$$\varepsilon' = \frac{\Delta b}{b} = \frac{b_1 - b}{b} \tag{4-19}$$

4. 泊松比

试验证明，在弹性变形范围内，轴力杆的横向变形与纵向变形之比为一常数，泊松比常用 μ 表示这两比例常数，则

$$\mu = \left| \frac{\varepsilon'}{\varepsilon} \right| \text{或} \varepsilon' = -\mu\varepsilon \tag{4-20}$$

常用工程材料的 E 和 μ 值如表4-1所示。

表4-1　常用工程材料的 E 和 μ

材料	E(GPa)	μ	材料	E(GPa)	μ
碳素钢	200～210	0.24～0.30	有机玻璃	2.35～29.42	
合金钢	186～206	0.25～0.30	橡胶	0.007 8	0.47
灰铸铁	80～160	0.23～0.27	电木	1.96～2.94	0.35～0.38
铜及其合金	72.6～128	0.31～0.42	低压聚乙烯	0.54～0.75	
铝合金	70	0.20～0.33	混凝土	13.72～39.2	0.1～0.18

（六）材料轴向拉（压）时的力学性能

在工程力学中，将材料在受力过程中所反映出来的各种物理性质，称为材料的力学性能

或机械性能。材料的力学性能是通过材料试验来测定的。在这里,只介绍低碳钢轴向拉伸在常温、静载条件下的力学性能。

1. 塑性材料和脆性材料

在实际工程中,所使用的材料根据它们的变形可分为塑性材料和脆性材料两大类。具有明显的弹性性能和塑性性能的材料称为塑性材料。如低碳钢、合金钢、铜、铝等材料,都属于塑性材料。而在变形很小甚至观察不到变形的情况下就发生断裂破坏的材料,称为脆性材料。如铸铁、砖、石、混凝土、玻璃、陶瓷等材料,都属于脆性材料。

2. 低碳钢在轴向拉伸时材料的力学性能

低碳钢是指含碳量低于 0.25% 的碳素钢,工程中使用最为广泛。在低碳钢的拉伸实验中所采用的试件,是根据国家金属材料试件标准制作的标准试件。如图 4-64 所示,低碳钢试件的截面形状有圆形和矩形两种,试件的中间部分为工作长度 l,称为标距。圆形试件的标距 l 与直径 d 间的关系为 $l = 10d$ 或 $l = 5d$;矩形试件的标距 l 与截面面积 A 间的关系为 $l = 11.3\sqrt{A}$ 或 $l = 5.65\sqrt{A}$。实验时大多数采用圆形截面试件。

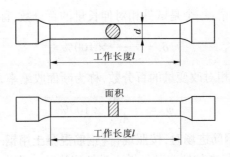

图 4-64　低碳钢圆形和矩形截面试件

1)低碳钢的拉伸试验

将试件的两端分别装入万能实验机,在试件开始受力到被拉断为止的过程中,实验机就能在试验过程中由计算机自动画出试件的拉伸图。以拉力 F 为纵坐标、变形 Δl 为横坐标,按一定比例绘制出的 F 和 Δl 的关系曲线,称为拉伸图或 $F \sim \Delta l$ 曲线,如图 4-65 所示。

将拉力 F 除以试样原横截面面积 A,得试样横截面上的正应力 σ;将伸长 Δl 除以试样的标距 l,得试样的应变 ε。以 ε 为横坐标、σ 为纵坐标,这样得到的曲线则与试样的尺寸无关,此曲线称为应力—应变图或 $\sigma \sim \varepsilon$ 曲线,如图 4-65 所示。

低碳钢从开始受力到被拉断经历了四个阶段:第Ⅰ阶段(Oa)弹性阶段、第Ⅱ阶段(bc)屈服阶段、第Ⅲ阶段(ce)强化阶段、第Ⅳ阶段(ef)破坏阶段。其中屈服阶段变形曲线呈近乎水平的锯齿状,荷载呈增减交替的胶着状态,而变形则显著增加,即使此时卸掉荷载,此阶段的变形仍然存在,此阶段的变形为塑性变形,因此称此阶段为屈服阶段。此阶段内的荷载最小值(下屈服点 c 点处的 σ 值),称为屈服点应力,记为 σ_s。当材料屈服时,将产生显著的塑性变形。通常在工程中是不允许构件在出现塑性变形的情况下工作的,所以 σ_s 是衡量材料强度的重要指标。Q235 钢的屈服点应力 $\sigma_s \approx 240$ MPa。

2)材料的塑性指标

试件拉断后,其弹性变形随之消失,塑性变形(或残余变形)被保留下来。低碳钢圆截

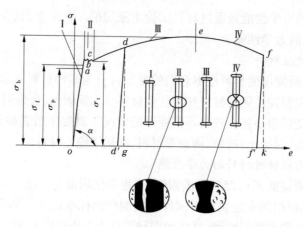

图 4-65 低碳钢拉伸应力—应变图

面试件扭断后的变形情况如图 4-65 所示。塑性变形的大小是衡量材料塑性性能的重要指标。

材料的塑性指标有两个:一个是试件相对伸长量的百分数,称为伸长率,用 δ 表示,即

$$\delta = \frac{l - l_1}{l} \times 100\% \tag{4-21}$$

另一个是横截面面积相对改变量的百分数,称为断面收缩率,用 ψ 表示,即

$$\psi = \frac{A - A_1}{A} \times 100\% \tag{4-22}$$

工程施工过程中,当钢筋进场时,按照现行《钢筋混凝土用钢 第 2 部分:热轧带肋钢筋》(GB/T 1499.2—2018)等标准的抽取试件做力学性能检验。验收方法:除检查产品合格证、出厂检验报告和进场复验报告外,按照同一批量、同一规格、同一炉号、同一出厂日期、同一交货状态的钢筋,每批质量不大于 60 t 为一检验批,进行现场见证取样;实验室进行拉伸和冷弯检验。

三、剪切及连接构件

工程中常用螺栓、铆钉、销钉、键连接、焊接、榫接等连接两个或两个以上杆(构)件。其中,螺栓、铆钉、销钉、键和榫头等称为连接件。连接件虽然几何尺寸小,但它在连接中起着十分重要的作用,其受力后产生的主要变形为剪切。剪切是杆件的基本变形形式之一。

(一)剪切的概念

图 4-66(a)为一铆钉连接简图。当被连接件(钢板)受到外力 F 的作用后,力由两块钢板传到铆钉与钢板的接触面上,铆钉受到大小相等、方向相反的两组分布力的合力 F 的作用,使铆钉上下两部分沿中间截面 $m—m$ 发生相对错动的变形,如图 4-66(b)、(c)所示。

由此可见,剪切的受力和变形特点是:作用在连接件两个侧面上的外力大小相等、方向相反、作用线与此连接件的轴线垂直且相距很近,受这两个力作用下的连接件会沿着力的作用线发生相对错动,这个发生错动或有错动趋势的截面称为剪切面,如图 4-67(b)、(c)所示。

普通的螺栓或铆钉连接一般有两种形式:一种只有一个剪切面,称为单剪,是图 4-68 中

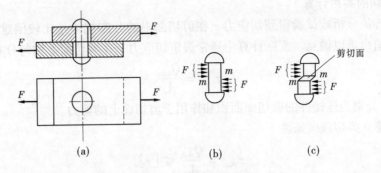

图 4-66　铆钉连接简图

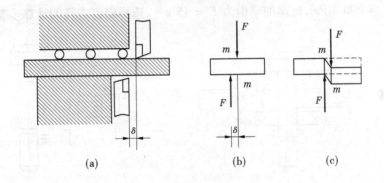

图 4-67　剪切破坏示意图

螺栓所受的剪切；另一种如图 4-69 所示，螺栓有两个剪切面，称为双剪。

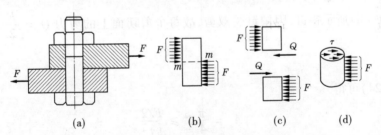

图 4-68　螺栓单剪切

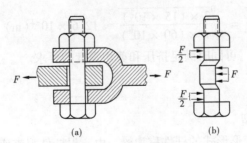

图 4-69　螺栓双剪切

　　由截面法可知，作用于连接件剪切面上的内力只有剪力 Q，因此剪切面上的应力也只有切应力 τ。

（二）剪切的实用计算

要想由理论分析或试验得到切应力 τ 在剪切面上的分布规律是比较困难的，因而要精确计算 τ 的值也难以做到。实际计算中通常假定切应力 τ 在剪切面上均匀分布。

$$\tau_{\max} = \frac{Q_{\max}}{A_s} \tag{4-23}$$

式中，A_s、Q 分别为连接件的剪切面面积和作用于剪切面上的剪力。

由此可建立剪切强度条件

$$\tau_{\max} = \frac{Q_{\max}}{A_s} \leqslant [\tau] \tag{4-24}$$

图 4-70（a）为机车挂钩的销钉连接。已知挂钩厚度 $t = 8$ mm，销钉材料的 $[\tau] = 60$ MPa，$[\sigma_{bs}] = 200$ MPa，机车的牵引力 $F = 15$ kN，选择销钉直径的计算步骤如下：

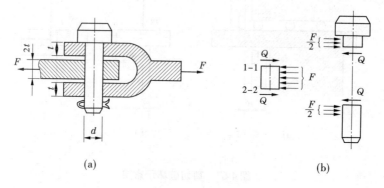

(a) 　　　　　　　　　　　　　(b)

图 4-70　销钉双剪切

如图 4-70（b）所示销钉，因销钉受双剪，故每个剪切面上的剪力 $Q = \dfrac{F}{2}$，剪切面面积 $A_s = \dfrac{\pi}{4}d^2$。

由式（4-24）可得

$$A_s = \frac{\pi}{4}d^2 \geqslant \frac{F/2}{[\tau]}$$

则

$$d \geqslant \sqrt{\frac{2F}{\pi[\tau]}} = \sqrt{\frac{2 \times (15 \times 10^3)}{\pi \times (60 \times 10^6)}} \approx 12.6 \times 10^{-3}(\text{m}) = 12.6 \text{ mm}$$

所以，选 $d = 13$ mm，可同时满足挤压和剪切强度的要求。

四、单跨静定梁

（一）梁及其基本类型

以弯曲变形为主要变形形式的杆件称为梁。由一根杆件与支座连接所构成的弯曲变形杆件，称为单跨梁，如图 4-71 所示。若此单跨梁的支座约束力不超过三个，则为静定单跨梁。

根据梁的支撑方式，可将单跨静定梁分为如图 4-72 所示的三种基本形式。

1. 简支梁

一端是固定铰支座,另一端是可动铰支座,如图 4-72(a)所示。

2. 外伸梁

一端或两端伸出支座之外的简支梁,如图 4-72(b)所示。

3. 悬臂梁

一端固定,另一端自由的梁,如图 4-72(c)所示。

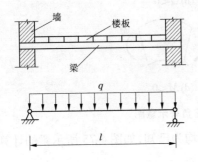

图 4-71　单跨梁计算简图

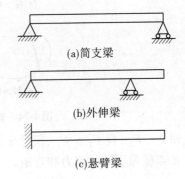

图 4-72　单跨静定梁

(二)单跨静定梁的内力及其求解

已知:简支梁上作用外力 F ,梁总长 l , F 距 A 端的距离为 a ,如图 4-73 所示。求距 A 端 x 处 C 截面上内力。

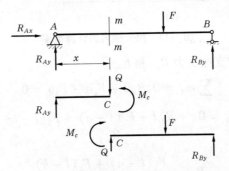

图 4-73　静定梁内力计算示意图

列解平衡方程,求出支座反力

$$\sum X = 0, R_{Ax} = 0$$

$$\sum m_A = 0, R_{Ay} = \frac{Fd}{l}$$

$$\sum Y = 0, R_{Ay} = \frac{F(1-a)}{l}$$

利用截面法,将梁沿 m—m 截面切开,根据物体系统平衡的原则,可知截面形心 C 处的内力除有与截面相切的剪力外,还有一力偶,称其为剪力和弯矩,用 Q 和 M 表示。

剪力和弯矩的正负号规定是:在位于梁段左端的截面上,向上的 Q 为正,顺时针转向的

M 为正。在位于梁段右端的截面上,向下的 Q 为正,逆时针转向的 M 为正。或者,使所作用的梁段绕梁内任意点产生顺时针转向的 Q 取正号,使梁段下侧纤维受拉时的 M 取正号,如图 4-74 所示。

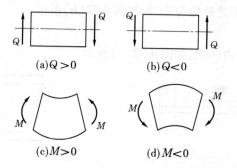

(a)$Q>0$　　　　　(b)$Q<0$

(c)$M>0$　　　　　(d)$M<0$

图 4-74　剪力和弯矩的正负号示意图

已知 F_1、F_2 ,且 $F_2 > F_1$,尺寸 a、b、c 和 l 亦均为已知,如图 4-75 所示梁的计算简图。求梁在 E 点横截面处的剪力和弯矩。

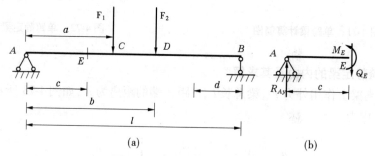

(a)　　　　　　　　　　　　(b)

图 4-75　简支梁内力计算简图

画出受力图,求解梁的支座反力 R_{Ay} 和 R_{By} 。

$$\sum m_A = 0, R_{By}l - F_1 a - F_2 b = 0$$

$$\sum m_B = 0, -R_{Ay}l + F_1(l - a) + F_2(l - b) = 0$$

解得

$$R_{Ay} = \frac{F_1(l - a) + F_2(l - b)}{l}$$

$$R_{By} = \frac{F_1 a + F_2 b}{l}$$

取 AE 为研究对象,画出受力图,记 E 截面处的剪力为 Q_E、弯矩为 M_E,且假设 Q_E 和弯矩 M_E 的指向和转向均为正值,列平衡方程。

$$\sum F_y = 0, R_{Ay} - Q_E = 0$$

$$\sum m_E = 0, M_E - R_{Ay} \cdot c = 0$$

解得

$$Q_E = R_{Ay} = \frac{F_1(l - a) + F_2(l - b)}{l}$$

$$M_E = R_{Ay} \cdot c = \frac{F_1(l-a) + F_2(l-b)}{l} c$$

若取右段为研究对象，列平衡方程

$$\sum Y = 0, Q_E + R_{By} - F_1 - F_2 = 0$$

$$\sum m_E = 0, R_{By}(l-c) - F_1(a-c) - F_2(b-c) - M_E = 0$$

同样可解得

$$Q_E = R_{Ay} = \frac{F_1(l-a) + F_2(l-b)}{l}$$

$$M_E = R_{Ay} \cdot c = \frac{F_1(l-a) + F_2(l-b)}{l} c$$

（三）单跨静定梁的内力方程及内力图绘制

一般地，梁的内力随横截面的位置而变化。如果沿梁的轴线方向选取 x 表示横截面的位置，则各横截面上的剪力和弯矩可表示为坐标 x 的函数，即

$$Q = Q(x)$$
$$M = M(x)$$

上述的二次函数称为剪力方程和弯矩方程。

如果以 x 为横坐标，以 Q 或 M 为纵坐标，分别绘制 $Q = Q(x)$ 和 $M = M(x)$ 的函数曲线，这样得出的图形分别叫作剪力图和弯矩图。

如图 4-76(a)所示简支梁，在全梁上受集度 q 的均布载荷，则此梁的剪力图和弯矩图绘制步骤如下。

1. 求梁的支座反力

由 $\sum m_A = 0$ 及 $\sum m_B = 0$，得

$$R_{Ay} = R_{By} = \frac{ql}{2}$$

2. 列剪力方程和弯矩方程

取 A 为坐标轴原点，并在截面 x 处切取左段为研究对象，画其受力分析图，如图 4-76(b)所示，根据平衡方程得

$$Q(x) = R_{Ay} - qx = \frac{ql}{2} - qx \quad (0 \leqslant x \leqslant 1) \tag{a}$$

$$M(x) = R_{Ay}x - \frac{qx^2}{2} = \frac{qlx}{2} - \frac{qx^2}{2} \quad (0 \leqslant x \leqslant l) \tag{b}$$

3. 画剪力图

式(a)表明，剪力 Q 是 x 的一次函数，所以剪力图是一斜直线。

$$x = 0, \quad Q = \frac{ql}{2}; \quad x = l, \quad Q = -\frac{ql}{2}$$

4. 画弯矩图

式(b)表明，弯矩 M 是 x 的二次函数，弯矩图是一条抛物线。

$$M(x) = \frac{qlx}{2} - \frac{qx^2}{2} = \frac{q}{2}(lx - x^2) = -\frac{q}{2}\left(x - \frac{l}{2}\right)^2 + \frac{ql^2}{8}$$

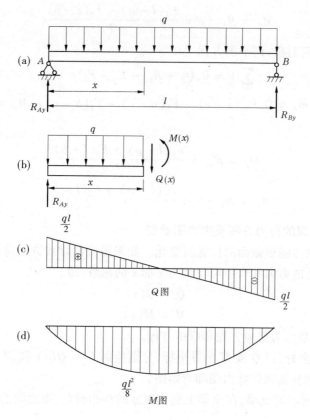

图 4-76　简支梁受均布荷载的内力图

由于曲线顶点为 $(\dfrac{l}{2}, \dfrac{ql^2}{8})$。可按表 4-2 对应值确定几点。

表 4-2

x	0	$\dfrac{l}{4}$	$\dfrac{l}{2}$	$\dfrac{3l}{4}$	l
M	0	$\dfrac{3ql^2}{32}$	$\dfrac{ql^2}{8}$	$\dfrac{3ql^2}{32}$	0

　　剪力图与弯矩图分别如图 4-76(c)、(d)所示。由图可知,剪力最大值在两支座内侧的横截面上, $Q_{\max} = \dfrac{ql}{2}$。弯矩的最大值在梁的中点, $M_{\max} = \dfrac{ql^2}{8}$。

　　如图 4-77(a)所示简支梁,在 C 处受集中载荷 F 的作用,则其剪力图和弯矩图如图 4-77(b)、(c)所示。

　　最大弯矩在集中力作用处横截面 C 处, $M_{\max} = \dfrac{Fab}{l}$。

(四)梁弯曲的强度计算

1. 弯曲梁横截面上的正应力

如图 4-78(a)所示简支梁受分别等距于支座的两个大小相等、方向相同的集中荷载作

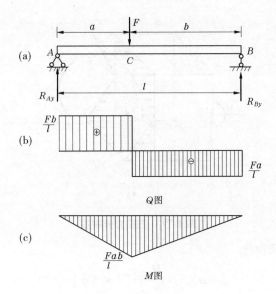

图 4-77　简支梁受集中荷载的内力图

用,计算简图如图 4-78(b)所示,其剪力图和弯矩图分别如图 4-78(c)、(d)所示。在发生平面弯曲的梁中,将只有弯矩没有剪力的弯曲,称为纯弯曲,而将既有剪力又有弯矩的弯曲,称为横力弯曲。

弯曲变形正应力计算公式为

$$\sigma = \frac{M_z}{I_z}y \qquad (4-25)$$

上述表明了梁横截面上正应力的分布规律:梁横截面上的正应力沿截面高度呈线性分布,在中性轴处正应力等于零,在截面的上下边缘正应力值最大,如图 4-79 所示。

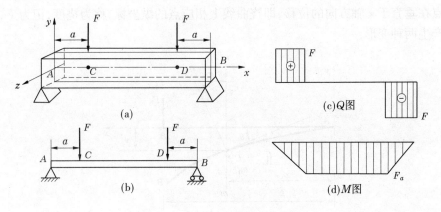

图 4-78　简支梁受对称荷载的内力图

由式(4-25)可知,梁的最大弯曲正应力应发生在截面的上下边缘处,因此

$$\sigma_{max} = \frac{M_{max}}{I_z}y_{max} \qquad (4-26)$$

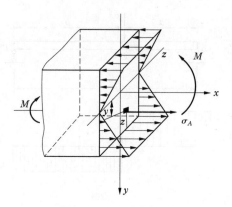

图 4-79　正应力分布图

2. 弯曲正应力强度条件

$$\sigma_{\max} = \frac{M_{\max} y_{\max}}{I_z} \leqslant [\sigma] \tag{4-27}$$

对于脆性材料 $\sigma_{t,\max} \leqslant [\sigma_t]$，$\sigma_{c,\max} \leqslant [\sigma_c]$。

（五）梁弯曲时的变形和刚度计算

单杠和跳板都可视作梁，运动员借助梁的变形完成动作。但对有些梁在工作时是不允许产生过大弯曲变形的。例如，起重机起吊重物后梁弯曲变形过大，会使其起重小车运行阻力过大，容易烧坏电动机。为保证梁能正常工作，应使梁同时满足强度条件和刚度条件，并限制梁的弯曲变形量。

1. 梁的弯曲变形

如图 4-80 所示，在对称弯曲的情况下，梁的轴线弯曲成纵向对称面内的一平面曲线，该曲线称为梁的挠曲线。

梁的变形可用梁轴线上一点（横截面的形心）的线位移和横截面的角位移表示。轴线上任一点在垂直于 x 轴方向的位移，即挠曲线上相应点的纵坐标，称为挠度，记为 y，梁承载后主要产生两种变形：

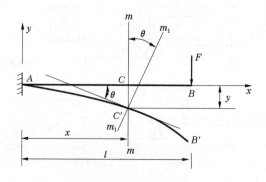

图 4-80　梁的挠曲线

（1）线位移：横截面形心在垂直于梁变形前轴线方向上的线位移，即挠度，用 y 表示。在图 4-80 中直角坐标系中挠度方向规定：向上挠度为正；向下挠度为负。

挠曲线方程为

$$y = y(x) \qquad (4\text{-}28)$$

（2）角位移：横截面相对于变形前的位置所转过的角位移，称为转角，用 θ 表示。在小变形情况下，θ 很小，则挠曲线上任意点的切线斜率与转角 θ 的关系为

$$\theta(x) \approx \tan\theta(x) = \frac{\mathrm{d}y(x)}{\mathrm{d}x} \qquad (4\text{-}29)$$

梁的挠曲线近似微分方程

$$\frac{\mathrm{d}^2 y}{\mathrm{d}x^2} = -\frac{M(x)}{E I_z} \qquad (4\text{-}30)$$

简支梁如图 4-81 所示，受均布荷载 q 作用，则求挠曲线方程和转角方程、最大挠度 y_{max} 和最大转角 θ_{max}。设 EI 为常数。

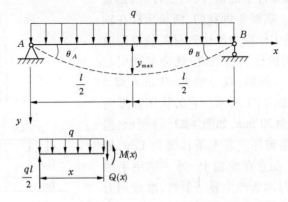

图 4-81　简支梁受均布荷载作用挠曲线

挠曲线方程为

$$y(x) = \frac{qx}{24EI}(l^3 - 2lx^2 + x^3)$$

转角方程为

$$\theta(x) = \frac{q}{24EI}(l^3 - 6lx^2 + 4x^3)$$

由于梁的受力与支撑情况以跨中截面为对称，所以挠曲线也对称于跨中截面。可见，两支座截面的转角最大，绝对值相等；跨中截面的挠度最大。

即

$$\theta_{max} = \theta_A = -\theta_B = \frac{ql^3}{24EI}$$

$$y_{max} = y\left(\frac{l}{2}\right) = \frac{5ql^4}{384EI}$$

2. 梁的刚度条件

工程中受弯构件除应满足强度条件外，还要求其变形时所产生的挠度和转角必须在工程允许的范围以内，即满足刚度条件：

$$y_{max} \leq [y] \qquad (4\text{-}31)$$

$$\theta_{max} \leq [\theta] \qquad (4\text{-}32)$$

式中,$[y]$为梁的许用挠度;$[\theta]$为梁的许用转角。

大多数杆件的设计过程都是首先进行强度设计或工艺结构设计,确定截面的形状和尺寸,然后再进行刚度校核。

(六)提高梁弯曲强度的措施

改善梁的强度和刚度的方法不尽相同,但以下的常用措施都能很好地提高梁的强度和刚度:①增加梁的弯曲刚度 EI;②合理安排梁的受力情况;③合理布置支撑位置。

五、压杆稳定

工程中把承受轴向压力的直杆称为压杆,如柱、桁架中的受压杆、机械零件中的链杆、活塞杆等,都是承受轴向压力的压杆。实践告诉我们,细长压杆在轴向压力作用下,杆内的工作应力没达到材料的极限应力,甚至还远低于材料的比例极限时,就会突然引起杆件侧向弯曲而破坏。例如,取一根宽 30 mm、厚 5 mm 的矩形松木条,如图 4-82 所示。它的抗压强度为 40 MPa。若木条长仅为 20 mm,如图 4-82(a)所示,当压力达到 6 kN 时木条破坏。若木条长度为 1 m,如图 4-82(b)所示,把一端立在地面上,另一端用手加压,当压力达到 30 N 时木条产生显著侧弯,继续加力横向挠度增大,也就是说丧失了承载能力。

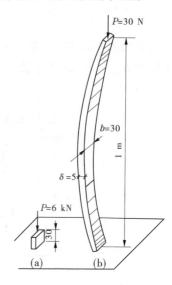

图 4-82　长短木条受压变形

由此可见,细长压杆的承载能力,并不取决于强度,而是压杆在一定压力作用下突然变弯而导致破坏。这种在一定压力作用下,细长压杆突然丧失原有平衡状态的现象称为压杆"丧失稳定性",简称压杆失稳。由于压杆丧失稳定性是突然发生的,容易导致严重的事故。塔吊和模板支撑体系失稳倒塌造成事故,如图 4-83 所示。图 4-83(a)是塔吊在调试过程发生失稳导致倒塌;图 4-83(b)是 2006 年 11 月 11 日,成都市崇州丰丰鸭业公司厂区工地,生产用水使用的 150 m² 钢筋混凝土倒锥壳水塔施工中,因模板支撑体系失稳倒塌,造成 5 人死亡,1 人受伤的事故。所以,细长压杆除考虑强度问题外,还必须考虑稳定性问题。

(a) 塔吊倒塌

(b) 模板支撑体系失稳倒塌

图 4-83　失稳事故

以图 4-84(a)所示等截面直细长杆为例,在大小不等的轴向压力 P 作用下,观察压杆直线平衡状态所表现的不同特性。

当杆承受的轴向压力数值 P 小于某一数值 P_{cr} 时,撤去干扰力以后,杆能自动恢复到原有的直线平衡状态而保持平衡,如图 4-84(b)所示。这种能保持原有的直线平衡状态的平衡称为稳定平衡。

当杆承受的轴向压力数值 P 等于某一数值 P_{cr} 时,撤去干扰力以后,杆不能恢复到原有的直线平衡状态,处于如图 4-84(c)所示的一种微弯平衡状态。此时的这种平衡称为临界平衡。

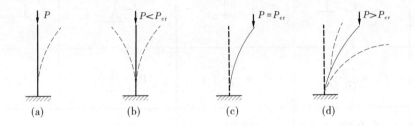

图 4-84　等截面直细长杆受压示意图

当杆承受的轴向压力数值 P 超过某一数值 P_{cr} 时,随着 P 的继续增大,则杆继续弯曲,产生显著的变形,从而使压杆失去承载能力,如图 4-84(d)所示。这表明,此压杆原有直线状态的平衡是不稳定的,即压杆丧失了稳定性;不稳定平衡和稳定平衡可以用小球在曲面位置来认识,如图 4-85 所示。

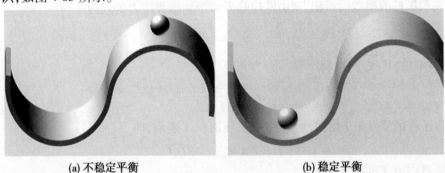

(a) 不稳定平衡　　　　　　　　　　(b) 稳定平衡

图 4-85　小球位置

压杆处于临界平衡状态时所对应的轴向压力,称为压杆的临界压力或临界力,用 P_{cr} 表示。压杆的临界压力也为不稳定平衡时所受的最小轴向压力,所以压杆稳定问题的关键是确定临界力。

(一)压杆的临界力

压杆的临界力利用欧拉公式计算。各种约束条件下压杆临界力公式写成统一形式为

$$P_{cr} = \frac{\pi^2 EI}{(\mu l)^2} \tag{4-33}$$

式中, μ 为长度系数,与杆端约束条件有关,如表 4-3 所示; μl 为计算长度(或相当长度)。

表 4-3　各种杆端支撑细长压杆的临界力公式长度系数

支撑情况	两端固定	一端固定—一端铰支	两端铰支	一端固定—一端自由
压杆 计算 简图				
临界力 P_{cr}	$P_{cr} = \dfrac{\pi^2 EI}{(0.5l)^2}$	$P_{cr} = \dfrac{\pi^2 EI}{(0.7l)^2}$	$P_{cr} = \dfrac{\pi^2 EI}{(l)^2}$	$P_{cr} = \dfrac{\pi^2 EI}{(2l)^2}$
相当 长度	0.51	0.71	1	21
长度系数	0.5	0.7	1	2

(二)压杆的临界应力

1.临界应力与柔度

在临界力 P_{cr} 作用下压杆横截面上的平均正应力,称为压杆的临界应力,用 σ_{cr} 表示。若以 A 表示压杆的横截面面积,则由欧拉临界力得到临界应力公式为

$$\sigma_{cr} = \frac{P_{cr}}{A}$$

将式(4-33)代入上式,得

$$\sigma_{cr} = \frac{\pi^2 EI}{A(\mu l)^2}$$

若将压杆的惯性矩 I 用惯性半径 i 和截面面积 A 表示,即

$$I = i^2 A \text{ 或 } i = \sqrt{I/A} \tag{4-34}$$

则临界应力又可写为

$$\sigma_{cr} = \frac{\pi^2 E i^2}{(\mu l)^2} = \frac{\pi^2 E}{(\mu l/i)^2}$$

令

$$\lambda = \frac{\mu l}{i} \tag{4-35}$$

于是推得压杆的临界应力欧拉公式为

$$\sigma_{cr} = \frac{\pi^2 E}{\lambda^2} \tag{4-36}$$

式(4-34)中 $i = \sqrt{I/A}$ 称为惯性半径,它与压杆横截面的形状、尺寸有关。常用截面的惯性半径为:

矩形

$$i_z = \frac{h}{\sqrt{12}} = 0.289h, i_y = \frac{b}{\sqrt{12}} = 0.289b$$

圆形

$$i = \frac{D}{4}\sqrt{1 + \alpha^2}$$

式中，$\alpha = d/D$。

柔度 λ（长细比），是一个无量纲的量，它与压杆两端的支撑情况、杆长及截面尺寸和形状等因素有关。若压杆的柔度 λ 越大，表明压杆细而长，其临界应力越小，则压杆就越容易失稳；若压杆的柔度 λ 越小，表明压杆短而粗，其临界应力越大，则压杆就越不容易失稳，所以柔度 λ 是压杆稳定计算中的一个很重要的几何参数。

2. 欧拉公式的适用范围

式(4-33)、式(4-36)统称为欧拉公式，可以利用其计算压杆的临界力和临界应力。但是，应用时一定要注意这两个公式的适用范围。欧拉公式是根据挠曲线近似微分方程导出的，此微分方程只有在材料服从虎克定律的条件下才成立。因此，只有当压杆的临界应力 σ_{cr} 不超过材料的比例极限 σ_p 时，才能用欧拉公式计算临界应力或临界力。于是欧拉公式的适用条件为

$$\sigma_{cr} = \frac{\pi^2 E}{\lambda^2} \leqslant \sigma_p \text{ 或 } \lambda \geqslant \pi\sqrt{\frac{E}{\sigma_p}} \tag{4-37}$$

令

$$\lambda_p = \pi\sqrt{\frac{E}{\sigma_p}}$$

式中，λ_p 称为压杆的临界柔度，表示临界应力达到材料的比例极限时的柔度值，是能应用欧拉公式的最小柔度。λ_p 的值仅取决于材料性质，用不同材料制成的压杆，其 λ_p 也不同。例如 Q235 钢，$\sigma_p = 200$ MPa，$E = 200$ GPa，由式(4-37)可求得

$$\lambda_p = \pi\sqrt{\frac{E}{\sigma_p}} = \pi\sqrt{\frac{200 \times 10^3}{200}} = \pi\sqrt{1\,000} = 100$$

则欧拉公式的适用范围又为

$$\lambda \geqslant \lambda_p \tag{4-38}$$

当压杆的柔度大于或等于 λ_p 时，才可以应用欧拉公式计算临界力或临界应力。工程中把满足 $\lambda \geqslant \lambda_p$ 这一条件的压杆称为大柔度杆（或细长杆）。

3. 超比例极限时压杆的临界应力

在实际工程中常用的压杆，其柔度往往小于 λ_p。当压杆的柔度 $\lambda < \lambda_p$，说明此类压杆的临界应力已经超过材料的比例极限，此时，欧拉公式不再适用。对这类压杆通常采用以实验结果为依据的经验公式计算临界力或者临界应力。常用的经验公式中，以直线形公式最为简单，此外还有抛物线形公式。

1）直线形经验公式

$$\sigma_{cr} = a - b\lambda \tag{4-39}$$

对于塑性材料制成的压杆，公式适用 $\sigma_{cr} = a - b\lambda \leqslant \sigma_s$ 或 $\lambda \geqslant \dfrac{a - \sigma_s}{b}$。

当压杆的临界应力等于屈服极限时,属于强度问题。因此,使用经验公式(4-39)的最小柔度极限值为

$$\lambda_s = \frac{a - \sigma_s}{b} \tag{4-40}$$

式中,a、b 及 λ_p、λ_s 均是与材料有关的常数,由实验确定,常用材料可从表4-4 中查出。

表4-4　一些常用材料的 a、b 及 λ_p、λ_s 值

材料	$a(\text{MPa})$	$b(\text{MPa})$	λ_p	λ_s
Q235 钢	310	1.14	100	60
35 钢	469	2.62	100	60
45 钢	589	3.82	100	60
铸铁	338.7	1.483	80	
松木	40	0.203	59	

工程中把 $\lambda_s \leq \lambda < \lambda_p$ 的压杆称为中柔度杆(或中长杆),这类杆往往因稳定性不够而破坏;而把 $\lambda < \lambda_s$ 的杆件称为小柔度杆(或短粗杆),这类杆往往因强度不够而被破坏,应按强度问题处理。

2)临界应力总图

压杆按其柔度值的不同,分为大柔度杆($\lambda \geq \lambda_p$)、中柔度杆($\lambda_s \leq \lambda < \lambda_p$)和小柔度杆($\lambda < \lambda_s$),分别由式(4-36)、式(4-39)计算其临界应力。如果把压杆的临界应力与柔度之间的函数关系绘制在 $\sigma_{cr} \sim \lambda$ 直角坐标系内,即可得到临界应力随柔度变化的曲线图形,称为压杆的临界应力总图,如图 4-86 所示。

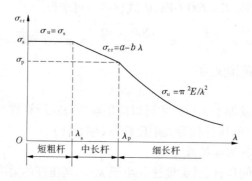

图 4-86　压杆临界应力总图

从临界应力总图中可以看出,小柔度杆的 σ_{cr} 与 λ 无关,而大柔度杆与中柔度杆的临界应力 σ_{cr} 则随着柔度 λ 的增大而减小。说明压杆柔度越大(杆越细长)就越容易失稳。

(三)提高压杆稳定性的措施

1.选择合理的截面形状

增大截面的惯性矩,可以增大截面的惯性半径,降低压杆的柔度,从而可以提高压杆的

稳定性。在压杆的横截面面积相同的条件下,应尽可能使材料远离截面形心轴,以取得较大的轴惯性矩,从这个角度出发,空心截面要比实心截面合理,如图 4-87 所示。在工程实际中,若压杆的截面是用两根槽钢组成的,则应采用如图 4-88 所示的布置方式,可以取得较大的惯性矩或惯性半径。

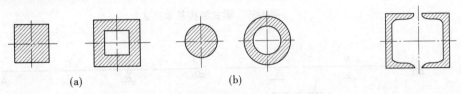

（a）　　　　　　　　　　　　　　（b）

图 4-87　实心、空心截面　　　　　　　　　　　图 4-88　组合截面

　　另外,由于压杆总是在柔度较大(临界力较小)的纵向平面内首先失稳,所以应注意尽可能使压杆在各个纵向平面内的柔度都相同,以充分发挥压杆的稳定承载力。

　　2.改善约束条件、减小压杆长度

　　减小压杆长度可以降低压杆的柔度,有利于提高压杆的稳定性。在条件允许的情况下,应尽量减小压杆的长度或在压杆中间增加支撑。同时,尽可能加强杆端的约束。压杆端部越牢固,长度系数 μ 越小,压杆柔度 λ 越小,压杆稳定性越好。

　　3.合理选择材料

　　由欧拉公式 $\sigma_{\text{cr}} = \dfrac{\pi^2 E}{\lambda^2}$ 可知,大柔度压杆的临界应力与材料的弹性模量成正比。所以,选择大柔度杆应选弹性模量大的材料,来提高大柔度杆的临界应力,即提高其稳定性。但是,对于钢材而言,各种钢的弹性模量大致相同,所以选用高强度钢并不能明显提高大柔度杆的稳定性。

　　而对于中柔度中长杆,它与材料的强度有关,采用高强度钢材,可以提高这类压杆抵抗失稳的能力。

第三节　结构力学

一、平面杆系结构

（一）按结构形式分类

1.梁式结构

（1）基本形式,如图 4-89 所示。

（2）其他形式,如图 4-90 所示。

梁式结构的特点:梁式结构在竖向荷载作用下,梁内只产生弯矩和剪力。所以,梁是一种受弯构件。

2.刚架结构

刚架结构的特点:刚架结构是由梁和柱在其杆端通过刚结点(或某些铰结点)连接而构

(a)简支梁　　　　(b)简支外伸梁　　　　(c)悬臂梁

图 4-89　梁式结构基本形式

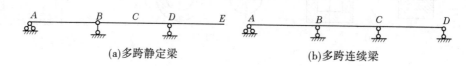

(a)多跨静定梁　　　　　　(b)多跨连续梁

图 4-90　梁式结构其他形式

成的。刚结点可起到承担和传递弯矩的作用,杆中内力有弯矩、剪力和轴力,如图 4-91 所示。

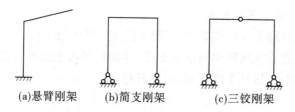

(a)悬臂刚架　　　(b)简支刚架　　　(c)三铰刚架

图 4-91　刚架结构

3. 桁架结构

桁架结构的特点:组成结构的各杆端用绝对光滑的理想铰相连接,荷载作用在铰结点上,杆件只存在轴向力。结构自重较轻,承载能力大,适用于大跨度建筑,如图 4-92 所示。

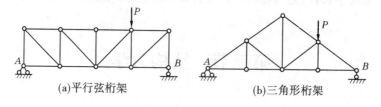

(a)平行弦桁架　　　　　　(b)三角形桁架

图 4-92　桁架结构

4. 拱结构

实体拱的几种结构形式如图 4-93 所示。

拱结构的特点:拱结构在竖向荷载作用下,拱支座有水平推力,亦称推力结构。由此水平推力的作用,拱内主要内力是轴向压力,而弯矩和剪力较同跨简支梁的弯矩和剪力要小得多。所以,拱结构能就地取材,发挥材料的力学性能,比较经济。

5. 组合结构

组合结构的形式见图 4-94。

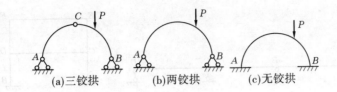

图 4-93 拱结构

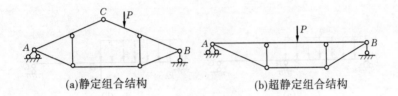

图 4-94 组合结构

组合结构的特点:组合结构是由梁式杆和铰结杆组合而成的,梁式杆承受弯矩、剪力和轴力,而铰结杆只有轴向力。

(二)按计算条件分类

1.静定结构

静定结构的特点:用静力平衡条件就可求出结构的全部约束反力和内力,如图 4-95 所示。

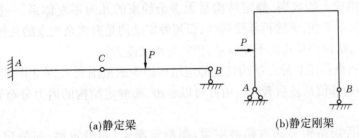

图 4-95 静定结构

2.超静定结构

超静定结构的特点:不能用静力平衡条件求出结构的全部约束反力和内力,还需要通过变形等其他条件方可求解其约束反力及内力,如图 4-96 所示。

二、超静定结构

在实际工程中,普遍存在着一类结构,如图 4-97(a)所示的连续梁,它有 4 个支座反力,而静力平衡方程只有 3 个。未知力的个数超出静力平衡方程的个数,结构的支座反力和各截面的内力不能完全由静力平衡方程唯一地确定,此类结构就称为超静定结构。

(一)超静定结构的特性

超静定结构与静定结构相比较,具有以下一些重要特性。了解这些特性,有助于加深对超静定结构的认识,并更好地应用它们。

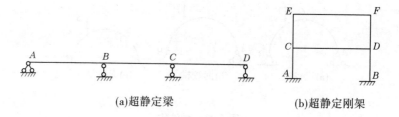

(a)超静定梁　　　　　　　(b)超静定刚架

图 4-96　超静定结构

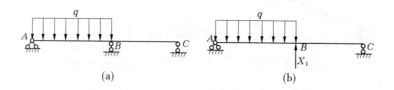

(a)　　　　　　　　　　(b)

图 4-97　超静定结构梁

（1）静定结构除荷载作用外,支座移动、温度变化等其他因素,都不引起结构的内力;超静定结构由于具有多余约束,在上述因素影响下,结构的变形受到限制,因而产生了内力。

（2）静定结构的内力只通过平衡条件即可确定;而超静定结构的内力仅仅通过平衡条件则无法全部确定,还必须考虑变形条件才能确定。静定结构的内力与结构的材料性质和截面尺寸无关;而超静定结构的内力与材料的性质及杆件尺寸都有关。

（3）几何组成上的区别:静定结构是无多余约束的几何不变体系,一旦某个约束被破坏,即丧失几何不变性,无法再承受荷载;而超静定结构是有多余约束的几何不变体系,若多余约束被破坏,结构仍是几何不变体系,仍具有承载能力。

（4）局部荷载作用对静定结构比超静定结构影响的范围要大,在相同荷载作用下,前者的变形和弯矩的峰值都较后者大。由此可以看出,超静定结构的内力分布要比静定结构的均匀。

常见的超静定结构形式有超静定梁、超静定刚架、超静定拱、超静定桁架等,分别如图 4-98 所示。

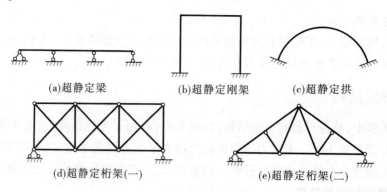

(a)超静定梁　　　　(b)超静定刚架　　　(c)超静定拱

(d)超静定桁架(一)　　　　　　　(e)超静定桁架(二)

图 4-98　常见超静定结构

求解超静定结构的方法有多种,其中最基本方法是力法、力矩分配法等。

(二)超静定次数

超静定结构具有多余约束,因而具有相应的多余约束(未知)力。通常将多余约束的个数或多余约束(未知)力的个数称为超静定次数。从静力分析角度看,超静定次数等于未知力个数与平衡方程个数的差数。

(三)超静定次数的确定

确定超静定次数通常采用解除多余约束的方法。该方法是解除结构中的多余约束,代以相应的多余约束反力(多余未知力),使之成为静定结构,解除多余约束的个数就是原结构的超静定次数。

在超静定结构上,解除多余约束通常有如下几种情况:

(1)去掉一根支座链杆(可动铰支座)或切断一根连杆,相当于去掉一个约束,如图4-99(a)、(b)所示。

(2)去掉一个固定铰支座或拆开一个单铰,相当于解除两个约束,如图4-99(c)、(d)所示。

(3)去掉一个固定端支座或切断一个梁式杆,相当于解除三个约束,如图4-99(e)所示。

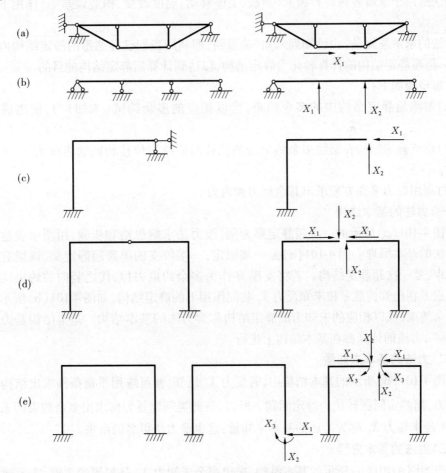

图4-99　超静定结构多余约束

（4）去掉连接 n 个杆的复铰，相当于拆开 $(n-1)$ 个单铰，解除 $2(n-1)$ 个约束。

（5）一个闭合框是 3 次超静定，n 个闭合框，是 $3n$ 次超静定。

（6）将固定端支座改成铰支座，或在梁式杆上嵌入一个单铰，相当于解除一个约束，如图 4-100 所示。

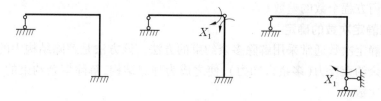

图 4-100　固定端支座简化

采用上述去掉多余约束法可较方便地确定超静定结构的超静定次数，同时也为以后选取力法的基本结构奠定基础。

三、力法

力法适用于求解各种外界因素（荷载、支座移动、温度改变、构造误差等）作用下的任何超静定结构。

力法的求解思路是"由已知到未知"的思路，即利用我们已经熟悉的静定结构内力和位移计算，把超静定结构的计算转化为静定结构，以达到计算超静定结构的目的。

求解步骤如下：

（1）解除超静定结构中的多余约束，代以相应的多余约束（未知）力，使之成为静定结构。

（2）由该静定结构在解除多余约束处的位移与原结构位移相同的协调条件，求出多余未知力。

（3）利用静力平衡方程求出其余反力和内力。

（一）力法的基本结构

以图 4-101（a）所示的一次超静定梁为例，按力法求解思路和步骤，用图示表达可从中掌握力法的基本原理。图 4-101（a）是一端固定，一端铰支的单跨超静定梁，该梁有一个多余的约束，是一次超静定结构。若将支座 B 作为多余约束去掉，代之竖向的约束反力 X_1，此时变成了在已知荷载 q 和未知反力 X_1 共同作用下的静定结构，如图 4-101（b）所示。这种去掉多余约束，代以相应的未知力的静定结构称为力法的基本结构。基本结构是力法解题的"桥梁"，力法的计算都在基本结构上进行。

（二）力法的基本未知量

如图 4-101（b）所示的基本结构中，若反力 X_1 已知，便可应用平衡条件求出结构反力和所有内力，超静定问题转化为静定问题。所以，解此类问题是如何求出多余约束的未知反力 X_1，把多余未知力 X_1 称为力法的基本未知量，这也是力法得名的由来。

（三）力法的基本方程

对于如图 4-101（b）所示的基本结构，求出多余未知力 X_1 是解题的关键，需要建立求力法基本未知量的方程，称为力法的基本方程。力法的基本方程是基本结构与原结构的等效

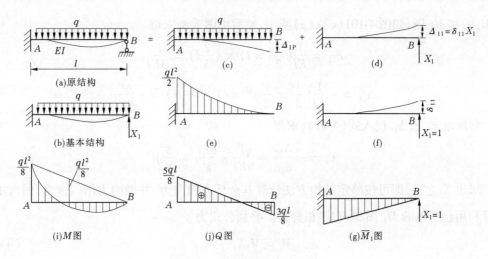

图 4-101　力法基本基本原理

条件,即基本结构的受力和变形状态与原结构保持一致,并且解答是唯一的。先从受力状态保持一致入手,原结构在荷载 q 作用下支座 B 处的反力,具有固定的数值;而对基本结构来说,X_1 已成为主动力,其大小暂属未知,如果只考虑基本结构的平衡条件,则不论 X_1 取何值,基本结构恒满足平衡条件,解答不是唯一的,无法确定。因此,建立力法的基本方程只能从位移状态保持一致入手。由于力状态未知,要使两种结构同一位置的位移处处相等是办不到的,也只能从解除多余约束处的位移相等入手。原结构中支座 B 的竖向位移等于零($\Delta_1 = 0$);基本结构中对应不同的 X_1,B 点的竖向位移则会有不同值,为了使位移相等,应使基本结构中沿未知反力 X_1 方向的位移 $\Delta_1 = 0$。基本结构中荷载 q 与未知反力 X_1 共同作用下在 B 点产生的竖向位移 Δ_1 应用叠加法即可求得,叠加结果也应等于零。参见图 4-101(c)、(d),即得:

$$\Delta_1 = \Delta_{11} + \Delta_{1P} = 0 \qquad\qquad (a)$$

式中,Δ_1 为基本结构沿 X_1 方向的总位移;Δ_{11} 为基本结构在未知力 X_1 作用下沿 X_1 方向上产生的位移;Δ_{1P} 为基本结构在外荷载作用下沿 X_1 方向上产生的位移。

这个等效条件就是 B 点竖向位移的协调条件。利用它便可求出基本未知量 X_1。

这里我们引用了两个脚标,第一个脚标表示产生位移的位置和方向,第二个脚标表示引起位移的原因。由于 X_1 是未知量,故 Δ_{11} 也是未知量,但它与 X_1 成正比。在弹性限度内,为了方便计算,设 δ_{11} 表示 $X_1 = 1$ 单独作用在基本结构上沿 X_1 方向的单位位移,如图 4-102(f)所示,则 $\Delta_{11} = \delta_{11} X_1$。于是式(a)可写成:

$$\delta_{11} X_1 + \Delta_{1P} = 0 \qquad\qquad (4\text{-}41)$$

式中,δ_{11} 为 $X_1 = 1$ 单独作用在基本结构上沿 X_1 方向的单位位移;X_1 为多余未知力;Δ_{1P} 为基本结构在外荷载作用下沿 X_1 方向上产生的位移。

式(4-41)称为力法的典型方程。

式中的系数 δ_{11} 和自由项 Δ_{1P} 均为基本结构 X_1 方向的位移,可按静定结构单位荷载法计算位移。求得 δ_{11} 和 Δ_{1P} 之后,代入式(4-41)即可求得 X_1。

现用图乘法计算上述位移 δ_{11} 和 Δ_{1P}。分别绘出荷载 q 及 $X_1 = 1$ 单独作用于基本结构时

的 M_P 图和 $\bar{M}_1$ 图,如图 4-101(e)、(g)所示,然后由图乘法求得

$$\delta_{11} = \frac{1}{EI}(\frac{1}{2}l \times l) \times (\frac{2}{3}l) = \frac{l^3}{3EI}$$

$$\Delta_{1P} = -\frac{1}{EI}(\frac{1}{3} \times \frac{1}{2}ql^2 \times l) \times (\frac{3}{4}l) = -\frac{ql^4}{8EI}$$

将所求 δ_{11} 和 Δ_{1P} 代入式(4-41),求得

$$X_1 = -\frac{\Delta_{1P}}{\delta_{11}} = \frac{ql^4}{8EI} \times \frac{3EI}{l^3} = \frac{3}{8}ql$$

求出 X_1 之后,即可按静定结构方法计算其余反力和内力,并做内力图。通常,做弯矩图时可利用已绘出的 $\bar{M}_1$ 图和 M_P 图相叠加。叠加公式为

$$M = \bar{M}_1 X_1 + M_P \tag{4-42}$$

例如:

$$M_A = \bar{M}_1 X_1 + M_P = l \times \frac{3}{8}ql - \frac{1}{2}ql^2 = -\frac{1}{8}ql^2(上部受拉)$$

$$M_中 = \bar{M}_1 X_1 + M_P = \frac{1}{2}l \times \frac{3}{8}ql - \frac{1}{8}ql^2 = \frac{1}{16}ql^2(下部受拉)$$

从而做弯矩图如图 4-101(i)所示,根据弯矩图及原结构所作用的对应荷载做剪力图,如图 4-101(j)所示。

综上所述,力法的基本原理是以多余未知力作为基本未知量,取去掉多余约束后的静定结构为基本结构,并根据基本结构去掉多余约束处的位移与原结构已知位移相等的条件,建立以多余未知力表示的力法典型方程,解出多余未知力,将超静定结构的计算转化为对其静定的基本结构的计算。

(四)力法的典型方程

对于 n 次超静定结构,则有 n 个多余未知力,因而对应有 n 个已知的位移条件,按此 n 个位移条件可建立 n 个方程,从而可解出 n 个多余未知力。其 n 个多余未知力表示的力法典型方程为

$$\begin{cases} \delta_{11}X_1 + \delta_{12}X_2 + \cdots + \delta_{1n}X_n + \Delta_{1P} = 0 \\ \delta_{21}X_1 + \delta_{22}X_2 + \cdots + \delta_{2n}X_n + \Delta_{2P} = 0 \\ \qquad\qquad\qquad\vdots \\ \delta_{i1}X_1 + \delta_{i2}X_2 + \cdots + \delta_{in}X_n + \Delta_{iP} = 0 \\ \qquad\qquad\qquad\vdots \\ \delta_{n1}X_1 + \delta_{n2}X_2 + \cdots + \delta_{nn}X_n + \Delta_{nP} = 0 \end{cases} \tag{4-43}$$

式中,δ_{ii} 为主系数,是位于方程组中主对角线上的系数(元素),δ_{ii} 代表由单位力 $\bar{X}_i = 1$ 作用时,在其本身方向引起的位移,δ_{ii} 与单位力 $\bar{X}_i = 1$ 的方向一致,所以主系数恒为正数;δ_{ij}、δ_{ji}($i \neq j$)为副系数,位于主对角线两侧的系数(元素),代表单位力 $\bar{X}_j = 1$ 产生的沿 X_i 方向的位移,根据位移互等定理有 $\delta_{ij} = \delta_{ji}$,副系数的值可正、可负,也可能为零;$\Delta_{iP}$ 为自由项,是位于各方程中的最后一列的元素,代表基本结构在荷载作用下沿 X_i 方向产生的位移,自

由项 Δ_{iP} 可正、可负,也可为零。

式(4-43)称为 n 次超静定结构的力法典型方程。

第四节　水力学

水力学主要包括水静力学和水动力学。水静力学是研究液体处于静止包括相对静止状态下的平衡规律及其在工程中的应用。水动力学是研究液体在运动状态下的力学规律、运动特性、能量转换等。水力学在水利工程的勘测、规划、设计、施工和运行管理中都有广泛的应用。

一、水压力

固体边壁约束着液体,液体将对固体边壁产生作用力,当上游有水时开启闸门比无水时需要更大的拉力,这是由于水对闸门的压力使闸门紧贴门槽而产生摩擦力。

把水体对固体边壁的总作用力称为水压力。水压力分为静水压力和动水压力,水在静止状态下对固体边壁的总作用力称为静水压力。水在流动状态下对固体边壁的总作用力称为动水压力。静水压力的现象随处可见,如在水利工程中,重力坝必须有足够的自重,以抵挡水的压力。

(一)静水压强

1.静水压强

单位面积上的静水压力称为静水压强。

2.静水压强的特性

一是静水压强垂直于作用面,并指向作用面;二是某一点静水压强的大小只与水面压强和该点在水面以下的深度有关,而与作用面在该点的方位无关。

重力作用下的静水压强基本公式(水静力学基本公式)为

$$p = p_0 + \gamma h \tag{4-44}$$

式中,p_0 为液体自由表面上的压强;h 为测压点在自由面以下的淹没深度;γ 为液体的容重。

3.静水压强分布图

根据静水压强特性,用垂直受压面的箭头表示静水压强的方向,根据静水压强沿水深是线性分布的规律,绘出平面上两点的压强并把其端线相连,即可确定平面上静水压强的分布,这样绘制的图形就是静水压强分布图,见图4-102 和图4-103。

(二)静水总压力

确定作用在水工建筑物某平面上的静水总压力的大小、方向和作用点,是工程上的常见问题,也是工程技术上必须解决的力学问题。

对于矩形平面,应用静水压强分布图可以求出作用在平面上静水总压力的大小为

$$P = \Omega b \tag{4-45}$$

式中,Ω 为静水压强分布图的面积;b 为受压面在垂直纸面方向上的宽度。

作用在任意形状平面上总压力的大小等于该平面面积与其形心处点的静水压强的乘积,即

$$P = p_c A = \gamma h_c A \tag{4-46}$$

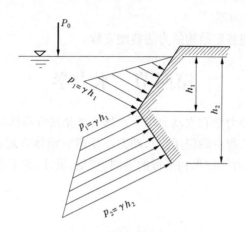

图 4-102　静水压强分布图

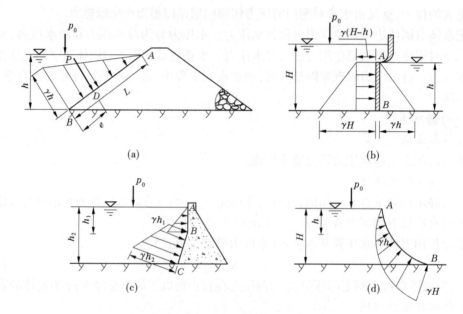

图 4-103　不同类型受压面静水压强分布图

式中，γ 为水的容重，kN/m^2；h_c 为形心处距离液面的高度，m；A 为平面面积，m^2。

二、水动力学

(一)水流运动的基本概念

1. 流线与过水断面

1）流线

流线是人们假想的用来描述流动场中某一瞬时所有水流质点流速方向的光滑曲线，即位于流线上的各水流质点，其流速的方向都与该质点在该曲线上的点的切线方向一致。

2）过水断面

垂直于水流方向(流线)的横断面称为过水断面。过水断面可以是平面，也可以是曲面，与流线分布情况有关。

2.流量与断面平均速度

1)流量

泄水建筑物过流能力的大小就用流量来描述。单位时间内通过过水断面的水体体积称为流量。

2)断面平均速度

过水断面上的流量与过水断面面积之比,称为过水断面的平均流速,简称断面平均流速。

3.水流运动的分类

从描述水流的不同角度出发,水流形态主要包括恒定流与非恒定流、均匀流与非均匀流、渐变流与急变流、层流与紊流、有压流与无压流等。

1)恒定流与非恒定流

流场中任何空间上所有的运动要素(如时均流速、时均压力、密度等)都不随时间而改变的水流称为恒定流,如图4-104(a)所示。如某一水库工程有一泄水隧洞,当水库水位、隧洞闸门保持不变时,隧洞中水流的所有运动要素都不会随时间改变,即为恒定流。

流场中任何空间上有任何一个运动要素随时间而改变的水流称为非恒定流,如图4-104(b)所示。如水库工程泄水隧洞泄水时,如果水库水位逐渐降低,那么流量、流速会随之变小,此时隧洞中的水流即为非恒定流。

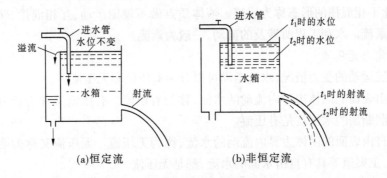

图4-104 流体分类

2)均匀流与非均匀流

在水力学中,通常根据流线形状及过水断面上的流速分布是否沿程变化将流体运动分为均匀流与非均匀流两种。

流场中所有流线是平行直线,同一流线上各点流速大小相等、方向相同,因而各过水断面上流速分布相同的流动称为均匀流,如图4-105所示。例如一引水渠,某顺直渠段中没有进出水(流量不变)、渠道横断面尺寸沿程不变,则该渠段内的水流即为均匀流,水面线为一直线,且与渠底坡线平行。

当水流的流线不是相互平行的直线时的水流称为非均匀流。流线虽然平行但不是直线(如管径不变的弯管中的水流),或者流线虽为直线但不相互平行(如管径沿程缓慢均匀扩散或收缩的渐变管中的水流)都属于非均匀流。

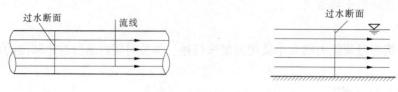

图 4-105　均匀流

3）渐变流与急变流

按照流线不平行和弯曲的程度,可将非均匀流分为渐变流和急变流两种类型。水流流线间的夹角很小,流线的弯曲不大,流线近似为平行直线的水流,称为渐变流;否则,称为急变流,如图 4-106 所示。

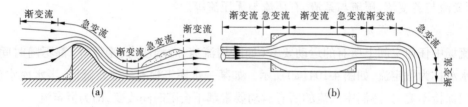

图 4-106　渐变流与急变流流线示意图

4）层流与紊流

层流与紊流是实际液体由于存在黏滞性而具有的两种流动形态。液体质点做有条不紊的运动,彼此不相混掺的形态称为层流。液体质点做不规则运动、互相混掺、轨迹曲折混乱的形态叫作紊流。水利工程所涉及的流动,一般为紊流。

5）有压流与无压流

根据水流运动的受力情况,水流运动可以分为有压流和无压流。

在无自由表面的固体边界内流动的水流,称为有压流。有压流又称为管流。如充满整个管道或隧洞断面的水流就是有压流。

在具有自由表面的固体边界内流动的水流,称为无压流。无压流又称为明渠水流。如天然河道、人工渠道等具有自由水面的水流,都是无压流。

（二）水头损失及其计算

1. 水头损失的类型

为了便于分析和计算,根据水流运动边界条件的不同,水头损失分为如下两类:

1）沿程水头损失

单位重量液体由于沿程阻力做功所引起的机械能损失称为沿程水头损失。它随流程长度的增加而增加,在较长的输水管道和河渠中的流动,都是以沿程水头损失为主的流动。

2）局部水头损失

单位重量液体克服局部阻力做功而消耗的机械能称为局部水头损失。尽管局部水头损失是在一段流程上形成的,为了方便起见,一般都近似认为它集中发生在突变断面处。

2. 水头损失的计算

由于实际水流非常复杂,实用中通常借助于试验和经验公式来计算沿程水头损失和局部水头损失。

三、建筑物水流

(一)恒定明渠水流

1. 明渠均匀流

人工渠道、天然河道、未充满水流的管道统称为明渠。

明渠水流是指在明渠中流动,具有显露在大气中的自由表面,水面上各点的压强都等于大气压强。所以,明渠水流又称为无压流。明渠水流可以是恒定流或非恒定流,也可以是均匀流或非均匀流。

明渠均匀流是指水深、断面平均流速都沿流程不变的流动。产生条件为:水流为恒定流,流量、粗糙系数沿程不变,没有渠系建筑物干扰的长直棱柱体正坡明渠。

明渠均匀流基本特征可归纳如下:

(1)过水断面的形状和尺寸、流速、流量、水深沿程都不变。

(2)流线是相互平行的直线,流动过程中只有沿程水头损失,而没有局部水头损失。

(3)由于水深沿程不变,故水面线与渠底线相互平行。

(4)由于断面平均流速及流速水头沿程不变,故测压管水头线与总水头线相互平行。

(5)由于明渠均匀流的水面线即测压管水头线,故明渠均匀流的底坡线、水面线、总水头线三者相互平行,这样一来,渠底坡度、水面坡度、水力坡度三者相等。

明渠均匀流水力计算主要解决过水能力问题,而过水能力用流量来反映。只要知道断面形状、水深就可计算出过水面积。计算流量的关键是求出流速的数值。

2. 明渠非均匀流

明渠中障碍物对水流的不同影响,使得明渠水流有两种不同的流动形态,即急流和缓流。无论是急流还是缓流,其流速和水深都沿程变化,因而是非均匀流动。

(二)压力管道恒定流

在生产和生活中,为了排水和供水的需要,常常设置各种有压输水管道。例如,水库的泄洪隧洞、农业灌溉工程中的虹吸管和倒虹吸管,以及自来水管网等,这些管中的水流充满整个管道断面,称为有压流,又称为管流。

与河渠水流一样,管流也分恒定流和非恒定流,当管中各点流速、压强等随时间不变的流动称为恒定流;反之,称为非恒定流。

恒定管流的水力计算按出流情况可分为两种:一种是管道的出口水流直接流入空气中的自由出流;另一种是出口在水面以下的淹没出流。

(三)堰流和闸孔出流

在水利工程中,为了控制水位和流量,常在河渠中修建一种既能挡水又能泄水的构筑物,使河渠上游水位壅高,水流经过构筑物顶部溢流下泄,这种构筑物称为堰。

流经堰顶的水流现象称为堰流。由于水流在堰顶上流程较短,流线变化急剧,属急变流,因此能量损失主要是局部水头损失。

为了调节下泄流量,一般均在河渠上修建水闸。当水流受到闸门控制时,水流由闸门底缘和闸底板之间的孔口流出,过水断面受到闸孔尺寸的限制,水流的自由表面不连续,这种水流称为闸孔出流。

(四)水工建筑物的下游消能

修建闸、坝等泄水建筑物后,下泄的水流往往具有很高的流速,动能比较大。在水利工程中,消除水流过多能量的建筑物称为消能建筑物。目前,为了减小对下游河道的冲刷,采取的消能方式有底流式消能、挑流式消能、面流式消能等。

1. 底流式消能

如图 4-107 所示,底流式消能又称水跃消能。建筑物下泄的急流贴槽底射出,利用水跃原理,有控制地使之通过水跃转变为缓流,再与下游水流衔接,同时主流在水跃区扩散、掺混消能。在这种方式的衔接消能段中,高流速的主流位于底部,故称为底流式消能。

该法具有流态稳定、消能效果较好,对地质条件和尾水变幅适应性强及水流雾化很小等优点,多用于低水头、大流量、地质条件较差的泄水建筑物。但护坦较长,土石方开挖量和混凝土方量较大,工程造价较高。该法对地质条件的要求较低,既适用于坚硬岩基,也适用于较软弱或节理裂隙较为发育的岩基。

2. 挑流式消能

如图 4-108 所示,利用泄出水流本身的动能在建筑物的出流部分采用挑流鼻坎将水流挑射入空中,降落在离建筑物较远的下游,使得对河床的冲刷位置离建筑物较远,而不影响建筑物的安全。泄出水流的余能一部分在空中消耗,大部分则在水流跌入下游形成的水垫中消除。但跌落的水流仍将冲刷河床,形成冲刷坑,在冲刷坑中水流继续消能。它适用于坚硬岩基上的高、中坝。

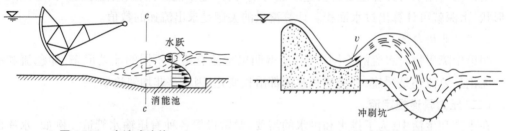

图 4-107　底流式消能　　　　　　图 4-108　挑流式消能

3. 面流式消能

如图 4-109 所示,在建筑物的出流部分采用鼻坎,将泄出的急流射入下游水域的上层,和河床隔离,以减轻对河床的冲刷。因消能段中表面部分流速较高,故称为面流式消能。它适用于中、低水头工程尾水较深,流量变化范围较小,水位变幅较小,或有排冰、漂木要求的情况。一般不需要做护坦。

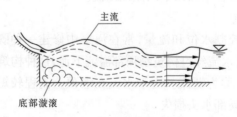

图 4-109　面流式消能

第五节 岩土力学

一、岩石

地球自形成至今已有45亿年以上的历史,它处在不停地、永恒地运动和变化之中。我们把在地质历史的发展过程中,由于自然动力所引起的地壳组成物质、构造和地表形态不断变化的作用,称为地质作用。较快的地质作用如地震、火山爆发等;但大多数地质作用进行得十分缓慢,如现代地壳运动。即使在相当强烈的地区,其发展速度一年当中也只有几厘米。虽然地壳运动的速度如此缓慢,但长期发展下去,就会产生十分显著的结果。

(一)地质作用分类

地质作用按其能源的不同,可以分为内力地质作用和外力地质作用两大类。

1. 内力地质作用

地球的旋转能、重力能和地球内部的热能、结晶能和化学能等引起整个地壳物质成分、地壳内部构造、地表发生变化的地质作用称为内力地质作用,包括地壳运动、地震作用、岩浆作用和变质作用。

2. 外力地质作用

作用在地壳表层、主要由地球以外的太阳辐射能、日月引力能所引起的地质作用,称为外力地质作用,外力地质作用能使地表形态发生变化和地壳化学元素迁移、分布和富集。其按作用方式分为风化作用、剥蚀作用、搬运作用、沉积作用、负荷地质作用和硬结成岩作用。地质作用表现形式如表4-5所示。

表 4-5 地质作用表现形式

类型	能量来源	表现形式	对地表的作用
内力作用	地球内部	地壳运动、岩浆活动、变质作用	使地表高低起伏
外力作用	太阳辐射	风化、侵蚀、搬运、沉积、固结成岩、重力、化学作用	使地表变得平坦

(二)地质年代

1. 地质年代及分类

地表的岩石及岩层中的各种地质构造形态都是过去地质历史时期内演变发展的结果。在漫长的地质历史中,查明各种地质作用的发生、发展过程,首先必须建立统一的、便于不同地区对比的时间系统,也就是确立地质年代。

1)相对地质年代

地质时代系统最初就是根据各种岩层的相对新老关系、形成的先后顺序建立起来的。这样的时代系统称为相对地质年代,它只表示前后顺序,不包含各个时代延续的长短。

2)绝对地质年代

放射性元素的衰变速度不受温度、压力环境的影响,应用放射性元素的衰变可以准确地测定地质年代,这样测得的年代为绝对地质年代。

2. 地质年代表

地质历史划分为两大阶段，即由老到新的隐生宙和显生宙。宙以下分为代，隐生宙分为太古代和元古代，显生宙分为古生代、中生代和新生代。代以下再细分为纪，如中生代分为三叠纪、侏罗纪、白垩纪。纪又细分为世。宙、代、纪、世是国际统一规定的地质时代（年代）划分单位。每个地质时代（年代）形成的地层均有相应的地层单位，如三叠纪是时代单位，三叠纪形成的地层称三叠系，系就是地层单位。地史单位见表4-6。

表4-6　地史单位

时间(年代)地层单位			地质(年代)时代单位		
宇 Eonthem			宙 Eon		
界 Erathem			代 Era		
系 Syatem			纪 Period		
统 Series		上 Upper	世 Epoch		晚 Late
		中 Middle			中 Middle
		下 Lower			早 Early
阶 Stage			期 Age		
时带 Chronozone			时 Chron		

表4-7为包括整个地质时代所有地层在内的、完整的、世界性的地质年代表。

（三）地质构造

地质构造有4种类型，即水平构造、倾斜构造、褶皱构造和断裂构造。

1. 水平构造

原始沉积物，特别是海洋中的沉积物多是水平或接近水平的层状沉积物，按沉积顺序先沉积的在下面，后沉积的覆盖在上面，这些一层层叠置起来的沉积物，经过固结成岩作用形成坚硬的层状岩石，称为岩层。

原始岩层一般是水平的。在漫长的地质历史中，由于地壳运动、岩浆活动等的影响，岩层产出状况（简称为产状）发生多样的变化，有的岩层虽然经过地壳运动使其位置发生了变化，但仍保持水平状态，这样的构造称为水平岩层。如图4-110所示，图中 a_1、a_2 为两层土的视厚度，h_1、h_2 为对应两层土的真厚度，绝对水平的岩层是没有的，因而所谓水平构造是指受地壳运动影响较轻微的某些地区或受强烈地壳运动影响的岩层的某一局部地段或大范围的均匀抬升或下降的地区。水平构造中较新的岩层总是位于较老的岩层之上，当地形受切割时，老岩层总是出露在低洼地方，面较新的岩层总是出露在较高的地方。

2. 倾斜构造

当地壳运动不仅使岩层形成时的位置发生变化，而且改变岩层的水平状态，使岩层层面和水平面间具有一定的夹角时称为倾斜构造，如图4-111所示。倾斜构造往往是褶曲的一个翼、断层的一盘，是不均匀抬升或下降所引起的，如图4-112所示。研究倾斜岩层的产出状况和特征是研究地质构造的基础。

表 4-7　地质年代表

宙(宇)	代(界)	纪(系)	世(统)	同位素年龄(百万年)	生物界 植物	生物界 动物	构物阶段(及构造运动)动物	
显生宙	新生代(界 Kz)	第四纪(系 Q)	全新世(统 Qh)	2	被子植物繁盛	出现人类	新阿尔卑斯构造阶段	喜马拉雅山构造阶段
			更新世(统 Qp)			哺乳动物与鸟类繁盛		
		第三纪(系 R)	晚第三世(系 N) 上新世(统 N2)	26				
			中新世(统 N1)					
			早第三世(系 E) 渐新世(E2)	65				
			始新世(E1)					
			古新世(E3)					
	古生代(界 Pz)	白垩纪(系 K)	晚白垩世(系 K2)	137	裸子植物繁盛	爬行动物繁盛	老阿尔卑斯构造阶段	燕山构造阶段
			早白垩世(统 K1)					
		侏罗纪(系 J)	晚侏罗世(统 J3)	195				
			中侏罗世(统 J2)					
			早侏罗世(统 J1)					
		三叠纪(系 T)	晚三叠世(统 T3)	230				印支构造阶段
			中三叠世(统 T2)			无脊椎动物继续演化发展		
			早三叠世(统 T1)					
		二叠纪(系 P)	晚二叠世(统 P2)	285	蕨类及原始裸子植物繁盛	两栖动物繁盛	(海西)华力西构造阶段	
			早二叠世(统 P1)					
		石炭纪(系 C)	晚石炭世(统 C3)	350				
			中石炭世(统 C2)					
			早石炭世(统 C1)					
		泥盆纪(系 D)	晚泥盆世(统 D3)	400	蕨类植物繁殖	鱼类繁殖		
			中泥盆世(统 D2)					
			早泥盆世(统 D1)					
		志留纪(系 S)	晚志留世(统 S3)	435	裸蕨植物繁盛	海生无脊椎动物繁殖	加里东构造阶段	
			中志留世(统 S2)					
			早志留世(统 S1)					
		奥陶纪(系 O)	晚奥陶世(统 O3)	500	藻类及菌类植物繁盛			
			中奥陶世(统 O2)					
			早奥陶世(统 O1)					
		寒武纪(系 C)	晚寒武世(统 C3)	570				
			中寒武世(统 C2)					
			早寒武世(统 C1)					

续表 4-7

地质时代(地层系统及代号)				同位素年龄(百万年)	生物界		构物阶段(及构造运动)动物
宙(字)	代(界)	纪(系)	世(统)		植物	动物	
元古宙(字 Pt)	元古代(界 Pt)	震旦纪(系 Z)	晚震旦世(统 Z2)	800		裸露无脊椎动物出现	晋宁运动 吕梁运动 五台运动 阜平运动
			早震旦世(统 Z)				
				100	生命现象出现		
				1 900			
				2 500			
太古宙(字 Ar)	太古代			4 600	地球形成		

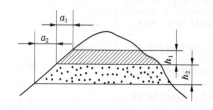

图 4-110　水平构造

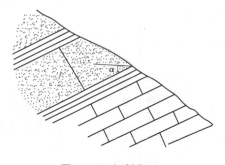

图 4-111　倾斜岩层

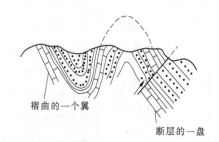

图 4-112　倾斜岩层与褶曲和断层的关系

3. 褶皱构造

地壳运动不仅使岩层升降和倾斜,而且可以使岩层被挤成各式各样的弯曲。岩层被挤压形成的一个弯曲称为褶曲。

自然界中孤立存在的单个弯曲很少见,大多是一系列波状的,而且保持岩层连续性和完整性的弯曲,这一系列的波状弯曲称为褶皱构造。褶皱各式各样,规模有大有小,反映了当时地质作用的强度和方式。它们对工程的影响主要表现在岩体强度和水文地质特征方面。

褶曲的基本形态有两种:背斜和向斜,如图 4-113 所示。一般来说,背斜是向上凸起的弯曲,中心部分岩层相对较老,而两侧是由相对较新的岩层组成的;向斜是向下回陷的弯曲,中心部分岩层相对较新,而两侧是由相对较老的岩层组成的。仅仅根据形态来认识背斜和向斜是不够的,甚至会得出与事实相反的结论,还必须根据岩层的新老关系来判别褶曲的性质。

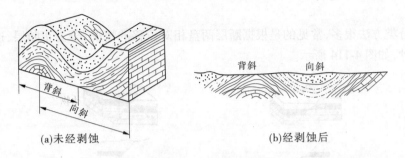

(a)未经剥蚀　　　　　　　　　　　(b)经剥蚀后

图 4-113　背斜与向斜

岩层受挤压变形,形态往往十分复杂。在沉积岩地区褶皱形态尤为多样,往往不是一个简单的背斜和向斜,而是一系列的背斜和向斜,这一系列的背斜或向斜称为褶皱构造,在这一系列的背斜和向斜中存在着次一级的背斜和向斜,甚至更次一级的背斜和向斜,形成一系列的复杂的褶皱。它们的规模一般都比较大,分布有一定的区域性,陆地上的大山脉都是这样,这些地区在地质历史上都曾经是长时期接受沉积的地区,后来又经历了强烈的地壳运动,岩层受到强烈挤压,形成褶皱带。

褶皱形成时背斜是向上拱的弯曲,地形上似乎应表现为突出的山脊;向斜是向下凹陷弯曲的,地形上似乎应表现为谷地,但在褶皱形成以后遭受长期风化剥蚀,整个地形往往都会变得比较平坦,背斜和向斜在地形上没有多大差别,甚至可形成背斜组成谷地,向斜组成高地现象。

4.断裂构造

当岩体受到的构造应力超过它的强度时,岩体的完整性和连续性遭到破坏,产生断裂变形。根据岩体断裂后两侧岩块相对位移的情况,分为裂隙和断层两类。

1)裂隙

裂隙也称为节理,是存在于岩体中的裂缝,是岩体受力断裂后断裂面两侧岩块沿着断裂面没有或没有发生明显位移的断裂,它切割岩体,破坏岩体的完整性和连续性,是影响工程建筑物稳定的重要因素。

自然界的岩体中几乎都有裂隙,只是密集程度不同而已,岩块极易沿裂隙面发生滑动、坍落,引起建筑物失稳,因此在工程中要注意裂隙的影响。根据裂隙的成因,把裂隙分为构造裂隙和非构造裂隙两类。

(1)构造裂隙。是由地壳构造运动造成的。其特征是分布广泛,延伸较长较深,可切穿不同的岩层,往往成组出现。在同一岩层中可以有几组节理。

(2)非构造裂隙。指岩石在形成过程中产生的原生裂隙、后期的风化裂隙,以及沿沟壁岸坡形成的卸荷裂隙等。具有普遍意义的是风化裂隙。风化裂隙主要发育在岩体靠近地面的部分,可达地面下 10～15 m 的深度。这种裂隙的特点是分布零乱、没有规律性,岩石多成碎块,沿裂隙面岩石的结构矿物成分均有明显变化。

2)断层

岩体受力断裂后,两侧岩块沿断裂面发生了显著的相对位移的构造形态,称为断层。断层往往由裂隙进一步发展而成。岩层中断层很常见,规模大小不一,小的几米,大的上千米,相对位移有几厘米到几十千米不等,对工程的影响程度也不同,一些仍在活动的活断层常与地震有关。

断层分类方法很多,常见的是根据断层两盘相对位移的情况,分为正断层、逆断层和平移断层三种,如图 4-114 所示。

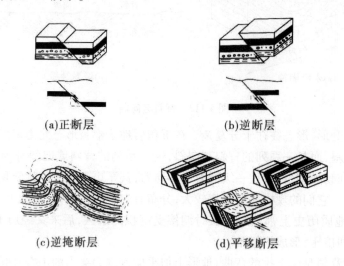

(a)正断层　　　　　　　　(b)逆断层

(c)逆掩断层　　　　　　　(d)平移断层

图 4-114　断层的类型

(1)正断层。是指上盘沿断层面相对下降,下盘相对上升的断层。正断层主要是受到地壳水平拉张应力及重力作用所形成的。正断层的断层面比较陡,倾角常大于 45°,断层线较平直。正断层可以单个出现,也可以成群出现。

(2)逆断层。是指上盘沿断层面相对上升而下盘相对下降的断层。逆断层一般是岩层受地壳水平应力的挤压作用形成的,断层的两盘多呈闭合状态,故断层的性质属于压性的。

(3)逆掩断层。是大规模的,以千米计,并且断层面倾角小于 30°的逆断层。

(4)平移断层。是两盘只做水平方向相对移动的断层。这种断层主要是水平剪切作用造成的,断层面倾角很大,常近似于直立,断层面上常有近水平方向的擦痕。

(四)不良地质现象

不良地质现象是指对工程建设不利或有不良影响的动力地质现象。不良地质包括滑坡、崩塌、泥石流、岩溶、断层。

1. 滑坡

滑坡是指斜坡上的部分岩体或土体在自然或人为因素的影响下沿某一明显的界面发生剪切破坏向下运动的现象。滑坡分为工程滑坡和天然滑坡。

2. 崩塌

崩塌是指在陡峻的斜坡上,巨大岩块在重力作用下突然而猛烈地向下倾倒、翻滚、崩落的现象。崩塌经常发生在山区陡峭的山坡上,有时也发生在高陡的路堑边坡上。崩塌是山区建筑常见的一种灾害现象。

3. 泥石流

泥石流是指在山区或者其他沟谷深壑、地形险峻的地区,因为暴雨、暴雪或其他自然灾害引发的山体滑坡,并携带有大量泥沙及石块的特殊洪流。泥石流具有突然性及流速快、流量大、物质容量大和破坏力强等特点。发生泥石流常会冲毁公路、铁路等交通设施,甚至村镇等,一旦发生会造成巨大损失。

4.岩溶

岩溶又称为喀斯特,是指地表水和地下水对可溶性岩石长期溶蚀,产生特殊地质、地貌和水文特征现象作用的总称。

5.断层

断层是指岩层在地应力作用下发生破裂,断裂面两侧的岩体发生显著的相对位移,对建筑工程的危害极大。对于一般的中小断层来说,断层形成的年代越新,则断层的活动可能性越大。永久性建筑物应避免横跨在断层上;否则,一旦断层活动,后果不堪设想。

(五)岩石分级

水利工程岩石硬度分级如表4-8所示。

表4-8　水利工程岩石硬度分级

岩石硬度分级	坚固程度	代表性岩石
1	2	3
Ⅵ	比较软	Ⅵa:碎石质土壤,破碎的页岩,黏结成块的砾石、碎石,坚固的煤,硬化的黏土。($f=1.5$)
Ⅵ/Ⅴ	比较软/中等坚固	Ⅵ:软弱页岩,很软的石灰岩,白垩,盐岩,石膏,无烟煤,破碎的砂岩和石质土壤。($f=2$) Ⅴa:各种不坚固的页岩,致密的泥灰岩。($f=3$)
Ⅴ/Ⅳ	中等坚固/比较坚固	Ⅴ:坚固的泥质页岩,不坚固的砂岩和石灰岩、软砾石。($f=4$) Ⅳa:砂质页岩,页岩质砂岩。($f=5$)
Ⅳ/Ⅲa	比较坚固/坚固	Ⅳ:一般的砂岩、铁矿石。($f=6$)
Ⅲa/Ⅲ	坚固	Ⅲa:坚固的砂岩、石灰岩、大理岩、白云岩、黄铁矿,不坚固的花岗岩。($f=8$)
Ⅲ	坚固	Ⅲ:致密的花岗岩,很坚固的砂岩和石灰岩,石英矿脉,坚固的砾岩,很坚固的铁矿石。($f=10$)
Ⅲ/Ⅱ	很坚固	很坚固的花岗岩、石英斑岩、硅质片岩,较坚固的石英岩,最坚固的砂岩和石灰岩。($f=15$)
Ⅱ	很坚固	很坚固的花岗岩、石英斑岩、硅质片岩,较坚固的石英岩,最坚固的砂岩和石灰岩。($f=15$)
Ⅰ	最坚固	最坚固、致密、有韧性的石英岩、玄武岩和其他各种特别坚固的岩石。($f=20$)

二、土

土是地表岩石经长期风化、搬运和沉积作用,逐渐破碎成细小矿物颗粒和岩石碎屑,是各种矿物颗粒的松散集合体。天然状态下的土由固相、液相和气相组成。

（一）土的天然状态

1. 土的固相——矿物颗粒

土粒粒径大小及矿物成分不同,对土的物理力学性质有着较大影响。土颗粒根据粒组范围划分不同的粒组名称,粒径大于 2 mm 的颗粒质量超过总质量 50% 的土,应定名为碎石土,并按表 4-9 分类。

表 4-9　碎石土分类

土的名称	颗粒形状	颗粒级配
漂石	圆形及亚圆形为主	粒径大于 200 mm 的颗粒质量超过总质量 50%
块石	棱角形为主	
卵石	圆形及亚圆形为主	粒径大于 20 mm 的颗粒质量超过总质量 50%
碎石	棱角形为主	
圆砾	圆形及亚圆形为主	粒径大于 2 mm 的颗粒质量超过总质量 50%
角砾	棱角形为主	

注:定名时,应根据颗粒级配由大到小最先符合者确定。

粒径大于 2 mm 的颗粒质量不超过总质量的 50% ,粒径大于 0.075 mm 的颗粒质量超过总质量 50% 的土,应定名为砂土,并按表 4-10 分类。

表 4-10　砂土分类

土的名称	颗粒级配
砾砂	粒径大于 2 mm 的颗粒质量占总质量 25% ~50%
粗砂	粒径大于 0.5 mm 的颗粒质量超过总质量 50%
中砂	粒径大于 0.25 mm 的颗粒质量超过总质量 50%
细砂	粒径大于 0.075 mm 的颗粒质量超过总质量 85%
粉砂	粒径大于 0.075 mm 的颗粒质量超过总质量 50%

注:分类时,应根据粒组含量栏从上到下以最先符合者确定。

粒径大于 0.075 mm 的颗粒质量不超过总质量的 50% ,且塑性指数等于或小于 10 的土,应定名为粉土。塑性指数大于 10 的土应定名为黏性土。黏性土应根据塑性指数分为粉质黏土和黏土,塑性指数大于 10,且小于或等于 17 的土,应定名为粉质黏土;塑性指数大于 17 的土应定名为黏土。

自然界的土通常由大小不同的土粒组成,土中各个粒组重量(或质量)的相对含量百分比称为颗粒级配,土的颗粒级配曲线,如图 4-115 所示。

级配曲线可以定性判别级配良好与否。如图 4-115 所示,b 线级配曲线形状平缓,粒径变化范围大且不均匀,级配良好。a 线级配曲线形状较陡,粒径变化范围小且均匀,级配不良。

利用不均匀系数 C_u 定量判别级配良好与否,计算公式为

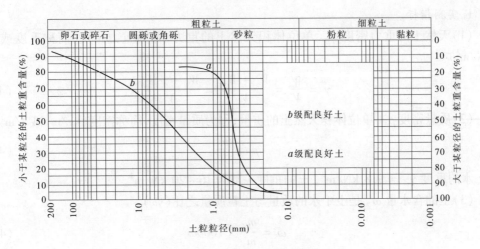

图 4-115 土的颗粒级配曲线

$$C_{u} = \frac{d_{60}}{d_{10}} \tag{4-47}$$

式中，d_{60}、d_{10} 分别为级配曲线上纵坐标为 60%、10% 时对应的粒径。

不均匀系数越大，土粒越不均匀，工程上把 $C_{u} < 5$ 的土看作是均匀的，级配不好；把 $C_{u} > 10$ 的土看作是不均匀的，级配良好。

2. 土的液相——水

土中水分为结合水和自由水两大类。因此，在工程中要注意地基土的湿润和冻胀，同时应注意建筑物的防潮。

3. 土的气相——气体

粗粒土中气体常与大气相通，土受压时可很快逸出，对土的性质影响不大；细粒土中气体常与大气隔绝而成封闭气泡，不宜逸出，因此增大了土的弹性和压缩性，同时降低了土的透水性。

（二）土的物理性质指标

在工程中，常用土的物理性质指标来评价土体工程性质优劣的基本指标。如图 4-116 所示，土的三相图，土的颗粒、水和气体混杂在一起，为分析问题方便，理想地将三相分别集中。

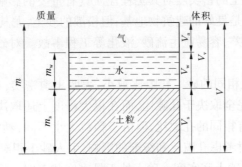

图 4-116 土的三相组成示意图

1. 实测指标

(1)天然土的重力密度 γ。单位体积天然土的重力,称为重力密度,简称重度或容重(kN/m^3)。

$$\gamma = \frac{W}{V} = \frac{W_s + W_w}{V} = \frac{W_s + \gamma_w v_w}{V} \tag{4-48}$$

(2)质量密度 ρ。单位体积天然土的质量,称为质量密度,简称密度(kg/m^3 或 t/m^3)。

$$\rho = \frac{m}{v} \tag{4-49}$$

水的重度 $\gamma_w = 9.8 \ kN/m^3$,土的重度一般为 $16 \sim 20 \ kN/m^3$ 。

(3)土的含水量 ω。是土中水的质量与土粒质量之比(%)。

$$\omega = \frac{m_w}{m_s} \times 100\% \tag{4-50}$$

2. 换算指标

干密度 ρ_d ,为单位体积土中土粒的质量。

$$\rho_d = \frac{m_s}{V} \tag{4-51}$$

干密度在填方工程中常被作为填土设计和施工质量控制的指标。

3. 压实系数

压实系数是指土经压实后实际达到的干密度,与由击实试验得到的试样的最大干密度的比值 K 。土壤的压实质量以施工压实度 K 表示。压实系数越接近 1 ,表明压实质量要求越高。压实系数应经现场试验确定。土的最大干密度宜采用击实试验确定,或按现行《建筑地基基础设计规范》(GB 50007—2011)的有关规定计算,土的控制干密度可根据当地经验确定。

(三)土的物理状态

土的物理状态指标是指在天然状态下,所表现出的干湿、软硬、松密等。

1. 无黏性土的密实度

无黏性土的密实状态对工程性质影响很大 ,密实的无黏性土强度高、稳定、压缩性小;疏松的无黏性土不稳定、易产生流砂。碎石土的密实度根据野外鉴别方法确定,分为密实、中密、稍密三种状态。砂土的密实度对其工程性质具有重要的影响。密实的砂土具有较高的强度和较低的压缩性,是良好的建筑物地基;但松散的砂土,尤其是饱和的松散砂土,不仅强度低,且水的稳定性很差,容易产生流砂、液化等工程事故。对砂土评价的主要问题是正确地划分其密实度。

(1)孔隙比判别级配相同的砂。孔隙比愈小,表明土愈密实;孔隙比愈大,表明土愈疏松。砂土的密实程度不完全取决于孔隙比,而在很大程度上还取决于土的级配情况。粒径级配不同的砂土即使具有相同的孔隙比,但由于颗粒大小不同,颗粒排列不同,所处的密实状态也会不同。为了同时考虑孔隙比和级配的影响,引入砂土相对密实度的概念。

(2)相对密实度判别砂土密实度。砂土处于最密实状态时,其孔隙比称为最小孔隙比;而砂土处于最疏松状态时的孔隙比则称为最大孔隙比。有关试验标准中规定了一定的方法测定砂土的最小孔隙比和最大孔隙比,然后可按下式计算砂土的相对密实度:

$$D_r = \frac{e_{max} - e}{e_{max} - e_{min}} \qquad (4\text{-}52)$$

结论：D_r 愈大，土愈密实。$D_r = 0$ 时，土处于最疏松状态；$D_r = 1$ 时，土处于最紧密状态。

根据砂土的相对密实度可以按表 4-11 将砂土划分为密实、中密和松散三种密实度。

表 4-11　砂土密实度划分标准

密实度	密实	中密	松散
相对密度	1.0 ~ 0.67	0.67 ~ 0.33	0.33 ~ 0

(3)标准贯入试验判别砂土密实度，用标准贯入试验锤击数 $N_{63.5}$ 来划分，见表 4-12。

表 4-12　砂土密实度划分

密实度	密实	中密	稍密	松散
相对密度	$N_{63.5} > 30$	$30 \geqslant N_{63.5} > 15$	$15 \geqslant N_{63.5} > 10$	$N_{63.5} \leqslant 10$

2. 黏性土的状态

(1)黏性土的稠度。是指黏性土的某一含水量时的稀稠程度或软硬程度。当含水量很大时，土是一种黏滞流动的液体即泥浆，称为流动状态；随着含水量逐渐减少，黏滞流动的特点渐渐消失而显示出塑性(所谓塑性，就是指可以塑成任何形状而不发生裂缝，并在外力解除以后能保持已有的形状而不恢复原状的性质)，称为可塑状态；当含水量继续减少时，则发现土的可塑性逐渐消失，从可塑状态变为半固体状态。如果同时测定含水量减少过程中的体积变化，则可发现土的体积随着含水量的减少而减小，但当含水量很小时，土的体积却不再随含水量的减少而减小了，这种状态称为固体状态。

(2)界限含水量。是指黏性土从一种状态变到另一种状态的含水量分界点。其中，液限 ω_L 指黏性土流动状态过渡到可塑状态分界含水量；塑限 ω_P 指黏性土可塑状态与半固体状态间的分界含水量。缩限 ω_s 指黏性土半固体状态与固体状态间的分界含水量。

(3)塑性指数 I_P。可塑性是黏性土区别于砂土的重要特征。可塑性的大小用土处在塑性状态的含水量变化范围来衡量，从液限到塑限含水量的变化范围愈大，土的可塑性愈好。这个范围称为塑性指数 I_P。塑性指数是黏土的最基本、最重要的物理指标之一，它综合地反映了黏土的物质组成，广泛应用于土的分类和评价。$17 \geqslant I_P > 10$ 为粉质黏土，$I_P > 17$ 为黏土。

$$I_p = \omega_L - \omega_P \qquad (4\text{-}53)$$

(4)液性指数 I_L。是表示天然含水量与界限含水量相对关系的指标。可塑状态的土的液性指数为 $0 \sim 1$，液性指数越大，表示土越软；液性指数大于 1 的土处于流动状态；小于 0 的土则处于固体状态或半固体状态。

$$I_L = \frac{\omega - \omega_P}{\omega_L - \omega_P} \qquad (4\text{-}54)$$

黏性土的状态可根据液性指数 I_L 分为坚硬、硬塑、可塑、软塑和流塑，如表 4-13 所示。

表 4-13　按塑性指数值确定黏性土状态

I_L 值	$I_L \leqslant 0$	$0 < I_L \leqslant 0.25$	$0.25 < I_L \leqslant 0.75$	$0.75 < I_L \leqslant 1.0$	$1.0 < I_L$
状态	坚硬	硬塑	可塑	软塑	流塑

(四)土的工程分类

作为建筑地基的岩土,可分为岩石、碎石土、砂土、粉土、黏性土和人工填土。

(1)岩石的坚硬程度应根据岩块的饱和单轴抗压强度 f_{rk} 按表4-14分为坚硬岩、较硬岩、较软岩、软岩和极软岩。

表4-14　岩石坚硬程度的划分

坚硬程度类别	坚硬岩	较硬岩	较软岩	软岩	极软岩
饱和单轴抗压强度标准值 f_{rk}(MPa)	>60	60≥f_{rk}>30	30≥f_{rk}>15	15≥f_{rk}>5	≤5

岩体完整程度应按表4-15划分为完整、较完整、较破碎、破碎和极破碎。

表4-15　岩体完整程度的划分

完整程度等级	完整	较完整	较破碎	破碎	极破碎
完整性指数	>0.75	0.75~0.55	0.55~0.35	0.35~0.15	<0.15

注:完整性指数为岩体纵波波速与岩块纵波波速之比的平方。

(2)碎石土为粒径大于2 mm的颗粒含量超过全重50%的土。碎石土可按表4-9分为漂石、块石、卵石、碎石、圆砾和角砾。

碎石土的密实度,可按表4-16分为松散、稍密、中密、密实。

表4-16　碎石土的密实度

重型圆锥动力触探锤击数 $N_{63.5}$	密实度
$N_{63.5}$≤5	松散
5<$N_{63.5}$≤10	稍密
10<$N_{63.5}$≤20	中密
$N_{63.5}$>20	密实

注:本表适用于平均粒径小于或等于50 mm且最大粒径不超过100 mm的卵石、碎石、圆砾、角砾。

(3)砂土为粒径大于2 mm的颗粒含量不超过全重50%、粒径大于0.075 mm的颗粒超过全重50%的土。砂土可按表4-10分为砾砂、粗砂、中砂、细砂和粉砂。

砂土的密实度,可按表4-17分为松散、稍密、中密、密实。

表4-17　砂土的密实度

标准贯入试验锤击数 N	密实度
N≤10	松散
10<N≤15	稍密
15<N≤30	中密
N>30	密实

注:当用静力触探探头阻力判定砂土的密实度时,可根据当地经验确定。

黏性土为塑性指数 I_p 大于 10 的土,可按表 4-18 分为黏土、粉质黏土。

表 4-18 黏性土的分类

塑性指数 I_p	土的名称
$I_p > 17$	黏土
$10 < I_p \leq 17$	粉质黏土

注:塑性指数由相应于 76 g 圆锥体沉入土样中深度为 10 mm 时测定的液限计算而得。

(4)黏性土的状态,可按表 4-19 分为坚硬、硬塑、可塑、软塑、流塑。

表 4-19 黏性土的状态

液性指数 I_L	状态
$I_L \leq 0$	坚硬
$0 < I_L \leq 0.25$	硬塑
$0.25 < I_L \leq 0.75$	可塑
$0.75 < I_L \leq 1$	软塑
$I_L > 1$	流塑

注:当用静力触探探头阻力判定黏性土的状态时,可根据当地经验确定。

(5)粉土为介于砂土与黏性土之间,塑性指数(I_p)小于或等于 10 且粒径大于 0.075 mm 的颗粒含量不超过全重 50% 的土。

(6)人工填土根据其组成和成因,可分为素填土、压实填土、杂填土、冲填土。素填土为由碎石土、砂土、粉土、黏性土等组成的填土。经过压实或夯实的素填土为压实填土。杂填土为含有建筑垃圾、工业废料、生活垃圾等杂物的填土。冲填土为由水力冲填泥沙形成的填土。

(五)土中应力

土中应力按其产生原因可分为自重应力和附加应力,由土体自身土重引起的应力称为自重应力;对于天然土层,自重应力一般是自土体形成之日起就产生于土中。在自重应力长期作用下,土体的变形已完成,其沉降早已稳定。在天然土层上建造建筑物时,会引起土中应力变化;附加应力是由自重应力以外的荷载作用引起的应力,即土体产生的应力增量。当附加应力过大时,地基会发生过量沉降,影响建筑物的使用和安全,甚至会导致土的强度破坏,使土体丧失稳定。

1. 土的自重应力

(1)均质地基土的自重应力:土体在自身重力作用下任一竖直切面均是对称面,切面上都不存在剪应力。因此,在深度 z 处平面上,土体因自身重力产生的竖向应力 σ_{cz}(称竖向自重应力)等于单位面积上土柱体的重力 W,如图 4-117 所示。在深度 z 处土的自重应力为

$$\sigma_{cz} = \frac{W}{A} = \frac{\gamma z A}{A} = \gamma z \tag{4-55}$$

式中,σ_{cz} 为地面以下深度 z 处土的自重应力,kPa;γ 为土的天然重度,kN/m³;A 为土柱体的截面面积,m²;z 为地面以下计算点的深度,m。

　　自重应力随深度 z 线性增加,呈三角形分布,如图 4-117 所示。

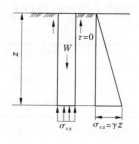

　　(2)成层地基土的自重应力:地基土通常为成层土。当地基为成层土体时,设各土层的厚度为 h_i,重度为 γ_i,如图 4-118 所示,则在深度 h 处土的自重应力计算公式为

$$\sigma_{cz} = \gamma_1 h_1 + \gamma_2 h_2 + \cdots + \gamma_n h_n = \sum_{i=1}^{n} \gamma_i h_i \quad (4\text{-}56)$$

式中, σ_{cz} 为地面以下深度 z 处土的自重应力,kPa; γ_i 为第 i 层土的天然重度,对地下水位以下的土层取有效重度 γ',kN/m^3; h_i 为第 i 层土的厚度,m; n 为计算深度 z 范围内土层数。

图 4-117　均质土的自重应力

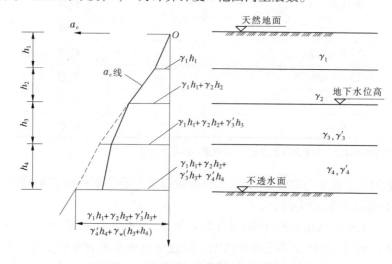

图 4-118　成层土的自重应力沿深度的分布

　　(3)土体水平自重应力:土的水平方向自重应力 σ_{cx}、σ_{cy} 可用下式计算:

$$\sigma_{cx} = \sigma_{cy} = K_0 \sigma_{cz} \quad (4\text{-}57)$$

式中,K_0 为土的侧压力系数,也称静止土压力系数。

　　土的静止土压力系数 K_0 值在缺乏试验资料时,可用下述经验公式估算:

砂性土

$$K_0 = 1 - \sin\varphi \quad (4\text{-}58)$$

黏性土

$$K_0 = 0.95 - \sin\varphi \quad (4\text{-}59)$$

式中, φ 为土的有效内摩擦角,(°)。

　　2.基底压力

　　建筑物、外荷载和基础所受的重力是通过基础传递给地基,土中作用于基础底面处传至地基单位面积上的压力称基底压力,又称地基反力。基底压力的分布比较复杂,主要与基础的大小、刚度、荷载大小及分布、地基土的力学性质、地基土的均匀程度和基础埋深等有关。

　　地基反力分布:基底压力的分布对柔性基础,基底压力的分布与上部荷载分布基本相同,而基础底面的沉降分布则是中央大而边缘小,如由土筑成的路堤,其自重引起的基底压力分布与路堤断面形状相同,如图 4-119 所示。对刚性基础(如箱形基础或高炉基础等),在外荷载作用下,基础底面基本保持平面,即基础各点的沉降几乎是相同的,但基础底面的地基反力分布则不同于上部荷载的分布情况。刚性基础在中心荷载作用下,开始的地基反力呈马鞍形分布;荷载较大时,边缘地基土产生塑性变形,边缘地基反力不再增加,使地基反力重新分布而呈抛物线分布,若外荷载继续增大,则地基反力会继续发展呈钟形分布,如图 4-120 所示。

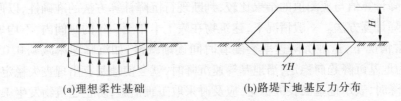

(a)理想柔性基础　　　　　　　　　(b)路堤下地基反力分布

图 4-119　柔性基础下的基底压力分布

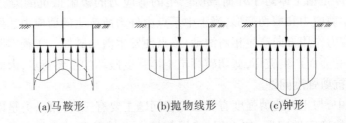

(a)马鞍形　　　　　　(b)抛物线形　　　　　　(c)钟形

图 4-120　刚性基础下压力分布

3. 土的压缩性

在建筑物等引起基底附加应力作用下,地基土会产生附加变形,这种变形包括体积变形和形状变形。

地基土承受基底附加应力后,必然在垂直方向上产生一定位移,这种位移称为地基沉降;沉降大小与上部建筑物等荷载大小、分布有关,同时与土的类型、分布、土层的厚度及其压缩性有关。地基沉降有均匀沉降和不均匀沉降两种,沉降对建筑物安全构成危害,轻则会影响建筑物的正常使用,重则造成建筑物的破坏。因此,在进行地基设计时,必须计算地基可能发生的沉降,并设法将其控制在沉降所容许的范围内。

压缩系数 a 值与土所受的荷载大小有关。工程中一般采用 $100 \sim 200$ kPa 压力区间内对应的压缩系数 a_{1-2} 来评价土的压缩性。

(1)当 $a_{1-2} < 0.1$ MPa^{-1} 时,属低压缩性土;

(2) 0.1 MPa$^{-1} \leq a_{1-2} < 0.5$ MPa^{-1} 时,属中压缩性土;

(3) $a_{1-2} \geq 0.5$ MPa^{-1} 时,属高压缩性土。

4. 地基最终沉降量

地基最终沉降量是指地基在建筑物荷载作用下达到压缩稳定后地基表面的沉降量;在计算基础沉降时,通常认为土层在自重作用下压缩已稳定,地基变形主要是由建筑物等荷载在地基中产生的附加应力而引起的,从而导致基础的沉降。地基沉降的实用计算方法有分层总和法、规范法。

(1)地基沉降与时间的关系:饱和黏性土地基在建筑物荷载作用下要经过相当长时间才能达到最终沉降,不是瞬时完成的。为了建筑物的安全与正常使用,对于一些重要或特殊的建筑物应在工程实践和分析研究中掌握沉降与时间关系的规律性,这是因为较快的沉降速率对于建筑物有较大的危害。例如,在沿海软土地区,沉降的固结过程很慢,建筑物能够适应于地基的变形。因此,类似建筑物的允许沉降量可达 20 cm 甚至更大。

(2)地基沉降观测:可以反映地基的实际变形情况及对建筑物的影响程度,沉降观测资料是验证基础设计、地基沉降、施工质量的重要依据。

根据沉降计算值与实测值的结果比较,判断现行沉降计算方法的准确性,以便探索更符合实际的沉降计算方法。一般情况下,建筑物在竣工半年至一年的时间内,不均匀沉降发展最快,在正常情况下,这种沉降速率会随着时间逐渐减慢;如沉降速率减到 0.05 mm/d 以下,可以认为地基沉降趋向稳定;当地基等速沉降时,就会使地基有出现丧失稳定的危险;当地基加速沉降时,表示地基已丧失稳定,应及时采取工程措施,防止建筑物发生工程事故。

(六)土的抗剪强度

土的抗剪强度是指土体对于外荷载所产生的剪应力的极限抵抗能力。在外荷载作用下,土体中将产生剪应力和剪切变形,当土中某点由外力所产生的剪应力达到土的抗剪强度时,土就沿着剪应力作用方向产生相对滑动,该点便发生剪切破坏。工程实践和室内试验都证实了土是由于受剪而产生破坏,剪切破坏是土体强度破坏的重要特点,因此土的强度问题实质上就是土的抗剪强度问题。

在工程实践中,与土的抗剪强度有关的工程问题主要有三类:第一类是以土作为建造材料的土工构筑物的稳定性问题,如土坝、路堤等填方边坡及天然土坡等的稳定性问题,如图 4-121(a)所示;第二类是土作为工程构筑物环境的安全性问题,即土压力问题,如挡土墙、地下结构等的周围土体,它的强度破坏将造成对墙体过大的侧向土压力,以至于可能导致这些工程构筑物发生滑动、倾覆等破坏事故,如图 4-121(b)所示;第三类是土作为建筑物地基的承载力问题,如果基础下的地基土体产生整体滑动或因局部剪切破坏而导致过大的地基变形,将会造成上部结构的破坏或影响其正常使用功能,如图 4-121(c)所示。

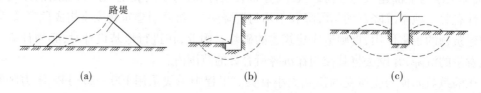

图 4-121 土的抗剪破坏

土体发生剪切破坏时,将沿着其内部某一曲面(滑动面)产生相对滑动,而该滑动面上的切应力就等于土的抗剪强度。土的抗剪强度表达为

$$\tau_f = c + \sigma\tan\varphi \tag{4-60}$$

式中,τ_f 为土的抗剪强度,kPa;σ 为剪切滑动面上的法向应力,kPa;c 为土的黏聚力,kPa;φ 为土的内摩擦角,(°)。

砂土和黏性土的试验结果如图 4-122 所示。

三、地基

地基是指基础底面以下的土体中因修建建筑物而引起的应力增加值(变形)所不可忽略的那部分土层。地基分为天然地基(未经加固处理,直接支撑基础的土层)和人工地基

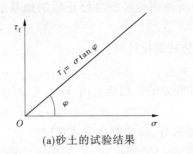
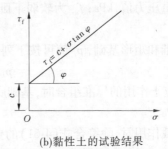

(a)砂土的试验结果　　　　　　(b)黏性土的试验结果

图 4-122　土的试验结果

（经过人工处理或加固的地基）。直接与基础接触，并承受压力的土层称为持力层；持力层下部的土层称为下卧层，其中强度低于持力层的下卧层称为软弱下卧层。

地基承载力是指地基单位面积上所能承受荷载的能力，以 kPa 为单位。通常把地基单位面积上所能承受最大荷载称为极限荷载或极限承载力。影响地基极限荷载的因素很多。

地基承载力特征值可由荷载试验或其他原位测试、理论计算，并结合工程实际等方法综合确定。在地基与基础设计和施工中，为保证地基的安全可靠，《建筑地基基础设计规范》（GB 50007）规定地基承载力应符合下列要求。

当轴心荷载作用时

$$p_{kmax} \leqslant 1.2f_a \tag{4-61}$$

式中，p_{kmax} 为相应于作用标准组合时，基础底面边缘的最大压力值，kPa。

地基承载力计算：地基承载力特征值可由载荷试验或其他原位测试、公式计算，并结合工程实践经验等方法综合确定。当偏心距 e 小于或等于 0.033 倍基础底面宽度时，根据土的抗剪强度指标确定地基承载力特征值可按下式计算，并应满足变形要求：

$$f_a = M_b\gamma b + M_d\gamma_d d + M_c c_k \tag{4-62}$$

式中，f_a 为由土的抗剪强度指标确定的地基承载力特征值，kPa；M_b、M_d、M_c 为承载力系数；b 为基础底面宽度，大于 6 m 时按 6 m 取值，对于砂土小于 3 m 时按 3 m 取值，m；c_k 为基底下一倍短边宽度的深度范围内土的黏聚力标准值，kPa。

当基础宽度大于 3 m 或埋置深度大于 0.5 m 时，从载荷试验或其他原位测试、经验值等方法确定的地基承载力特征值，尚应按下式修正：

$$f_a = f_{ak} + \eta_b\gamma(b-3) + \eta_d\gamma_m(d-0.5) \tag{4-63}$$

式中，f_a 为修正后的地基承载力特征值，kPa；f_{ak} 为地基承载力特征值，kPa；η_b、η_d 为基础宽度和埋深的地基承载力修正系数，按基底下土的类别可查得；γ 为基础底面以下土的重度，地下水位以下取浮重度，kN/m³；b 为基础地面宽度，m，当基础宽度小于 3 m 时按 3 m 取值，大于 6 m 时按 6 m 取值；γ_m 为基础底面以上土的加权平均重度，位于地下水位以下的土层取有效重度，kN/m³；d 为基础埋置深度，宜自室外地面标高算起，在填方整平地区，可自填土地面标高算起，但填土在上部结构施工后完成时，应从天然地面标高算起。对于地下室，当采用箱形基础或筏形基础时，基础埋置深度自室外地面标高算起；当采用独立基础或条形基础时，应从室内地面标高算起，m。

$$p_z + p_{cz} \leqslant f_{az} \tag{4-64}$$

式中，p_z 为相应于作用标准组合时，软弱下卧层顶面处的附加压力值，kPa；p_{cz} 为软弱下卧层顶面处土的自重压力值,kPa;f_{az}为软弱下卧层顶面处经深度修正后的地基承载力特征值,kPa。

对条形基础和矩形基础,p_z值可按下列公式简化计算:

$$p_k \leq f_a \tag{4-65}$$

式中,p_k为相应于作用的标准组合时,基础底面处的平均压力值,kPa;f_a为修正后的地基承载力特征值,kPa。

当偏心荷载作用时,除符合式(4-61)的要求外,尚应符合下式规定:

条形基础

$$p_z = \frac{b(p_k + p_c)}{b + 2z\tan\theta} \tag{4-66}$$

矩形基础

$$p_z = \frac{lb(p_k + p_c)}{(b + 2z\tan\theta)(l + 2z\tan\theta)} \tag{4-67}$$

式中,b为矩形基础或条形基础底边的宽度,m;l为矩形基础底边的长度,m;p_c为基础底面处土的自重压力值,kPa;z为基础底面至软弱下卧层顶面的距离,m;θ为地基压力扩散线与垂直线的夹角,(°)。

地基不均匀沉降对建筑物具有危害。墙体不均匀沉降会使墙身产生裂缝。如果端部沉降大于中部,则顶层窗口出现倾向于两端呈倒八字形开展的裂缝;如果房屋局部下沉,则在墙的下部产生倾斜于局部沉降的斜裂缝;如果房屋高差较大,则低层房屋的窗口可能产生倾斜于高层的斜裂缝。房屋的整体倾斜也是倾向地基沉降大的方向。框架等超静定结构对地基不均匀沉降较为敏感,不均匀沉降会在结构中引起较大的应力,如果结构本身强度不足,就很容易发生开裂;排架等静定结构,则对地基的不均匀沉降有很大的适应性。

减小地基不均匀沉降的一般措施有建筑措施、结构措施、施工措施。建筑措施主要有建筑体形应力求简单、设置沉降缝、相邻建筑物基础间保持一定的净距、控制建筑物标高;结构措施主要有减少建筑物沉降和不均匀沉降、提高基础整体刚度、墙体内宜设置钢筋混凝土圈梁或钢筋砖圈梁;施工措施主要有基坑开挖注意不扰动基底土的原状结构、合理安排施工顺序。

四、基础

建筑物的下部结构,将建筑物的荷载传给地基,起着中间的连接作用,如图4-123所示的上部结构、地基与基础相互关系。

(一)基础分类

基础按是否配筋分为无筋扩展基础和扩展基础。①无筋扩展基础,如图4-124所示,由砖、毛石、混凝土或毛石混凝土、灰土和三合土

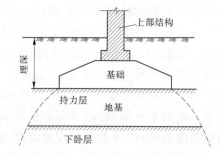

图4-123　上部结构、地基与基础相互关系

等材料组成,且不需配置钢筋的墙下条形基础或柱下独立基础。无筋扩展基础适用于多层民用建筑和轻型厂房。②扩展基础是指将上部结构传来的荷载,通过向侧边扩展成一定底面积,使作用在基底的压应力等于或小于地基土的允许承载力,而基础内部的应力应同时满

足材料本身的强度要求,这种起到压力扩散作用的基础称包括墙下条形基础、柱下独立基础、筏板基础、箱形基础等。

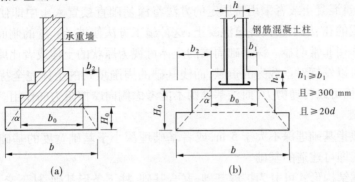

图 4-124 无筋扩展基础构造示意图

基础埋深是指基础底面到室外设计地面的距离,基础埋深的选择实质上就是确定持力层的位置。基础的埋置深度,应按工程地质和水文地质条件;建筑物的用途,有无地下设施,基础形式和构造;相邻建筑物的基础埋深;作用在地基上的荷载大小、性质及地基土冻胀和融陷的影响综合确定。

墙下钢筋混凝土条形基础构造要求:混凝土不宜低于 C20;受力钢筋的最小直径不宜小于 10 mm,间距不宜大于 200 mm,也不宜小于 100 mm,墙下钢筋混凝土条形基础纵向分布钢筋的直径不小于 8 mm,间距不大于 300 mm,每延米分布钢筋的面积应不小于受力钢筋面积的 1/10。

钢筋混凝土条形基础底板在 T 形及十字形交接处,底板横向受力钢筋仅沿一个主要受力方向通长布置,另一方向的横向受力钢筋可布置到主要受力方向底板宽度的 1/4 处,如图 4-125(b)所示。在拐角处底横向受力筋应沿两个方向布置,如图 4-125(c)所示。

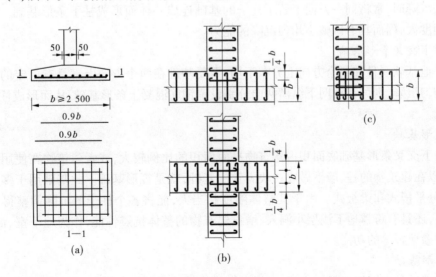

图 4-125 扩展基础底板受力钢筋布置示意图

基础按埋深分为浅基础(埋深小于 5 m 的基础)和深基础(埋深大于 5 m 的基础)。

浅基础采用敞开开挖基础的方法浇筑基础后回填侧面定的土。因此,不能考虑侧向原状土层对地基侧面的摩阻力,不考虑对地基承载力的贡献。而深基础采用挤压成孔或成槽的方法,然后浇筑混凝土或者采用挤压定的方法将深基础直接置入土中即使采用人工挖土的方法也是形成的孔、槽中直接浇筑混凝土,这种施工方法使桩、墙、壁的侧面天然土直接接触侧向土层的作用非常明显。深基础周围的土体可视为原状的土体或者比原状土的强度更强一些的土体可以发挥对承载力的贡献,而浅基础的周围填筑的土体完全扰动了质量难以控制,深基础侧面可以传递剪力,而浅基础则不能考虑侧向摩擦阻力的作用。

(二)浅基础

浅基础一般指基础埋深不大于 5 m,或者基础埋深小于基础宽度的基础,且只需排水、挖槽等普通施工即可建造的基础。

浅基础根据结构形式可分为扩展基础、联合基础、柱下条形基础、柱下交叉条形基础、筏形基础、箱形基础、壳体基础等几种。

1. 扩展基础

墙下条形基础和柱下独立基础统称为扩展基础。扩展基础的作用是把墙或柱下的荷载侧向扩展到土中,使之满足地基承载力的要求,扩展基础包括无筋扩展基础和钢筋混凝土扩展基础。

2. 联合基础

联合基础主要指同列相邻两柱公共的钢筋混凝土基础,即双柱联合基础。在为相邻两柱分别配置独立基础时,常因其中一柱靠近建筑界限,或因两柱间距较小,而出现基地面积不足或者荷载偏心过大等的情况,此时可考虑采用联合基础。联合基础也可用于调整相邻两柱的沉降差或防止两者之间的相向倾斜等。

3. 柱下条形基础

当地基较为软弱、柱荷载或地基压缩性分布不均匀,以至于采用扩展基础可能产生较大的不均匀沉降时,常将同一方向上若干柱子的基础连成一体而形成柱下条形基础。这种基础抗弯刚度大,因而具有调整不均匀沉降的能力。

4. 柱下交叉条形基础

如果地基软弱且在两个方向上分布不均,需要基础在两个方向上都具有一定的刚度来调整不均匀沉降,则可在柱网下纵横两向分别设置钢筋混凝土条形基础,从而形成柱下交叉条形基础。

5. 筏形基础

当柱下交叉条形基础底面积占建筑物平面面积的比例较大,或者建筑物在使用上有要求时,可以在建筑物的柱、墙下做成一块满堂的基础,就是筏形基础。此基础用于多层与高层建筑,分平板式和梁板式。由于其整体刚度相当大,能将各个柱子的沉降调整得比较均匀。此外,还具有跨越地下浅层小洞穴、增强建筑物的整体抗震性能,作为地下室、油库、水池等的防渗地板等的功能。

6. 箱形基础

箱形基础是由钢筋混凝土底板、顶板和纵横墙体组成的整体结构,其抗弯刚度非常大,只能发生大致均匀的下沉,但要严格避免倾斜。箱形基础是高层建筑广泛采用的基础形式。但其材料用量较大,且为保证箱形基础刚度要求设置较多的内墙,墙的开洞率也有限制,故箱形基础作为地下室时,对使用带来一些不便。因此,要根据使用要求比较确定。

7.壳体基础

为了充分发挥混凝土抗压性能好的优点,可将基础的形式做成壳体。常见的形式有正圆锥壳、M型组合壳和内球外锥壳。其优点是材料省、造价低。但是施工工期长、工作量大且技术要求高。

(三)深基础

1.桩基础

在天然地基上的浅基础一般造价较低,施工简单,工期短,因此在实际工程中应尽量优先采用。当建筑物地浅层土质无法满足建筑物对地基变形及承载力要求,并且不宜进行地基处理时,通常选择深层坚硬的土层或岩石作为持力层,采用深基础方案。

常用的深基础方案主要有桩基础、地下连续墙、沉井、墩基础等,其中桩基础历史最为悠久,应用最为广泛。特别是对超高层建筑物、重型厂房和各种具有特殊要求的实验室构筑物,桩基础是最合适的深基础类型。

桩是设置于土中的竖直或倾斜的柱型构件,在竖向荷载作用下,通过桩土之间的摩擦力(桩侧摩阻力)和桩端土的承载力(桩端阻力)来承受和传递上部结构的荷载。

桩基础是桩与连接桩顶的承台共同组成桩基础,简称桩基,如图4-126所示。根据承台的位置高低,可分为低承台桩基础和高承台桩基础两种。若桩身全部埋入土中,承台底面土体接触则称为低承台桩基础;若桩身上部露出地面,承台底面位于地面以上则称为高承台桩基础。由于承台位置的不同,两种桩基础上基桩的力、变形情况也不一样,因而其设计方法也不相同。

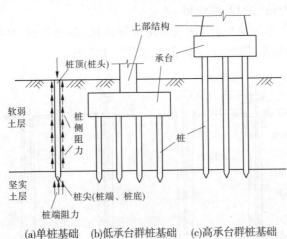

(a)单桩基础　(b)低承台群桩基础　(c)高承台群桩基础

图4-126 桩基础

建筑物桩基础通常为低承台桩基础,而码头、桥梁等构筑物经常采用高承台桩基础。基桩是指群桩基础中的单桩,群桩基础是由两根以上基桩组成的桩基础;单桩基础是采用一根桩(通常为大直径桩)承受和传递上部结构(通常为柱)荷载的独立基础。桩基础具有承载力高、变形量小、抗液化、抗拉拔能力强的优点。

桩基础按承载性状分为摩擦型桩、端承型桩两大类;摩擦型桩又分为摩擦桩、端承摩擦桩;端承型桩又分为端承桩、摩擦端承桩,如图4-127所示。

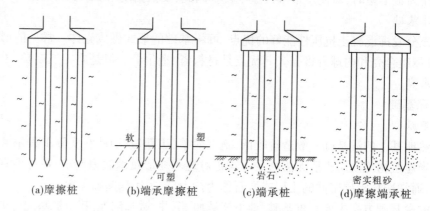

(a)摩擦桩　(b)端承摩擦桩　(c)端承桩　(d)摩擦端承桩

图4-127　摩擦型桩与端承型桩

按使用功能可分为竖向抗压桩(抗压桩)、竖向抗拔桩(抗拔桩)、水平受荷桩及复合受荷桩等;按桩身材料分为混凝土桩、木桩、钢桩和组合材料桩;按成型方法可分为非挤土桩、部分挤土桩和挤土桩;按桩径大小可分为小桩、中等直径桩、大直径桩;按施工方法分为预制桩灌注桩两大类。

灌注桩是直接在建筑工地设计桩位处现场成孔,然后在孔内放置钢筋笼,现场灌注混凝土制成的桩。其横截面呈圆形,可以做成大直径和扩底桩。与混凝土预制桩相比,灌注桩一般只根据使用期间可能出现的内力配置钢筋,所以可节约钢材,桩长可随着持力层起伏而改变,不设接头。在成孔成桩过程中,保证灌注桩承载力的关键在于桩身的成型及混凝土质量。灌注桩通常可分为钻(冲)孔灌注桩。

钻(冲)孔灌注桩先用钻机成孔,钻机常用螺旋钻机、振动钻机、冲抓锥钻机等,取出桩位孔底内残渣,安放钢筋笼,灌注混凝土成桩,如图4-128所示。

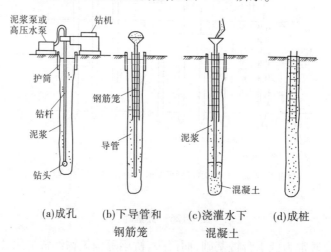

(a)成孔　(b)下导管和　(c)浇灌水下　(d)成桩
　　　　　钢筋笼　　　混凝土

图4-128　钻(冲)孔灌注桩的施工程序

有的可在孔底处将底部扩大,浇筑混凝土后在底部形成扩大桩端,形成的桩叫扩底桩。扩底桩分桩身与扩底端两部分,如图4-129所示,但扩底直径不宜大于3倍桩直径($D_{max} = 3d$);桩身为等截面,扩底端为变截面。扩底端侧面的斜率,根据成孔及支护条件确定:

$a/h_b = 1/3 \sim 1/2$。砂土取约 $1/3$,粉土、黏性土取约 $1/2$; $h_b = (0.10 \sim 0.15)D$。扩底桩扩大部分的混凝土量并不多,但桩承载力与等截面桩身的桩相比,可成倍提高。随着高层建筑的发展,扩底施工方法有机械成孔人工扩底、人工挖孔人工扩底、机械成孔机械扩底。

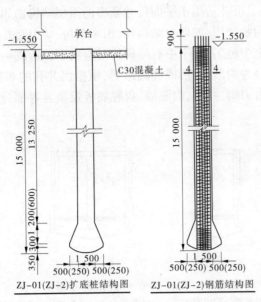

ZJ-01(ZJ-2)扩底桩结构图　　　ZJ-01(ZJ-2)钢筋结构图

图 4-129　扩底桩

沉管灌注桩是采用锤击沉管打桩机或振动沉管打桩机,将套上预制钢筋混凝土桩尖的钢管沉入土层中成孔,然后浇灌混凝土并适时吊入钢筋笼,提拔钢管成桩,如图 4-130 所示。

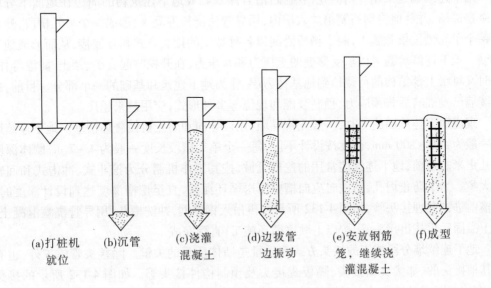

(a)打桩机　　(b)沉管　　(c)浇灌　　(d)边拔管　　(e)安放钢筋　　(f)成型
就位　　　　　　　　　混凝土　　边振动　　笼,继续浇
　　　　　　　　　　　　　　　　　　　　灌混凝土

图 4-130　沉管灌注桩施工程序

2. 其他深基础

除桩基础外,沉井基础、墩基、地下连续墙、沉箱都属于深基础。下面简单介绍沉井基础、地下连续墙。

1) 沉井基础

沉井是一种竖直的井筒结构,常用钢筋混凝土或砖石、混凝土等材料制成,一般分数节制作。施工时在筒内挖土,使沉井失去支承而下沉,随下沉再逐节接长井筒,井筒下沉到设计标高后,浇筑混凝土封底。沉井适用于平面尺寸紧凑的重型结构物如重型设备、烟囱的基础。沉井还可作为地下结构物使用,如取水结构物、污水泵房、矿山竖井、地下油库等。沉井适合在黏性土和较粗的砂土中施工,但土中有障碍物时会给下沉造成一定的困难。

沉井按横断面形状可分为圆形、方形或椭圆形等,根据沉井孔的布置方式又有单孔、双孔及多孔之分。沉井结构由刃脚、井筒、内隔墙、封底底板及顶盖等部分组成,如图4-131所示。

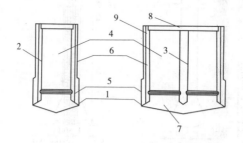

1—刃脚;2—井壁;3—隔墙;4—井孔;5—凹槽;
6—射水管组兼探测管;7—封底混凝土;8—顶盖;9—环墙
图4-131　沉井的构造

2) 地下连续墙

地下连续墙是采用专门的挖槽机械,沿着深基础或地下建筑物的周边在地面下分段挖出一条深槽,并就地将钢筋笼吊放入槽内,用导管法浇筑混凝土,形成一个单元槽段,然后在下一个单元槽段依此施工,两个槽段之间以各种特定的接头方式相互连接,从而形成地下连续墙。地下连续墙既可以承受侧壁的土压力和水压力,在开挖时起支护、挡土、防渗等作用,同时又可将上部结构的荷载传到地基持力层,作为地下建筑和基础的一个部分。目前,地下连续墙已发展有后张预应力、预制装配和现浇等多种形式,应用越来越广。

现浇地下连续墙施工时,一般先修导墙,用以导向和防止机械碰坏槽壁。地下连续墙厚度一般为450~800 mm,长度按设计不限,每一个单元槽段长度一般为4~7 m,墙体深度可达几十米。目前,地下连续墙常用的挖槽机械,按其工作机制分为挖斗式、冲击式和回转式三大类。为了防止坍孔,钻进时应向槽中压送循环泥浆,直至挖槽深度达到设计深度时,沿挖槽前进方向埋接头管,如图4-132所示。再吊入钢筋网,冲洗槽孔,用导管浇灌混凝土,混凝土凝固后再拔出接头管,按以上顺序循环施工,直到完成。

地下连续墙分段施工的接头方式和质量是墙体质量的关键。除接头管施工外,也有采用其他接头的,如接头箱接头、隔板式接头及预制构件接头等。如图4-132所示的接头形式,在施工期间各槽段的水平钢筋互不连接,等到连续墙混凝土强度达到设计要求以及墙内土方挖走后,将接头处的混凝土凿去一部分,使接头处的水平钢筋和墙体与梁、柱、楼面、地板、地下室内墙钢筋的连接钢筋焊上。

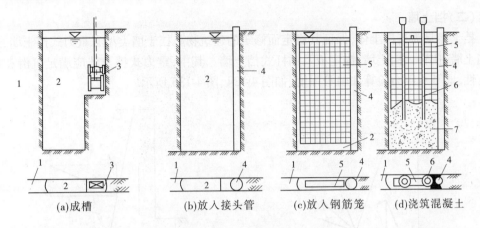

(a)成槽　　(b)放入接头管　　(c)放入钢筋笼　　(d)浇筑混凝土

1—已完成的墙施;2—护壁泥浆;3—成槽机;4—接头管;5—钢筋笼;6—导管;7—混凝土

图 4-132　地下连续墙施工工序

五、边坡

引发边坡滑动的原因:①坡顶堆放材料或建造建筑物、构筑物;②车辆行驶、地震等引起的振动;③土体中含水量或孔隙水压力增加;④雨水或地面水流入边坡竖向裂缝等。

在建设场区内,由于施工或其他因素的影响有可能形成滑坡的地段,必须采取可靠的预防措施,防止产生滑坡。对具有发展趋势并威胁建筑物安全使用的滑坡,应及早整治,防止滑坡继续发展。

必须根据工程地质、水文地质条件及施工影响等因素,认真分析滑坡可能发生或发展的主要原因,可采取下列防治滑坡的处理措施:排水、支挡、卸载和反压等。

(一)土压力

土压力是指墙后填土由于它的自重或作用在填土表面上的荷载对墙背所产生的侧向压力。根据挡土墙位移和填土位移趋势,土压力可分为静止土压力、主动土压力和被动土压力,如图 4-133 所示。

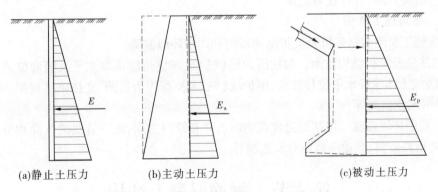

(a)静止土压力　　　　(b)主动土压力　　　　(c)被动土压力

图 4-133　挡土墙位移和土压力位移的关系

影响土压力的因素有墙背形状、粗糙程度、倾斜程度、填土表面和填土性质;减小主动土压力的措施有选择合适的填料、改变墙体结构和墙背形状、减小地面堆载、挡土墙上设置排水孔、墙后设置排水盲沟来加强排水。

(二)挡土墙

挡土墙是为支挡土体,保证其稳定而修筑的建筑物。挡土墙类型有重力式挡土墙、悬臂式挡土墙、扶臂式挡土墙、锚定板及锚杆式挡土墙。其中,重力式挡土墙应满足抗滑和抗倾稳定性、地基承载力验算和墙身强度,如图 4-134、图 4-135 所示。

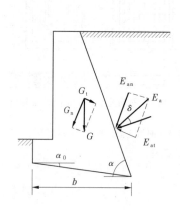

图 4-134 挡土墙应满足抗滑稳定性验算示意　　　图 4-135 挡土墙应满足抗倾稳定性验算示意

六、基坑支护及监测

基坑支护是为保护地下主体结构施工和基坑周边环境的安全,对基坑采取的临时性支挡、加固、保护与地下水控制的措施。

(一)常见的基坑支护形式

常见的基坑支护形式有排桩支护(桩撑、桩锚、排桩悬臂)、地下连续墙支护(地连墙 + 支撑)、水泥挡土墙、土钉墙(喷锚支护)、逆作拱墙、原状土放坡、桩、墙加支撑系统、简单水平支撑、钢筋混凝土排桩及上述两种或者两种以上方式的合理组合等。

基坑支护结构应按照方案进行变形监测,并有监测记录。对毗邻建筑物和重要管线、道路应进行沉降观测,并有观测记录。

(二)基坑施工监测

基坑施工监测包括基坑及支护结构监测和周围环境监测。

(1)基坑及支护结构监测。包括围护墙(桩)或基坑边坡顶部水平及竖向位移监测、围护墙(桩)或土体深层水平位移监测、围护墙(桩)及支撑内力监测、立柱位移监测、坑底隆起监测、地下水位监测等。

(2)周围环境监测。包括邻近建筑物的沉降和倾斜监测、地下管线的沉降和位移监测、周边重要道路监测、其他应监测对象监测等。

第六节　钢筋混凝土结构

钢筋混凝土结构是由钢筋和混凝土两种材料组成的共同受力结构。混凝土具有较高的抗压强度和良好的耐久性能,而钢筋具有较高的抗拉强度和良好的塑性。为了充分利用两种材料的性能,把混凝土和钢筋结合在一起,使混凝土主要承受压力,钢筋主要承受拉力以满足工程结构的使用要求。一般情况下,外荷载很少直接作用在钢筋上,钢筋受到的力通常是周围混凝土传给它的。黏结力分布在钢筋与混凝土的接触面上,能阻止钢筋与混凝土之间的相对滑移,使钢筋在混凝土中充分发挥作用。

一、受弯构件

受弯构件是指截面上承受弯矩和剪力作用的构件,梁、板构件就是典型的受弯构件。在实际工程中,如水闸的底板、挡土墙的立板与底板、水电站厂房屋面梁及吊车梁等都是受弯构件。

受弯构件的破坏有两种可能:一是由弯矩引起的破坏,破坏截面垂直于梁纵轴线,称为正截面受弯破坏,如图4-136(a)所示;二是由弯矩和剪力共同作用而引起的破坏,破坏截面是倾斜的,称为斜截面破坏,如图4-136(b) 所示。

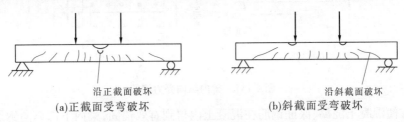

(a)正截面受弯破坏　　　　　(b)斜截面受弯破坏

图4-136　钢筋混凝土受弯构件的破坏形式

(一)钢筋混凝土受弯构件梁的构造要求

1. 梁的截面形式及尺寸

梁的截面形式有矩形和T形截面。在装配式构件中,为了减轻自重及增大截面惯性矩,也采用工字形、箱形和槽形等截面。

梁的截面尺寸除满足承载力要求外,还应满足刚度要求和施工上的便利,尺寸应有统一标准,以便模板重复利用。通常应考虑以下规定:

(1)梁的高度 h 通常取梁的跨度 l_0 的 $1/8 \sim 1/12$,矩形截面梁的宽度 b 按高宽比 $h/b = 2 \sim 3$ 选择,T形截面梁的肋宽 b 按高宽比 $h/b = 2.5 \sim 4$ 选择。

(2)截面尺寸还应满足模数要求:梁高 h 常取为 300 mm、350 mm、400 mm、…、800 mm,以 50 mm 为模数递增,800 mm 以上以 100 mm 为模数递增。矩形梁梁宽及T形梁梁肋宽常取为 120 mm、150 mm、180 mm、200 mm、220 mm、…、250 mm,250 mm 以上以 50 mm 为模数递增。

2. 混凝土保护层

纵向受力钢筋外边缘到混凝土近表面的距离,称为混凝土保护层,其大小与混凝土结构所处的环境类别有直接关系。其作用是防止钢筋在空气中的氧化和其他侵蚀性介质的侵蚀,并保证钢筋与混凝土间有足够的黏结力。

3. 纵向受力钢筋

纵向受力钢筋的作用是承受由 M 在梁内引起的拉力,至少需要两根,配置在梁的受拉一侧。梁内纵向受力钢筋应尽可能布置为一层,当纵向受力钢筋根数较多,布置为一层不能满足钢筋的间距、混凝土保护层厚度的构造规定时,则应布置为两层甚至三层。其中,靠外侧钢筋的根数宜多一些,直径宜粗一些。如图4-137所示。

为保证钢筋骨架的刚度,便于施工,纵向受力钢筋的直径不能太细,同时为了避免拉区混凝土产生的裂缝过宽,直径也不宜太粗。通常直径采用 12 ~ 25 mm。梁内同侧(受拉或受压)钢筋直径宜尽可能相同。当采用两种不同直径的钢筋时,其直径相差应在 2 mm 以上,以便识别,且不宜超过 6 mm。

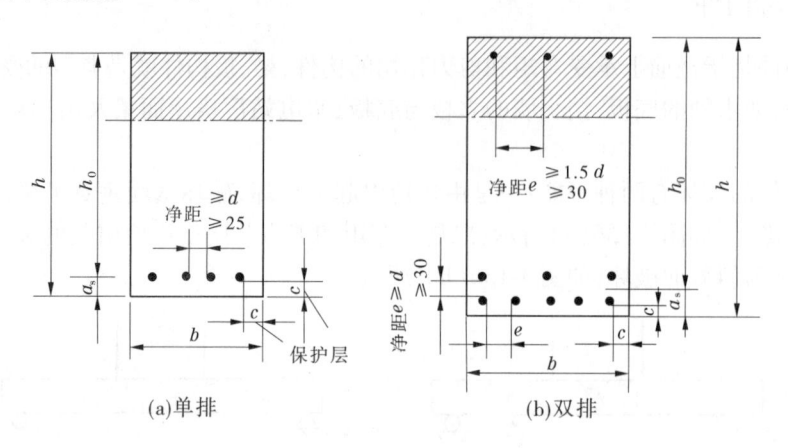

图 4-137　梁内纵向受力钢筋

为了方便混凝土浇捣、保证钢筋在混凝土内得到有效锚固,梁内下部纵向钢筋净距不应小于钢筋直径 d,上部纵向钢筋净距不应小于 $1.5d$,同时均不小于 30 mm 及不小于最大骨料粒径的 1.5 倍。当梁下部纵筋配置多于两层时,两层以上纵筋之间的净距应比下面两层的净距增大 1 倍。上、下两层钢筋应对齐布置,以免影响混凝土浇筑。

4. 箍筋

箍筋形式有封闭式和开口式两种,一般应采用封闭式箍筋。当梁中配有计算需要的受压钢筋(如双筋梁)时,均应采用封闭式箍筋。箍筋的肢数有单肢、双肢、四肢等,一般均采用双肢。在绑扎骨架中,双肢箍筋最多能扎结 4 根排在一排的纵向受压钢筋,否则采用四肢箍筋;当梁宽大于 400 mm,或一排中纵向受压钢筋多于 3 根时,也应采用四肢箍筋。

箍筋一般采用 HPB235 级钢筋,为保证钢筋骨架具有一定的刚度,箍筋的最小直径应符合下列规定:当梁高 $h \leqslant 250$ mm 时,箍筋直径 $d \geqslant 4$ mm;当梁高 $250 < h \leqslant 800$ mm 时,箍筋直径 $d \geqslant 6$ mm;当梁高 $h > 800$ mm 时,箍筋直径 $d \geqslant 8$ mm。

当梁内配有计算需要的纵向受压钢筋时,箍筋直径尚不应小于 $d/4$(d 为受压钢筋中的最大直径),并应做成封闭式。为方便箍筋加工成型,最好不用直径大于 10 mm 的箍筋。

箍筋的布置:在梁跨范围内,若按计算需要配置箍筋,一般可在梁的全长均匀布置箍筋,也可在梁的两端剪力较大的部位加密布置。若按计算不需要配置箍筋,对截面高度 $h > 300$ mm 的梁,仍应沿梁全长设置箍筋;对截面高度 $h = 150 ~ 300$ mm 的梁,可仅在构件端部各 1/4 跨度范围内设置箍筋。但当在构件中部 1/2 跨度范围内有集中荷载作用时,则应沿梁全长设置箍筋;对截面高度 $h < 150$ mm 的梁,可不设置箍筋。

箍筋的最大间距应符合表 4-20 的规定。当梁内配有计算需要的纵向受压钢筋时,箍筋间距不应大于 $15d$(绑扎骨架)或 $20d$(焊接骨架),d 为纵筋最小直径,且在任何情况下均不应大于 400 mm;当一排内的纵向受压钢筋多于 5 根且直径大于 18 mm 时,箍筋间距不应大于 $10d$。在绑扎纵筋的搭接长度范围内,当钢筋受拉时,其箍筋间距不应大于 $5d$,且不大于

100 mm;当钢筋受压时箍筋间距不应大于 $10d$。在此处,d 为搭接钢筋中的最小直径。

表4-20　梁中箍筋的最大间距　　　　　　（单位：mm）

项次	梁高 h(mm)	$kV > V_c$	$kV \leqslant V_c$
1	$h \leqslant 300$	150	200
2	$300 < h \leqslant 500$	200	300
3	$500 < h \leqslant 800$	250	350
4	$h > 800$	300	400

注：V 为构件斜截面上的最大剪力计算值；V_c 为剪压区混凝土承担的剪力。

5. 弯起钢筋

当需要设置弯起钢筋时,弯起钢筋的弯起角一般为45°;当梁高 $h \geqslant 700$ mm 时,也可用60°。当梁宽较大时,为使弯起钢筋在整个宽度范围内受力均匀,宜在同一截面弯起两根钢筋。

弯起钢筋在弯折终点以外应有直线段的锚固长度,如图 4-138 所示,《混凝土结构设计规范》(GB 50010—2010)规定:当直线段位于受拉区时,其长度不应小于 $20d$;当直线段位于受压区时,其长度不应小于 $10d$。对于光面钢筋,其末端应设置弯钩。位于梁底两侧的纵向钢筋不应弯起。

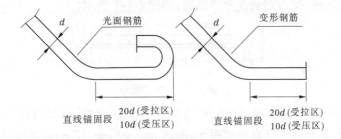

图4-138　弯起钢筋的构造

当不能将纵筋弯起或弯起仍不能承担很大剪力(如很大的集中力处,梁支座处等)时,应将弯筋布置成吊筋形式,如图4-139(a)所示。鸭筋或吊筋的两端均应锚固在受压区内,不允许采用仅在受拉区有不大的水平段的浮筋,如图4-139(b)所示。

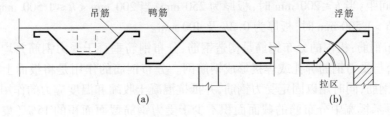

图4-139　吊筋、鸭筋与浮筋

6. 架立钢筋的构造要求

梁内架立钢筋主要用来固定箍筋,从而与纵筋、箍筋形成骨架,并且架立钢筋还能抵抗温度和混凝土收缩变形引起的应力。梁内架立钢筋的直径主要与梁的跨度有关,当梁的跨度小于 4 m 时,d 不宜小于 8 mm;当梁的跨度为 4~6 m 时,d 不宜小于 10 mm;当梁的跨度大于 6 m 时,d 不宜小于 12 mm。

7. 腰筋及拉筋

当梁的腹板高度 h_w 超过 450 mm 时,在梁的两个侧面应沿高度配置纵向构造钢筋,称为腰筋。其目的是控制在高度较大的构件中部,拉区弯曲斜裂缝将汇集成宽度较大的根状裂缝及由于收缩和温度变化发生的竖向裂缝,如图 4-140 所示。每侧纵向构造钢筋(不包括梁上、下部受力钢筋及架立钢筋)的截面面积不应小于腹板截面面积 bh_w 的 0.1%,且其间距不宜大于 200 mm。两侧腰筋之间用拉筋联系起来,拉筋的直径可取与箍筋相同,拉筋的间距常取 500~700 mm。

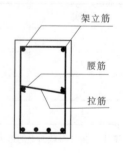

图 4-140　架立钢筋、
腰筋及拉筋

（二）钢筋混凝土受弯构件板的构造要求

截面形式与尺寸:在水工建筑中,板的厚度变化范围很大,对于实心板的厚度一般不宜小于 100 mm,但有些屋面板厚度也可为 60 mm。板的厚度在 250 mm 以下的,以 10 mm 为模数递增;板厚在 250 mm 以上的,以 50 mm 为模数递增。

板的厚度要满足承载力、刚度和抗裂(或裂缝宽度)的要求。一般厚度的板,板厚为板跨的 1/12~1/20。

板内钢筋有两种:受力钢筋和分布钢筋,如图 4-141 所示。

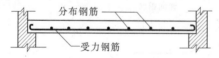

图 4-141　板的配筋

（1）受力钢筋:受力钢筋沿板的跨度方向在受拉区配置,承受荷载作用下所产生的拉力。一般厚度板,其受力钢筋直径常用 6 mm、8 mm、10 mm、12 mm;厚板(如闸底板)中常用 12~25 mm,也有用 32 mm、36 mm 的。同一板中受力筋可采用两种不同直径,但直径相差应在 2 mm 以上,以便识别。

为传力均匀及避免混凝土局部破坏,板中受力钢筋的间距不能太稀,但为了便于施工,也不宜太密。板中受力钢筋的最小间距为 70 mm,即每米板宽内最多放 14 根钢筋。板中受力筋的最大间距:当 $h \leqslant 200$ mm 时,板厚为 250 mm;当 200 mm $< h \leqslant 1\ 500$ mm 时,板厚为 300 mm;当 $h > 1\ 500$ mm 时,板厚为 0.2h 及 400 mm。

（2）分布钢筋:板内的分布钢筋是构造钢筋,分布钢筋垂直于受力钢筋并均匀布置在受力钢筋内侧,与受力钢筋绑扎或焊接形成钢筋网。分布钢筋的作用是将板面上的荷载均匀地传给受力钢筋,同时用以固定受力钢筋,并抵抗混凝土收缩和温度应力的作用。水工设计规范规定,每米板宽中分布筋的截面面积不少于受力钢筋截面面积的 15%(集中荷载时为 25%);分布钢筋的直径在一般厚度板中多用 6~8 mm,每米板宽内不少于 3 根。对承受分布荷载的厚板,分布钢筋的直径可采用 10~16 mm,间距为 200~400 mm。一般采用光面钢筋。

（三）单筋矩形截面受弯构件正截面承载力计算

仅在受拉区配置纵向受力钢筋的截面称为单筋矩形截面,受拉区和受压区都配置纵向受力钢筋的截面称为双筋截面。

1. 计算公式

$$kM \leq M_u \leq f_c bx(h_0 - 0.5x) \tag{4-68}$$

$$f_c bx = f_y A_s \tag{4-69}$$

$$h_0 = h - a_s$$

钢筋单排布置时

$$a_s = c + d/2$$

钢筋双排布置时

$$a_s = c + d + e/2$$

式中，k 为承载力安全系数；M 为弯矩设计值；M_u 为构件的正截面受弯承载力极限弯矩值；f_c 为混凝土轴心抗压强度设计值；b 为矩形截面宽度；x 为混凝土受压区计算高度；h_0 为截面有效高度；a_s 值可由混凝土保护层最小厚度 c 和钢筋直径 d 计算得出；e 为两排钢筋的净距；f_y 为普通钢筋的抗拉强度设计值；A_s 为受拉区纵向钢筋的全部截面面积。

上述公式仅适用于适筋构件，不适用于超筋和少筋构件。利用上述公式可进行截面设计和承载力校核，且都要考虑超筋和少筋破坏问题。

2. 适筋、少筋和超筋

当构件配筋太多，即 ρ 太大时，构件则可能发生超筋破坏。其特征是受拉钢筋尚未达到屈服强度，受压区混凝土压应变达到极限压应变而被压碎，构件破坏。破坏前裂缝开展不宽，梁挠度不大，破坏突然，无明显预兆，属脆性破坏。超筋构件的承载力控制于受压混凝土的抗压能力，过多的配筋量并不能增加截面承载力，反而使受拉钢筋的强度得不到充分发挥，既不安全也不经济，实际工程设计中不允许采用超筋梁。

当构件配筋量 ρ 适中时，梁的受力从加载到破坏，正截面的应力应变完整地经历了三个阶段。受拉钢筋先达到屈服强度，发生很大的塑性变形，裂缝和挠度都有显著的开展，最后受压区混凝土被压碎，构件破坏。破坏有明显预兆，属于塑性破坏。

当梁内配筋过少（ρ 很小）时，则可能发生少筋破坏。其特征是破坏时的极限弯矩等于开裂弯矩，一裂即断。构件一旦开裂，裂缝截面混凝土退出工作，拉力由钢筋承担而使钢筋应力突增，并很快达到甚至超过屈服强度而进入强化阶段。如果钢筋数量极少，也可能被拉断，导致较宽的裂缝和较大的变形而使构件破坏。因少筋梁破坏是突然的，属脆性破坏，其承载力很低，工程设计中应避免设计成少筋梁。

（四）有腹筋梁斜截面受剪承载力计算

1. 斜压破坏、剪压破坏和斜拉破坏

有腹筋梁斜截面受剪破坏的主要形态有斜压破坏、剪压破坏和斜拉破坏三种类型。

斜压破坏多发生在集中荷载距支座较近，或者腹筋配置量过多，以及腹板宽度较窄的 T 形或 I 形梁。破坏过程中，先是在梁腹部出现多条密集而大体平行的斜裂缝。随着荷载增加，梁腹部被这些斜裂缝分割成若干个斜向短柱，当混凝土中的压应力超过其轴心抗压强度时，发生类似受压短柱的破坏。这种破坏没有预兆，且腹筋一般达不到屈服强度，类似于正截面的超筋破坏，设计中应当避免。

剪压破坏常发生在腹筋配置量适当时，是最典型的斜截面受剪破坏。它首先在剪弯区出现弯曲垂直裂缝，然后斜向延伸，形成一条又宽又长的主斜裂缝，称为临界斜裂缝，随着荷载的增大，斜裂缝向荷载作用点缓慢发展，剪压区高度不断减小，斜裂缝的宽度逐渐加宽，与斜裂缝相交的箍筋应力也随之增大，破坏时，受压区混凝土在正应力和剪应力的共同作用下被压碎,且受压区混凝土有明显的压坏现象,此时箍筋的应力达到了屈服强度,腹筋得到充分利用,因此在设计中应把构件斜截面破坏控制为剪压破坏形态。

斜拉破坏发生在箍筋配置量过少的情况,其破坏特点是,破坏过程急速且突然。当斜裂缝在梁腹部出现,很快就向上下延伸,形成临界斜裂缝,将梁劈裂为两部分而破坏,且往往伴随产生沿纵筋的撕裂裂缝。它类似于正截面少筋破坏,一裂即坏,破坏突然,设计中必须防止。

以上三种破坏都属于脆性破坏,其中斜拉破坏表现的脆性最为明显,剪压破坏有一定的预兆,破坏荷载较出现斜裂缝时的荷载高,但与适筋梁的正截面破坏相比,剪压破坏仍属于脆性破坏。

2. 斜截面受剪承载力计算

斜截面受剪承载力计算的基本公式是以剪压破坏形式为主要依据建立起来的。

1) 计算公式

矩形、T形和I形截面的一般受弯构件,不需弯起钢筋时,斜截面受剪承载力计算公式为:

$$kV \leq V_{cs} = 0.7f_t bh_0 + 1.25f_{yv}\frac{A_{sv}}{s}h_0 \tag{4-70}$$

式中,f_t 为混凝土抗拉强度设计值;b 为构件的截面宽度,T形和I形截面取腹板宽度;h_0 为截面的有效高度;f_{yv} 为箍筋的抗拉强度设计值;A_{sv} 为配置在同一截面内箍筋各肢的全部截面面积,$A_{sv} = nA_{sv1}$,n 为在同一截面内箍筋的肢数,A_{sv1} 为单肢箍筋的截面面积;s 为箍筋的间距。

对集中荷载作用下的独立梁(包括作用多种荷载,且其中集中荷载对支座截面或节点边缘所产生的剪力值占总剪力值的75%以上的情况),斜截面受剪承载力按下式计算:

$$kV \leq V_{cs} = 0.5f_t bh_0 + f_{yv}\frac{A_{sv}}{s}h_0 \tag{4-71}$$

当梁内需要配置弯起钢筋时,弯起钢筋受剪承载力按下式计算:

$$V_{sb} = A_{sb}f_y\sin\alpha_s \tag{4-72}$$

式中,f_y 为纵筋抗拉强度设计值;A_{sb} 为同一弯起平面内弯起钢筋的截面面积;α_s 为斜截面上弯起钢筋的切线与构件纵向轴线的夹角,一般取45°,当梁高 $h \geq 700$ mm 时,可取60°。

2) 斜压破坏、斜拉破坏的考虑

设计时为了避免斜压破坏,规范规定受剪截面须符合以下条件:

当 $h_w/b \leq 4$ 时

$$kV \leq 0.25f_c bh_0 \tag{4-73}$$

当 $h_w/b \geq 6$ 时

$$kV \leq 0.2f_c bh_0 \tag{4-74}$$

当 $4 < h_w/b < 6$ 时,按线性内插法取用。

式中,h_w 为截面的腹板高度。矩形截面取有效高度 h_0,T形截面取有效高度减去上翼缘高度;I形截面取腹板净高。

若箍筋配筋率过小,或箍筋间距过大,一旦出现斜裂缝,箍筋可能迅速达到屈服强度,斜裂缝急剧开展,导致斜拉破坏。为此,规范规定箍筋的配置应满足最小配箍率要求:

$$\rho_{sv} = \frac{A_{sv}}{bs} \geqslant \rho_{svmin} \tag{4-75}$$

式中，ρ_{svmin} 为箍筋最小配筋率。对于 HPB235 级钢筋 ρ_{svmin} = 0.15%；对于 HRB335 级钢筋 ρ_{svmin} = 0.10%。

规范规定了箍筋的最大间距 s_{max} 要求。即两根箍筋之间距离应满足 $s \leqslant s_{max}$ 要求，对于弯起钢筋，前一排弯筋的下弯点到后一排弯筋的上弯点之间的梁轴投影距离也应满足 $s \leqslant s_{max}$。在支座处，从支座算起的第一排弯筋和第一根箍筋离开支座边缘的距离也不得大于 s_{max}。

二、受压构件

在水利工程中，常见的钢筋混凝土受压构件有水闸工作桥支柱、渡槽的支撑排架、桥墩、水电站厂房的立柱、桁架结构的上弦杆以及拱式渡槽的支撑拱圈等。

按照轴向力作用位置的不同，受压构件可分为轴心受压构件和偏心受压构件两种类型。当轴向压力 N 通过截面的重心时为轴心受压构件，轴向压力 N 偏离构件截面重心或构件同时承受轴心压力 N 和弯矩 M 作用时，则为偏心受压构件。

对钢筋混凝土细长压杆也要考虑"稳定问题"。对轴心受压杆，考虑钢筋混凝土轴心受压构件稳定系数 φ，对偏心受压杆，采用偏心距增大系数 η 来考虑侧向挠曲导致构件承载能力降低的不利影响。

（一）受压构件的构造要求

材料等级：受压构件宜采用强度等级较高的混凝土，如 C20、C25、C30 等。若截面尺寸不是由强度条件确定（如闸墩、桥墩），也可采用 C15 混凝土。

钢筋一般采用 HRB335 级。对受压钢筋来说，不宜采用高强钢筋，这是因为钢筋的抗压强度受到混凝土极限压应变限制，不能充分发挥其高强作用。

截面形式及尺寸：钢筋混凝土受压构件截面形式的选择要考虑到受力合理和模板制作方便。轴心受压构件的截面形式一般为正方形或边长接近的矩形。建筑上有特殊要求时，可选择圆形或多边形。偏心受压构件常采用矩形截面，截面长边应布置在弯矩作用方向，长短边尺寸比一般为 1.5 ~ 2.5。承受较大荷载的装配式受压构件也常采用 I 字形截面。为避免房间内柱子突出墙面而影响美观与使用，常采用 T 形、L 形、十字形等异形截面柱。

受压构件截面尺寸与长度相比不宜太小，水工建筑中现浇立柱的边长不宜小于 300 mm，否则施工缺陷所引起的影响就较为严重。如截面的长边或直径小于 300 mm，则在计算时，混凝土强度设计值应乘以 0.8，在水平位置浇筑的装配式柱则不受此限制。

为施工方便，截面尺寸应符合模数要求。边长在 800 mm 以下时，以 50 mm 为模数；边长在 800 mm 以上者，以 100 mm 为模数。

纵向钢筋：轴心受压柱的纵向受力钢筋应沿周边均匀布置；偏心受压柱的纵向受力钢筋则沿垂直于弯矩作用平面的两个边布置。受压构件的纵向钢筋，其数量不能过少，当构件截面尺寸由强度条件确定时，轴心受压柱全部纵向钢筋的配筋率当采用 HPB235、HRB335 级钢筋时不得小于 0.6%，当采用 HRB400、RRB400 级钢筋时不得小于 0.55%；偏心受压柱的受压或受拉钢筋配筋率当采用 HPB235 级钢筋时不得小于 0.25%，当采用 HRB335、HRB400、RRB400 级钢筋时不得小于 0.2%；纵向钢筋也不宜过多，常用配筋率为 0.8% ~ 2%。若荷载较大及截面尺寸受限制，配筋率可适当提高，但全部纵向钢筋配筋率不宜超过

5%。

纵向钢筋直径 d 不宜小于 12 mm。过小则钢筋骨架柔性大,施工不便,通常在 12~32 mm 范围内选择。同时,截面中的纵筋不少于 4 根,每边不少于 2 根。纵向钢筋净距不应小于 50 mm,中距也不应大于 300 mm;混凝土保护层厚度的要求同受弯构件,由环境条件确定,一般不小于 25 mm。

当偏心受压柱的截面高度 $h > 600$ mm 时,在侧面还应设置直径 10~16 mm 的纵向构造钢筋,其间距不大于 400 mm,并相应地设置复合箍筋或连系拉筋。

箍筋:为了防止纵向钢筋受压时向外弯凸和防止混凝土保护层横向胀裂剥落,柱中箍筋应做成封闭式,与纵筋绑轧或焊接形成整体骨架。

箍筋采用热轧钢筋时,其直径不小于 $d/4$(d 为纵向钢筋的最大直径),不应小于 0.25 倍纵向钢筋最大直径,且不应小于 6 mm;当柱中全部纵向钢筋配筋率超过 3% 时,箍筋直径不宜小于 8 mm,且应焊成封闭环式,此时箍筋间距不应大于 10d(d 为纵向钢筋最小直径),且不应大于 200 mm,箍筋末端还应做成 135° 弯钩且弯钩末端平直段的长度不应小于箍筋直径的 10 倍。

箍筋的间距 s 不应大于构件截面的短边尺寸,且不应大于 400 mm;同时,在绑扎骨架中不宜大于 15d,在焊接骨架中不宜大于 20d(d 为纵向钢筋的最小直径)。当纵向钢筋采用绑扎接头时,搭接长度范围内的箍筋应加密,间距 s 不应大于 10d,且不大于 200 mm(d 为纵向筋的最小直径)。

当柱截面短边尺寸大于 400 mm 且每边的纵向受力钢筋多于 3 根,或当截面短边尺寸不大于 400 mm 但纵向钢筋多于 4 根时,应设置复合箍筋,以防止中间纵向钢筋的曲凸。其布置原则是尽可能地使每根纵筋均处于箍筋的转角处。

（二）受压构件的承载力

1. 轴心受压构件的承载力

普通箍筋轴心受压柱正截面承载力公式:

$$kN \leqslant N_u = \varphi(f_c A + f_y' A_s') \tag{4-76}$$

式中,k 为承载力安全系数;N 为轴向力设计值;φ 为钢筋混凝土轴心受压构件稳定系数,可查表确定;A 为构件截面面积(当配筋率 $\rho' > 3\%$ 时,式中 A 应改用净截面面积);f_c 为混凝土的轴心抗压强度设计值;A_s' 为全部纵向钢筋的截面面积;f_y' 为纵向钢筋的抗压强度设计值。

【例 4-1】 正方形截面轴心受压柱,属 3 级水工建筑物,柱高 7.2 m,两端为不动铰支座,承受的轴心压力设计值 $N = 1\,960$ kN,采用 C25 混凝土,$f_c = 11.9$ N/mm²,HRB335 级钢筋,$f_y' = 300$ N/mm²。试设计该柱。

解:(1)初拟截面尺寸。

柱的截面尺寸一般根据构造要求或参考同类结构预先确定,也可计算确定。一般假设 $\rho' = 1\%$,$\varphi = 1$,可求出 A。

$$A = \frac{kN}{f_c + 1\%f_y'} = \frac{1.2 \times 1\,960 \times 10^3}{11.9 + 1\% \times 300} = 157\,852(\text{mm}^2)$$

取 $b \times h = 400$ mm $\times 400$ mm。

(2)求 φ。柱两端为不移动铰接 $l_0 = l = 7.2(\text{m})$。

$$l_0/b = 7\,200/400 = 18 \quad 查表得:\varphi = 0.81$$

（3）求 A'_s。

$$A'_s = \frac{kN - \varphi \cdot f_c A}{\varphi \cdot f_y} = \frac{1.2 \times 1\,960 \times 10^3 - 0.81 \times 11.9 \times 400^2}{0.81 \times 300} = 3\,332(\text{mm}^2)$$

$$\rho' = A'_s/A = 3\,332/400^2 = 2.1\%$$

选用 4 $\oplus$ 22 +4 $\oplus$ 25（A'_s =3 484 mm²），箍筋选用 Φ 8@200，双肢封闭式。

2. 偏心受压构件的承载力

1）大小偏心受压

当距纵向力较远的一侧钢筋配置不是太多时，截面一侧受压，另一侧受拉。随着荷载的增加，首先在受拉区产生横向裂缝；荷载不断增加，裂缝将不断开展，混凝土压区也不断减小。破坏时，受拉钢筋先达到屈服强度，受压钢筋也达到屈服强度，最后混凝土压达到极限压应变而被压碎，这种破坏称为大偏心受压破坏，其破坏过程类似于受弯构件的适筋破坏，属于"塑性破坏"。如图 4-142（a）所示为大偏心受压构件破坏时的截面应力图形。

对钢筋混凝土偏心距较小的短柱或距纵向力较远一侧配置较多钢筋时的短柱构件进行破坏试验，构件截面将全部或大部分受压，这类构件称为小偏心受压构件。图 4-142（b）、（c）为小偏心受压构件破坏时的截面应力图形。破坏时，混凝土压碎，受压较大一侧的纵向钢筋 A'_s 达到了抗压屈服强度；而远离压力侧钢筋 A_s 可能受拉，也可能受压，但一般都不会屈服。

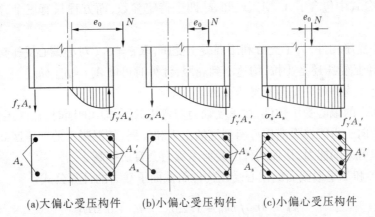

(a)大偏心受压构件　　(b)小偏心受压构件　　(c)小偏心受压构件

图 4-142　偏心受压构件破坏时的应力图形

2）大小偏心受压承载力

根据大小偏心受压构件破坏时的截面压力图形，如图 4-142 所示，并取受压区混凝土压应力图形为简化后的等效矩形应力图形，可得出图 4-143 所示的偏心受压构件的承载力计算简图。

计算公式：

$$kN \leq N_u = f_c bx + f'_y A'_s - \sigma_s A_s \tag{4-77}$$

$$kN_e \leq N_u e = f_c bx\left(h_0 - \frac{x}{2}\right) + f'_y A'_s(h_0 - a'_s) \tag{4-78}$$

式中，N 为轴向压力设计值；e 为轴向压力合力作用点至钢筋 A_s 合力点的距离，$e = \eta e_0 + \frac{h}{2} - a_s$；$\sigma_s$ 为远离压力侧钢筋 A_s 的应力。

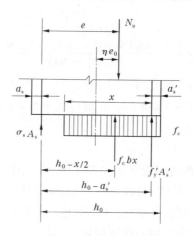

图4-143　偏心受压构件的承载力计算图

大偏心受压时,取 $\sigma_s = f_y$,小偏心受压时,规范采用如下公式并应符合 $f_y' \le \sigma_s \le f_y$ 条件:

$$\sigma_s = \frac{\xi - 0.8}{\xi_b - 0.8} f_y \qquad (4-79)$$

利用上述公式进行偏心受压构件的正截面承载力计算时,距偏心力较远一侧钢筋应力难以确定,且公式中包含了 A_s、A_s'、x、和 σ_s 四个待定参数,而方程只有三个,需要补充一个方程。

对大偏心受压构件,为了充分利用混凝土受压,取 $\xi = \xi_b$;对小偏心受压构件,远离压力侧钢筋 A_s 无论是受压还是受拉,均达不到屈服,计算时可取 $A_s = \rho_{min} bh_0$。

3. 偏心受压构件的斜截面受剪承载力

实际结构中的偏心受压构件,在承受轴力与弯矩共同作用的同时,往往还会受到较大的剪力作用。轴向压力能够阻滞构件斜裂缝的出现和发展,使混凝土的剪压区高度增大,提高了混凝土承担剪力的能力,从而构件的受剪承载力会有所提高。

矩形、T形和工字形截面的偏心受压构件斜截面承载力的计算公式:

$$kV \le 0.7f_t bh_0 + 1.25f_{yv}\frac{A_{sv}}{s}h_0 + 0.07N \qquad (4-80)$$

式中,V 为构件控制截面的剪力设计值;N 为与 V 相应的轴向压力设计值,当 $N > 0.3f_c A$ 时,应取 $N = 0.3f_c A$,A 为构件横截面面积;f_t 为混凝土抗拉强度设计值;b 为构件的截面宽度,T形和I形截面取腹板宽度;h_0 为截面的有效高度;f_{yv} 为箍筋的抗拉强度设计值;A_{sv} 为配置在同一截面内箍筋各肢的全部截面面积,$A_{sv} = nA_{sv1}$;s 为箍筋的间距。

三、正常使用极限状态验算

正常使用极限状态验算的目的是保证结构构件在正常使用条件下,裂缝宽度和挠度不超过相应的限值。对于有不允许裂缝出现要求的构件在正常使用条件下应满足抗裂要求。

随着材料日益向高强、轻质方向发展,构件截面尺寸会越来越小,裂缝及变形问题会变得更加突出,需要对钢筋混凝土梁板结构进行正常使用极限状态验算,即进行抗裂、裂缝开展及挠度验算。

（一）抗裂验算

规范规定，承受水压力的轴心受拉、小偏心受拉及发生裂缝后会引起严重渗漏的其他构件（如渡槽槽身等），应进行抗裂验算。

1. 轴心受拉构件的抗裂验算

仍用材料力学轴心受拉公式来进行抗裂验算。但钢筋混凝土结构是非匀质的且钢筋与混凝土的弹性模量不同，需要把钢筋面积换算成与混凝土具有相同弹性模量的等量混凝土面积。即截面面积为 A_s 的纵向受拉钢筋相当于截面面积 $\alpha_E A_s$ 的混凝土面积，其中 α_E 为钢筋弹性模量与混凝土弹性模量之比。由此得构件截面总的换算截面面积为 $A_0 = A_c + \alpha_E A_s$。

引用材料力学公式，并对 f_{tk} 进行限制，乘以混凝土拉应力限制系数 α_{ct}，并按荷载效应标准组合进行抗裂验算，可得出轴心受拉构件开裂拉力

$$N_k \leq \alpha_{ct} f_{tk} A_0 \tag{4-81}$$

式中，N_k 为荷载标准组合下计算的轴向拉力值；α_{ct} 为混凝土拉应力限制系数，对荷载效应标准组合取 0.85；f_{tk} 为混凝土轴心抗拉强度标准值；A_0 为换算截面面积，$A_0 = A_c + \alpha_E A_s$，其中 α_E 为钢筋弹性模量与混凝土弹性模量之比，A_s、A_c 分别为钢筋和混凝土的截面面积。

2. 受弯构件的抗裂验算

与轴心受拉构件抗裂验算类似，把构件看作截面面积为 A_0 的匀质弹性体，并考虑受弯混凝土会产生一定的塑性，f_{tk} 折算成 $\gamma_m f_{tk}$，γ_m 称为截面抵抗矩塑性系数。引用材料力学公式，可得出受弯构件开裂弯矩

$$M_k \leq \gamma_m \alpha_{ct} f_{tk} W_0 \tag{4-82}$$

式中，M_k 为荷载效应标准组合下计算的弯矩值；γ_m 为截面抵抗矩塑性系数，矩形截面为 $\gamma_m = 1.55\left(0.7 + \dfrac{300}{h}\right)$，其值不大于 1.7，且 $h > 3\,000$ mm 时，应取 $h = 3\,000$ mm，其他截面 γ_m 值可查相关规范；α_{ct} 为混凝土拉应力限制系数，荷载效应标准组合取 0.85；W_0 为换算截面对受拉边缘弹性抵抗矩，$W_0 = \dfrac{I_0}{h - y_0}$，$I_0$、$y_0$ 分别为换算截面对其重心轴的惯性矩和换算截面重心至受压边缘的距离，计算方法与材料力学公式完全一致。

对于矩形、T 形或倒 T 形截面，只需在 I 字形截面的基础上去掉无关项即可。对单筋矩形截面的 I_0、y_0 也可按下列公式计算：

$$y_0 = (0.5 + 0.425\alpha_E \rho)h \tag{4-83}$$

$$I_0 = (0.083\,3 + 0.19\alpha_E \rho)bh^3 \tag{4-84}$$

式中，α_E 为钢筋弹性模量与混凝土弹性模量之比，$\alpha_E = E_s / E_c$；ρ 为纵向受拉钢筋配筋率，$\rho = A_s / bh_0$。

3. 偏心受拉构件的抗裂验算

偏心受拉构件可采用与受弯构件相同的方法分析计算抗裂性能，即把钢筋截面面积换算为混凝土截面面积之后，用材料力学匀质弹性体的公式进行计算，其正截面拉应力应满足下式要求：

$$\frac{M_k}{W_0} + \frac{\gamma_m N_k}{A_0} \leq \gamma_m \alpha_{ct} f_{tk} \tag{4-85}$$

4. 偏心受压构件的抗裂验算

与偏心受拉构件的计算原理相同，偏心受压构件的正截面拉应力应满足下式要求：

$$\frac{M_{\mathrm{k}}}{W_0} - \frac{N_{\mathrm{k}}}{A_0} \leqslant \gamma_{\mathrm{m}}\alpha_{\mathrm{ct}}f_{\mathrm{tk}} \tag{4-86}$$

5. 提高构件抗裂能力的措施

提高构件抗裂能力的措施:加大构件截面尺寸或提高混凝土的强度等级,或在混凝土中掺入钢纤维等来实现,但最根本的方法是采用预应力混凝土结构。

(二)裂缝开展宽度的验算

1. 最大裂缝宽度的计算

混凝土结构上的裂缝,归纳起来有荷载作用引起的裂缝或非荷载因素引起的裂缝两大类。

在混凝土结构中,除荷载作用会引起裂缝外,还有许多非荷载因素如温度变化、混凝土收缩、基础不均匀沉降、混凝土塑性坍落等,也可能引起裂缝。对此类裂缝应采取相应的构造措施,尽量减小或避免其产生和发展。规范规定,对使用上要求限制裂缝宽度的杆件体系中的钢筋混凝土构件,应进行裂缝宽度控制验算,按荷载效应标准组合所求得的最大裂缝开展宽度 $\omega_{\max}$ 不应超过规范规定的裂缝限值 $\omega_{\lim}$。

目前我们所指的裂缝宽度验算主要是针对由弯矩、轴向拉力、偏心拉(压)力等荷载效应引起的垂直裂缝,或称正截面裂缝。

对于矩形、T 形及 I 形截面的钢筋混凝土受拉、受弯和大偏心受压构件的最大裂缝宽度可按式(4-87)计算:

$$\omega_{\max} = a\frac{\sigma_{\mathrm{sk}}}{E_{\mathrm{s}}}\left(30 + c + 0.07\frac{d}{\rho_{\mathrm{te}}}\right) \tag{4-87}$$

式中, a 为考虑构件受力和荷载长期作用的综合影响系数,对受弯和偏心受压构件取 2.1,对偏心受拉构件取 2.4,对轴心受拉构件取 2.7; c 为混凝土保护层厚度,当 $c > 65$ mm 时,取 $c = 65$ mm; d 为受拉钢筋直径,当直径不同时可以采用换算直径, $d = 4A_{\mathrm{s}}/u$, u 为钢筋总周长; ρ_{te} 为纵向受拉钢筋的有效配筋率, $\rho_{\mathrm{te}} = A_{\mathrm{s}}/A_{\mathrm{te}}$,当 $\rho_{\mathrm{te}} < 0.03$ 时,取 $\rho_{\mathrm{te}} = 0.03$; A_{s} 为受拉区纵筋面积,对受弯、大偏心受拉及大偏心受压构件, A_{s} 取受拉区钢筋截面面积,小偏心受拉 A_{s} 取拉应力较大一侧的钢筋截面面积,对轴心受拉构件, A_{s} 取全部纵筋截面面积; A_{te} 为有效受拉混凝土截面面积,对受弯、偏心受拉及大偏心受压构件,取其重心与受拉钢筋重心相一致的混凝土面积, $A_{\mathrm{te}} = 2a_{\mathrm{s}}b$,其中 a_{s} 为受拉钢筋重心距截面受拉边缘的距离, b 为矩形截面宽度,对轴心受拉构件, $A_{\mathrm{te}} = 2a_{\mathrm{s}}l_{\mathrm{s}}$,其中 l_{s} 为受拉钢筋重心连线的总长; σ_{sk} 为按荷载标准组合计算的构件纵向受拉筋应力, σ_{sk} 的计算公式可查相关规范。

对于偏心受压构件,当 $e_0/h_0 \leqslant 0.55$ 时,正常使用阶段裂缝宽度很小,可不必验算是否满足裂缝宽度限值要求。

2. 减小裂缝开展宽度措施

如果构件最大裂缝开展宽度超过限值,可采取如下措施予以减小:适当减小钢筋直径,使钢筋在混凝土中均匀分布;减小钢筋间距;采用与混凝土黏结较好的变形钢筋;适当增加配筋量,以降低使用阶段的钢筋应力,但增加的钢筋面积不宜超过承载力计算所需纵向钢筋截面面积的30%。对限制裂缝宽度而言,最根本的方法是采用预应力混凝土结构。

(三)变形验算

1. 最大变形的计算

水工建筑物中结构尺寸一般较大,变形能满足要求。对于严格限制变形的构件,仍要进行变形验算。如吊车梁变形过大,会妨碍车辆正常行驶;闸门顶变形过大,会使闸门顶与胸墙底梁之间止水失效。

钢筋混凝土梁的变形计算仍用材料力学中求变形的方法,只是钢筋混凝土梁的抗弯刚度 EI 不是一个常量,需要计算确定。钢筋混凝土受弯构件的挠度计算,实质上是如何确定截面抗弯刚度 B。构件在荷载效应标准组合下的刚度 B 可按规范中的公式确定。

由于梁各截面的弯矩不同,故各截面的抗弯刚度都不相等。规范规定了钢筋混凝土受弯构件的挠度计算采用"最小刚度"原则,即对于等截面构件,可假定各同号弯矩区段内的刚度相等,并采用该区段内最大弯矩处的刚度。

按荷载效应的标准组合可求出受弯构件刚度 B,将其代入材料力学变形公式即可计算出受弯构件的挠度。求得的挠度值不应超过规范规定的挠度限值,即

$$f_{max} = s\frac{M_s l_0^2}{B} \leq [f] \tag{4-88}$$

式中, f_{max} 为按荷载效应的标准组合下所对应的 B 进行计算所求得的挠度值; $[f]$ 为规范规定的受弯构件的挠度限值; s 为与荷载形式、支撑条件有关的系数,简支梁受均布荷载跨中挠度时, $s = 5/48$。

2. 减小构件变形的措施

增大构件截面高度是减小挠度的最有效措施。当然,也可以加大截面配筋率、提高受压区钢筋面积、提高混凝土强度等级、选用合理的截面形状(如 T 形、I 形等)或改变截面形式尺寸等来提高截面刚度。

第七节　钢结构

钢结构在水利工程中应用较为广泛,如我们平时所遇到的钢厂房、钢桥、塔架、桅杆、钢闸门等。钢结构是由单独的构件如梁、桁架、柱和板等组成,亦即由钢制成的杆件和薄板用焊缝和螺栓等彼此连接组成。与其他材料的结构相比,具有如下的特点:钢材强度高,结构自重轻;塑性、韧性好;材质均匀;工业化程度高;可焊性好;耐腐蚀性差;耐火性差;钢结构在低温和其他条件下,可能发生脆性断裂等特点。

图 4-144 为工程建设中常用到的钢便桥。

工程中常见的钢材型号有 Q235、Q345 和 Q390。选用钢材时应注意:承重结构的钢材宜采用 Q235、Q345、Q390 和 Q420;承重结构采用的钢材应具有抗拉强度、伸长率、屈服强度和硫、磷含量的合格保证,对焊接结构尚应具有碳含量的合格保证;对于需要验算疲劳的焊接结构的钢材,应具有常温冲击韧性的合格保证;对于需要验算疲劳的非焊接结构的钢材亦应具有常温冲击韧性的合格保证;吊车起重量不小于 50 t 的中级工作制吊车梁,对钢材冲击韧性的要求应与需要验算疲劳的构件相同。

一、构件连接

钢结构是由钢构件经连接而成的结构。连接直接关系到钢结构的安全和经济。在受力过程中,连接应有足够的强度,被连接构件之间应保持正确的相互位置。

图 4-144　钢便桥

（一）钢结构的连接方式和特点

钢结构的连接可以分为焊接、铆接、螺栓连接三种形式，其中以焊接连接最为普遍。不同连接方式的特点见表 4-21 所示。

表 4-21　不同连接方式的特点

连接方法	优点	缺点
焊接	对几何形体适应性强，构造简单，不削弱截面，省材省工，易于自动化，工效高	焊接残余应力大且不易控制，焊接变形大，对材质要求高，焊接程序严格。质量检验工作量大
铆接	传力可靠，韧性和塑性好，质量易于检查，抗动力荷载好	费钢、费工，逐渐被高强度螺栓取代
普通螺栓连接	装卸便利，设备简单	螺栓精度低时，不宜受剪；螺栓精度高时，加工和安装难度较大
高强度螺栓连接	加工方便，对结构削弱少，可拆换。能承受动力荷载，耐验算，塑性、韧性好	摩擦面处理，安装工艺略为复杂，造价略高

（二）焊接

1. 焊缝的形式

焊缝可以分为对接焊缝和角焊缝；按照对接焊缝受力与焊缝方向，可以分为直缝（此时作用力方向与焊缝方向正交）和斜缝（此时作用力方向与焊缝方向斜交）；按照角焊缝受力与焊缝方向，可以分为侧缝、端缝和斜缝；按施工位置，可以分为俯焊、立焊、横焊和仰焊。其中以俯焊施工位置最好，所以焊缝质量也最好，仰焊最差。

2. 焊接的缺陷、质量检验和焊缝质量级别

焊缝的缺陷直接影响到钢结构的正常工作，常见的缺陷形式主要有：裂纹、焊瘤、烧穿、弧坑、气孔、夹渣、咬边、未熔合、未焊透等。

焊缝质量检验方法主要有外观检查、超声波探伤检验、X 射线检验等。

焊缝的质量分三级。一级焊缝需经外观检查、超声波探伤、X 射线检验都合格；二级焊

缝需外观检查、超声波探伤合格;三级焊缝需外观检查合格。

3. 对接焊缝连接

对接焊缝的形式:对接焊缝的形式较多,$t \leqslant 10$ mm 时,用 I 字形;$t = 10 \sim 20$ mm 时,用单边 V 形、V 字形;$t > 20$ mm 时,用 X 形、K 形、U 形。对接焊缝的形式如图 4-145 所示。

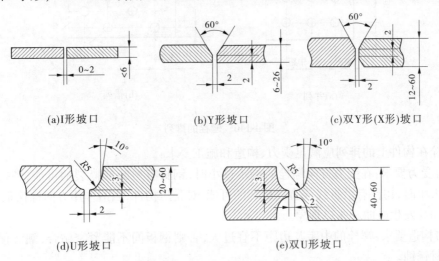

(a)I形坡口　　　　　　(b)Y形坡口　　　　　　(c)双Y形(X形)坡口

(d)U形坡口　　　　　　　　　(e)双U形坡口

图 4-145　对接焊缝的形式

为防止熔化金属流淌,必要时可在坡口下加垫板,变厚度板或变宽度板对接,在板的一面或两面切成坡度不大于 1:4 的斜面,避免应力集中。

4. 直角焊缝连接

工程中一般采用角焊缝的形式为直角焊缝,直角焊缝按照作用力和焊缝关系,可分为侧焊缝(外力与焊缝轴线平行)、端焊缝(外力与焊缝轴线垂直)和斜焊缝(外力与焊缝轴线斜交)。直角焊缝的构造要求应符合表 4-22 的要求。

(三)螺栓连接

螺栓在构件上排列应简单、统一、整齐而紧凑,通常分为并列和错列两种形式,如图 4-146所示,并列比较简单整齐,所用连接板尺寸小,但由于螺栓孔的存在,对构件截面削弱较大。错列可以减小螺栓孔对截面的削弱,但螺栓孔排列不如并列紧凑,连接板尺寸较大。

表 4-22　直角焊缝的最小焊脚尺寸

较厚焊件厚度(mm)	最小焊脚尺寸(mm)		
	Q235	Q345	Q390
≤4	4	4	4
5 ~ 10	5	6	6
11 ~ 17	6	8	8
18 ~ 24	8	10	10
25 ~ 32	10	12	12
34 ~ 46	12	14	14
46 ~ 60	14	16	16

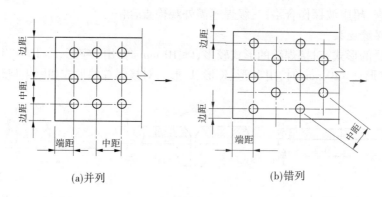

图 4-146　螺栓的排列

螺栓在构件上的排列应满足受力、构造和施工要求：

(1)受力要求：在受力方向螺栓的端距过小时，钢材有剪断或撕裂的可能；各排螺栓距和线距太小时，构件有沿折线或直线破坏的可能；对受压构件，当沿作用方向螺栓距过大时，被连板间易发生鼓曲和张口现象。

(2)构造要求：螺栓的中距及边距不宜过大，否则钢板间不能紧密贴合，潮气侵入缝隙易使钢材锈蚀。

(3)施工要求：要保证一定的空间，便于转动螺栓扳手拧紧螺母。螺栓的最大、最小容许距离见表4-23。

表 4-23　螺栓的最大、最小容许距离

中心间距	外排(垂直内力方向或顺内力方向)			$8d_0$ 或 $12t$	$3d_0$
	中间排	垂直内力方向		$16d_0$ 或 $24t$	
		顺内力方向	构件受压力	$12d_0$ 或 $18t$	
			构件受拉力	$16d_0$ 或 $24t$	
名称	沿对角线方向			—	
中心至构件边缘距离	顺内力方向				$2d_0$
	垂直内力方向	剪切边或手工气割边		$4d_0$ 或 $8t$	$1.5d_0$
		轧制边、自动气割或锯割边	高强度螺栓		$1.2d_0$
			其他螺栓或铆钉		

注：d_0 为螺栓的孔径；t 为外层较薄板件的厚度；钢板边缘与刚性构件(如角钢、槽钢等)相连的螺栓的最大间距，可按中间排的数值采用。

二、构件受力

钢结构构件主要包括钢柱和钢梁，其中钢柱的受力形式主要有轴向拉压和偏心拉压，钢梁的受力形式主要有拉弯和压弯组合受力。

(一)轴向受力构件

轴向受力构件主要应用于承重结构、平台、支柱、支撑等。对截面形式选择的依据能提供强度所需的截面面积、制作比较简便、便于和相邻的构件连接以及截面开展而壁厚较薄。其设计准则为净截面平均应力不超过 f_y ,满足式(4-89) 要求。

$$\sigma = \frac{N}{A_n} \leqslant f \qquad (4\text{-}89)$$

式中, f 为钢材的抗拉强度设计值; A_n 为净截面面积。

轴心受压构件的强度计算与轴心受拉一样,一般其承载力由构件稳定性控制。

(二)弯剪受力构件

梁的类型按制作方式分为型钢梁和组合梁;按梁截面沿长度有无变化分为等截面梁和变截面梁。

弹性阶段梁的极限设计弯矩:

$$M_e = f_y W_n \qquad (4\text{-}90)$$

式中, W_n 为净截面抵抗矩; f_y 为钢材的抗压强度设计值。

考虑塑性阶段梁的极限设计承载力:

单向弯曲时梁的正应力

$$\sigma = \frac{M_y}{\gamma_x W nx} \leqslant f \qquad (4\text{-}91)$$

梁的剪应力

$$\tau = \frac{VS}{It_w} \leqslant f_y \qquad (4\text{-}92)$$

式中, S 为计算剪应力处以上毛截面对中和轴的面积矩; I 为截面的惯性矩; r_x 为截面塑性发展系数,取值为 $1.0 \sim 1.2$,如 I 字形截面 $r_x = 1.05$ 。

规范规定:直接承受动载或 $13\sqrt{\frac{235}{f_y}} < \frac{b}{t_1} \leqslant 15\sqrt{\frac{235}{f_y}}$,采用弹性设计。一般的承受静载和间接承受动载的梁,采用部分发展塑性变形来计算。

(三)单向拉弯、压弯构件

压弯(拉弯)构件强度极限状态:

$$\frac{N}{A_n} + \frac{M}{\gamma_S W_{nx}} \leqslant f \qquad (4\text{-}93)$$

式中, A_n 为净截面面积; W_{nx} 为净截面对 x 轴的抵抗矩; f 为钢材抗拉压承载力设计值。

第八节　砌体结构

砌体结构是指由天然的或人工合成的石材、黏土、混凝土、工业废料等材料制成的块体和水泥、石灰膏等胶凝材料与砂、水拌和而成的砂浆砌筑而成的墙、柱等作为建筑物主要受力构件的结构。

由烧结普通砖、烧结多孔砖、蒸压灰砂砖、蒸压粉煤灰砖作为块体与砂浆砌筑而成的结构称为砖砌体结构。

由天然毛石或经加工的料石与砂浆砌筑而成的结构称为石砌体结构。由普通混凝土、轻骨料混凝土等材料制成的空心砌块作为块体与砂浆砌筑而成的结构称为砌块砌体结构。

根据需要在砌体的适当部位配置水平钢筋、竖向钢筋或钢筋网作为建筑物主要受力构件的结构则总称为配筋砌体结构。

砖砌体结构、石砌体结构和砌块砌体结构以及配筋砌体结构统称砌体结构。

一、砌体强度等级

块体的强度等级用抗压强度确定,符号为 MU。普通烧结砖、砌块均分为 5 级,MU30、MU25、MU20、MU15、MU10;蒸压灰砂砖、蒸压粉煤灰砖分为 4 级,MU25、MU20、MU15、MU10;石材分 7 级,MU100、MU80、MU60、MU50、MU40、MU30、MU20。

砂浆应符合砌体强度及建筑物耐久性的要求;具有可塑性,应在砌筑时容易且均匀地铺开;应具有足够的保水性,保证砂浆硬化所需要的水分。砂浆的强度等级是根据其试块的抗压强度确定的,试验时应采用同类块体为砂浆试块底模,由边长为 70.7 mm 的立方体标准试块,在温度为 15~25 ℃环境下硬化、龄期 28 d 的抗压强度来确定。分为 5 级,即 M2.5、M5、M7.5、M10、M15。

混凝土砌块用专用砂浆,按需掺入掺合料和外加剂,使砂浆具有更好的和易性和黏结力,其强度等级用符号 Mb 表示。

二、无筋砌体构件

砌体结构是以受压为主的结构形式。

(一)受压构件计算公式

$$N \leq \gamma_a \varphi f A \tag{4-94}$$

式中,γ_a 为 f 的调整系数;有吊车房屋,跨度≥9 m 的梁下砖砌体,跨度≥7.5 m 的梁下烧结多孔砖、蒸压粉煤灰砖、蒸压粉煤灰砖砌体,混凝土和轻骨料混凝土砌块砌体:$\gamma_a = 0.9$(考虑到吊车动力的影响);砌体的截面面积 $A < 0.3$ m²,$\gamma_a = 0.7 + A$;当用水泥砂浆砌筑砌体时:抗压强度 $\gamma_a = 0.9$,抗拉、弯、剪强度 $\gamma_a = 0.8$;当施工质量控制等级为 C 级时,$\gamma_a = 0.89$;(配筋砌体不允许采用 C 级);当验算施工中房屋的构件时,$\gamma_a = 1.1$。

φ 为受压构件承载力的影响系数,与 3 个因素有关:高厚比 β、轴向力偏心距 e 和砂浆强度。φ 值可以利用公式计算,也可以查表。

1. 高厚比的确定

对于矩形截面 $\beta = \gamma_\beta H_0/h$;对于 T 形截面 $\beta = \gamma_\beta H_0/h_T$,$\gamma_\beta$ 为高厚比修正系数,查表 4-24确定。

表 4-24　高厚比修正系数 γ_β

砌体材料类别	γ_β
烧结普通砖、烧结多孔砖	1.0
混凝土及轻骨料混凝土砌块	1.1
蒸压灰砂砖、蒸压粉煤灰砖、细料石、半细料石	1.2
细料石、毛石	1.5

2. 偏心距限值

偏心距较大,使用阶段会过早出现裂缝,也不能尽可能地发挥砌体的强度。轴向力偏心

距 $e < 0.6y$。y 为截面中心到轴向力所在偏心方向截面边缘的距离。如需减小轴向力偏心距 e,可采取中心垫块或缺口垫块等措施。

(二)局部受压

1. 砌体截面局部均匀受压

局部受压承载力计算公式:

$$N_l = \gamma f A_l \tag{4-95}$$

式中,N_l 为局部受压面积上荷载设计值产生的轴向力;γ 为局部抗压强度提高系数;A_l 为局部受压面积;A_0 为影响局部抗压强度的计算面积,如图 4-147 所示。

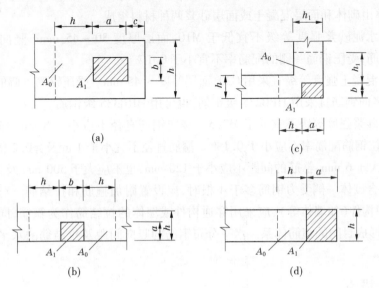

图 4-147 影响局部抗压强度的计算面积

2. 砌体截面局部非均匀受压

梁端支撑处局部受压是局部非均匀局部受压,梁端有效支撑长度减少,按规范规定要进行梁端砌体局部受压承载力计算。当承载力计算不满足要求时,可采取的措施有梁端设预制刚性垫块、垫块与梁端浇成整体和梁下设有垫梁(如钢筋混凝土圈梁)等。

三、配筋砌体构件

(一)网状配筋砖砌体

1. 网状配筋砖砌体受压构件的规定

(1)偏心距超过截面的核心范围,对于矩形截面即 $e/h > 0.17$ 时或偏心距虽未超过截面的核心范围,但构件的高厚比 $\beta > 16$ 时,不宜采用网状配筋砖砌体构件;

(2)对矩形截面构件,当轴向压力偏心方向的截面边长大于另一方向的边长时,除按偏心受压计算外,还应对较小边长方向按轴心受压进行计算;

(3)当网状配筋砌体构件下端与无配筋砌体交接时,尚应验算交接处无筋砌体的局部受压承载力。

2. 网状配筋砖砌体的构造要求

网状配筋砌体中的体积配筋率,不应小于 0.1% ,并不应大于 1% ;当采用钢筋网时,钢筋的直径宜采用 3 ~ 4 mm;当采用链弯钢筋网时,钢筋的直径不应大于 8 mm;钢筋网中的钢筋间距,不应大于 120 mm,并不应小于 30 mm。

钢筋网的竖向间距,不应大于五皮砖,并不应大于 400 mm;网状配筋砌体所用的砂浆强度等级不应低于 M7.5;钢筋网应设置在砌体的水平灰缝之中,灰缝厚度应保证钢筋上下至少各有 2 mm 厚的砂浆层。

(二)组合砌体

组合砌体由砌体和面层混凝土或面层砂浆两种材料组成。

(1)面层水泥砂浆强度等级不宜低于 M10,面层厚度 30 ~ 45 mm。竖向钢筋宜采用 HPB235 级钢筋,受压钢筋一侧的配筋率不宜小于 0.1% 。

(2)面层混凝土强度等级宜采用 C20,面层厚度 > 45 mm。受压钢筋一侧的配筋率不应小于 0.2% ,竖向钢筋宜采用 HPB235 级钢筋,也可用 HRB335 级钢筋。

(3)砌筑砂浆强度等级不宜低于 M7.5。竖向钢筋直径不应小于 8 mm,净间距不应小于 30 mm,受拉钢筋配筋率不应小于 0.1% 。箍筋直径不宜小于 4 m 及 ≥0.2 倍受压钢筋的直径,并不宜大于 6 mm,箍筋的间距不应小于 120 mm,也不应大于 500 mm 及 20d。

(4)当组合砌体一侧受力钢筋多于 4 根时,应设置附加箍筋和拉结筋。对于截面长短边相差较大的构件(如墙体等),应采用穿通构件或墙体的拉结筋作为箍筋,同时设置水平分布钢筋,以形成封闭的箍筋体系。水平分布钢筋的竖向间距及拉结筋的水平间距均不应大于 500 mm。

四、构造措施

(一)墙柱的允许高厚比

墙柱的高度与厚度之比称为高厚比。在进行墙体设计时,必须限制其高厚比,以保证墙体的稳定性和刚度。

影响高厚比的主要因素为:①砂浆的强度等级;②横墙的间距;③构造支撑条件,如刚性方案允许高厚比可以大一些,弹性和刚弹性方案可以小一些;④砌体的截面形式和构件的重要性及房屋的使用条件。

矩形截面墙、柱的高厚比应符合下列要求:

$$\beta = \frac{H_0}{h} \leqslant \mu_1\mu_2[\beta] \tag{4-96}$$

$$\mu_2 = 1 - 0.4\frac{b_s}{s} \geqslant 0.7$$

式中,$[\beta]$ 为墙柱的允许高厚比;H_0 为墙柱的计算高度;μ_1 为非承重墙的修正系数,当厚度为 240 mm 时 $\mu_1 = 1.2$,当厚度为 90 mm 时 $\mu_1 = 1.5$,当厚度为 90 ~ 240 mm 时 μ_1 插值可求得;μ_2 为门窗洞口墙的修正系数;b_s 为宽度 s 范围内的门窗洞口的宽度;s 为相邻窗间墙或壁柱之间的距离。

墙、柱的允许高厚比限值见表 4-25。

表 4-25　墙、柱的允许高厚比限值

砂浆强度等级	墙	柱
M5	24	16
M2.5	22	15

(二)多层砌体结构墙和柱的一般构造要求

1. 最低强度等级要求

砌体规范规定,5 层及以上房屋的墙,以及受振动或层高大于 6 m 的墙柱,所用的材料的最低强度等级应符合:砖采用 MU10,砌块采用 MU7.5,石材采用 MU30,砂浆采用 M5。对安全等级为一级或设计使用年限大于 50 年的房屋,墙、柱所用材料的最低强度等级至少应提高一级。

地面以下或防潮层以下的砌体、潮湿房间墙所用材料的最低强度等级,如表 4-26 所示。

表 4-26　材料的最低强度等级

基土的潮湿程度	烧结普通砖、蒸压灰砂砖		混凝土砌块	石材	水泥砂浆
	严寒地区	一般地区			
稍潮湿的	MU10	MU10	MU7.5	MU30	M5
很潮湿的	MU15	MU10	MU7.5	MU30	M7.5
含饱和水的	MU20	MU15	MU10	MU40	M10

注:1. 在冻胀地区,地面以下或防潮层以下的砌体,不宜采用多孔砖,如采用其孔洞应用水泥砂浆灌实,当采用混凝土砌块砌体时,其孔洞应采用强度等级不低于 C20 的混凝土灌实;

2. 对安全等级为一级或设计使用年限大于 50 年的房屋,表中材料强度等级应至少提高一级。

2. 截面尺寸要求

承重的独立砖柱截面尺寸不应小于 240 mm×370 mm;毛石墙的厚度不宜小于 350 mm;毛料石柱较小边长不宜小于 400 mm,当有振动荷载时,墙、柱不宜采用毛石砌体。

3. 设置垫块的条件

跨度大于 6 m 的屋架和跨度大于:对砖砌体为 4.8 m,对砌块或料石砌体为 4.2 m,对毛石砌体为 3.9 m 的梁,应在支撑处砌体上设置混凝土或钢筋混凝土垫块;当墙中设有圈梁时,垫块与圈梁宜浇成整体。

4. 设置壁柱或构造柱的条件

对 240 mm 厚砖墙为 6 m,对 180 mm 厚砖墙为 4.8 m,对砌块、料石墙为 4.8 m。

5. 预制钢筋混凝土板支撑长度要求

预制钢筋混凝土板的支撑长度,在墙上不宜小于 100 mm;在钢筋混凝土圈梁上不宜小于 80 mm;当利用板端伸出钢筋拉结和混凝土灌缝隙时,其支撑长度可为 40 mm,但板端缝宽不小于 80 mm,灌缝混凝土不宜低于 C20。

6. 连接锚固要求

支撑在墙、柱上的吊车梁、屋架及跨度大于或等于下列数值的预制梁的端部,应采用锚固件与墙、柱上的垫块锚固:对砖砌体为 9 m,对砌块和料石砌体为 7.2 m。填充墙、隔墙应分别采取措施与周边构件可靠连接。山墙处的壁柱宜砌至山墙顶部,屋面构件应与山墙可靠拉结。

7. 砌块砌体的构造

砌块砌体应分皮错缝搭砌,上下皮搭砌长度不得小于 90 mm。当搭砌长度不满足上述要求时,应在水平灰缝内设置不少于 2 φ 4、横筋间距不大于 200 mm 的焊接钢筋网片(横向钢筋的间距不宜大于 200 mm),网片每端均应超过该垂直缝,其长度不得小于 300 mm。

砌块墙与后砌隔墙交接处,应沿墙高每 400 mm 在水平灰缝内设置不少于 2 φ 4、横筋间距不大于 200 mm 的焊接钢筋网片。

混凝土砌块墙体的下列部位,如未设圈梁或混凝土垫块,应采用不低于 C20 灌孔混凝土将孔洞灌实:

(1)搁栅、檩条和钢筋混凝土楼板的支撑面下,高度不应小于 200 mm 的砌体;

(2)屋架、梁等构件的支撑面下,高度不应小于 600 mm,长度不应小于 600 mm 的砌体;

(3)挑梁支撑面下,距墙中心线每边不应小于 300 mm,高度不应小于 600 mm 的砌体。

8. 防止由于收缩和温度变化引起墙体开裂的主要措施

(1)设置温度伸缩缝;

(2)在房屋顶层宜设置钢筋混凝土圈梁;

(3)优先采用装配整体式有檩体系钢筋混凝土瓦屋盖、装配式无檩体系钢筋混凝土屋盖或加气混凝土屋盖;

(4)屋盖结构的上层设置保温层或隔热层;

(5)当房屋的楼盖或屋盖不在同一标高时,较低的屋盖或楼盖与顶层较高部分的墙体脱开做成变形缝。

9. 防止由于地基不均匀沉降引起墙体开裂的主要措施

(1)设置沉降缝。

(2)设置钢筋混凝土圈梁或钢筋砖圈梁。

(3)房屋应力求简单,横墙间距不宜过大;较长的房屋易设置沉降缝。

(4)合理安排施工程序,易先建较重的单元,后建较轻的单元。

第五章　建筑材料及中间产品

第一节　常用材料分类

一、按照成分分类

水工建筑材料的分类很多,按照成分分类可分为无机材料、有机材料和复合材料。

(一)无机材料

(1)金属材料。包括黑色金属,如合金钢、碳钢、铁等;有色金属,如铝、锌等及其合金。

(2)非金属材料。如天然石材、烧土制品、玻璃及其制品、水泥、石灰、混凝土、砂浆等。

(二)有机材料

(1)植物材料。如木材、竹材、植物纤维及其制品等。

(2)高分子材料。如塑料、涂料、胶黏剂等。

(3)沥青材料。如石油沥青及煤沥青、沥青制品等。

(三)复合材料

复合材料是指两种或以上不同性质的材料经适当组合为一体的材料。复合材料可以克服单一材料的弱点,发挥其综合特性。以下介绍几种常用复合材料:

(1)无机非金属材料与有机材料复合。如玻璃纤维增强塑料、聚合物混凝土、沥青混凝土、水泥刨花板等。

(2)金属材料与非金属材料复合。如钢筋混凝土、钢丝网混凝土、塑铝混凝土等。

(3)其他复合材料。如水泥石棉制品、不锈钢包覆钢板、人造大理石、人造花岗岩等。

二、按照功能分类

水工建筑材料按照功能分类可以分为结构材料、防水材料、胶凝材料、装饰材料、防护材料、隔热保温材料等。

(1)结构材料。如混凝土、岩石、型钢、木材等。

(2)防水材料。如防水砂浆、防水混凝土、镀锌薄钢板、紫铜止水片、橡胶止水带、遇水膨胀橡胶嵌缝条等。

(3)胶凝材料。如水泥、石膏、石灰、水玻璃等。

(4)装饰材料。如天然石材、建筑陶瓷制品、装饰玻璃制品、装饰砂浆、装饰水泥、塑料制品等。

(5)防护材料。如钢材覆面、码头护木、喷射混凝土等。

（6）隔热保温材料。如石棉纸、矿渣棉、泡沫混凝土、泡沫玻璃、纤维板等。

三、其他方式分类

水工建筑材料还可以按照其他方式分类。

（1）按照材料来源分类可分为天然材料和人工材料。天然材料包括天然石材、木材、土、砂等。人工材料包括金属材料、石灰、水泥、土工合成材料等。

（2）按照施工类别分类可分为木工材料、混凝土工材料、瓦工材料、钢筋工材料、结构安装工材料、岩土类材料等。

①木工材料。如木质模板、竹制模板、方木、合成塑胶板等。

②混凝土工材料。如普通现浇水泥混凝土、沥青混凝土、碾压混凝土、预制混凝土、特种混凝土等。

③瓦工材料。如普通烧结砖、水泥砂浆、瓦片等。

④钢筋工材料。如钢筋、钢板、钢丝等。

⑤结构安装工材料。如球墨铸铁管、水泵、启闭机、变压器、型钢、电缆等。

⑥岩土类材料。如土、灰土、水泥土、化学泥浆等。

（3）按照不同材料发展应用工程的阶段可分为原始时期（16 世纪前）材料、近代时期（20 世纪前）材料、现代时期材料。

①原始时期材料。如草、木、秸秆、土、兽皮、原石、干土坯砖、烧结砖、瓦片等。

②近代时期材料。如水泥、钢材、石膏、水泥制品等。

③现代时期材料。如混凝土、砂浆、胶黏剂、土工布、轻质塑料、高分子材料等。

第二节　有机质材料

一、木材

木材是传统的建筑材料，在古建筑和现代建筑中都得到广泛的应用。在结构上，木材主要用于构架和屋顶，如梁、柱、斗拱等。我国许多建筑物均为木结构。另外，木材在建筑工程中还常用作混凝土模板及木桩等。

木材的主要检测项目有密度、顺纹抗压强度、抗弯强度、顺纹抗拉强度、顺纹抗剪强度、抗弯弹性模量、横纹抗压比例极限应力。

木材取样时首先锯去试样端部的涂头和开裂部分，然后在每段试材下端，截取 180 mm 木段一个，在木段上截取 180 mm × 70 mm × 70 mm 的木条，从每个木条上截取径面、弦面顺纹抗剪试样及硬度试验的毛坯各一个。在每段试材上端，锯解长 40 mm 及长 80 mm 的木段各一个。以长 40 mm 的木段截取 80 mm × 35 mm × 35 mm 的径向、弦向横纹抗压弹性模量试样毛坯各一个。余下长 80 mm 的木段留备补充试样不足时用。

（一）木材的物理性能

木材的物理力学性质主要有含水率、湿胀干缩、强度等性能，其中含水率对木材的湿胀干缩性和强度影响很大。

1. 木材的含水率

木材的含水率是指木材中所含水的质量占干燥木材质量的百分数。木材中主要有三种水,即自由水、吸附水和结合水。自由水是存在于木材细胞腔和细胞间隙中的水分,吸附水是被吸附在细胞壁内细纤维之间的水分。

2. 木材的湿胀与干缩变形

木材具有很显著的湿胀干缩性,其规律是:当木材的含水率在纤维饱和点以下时,随着含水量的增大,木材体积膨胀;随着含水率减小,木材体积收缩。

(二)木材的力学性能

木材的力学性能是指木材抵抗外力不被破坏的能力。木构件在外力作用下,在构件内部单位截面面积上所产生的内力,称为应力。木材抵抗外力破坏时的应力,称为木材的极限强度。根据外力在木构件上作用的方向、位置、木构件的工作状态分为受拉、受压、受弯、受剪等。

二、沥青

(一)沥青材料的分类及应用

沥青是由一些极为复杂的高分子碳氢化合物及其非金属(氮、氧、硫)衍生物所组成的,在常温下呈固态、半固态或黏稠液体的混合物。我国对于沥青材料的命名和分类方法按沥青的产源不同划分为地沥青(如天然沥青、石油沥青)、焦油沥青(如煤沥青、页岩沥青)。

沥青是憎水材料,有良好的防水性;具有较强的抗腐蚀性,能抵抗一般的酸、碱、盐类等侵蚀性液体和气体的侵蚀;能紧密黏附于无机矿物表面,有很强的黏结力;有良好的塑性,能适应基材的变形。因此,沥青及沥青混合料被广泛应用于防水、防腐、道路和水工建筑中。

(二)石油沥青的技术性质

1. 黏滞性

石油沥青的黏滞性是指在外力作用下,沥青粒子产生相互位移时抵抗变形的性能。黏滞性是反映材料内部阻碍其相对流动的一种特性,也是我国现行标准划分沥青牌号的主要性能指标。沥青的黏滞性与其组分及所处的温度有关。当沥青质含量较高,又有适量的胶质,且油分含量较少时,黏滞性较大。在一定的温度范围内,当温度升高,黏滞性随之降低,反之则增大。

石油沥青的黏滞性一般采用针入度来表示。针入度是在温度为 25 ℃时,以负重 100 g 的标准针,经 5 s 沉入沥青试样中的深度,每深 1/10 mm,定为 1 度。针入度数值越小,表明黏度越大。

2. 塑性和脆性

1）塑性

塑性是指石油沥青在受外力作用时产生变形而不破坏，除去外力后，仍保持变形后形状的性质。石油沥青的塑性用延度表示，延度越大，塑性越好。延度是将沥青试样制成 8 字形标准试件，在规定温度的水中，以 5 cm/min 的速度拉伸至试件断裂时的伸长值，以厘米为单位。

2）脆性

温度降低时沥青会表现出明显的塑性下降，在较低温度下甚至表现为脆性。特别是在冬季低温下，用于防水层或路面中的沥青由于温度降低时产生的体积收缩，很容易导致沥青材料的开裂。低温脆性反映了沥青抗低温的能力。不同沥青对抵抗这种低温变形时脆性开裂的能力有所差别。通常采用弗拉斯脆点作为衡量沥青抗低温能力的指标。沥青脆性指标是在特定条件下，涂于金属片上的沥青试样薄膜，因被冷却和弯曲而出现裂纹时的温度，以℃表示。

3. 温度稳定性

温度稳定性是指石油沥青的黏滞性和塑性随温度升降而变化的性能。在工程上使用沥青，要求有较好的温度稳定性，否则容易发生沥青材料夏季流淌或冬季变脆甚至开裂等现象。通常用软化点来表示石油沥青的温度稳定性。软化点为沥青受热由固态转变为具有一定流动态时的温度。软化点越高，表明沥青的耐热性越好，即温度稳定性越好。沥青的软化点不能太低，否则夏季易融化发软；但也不能太高，否则不易施工，且冬季易发生脆裂现象。

针入度、延度、软化点是评价黏稠沥青路用性能最常用的经验指标，也是划分沥青牌号的主要依据，所以统称为沥青的三大指标。

4. 检验规则

道路石油沥青进行沥青性质常规检验的取样数量为：黏稠或固体沥青同种类、同标号、同生产厂家、同进货状态的沥青，每 100 t 为一个批量（不足 100 t 也为一个批量），每次取样不少于 1.5 kg。液体沥青用于城市快速路、主干路时，每 50 t 为一个批量；用于城市其他等级道路时，每 100 t 为一个批量，每次取样不少于 1 L，沥青乳液不少于 4 L。改性沥青每 50 t 为一个批量（不足 50 t 也为一个批量），每次取样不少于 1.5 kg。施工过程中检验沥青时，应从沥青储罐中取样。同厂家、同标号的沥青，每批到货检测 1 次。

三、高分子材料

高分子材料包括塑料、橡胶、涂料、胶黏剂和高分子防水材料等。这些高分子化合物具有许多优良的性能，如密度小、比强度大、弹性高、电绝缘性能好、耐腐蚀、装饰性能好等。作为水利工程材料，由于它能减轻构筑物自重，改善性能，提高工效，减少施工安装费用，获得良好的装饰及艺术效果，因而在水利工程中得到了广泛的应用，如钢筋保护层塑料垫块在水工混凝土结构中的应用、橡胶止水带在水工混凝土结构中的止水应用、橡胶坝在水利工程中的应用、纤维在水工混凝土中的应用等，相关技术要求分别如表 5-1 ～ 表 5-3 所示。橡胶止水带及其工程应用如图 5-1 和图 5-2 所示。

表 5-1　钢筋保护层塑料垫块技术要求

序号	检测项目	取样数量	技术指标		试验方法
1	外观质量	同一品种,同一规格的 100 件为一批量;不足 100 件也可作为一个批量。每一批量随机抽取 10 件进行外观、尺寸检验,10 件进行物理性能检验	垫块采用注塑料成型工艺,表面应光滑,无溢料飞边,无裂纹,无明显缩水		《钢筋保护层塑料垫块质量标准指引》
2	形状、规格尺寸允许偏差		台式垫块尺寸允许偏差 ±0.5 m;轮式垫块尺寸允许偏差 ±0.3 m		《钢筋保护层塑料垫块质量标准指引》
3	硬度(邵氏 A,度)		台式	≥65	GB/T 2411
			轮式	≥60	GB/T 2411
4	压缩强度(MPa)		台式	≥4.5	GB/T 1041
			轮式	≥4.2	GB/T 1041
5	抗拉强度(MPa)		台式	≥4.2	GB/T 1040
			轮式	≥4.0	GB/T 1040
6	极限荷载(kN)		台式	≥4.5	GB/T 1040
			轮式	≥0.72	GB/T 1040

表 5-2　橡胶止水带技术指标

序号	检测项目		取样数量	技术指标			试验方法
				B	S	J	
1	硬度(邵氏 A,度)		母材同一品种同一规格每进场批次取一组。接头取样不少于 5%,且不少于一组	60±5	60±5	60±5	GB/T 531
2	拉伸强度(MPa)≥			15	12	10	GB/T 528
3	扯断伸长率(%)≥			380	380	300	GB/T 528
4	压缩永久变形	70 ℃×24 h(%)≤		35	35	35	GB/T 7759
		23 ℃×168 h(%)≤		20	20	20	GB/T 7759
5	撕裂强度(MPa)≥			30	25	25	GB/T 529
6	脆性温度(℃)≤			−45	−40	−40	GB/T 15256
7	热空气老化	70 ℃×168 h 硬度变化(邵氏 A,度)≤		+8	+8	—	GB/T 3512
		拉伸强度(MPa)≥		12	10		GB/T 528
		扯断伸长率(%)≥		300	300		GB/T 528
		100 ℃×168 h 硬度变化(邵氏 A,度)≤		—	—	+8	GB/T 531
		拉伸强度(MPa)≥				9	GB/T 528
		扯断伸长率(%)≥				250	GB/T 528
8	臭氧老化 $50×10^{-8}$:20%,48 h			2 级	2 级	0 级	GB/T 7762
9	橡胶与金属黏合(仅适用于具有钢边的止水带)			断裂面在弹性体内			剪切、剥落

注:技术指标中 B 表示变形缝用止水带;S 表示施工缝用止水带;J 表示特殊耐老化要求的接缝用止水带。

表 5-3　合成纤维主要性能指标

序号	试验项目	取样数量	用于混凝土的合成纤维		用于砂浆的合成纤维	试验方法
			防裂抗裂纤维	增韧纤维	防裂抗裂纤维	
1	断裂强度(MPa)≥	每50 t 为一批,不足50 t 也为一批,每批取样 5 kg	270	450	270	GB/T 21120
2	初始模量(MPa)≥		3×10^3	5×10^3	3×10^3	
3	断裂伸长率(%)≤		40	30	50	
4	耐碱性能(极限拉力保持率)(%)≥		95.0			

图 5-1　普通型中心圆孔型止水带

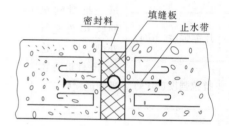

图 5-2　橡胶止水带在工程中的应用

第三节　无机非金属材料

一、石料

(一)石材

石料的品种繁多,有花岗岩、辉长岩、玄武岩等。花岗岩具有孔隙小、吸水率小、表观密度大、强度高、耐磨、耐久性好等优点,广泛用于基础、柱子、踏步、地面、桥梁墩台及挡土墙等土木工程中,同时花岗岩又是名贵的装饰材料,当今仍为许多公共建筑所采用。

辉长岩属深成岩,它的表观密度大、强度高、韧性好、耐磨耗,既可做结构材料,也可做装饰材料。

玄武岩是分布较广的喷出岩,表观密度较大,强度随结构构造的不同变化较大,常用于路桥工程中。

取样数量:同料源每批料取样一次。取样数量应满足测试要求,一组至少3 件。一般每一个单元工程(每50 ~ 100 m 划分为一个单元)不少于一次,且不超过5 000 t。

石材的主要检测项目有抗压强度、抗弯曲、吸水率、干燥压缩强度等。

石材的主要技术性质包括表观密度、强度等级、抗冻性、耐水性。

1. 表观密度

石材按其表观密度大小分为重石和轻石两类。表观密度大于 1 800 kg/m³ 的为重石,表观密度小于 1 800 kg/m³ 的为轻石。重石可用于建筑物的基础、贴面、地面、不采暖房屋外墙、桥梁及水工建筑物等;轻石主要用于采暖房屋外墙。

2. 强度等级

根据强度等级,石材可分为 MU100、MU80、MU60、MU50、MU40、MU30、MU20、MU15 和 MU10。石材的强度等级可用边长为 70 mm 的立方体试块的抗压强度表示,抗压强度取三个试件破坏强度的平均值。试块也可采用表 5-4 所列的其他尺寸的立方体,但应对其试验结果乘以相应的换算系数后方可作为石材的强度等级。

表 5-4 石材强度等级换算系数

立方体边长(mm)	200	150	100	70	50
换算系数	1.43	1.28	1.14	1.00	0.86

3. 抗冻性

石材抗冻性指标是用冻融循环次数表示的,在规定的冻融循环次数(15 次、20 次或 50 次)下,无贯穿裂缝,质量损失不超过 5%,强度降低不大于 25% 时,则抗冻性合格。石材的抗冻性主要取决于矿物成分、结构及其构造,应根据使用条件选择相应的抗冻指标。

4. 耐水性

石材的耐水性按软化系数分为高、中、低三等。高耐水性的石材,软化系数大于 0.9;中耐水性的石材,软化系数为 0.7 ~ 0.9;低耐水性的石材,软化系数为 0.6 ~ 0.7。软化系数小于 0.6 的石材,一般不允许用于重要的工程。

(二)骨料

1. 骨料分类

骨料是不同粒径的碎石、砾石、砂等粒状材料的总称。骨料在各种混合料中起骨架和填充的作用,依据不同方式可将骨料划分成不同类型。

根据骨料形成过程可分为经自然风化、地质作用形成的卵石、砂砾石和人工机械加工而成的碎石。

根据粒径大小可分为粗骨料和细骨料。

根据化学成分中氧化硅含量分为酸性骨料和碱性骨料。

骨料具体类型有下列几种:

(1)砾石。指由自然分化、水流搬运和分选、堆积形成的颗粒状材料。

(2)碎石。指通过机械或人工方式,将天然岩石或砾石轧制、筛选得到的粒状材料。

(3)天然砂。指由自然风化、水流冲刷、堆积形成的粒径小于一定尺寸的颗粒状材料。常见的天然砂有河砂、海砂、山砂等。

(4)人工砂。包括机制砂、矿渣砂、煅烧砂等,是指经人操作,如轧制、分选等,并除去其中的土和细粉等成分,加工制得的粒径小于一定尺寸的粒状材料。

2. 骨料粒径划分

依据粒径的大小将骨料分成粗细两种类型,不同用途粗细骨料粒径的划分采用不同的划分尺寸。用于水泥混凝土的粗细骨料分界尺寸是 4.75 mm。骨料中粒径大于分界尺寸(包括该尺寸)的颗粒是粗骨料,其余则是细骨料。

骨料的最大粒径:指骨料颗粒能够 100% 通过的最小标准筛筛孔尺寸。

骨料公称最大粒径:指骨料可能全部通过或允许有少量筛余(筛余量不超过 10%)的最小标准筛筛孔尺寸。

3.标准筛

骨料颗粒大小、粗细粒径的划分及进行相应筛分试验操作时都要依靠标准筛。标准筛有一组多个不同孔径的筛子组成。根据 GB/T 14685—2011 的规定,骨料即砂石材料所用标准筛由不同孔径筛子组成,相应的筛孔尺寸由大到小依次为 90.00 mm、75.00 mm、63.00 mm、53.00 mm、37.50 mm、31.50 mm、26.50 mm、19.00 mm、16.00 mm、9.50 mm、4.75 mm、2.36 mm(粗骨料),9.50 mm、4.75 mm、2.36 mm、1.18 mm、0.60 mm、0.30 mm、0.15 mm(细骨料),且筛孔形状全部为方形孔。

二、烧土制品

烧结普通砖是以黏土或煤矸石、页岩、粉煤灰等为主要原料,经成型、焙烧而成的实心或空洞率不大于 15% 的砖。

烧结多孔砖与烧结空心砖是以黏土、页岩、煤矸石等为主要原料,经成型、焙烧而成的空洞率大于等于 25% 的砖。

(一)黏土的性质

黏土具有可塑性、烧结性。

(二)烧结普通砖的品种

按使用的原料不同,烧结普通砖可分为烧结普通黏土砖(简称黏土砖,代号 N)、烧结粉煤灰砖(简称粉煤灰砖,代号 F)、烧结煤矸石砖(简称煤矸石砖,代号 M)、烧结页岩砖(简称页岩砖,代号 Y)等。它们的原料来源及生产工艺略有不同,但各产品的性质和应用几乎完全相同。

为了节约燃料,常将炉渣等可燃物的工业废渣掺入黏土中,用以烧制而成的砖称为内燃砖。

按砖坯在窑内焙烧气氛及黏土中铁的氧化物的变化情况,又可将其分为红砖和青砖。红砖是在隧道窑或轮窑内的氧化气氛中焙烧的,因而铁的氧化物是三氧化二铁,砖呈淡红色;青砖是在还原气氛中焙烧的,铁的氧化物是四氧化三铁或氧化铁,砖呈青灰色。青砖的耐久性略高于红砖,其他性能相同,但其燃料消耗多,故很少生产。

(三)烧结普通砖的技术要求

(1)外形尺寸 240 mm × 115 mm × 53 mm 的矩形标准体(其尺寸偏差不应超过标准规定)。

(2)外观质量。包括条面高度差、裂纹长度、弯曲、缺棱掉角、颜色等内容。各项内容应符合 GB 5101 的规定。

(3)强度等级。将烧结普通砖分为 MU30、MU25、MU20、MU15、MU10 等五个强度等级。

(4)抗风化性能。属于烧结普通砖的耐久性,是一项重要的综合性能,主要包括抗冻性、吸水率及饱和系数。

(5)泛霜。是砖在使用过程中的一种盐析现象。砖内过量的可溶盐受潮吸水而溶解,随水分蒸发而沉积于砖的表面,形成白色粉状附着物,影响建筑物的美观。标准规定:优等品无泛霜,合格品不得严重泛霜。

(6)石灰爆裂。是指砖坯中夹有石灰块、砖吸水后,由于石灰逐渐熟化而膨胀产生的爆裂现象,经试验后砖面出现的爆裂区域不应超过规定。

（四）烧结多孔砖

烧结多孔砖原称竖孔空心砖或承重空心砖,因为其强度高、保湿性优于普通砖,所以一般用于砌筑六层以下建筑物的承重墙。

（五）烧结空心砖

烧结空心砖原称水平孔空心砖或非承重空心砖,因其轻质、保温性好,但强度低,所以主要用于非承重墙、框架结构的填充墙。

（六）检验批

烧结普通砖的取样批量以 3.5 万 ~ 15 万为一检验批,不足 3.5 万按一批计。烧结普通砖检验批的检验项目、抽样数量见表 5-5。

表 5-5　烧结普通砖检验批　　　　　（抽样数量单位:块）

序号	检验项目	抽样数量	执行标准
1	外观质量	$50(n_1 = n_2 = 50)$	
2	尺寸偏差	20	
3	强度等级	10	
4	泛霜	5	GB 5101—2017
5	石灰爆裂	5	
6	吸水率及饱和系数	5	
7	冻融	5	
8	放射性	4	

三、无机胶凝材料

（一）无机胶凝材料的分类及特性

胶凝材料也称为胶结材料,是把块状、颗粒状或纤维状材料黏结为整体的材料。无机胶凝材料也称矿物胶凝材料,是胶凝材料的一大类别,其主要成分是无机化合物,如水泥、石膏、石灰等均属无机胶凝材料。

按照硬化条件的不同,无机胶凝材料分为气硬性胶凝材料和水硬性胶凝材料两类。前者如石灰、石膏、水玻璃等,后者如水泥等。

气硬性胶凝材料只能在空气中凝结、硬化、保持和发展强度,一般只适用于干燥环境,不宜用于潮湿环境与水中。

水硬性胶凝材料既能在空气中硬化,也能在水中凝结、硬化、保持和发展强度,既适用于干燥环境,又适用于潮湿环境与水中工程。

（二）通用水泥的特性、主要技术性质及应用

水泥是一种加水拌和成塑性浆体,能胶结砂、石等适当材料,并能在空气和水中硬化的粉状水硬性胶凝材料。

水泥的品种很多:按其矿物组成可分为硅酸盐水泥、铝酸盐水泥、硫铝酸盐水泥、氟铝酸盐水泥、铁铝酸盐水泥及少熟料或无熟料水泥等。按其用途和性能可分为通用水泥、专用水泥及特性水泥三大类。用于一般土木建筑工程的水泥为通用水泥,适用专门用途的水泥称为专用水泥,如砌筑水泥、道路水泥、油井水泥等。某种性能比较突出的水泥称为特性水泥,如快硬硅酸盐水泥、白色硅酸盐水泥和彩色硅酸盐水泥、膨胀水泥等。

1.通用水泥的特性及应用

通用水泥即通用硅酸盐水泥的简称,是以硅酸盐水泥熟料和适量的石膏,以及规定的混合材料制成的水硬性胶凝材料。通用水泥的品种、特性及适用范围见表5-6。

表5-6　通用水泥的品种、特性及适用范围

名称	硅酸盐水泥	普通硅酸盐水泥	矿渣硅酸盐水泥	火山灰质硅酸盐水泥	粉煤灰硅酸盐水泥	复合硅酸盐水泥
主要特性	早期强度高;水化热较大;抗冻性较好;耐蚀性差;干缩性较小	与硅酸盐水泥基本相同	早期强度较低,后期强度增长较快;水化热较低,耐热性好;耐蚀性较强;抗冻性差;干缩性较大;泌水较多	早期强度较低,后期强度增长较快;耐蚀性较强;抗渗性好;抗冻性差;干缩性大	早期强度较低,后期强度增长较快;水化热较低,耐蚀性较强;干缩性较小;抗裂性较高;抗冻性差	早期强度较低,后期强度增长较快,水化热较小;抗冻性较差;抗碳化能力较差;耐硫酸盐腐蚀及耐软水侵蚀性较好;其他性能与混合材料有关
适用范围	一般土建工程中钢筋混凝土及预应力钢筋混凝土结构;受反复冰冻作用的结构;配制高强混凝土	与硅酸盐水泥基本相同	高温车间和有耐热耐火要求的混凝土结构;大体积混凝土结构;蒸汽养护的构件;有抗硫酸盐侵蚀要求的工程	地下、水中大体积混凝土结构和有抗渗要求的混凝土结构;蒸汽养护的构件;有抗硫酸盐侵蚀要求的工程	地上、地下及水中大体积混凝土结构;蒸汽养护的构件;抗裂性要求较高的构件;有抗硫酸盐侵蚀要求的工程	厚大体积混凝土结构;普通气候环境中的混凝土;高湿度或水下混凝土;有抗渗要求的混凝土

2.通用水泥的主要技术性质

1)细度

细度是指水泥颗粒粗细的程度,它是影响水泥需水量、凝结时间、强度和安定性能的重要指标。颗粒越细,与水反应的表面积越大,因而水化反应的速度越快,水泥石的早期强度越高,但硬化体的收缩也越大,且水泥在储运过程中易受潮而降低活性。因此,水泥细度应适当。硅酸盐水泥和普通硅酸盐水泥的细度以比表面积表示。

2)标准稠度及其用水量

在测定水泥凝结时间、体积安定性等性能时,为使所测结果有准确的可比性,规定在试验时所使用的水泥净浆必须以标准方法(按 GB/T 1346 规定)测试,并达到统一规定的浆体可塑性程度(标准稠度)。水泥净浆标准稠度用水量,是指拌制水泥净浆时为达到标准稠度所需的加水量,它以水与水泥质量之比的百分数表示。

3)凝结时间

水泥从加水开始到失去流动性所需的时间称为凝结时间,分为初凝时间和终凝时间。

初凝时间为水泥从开始加水拌和起至水泥浆开始失去可塑性所需的时间;终凝时间是从水泥开始加水拌和起至水泥浆完全失去可塑性,并开始产生强度所需的时间。水泥的凝结时间对施工有重大意义。初凝过早,施工时没有足够的时间完成混凝土或砂浆的搅拌、运输、浇捣和砌筑等操作;水泥的终凝过迟,则会拖延施工工期。

4)体积安定性

水泥体积安定性是指水泥浆体硬化后体积变化的稳定性。安定性不良的水泥,在浆体硬化过程中或硬化后产生不均匀的体积膨胀,并引起开裂。水泥安定性不良的主要原因是熟料中含有过量的游离氧化钙、游离氧化镁或掺入的石膏过多。GB 175—2007 规定,水泥熟料中游离氧化镁含量不得超过 5.0% 。体积安定性不合格的水泥为不合格品,不能用于工程中。

5)强度

水泥强度是表征水泥力学性能的重要指标,它与水泥的矿物组成、水泥细度、水灰比大小、水化龄期和环境温度等密切相关。水泥强度按《水泥胶砂强度检验方法(ISO 法)》(GB/T 17671—1999)的规定制作试块,养护并测定其抗压强度和抗折强度值,并据此评定水泥强度等级。

6)水化热

水化热是指水泥和水之间发生化学反应放出的热量,通常以焦耳/千克(J/kg)表示水泥水化放出的热量及放热速度,主要取决于水泥的矿物组成和细度。

3.特性水泥的分类、特性及应用

特性水泥的品种很多,以下仅介绍建筑工程中常用的几种。

1)快硬硅酸盐水泥

凡以硅酸盐水泥熟料和适量石膏磨细制成的以 3 d 抗压强度表示强度等级的水硬性胶凝材料称为快硬硅酸盐水泥,简称快硬水泥。

快硬硅酸盐水泥的特点是,凝结硬化快,早期强度增长率高。可用于紧急抢修工程、低温施工工程等,可配制成早强、高等级混凝土。

快硬硅酸盐水泥易受潮变质,故储运时须特别注意防潮,并应及时使用,不宜久存,出厂超过 1 个月,应重新检验,合格后方可使用。

2)白色硅酸盐水泥和彩色硅酸盐水泥

白色硅酸盐水泥简称白水泥,是以白色硅酸盐水泥熟料,加入适量石膏,经磨细制成的水硬性胶凝材料。

彩色硅酸盐水泥简称彩色水泥,按生产方法分为两类。一类是在白水泥的生料中加入少量金属氧化物,直接烧成彩色水泥熟料,然后再加适量石膏磨细而成。另一类为白水泥熟料、适量石膏及碱性颜料共同磨细而成。

白水泥和彩色水泥主要用于建筑物内外的装饰,如地面、楼面、墙面、柱面、台阶等建筑立面的线条、装饰图案、雕塑等。配以大理石、白云石石子和石英砂作为粗细骨料,可以拌制成彩色砂浆和混凝土,做成彩色水磨石、水刷石等。

3)膨胀水泥

膨胀水泥是指以适当比例的硅酸盐水泥或普通硅酸盐水泥、铝酸盐水泥等和天然二水石膏磨制而成的膨胀性的水硬性胶凝材料。

按基本组成,我国常用的膨胀水泥品种有硅酸盐膨胀水泥、铝酸盐膨胀水泥、硫铝酸盐水泥、铁铝酸盐膨胀水泥等。

膨胀水泥主要用于收缩补偿混凝土工程,防渗混凝土(屋顶防渗、水池等)、防渗砂浆,结构的加固,构件接缝、接头的灌浆,固定设备的机座及地脚螺栓等。

4. 检验项目、取样数量及试验方法

通用水泥的检验项目、取样数量及试验方法见表5-7。

表5-7　通用水泥的检验项目、取样数量及试验方法

序号	检验项目	取样数量	取样部位	试验方法
1	细度	袋装水泥:每1~10编号从一袋中取至少6 kg;散装水泥:每1~10编号在5 min内取至少6 kg	插入水泥一定深度	GB/T 1345
2	标准稠度及其用水量			GB/T 1346
3	凝结时间			
4	体积安定性			
5	水泥的强度			GB/T 17671
6	水化热			GB/T 12959
7	比表面积			GB/T 8074
8	氯离子			JC/T 420
9	不溶物、烧失量、氧化镁、三氧化硫和碱含量			GB/T 176

(三)石灰

1. 石灰的原料及生产

用以石灰岩、白垩、白云质石灰岩或其他含碳酸钙为主的天然原料,经高温煅烧而得的块状产品,称为生石灰。煅烧时温度的高低及分布情况,对石灰质量有很大影响。生石灰烧制过程中,往往由于石灰石原料的尺寸过大、窑中温度太低或温度分布不均匀等原因,碳酸钙不能完全分解,生石灰中残留有未烧透的内核,则产生欠火石灰;由于烧制的温度过高或时间过长,使得石灰表面出现裂缝或玻璃状的外壳,体积收缩明显,颜色呈灰黑色,则产生过火石灰,煅烧良好的石灰,质轻色匀,一般为白色或黄灰色块灰,块灰碾碎磨细即为生石灰粉。密度为3.2 g/cm³,堆积密度为800~1 000 kg/m³。

原料中常含有碳酸镁,故生石灰中尚含有一些MgO。按含MgO的多少,生石灰又分为钙质石灰和镁质石灰。

2. 石灰的主要技术性质

1)保水性与可塑性均好

Ca(OH)₂颗粒极细,比表面积很大,每一颗粒均吸附一层水膜,使得石灰浆具有良好的保水性和塑性。因此,土木工程中常用来改善水泥砂浆的保水性和塑性。

2)凝结硬化慢、强度低

石灰浆凝结硬化时间一般需要数周,硬化后的强度一般小于1 MPa。如1:3的石灰砂浆强度仅为0.2~0.5 MPa。但通过人工碳化,可使强度大幅度提高,如碳化石灰板及其制品。

3)耐水性差

石灰浆在水中或潮湿环境中基本没有强度,在流水中还会溶解流失。因为石灰浆体硬化后的主要成分是 $Ca(OH)_2$, $Ca(OH)_2$ 微溶于水;但固化后的石灰制品经人工碳化处理后,耐水性大大提高。

4)干燥收缩大

石灰浆体中的游离水,特别是吸附水蒸发,引起硬化时体积收缩、开裂。碳化过程也会引起体积收缩。因此,石灰一般不宜单独使用,通常掺入砂子、麻刀、纸筋等材料以减少收缩或提高抗裂能力。

5)吸水性强

生石灰极易吸收空气中的水分熟化成熟石灰粉,所以生石灰若需长期存放应在密闭条件下做到防潮、防水。

3.检验项目、取样数量及试验方法

石灰的检验项目、取样数量及试验方法见表 5-8。

表 5-8　石灰的检验项目、取样数量及试验方法

序号	检验项目	取样数量	取样部位	试验方法
1	(氧化钙+氧化镁)的含量			
2	消石灰粉体积安定性		不同部位随机选取 12 个取样点,并应在表层 100 mm 下或底层 100 mm 上取样	JC/T 478.1
3	细度	袋装随机抽取 10 袋		JC/T 478.2
4	生石灰产浆量			JC/T 479
5	未消化残渣百分含量			
6	钙镁石灰的分类界限,氧化镁含量			

第四节　金属材料

以铁为主要元素,含碳量一般在 2.06% 以下,并含有其他元素的材料称为钢。钢材的技术性能主要包括力学性能(抗拉性能、冲击韧性、耐疲劳和硬度等)和工艺性能(冷弯和焊接)。

一、型钢

水利水电工程施工中的主要承重结构,常使用各种规格的型钢来组成各种形式的钢结构。

(一)型钢规格表示方法

I形字钢:"I"与高度值×腿宽度值×腰厚度值,如 I450×150×11.5(简记为 I45a)。

槽钢:"["与高度值×腿宽度值×腰厚度值,如 [200×75×9(简记为 [20b)。

等边角钢:"∠"与边宽度值×边宽度值×边厚度值,如 ∠200×200×24(简记为 ∠200×24)。

不等边角钢:"∠"与长边宽度值×短边宽度值×边厚度值,如∠160×100×16。

(二)检验项目、试样数量及试验方法

型钢的检验项目、试样数量及试验方法见表5-9。

表5-9　型钢的检验项目、试样数量及试验方法

序号	检验项目	取样数量	取样方法	试验方法
1	化学成分(熔炼分析)	按相应牌号标准的规定		
2	拉伸试验	1个/批		GBT 228.1
3	弯曲试验	1个/批	GB/T 2975	GBT 232
4	冲击试验	3个/批		GB/T 229
5	表面质量	逐根	—	目视、量具
6	尺寸、外形	逐根	—	量具
7	质量偏差	同一尺寸且质量超过1 t或不大于1 t,但根数大于10根		称重

注:I形钢、槽钢在腰部取样。

(三)检验规则

型钢的检查和验收由供方技术质量监督部门进行,需方有权对标准或合同所规定的任一检验项目进行检查和验收,型钢的组批按 GB/T 700、GB/T 1591 及相应标准规定。型钢的复验和验收规则应符合 GB/T 2101 的规定。

二、板材和管材

板材和管材的区别主要体现在其成品形状上。板材是平板状,矩形的,可直接轧制或由宽钢带剪切而成的板材。一般情况下,钢板是指一种宽厚比和表面积都很大的扁平钢材。钢带一般是指长度很长,可成卷供应的钢板。

(一)碳素结构钢和低合金结构钢热轧钢板及钢带

1. 规格

根据钢板的薄厚程度,钢板大致可分为薄钢板(厚度不大于 4 mm)和厚钢板(厚度大于 4 mm)两种。在实际工作中,常将厚度介于 4～20 mm 的钢板称为中板;将厚度介于 20～60 mm 的钢板称为厚板;将厚度大于 60 mm 的钢板称为特厚板,也统称为中厚钢板。成张钢板的规格以厚度×宽度×长度的毫米数表示。钢带也可分为两种,当宽度大于或等于 600 mm 时,为宽钢带;当宽度小于 600 mm 时,则称为窄钢带。钢带的规格以厚度×宽度的毫米数表示。

2. 检验项目、试样数量及试验方法

钢板和钢带的检验项目、试样数量及试验方法见表5-10。

3. 检验规则

钢板和钢带的检查和验收由供方质量技术监督部门进行。

钢板和钢带应成批验收,每批由同一牌号、同一炉号、同一质量等级、同一交货状态的钢板和钢带组成,每批质量应不大于 60 t。同一批最小钢板厚度大于 10 mm 时,厚度差应不大于 5 mm;同一批最小钢板厚度不大于 10 mm 时,厚度差应不大于 2 mm。应在同一批中最厚钢板上取样。

表 5-10　钢板和钢带的检验项目、试样数量及试验方法

序号	检验项目	取样数量	取样方法	试验方法
1	化学成分	1 个/炉	GB/T 20066	符合 GB/T 700、GB/T 1591 的规定
2	拉伸试验	1 个/批	GB/T 2975	GB/T 228.1
3	弯曲试验	1 个/批		GB/T 232
4	冲击试验	3 个/批		GB/T 229
5	表面质量	逐张/逐卷	—	目视
6	尺寸、外形	逐张/逐卷	—	适宜的量具

钢板和钢带的取样数量和取样方法应符合表 5-10 中的规定。

钢板和钢带的复验和判定按 GB/T 17505 的规定。

力学性能和化学成分检验结果采用修约值比较法,修约规则应符合 GB/T 8170 的规定。

(二)结构用无缝钢管

1.试验方法

钢管的尺寸和外形应采用符合精度要求的量具进行测量。钢管的内外表面应在充分照明条件下进行目视检查。钢管其他检验项目的取样方法和试验方法应符合表 5-11 的规定。

表 5-11　钢管其他检验项目的取样方法和试验方法

序号	检验项目	取样数量	取样方法	试验方法
1	化学成分	1 个/炉	GB/T 20066	GB/T 223 GB/T 4336 GB/T 20123 GB/T 20124 GB/T 20125
2	拉伸试验	每批在两根钢管上各取 1 个试样	GB/T 2975	GB/T 228.1
3	硬度试验	每批在两根钢管上各取 1 个试样		GB/T 231.1
4	冲击试验	每批在两根钢管上各取一组 3 个试样		GB/T 229
5	压扁试验	每批在两根钢管上各取 1 个试样	GB/T 246	GB/T 246
6	弯曲试验	每批在两根钢管上各取 1 个试样	GB/T 244	GB/T 244
7	超声波探伤检验	逐根	—	GB/T 5777
8	涡流探伤检验	逐根	—	GB/T 7735
9	漏磁探伤检验	逐根	—	GB/T 12606

2.检验规则

1）检查和验收

钢管的检查和验收由供方质量技术监督部门进行。

2）组批规则

（1）钢管按批进行检查和验收。

（2）若钢管在切成单根后不再进行热处理，则从一根管坯轧制的钢管截取所有管段都应视为一根。

（3）每批应由同一牌号、同一炉号、同一规格和同一热处理制度（炉次）的钢管组成。每批钢管的数量不应超过如下规定：①外径不大于 76 mm，并且壁厚不大于 3 mm 的 400 根；②外径大于 351 mm 的 50 根；③其他尺寸的 200 根。

（4）当各方事先未提出特殊要求时，10、15、20、25、35、45、Q235、Q275、20Mn、25Mn 可以不同炉号的同一牌号、同一规格的钢管组成一批。

（5）剩余钢管的根数，如不少于上述规定的 50% 则单独列为一批，少于上述规定的 50% 时可并入同一牌号、同一炉号和同一规格的相邻一批中。

三、钢筋和钢丝

钢筋混凝土结构中常用的钢材有钢筋和钢丝（包括钢绞线）两类。直径在 6 mm 以上者称为钢筋，直径在 5 mm 以内者称为钢丝。

（一）热轧钢筋

经热轧成型并自然冷却的成品钢筋，称为热轧钢筋。根据表面特征不同，热轧钢筋分为热轧光圆钢筋和热轧带肋钢筋两大类。

1.热轧光圆钢筋

热轧光圆钢筋，横截面为圆形，表面光圆。其牌号由 HPB + 屈服强度特征值构成。热轧光圆钢筋的塑性及焊接性能很好，但强度较低，故广泛用于钢筋混凝土结构的构造筋。

1）检验项目、试样数量及试验方法

热轧光圆钢筋的检验项目、试样数量及试验方法见表5-12。

表 5-12　热轧光圆钢筋的检验项目、试样数量及试验方法

序号	检验项目	取样数量	取样方法	试验方法
1	化学成分（熔炼分析）	1 个/炉	GB/T 20066	GB/T 223 GB/T 4336
2	拉伸试验	2 个/批	任取两根钢筋切取	GB/T 228.1
3	弯曲试验	2 个/批	任取两根钢筋切取	GB/T 232
4	尺寸	逐支（盘）	—	GB/T 1499.1
5	表面	逐支（盘）	—	目视
6	质量偏差	GB/T 1499.1		GB/T 1499.1

2）组批规则

钢筋应按批进行检查和验收，每批由同一牌号、同一炉（批）号、同一规格的钢筋组成，

每批质量通常不大于 60 t,超过部分不足 60 t 的需再做一检验批。

2.热轧带肋钢筋

热轧带肋钢筋通常为圆形横截面,且表面通常带有两条纵肋和沿长度方向均匀分布横肋。其牌号由 HRB + 屈服强度特征值构成。热轧带肋钢筋的延性、可焊性、机械连接性能和锚固性能均较好,且其 400 MPa、500 MPa 级钢筋的强度高,因此 HRB400、HRBF400、HRB500、HRBF500 钢筋是混凝土结构的主导钢筋,在实际工程中主要用作结构构件中的受力主筋、箍筋等。

1)检验项目、试样数量及试验方法

热轧带肋钢筋的检验项目、试样数量及试验方法见表 5-13。

表 5-13 热轧带肋钢筋的检验项目、试样数量及试验方法

序号	检验项目	取样数量	取样方法	试验方法
1	化学成分 (熔炼分析)	1 个/炉	GB/T 20066	GB/T 223 GB/T 4336
2	拉伸试验	2 个/批	任取两根钢筋切取	GB/T 228.1、GB/T 1499.2
3	弯曲试验	2 个/批	任取两根钢筋切取	GB/T 232、GB/T 1499.2
4	反向弯曲	1/批		YB/T 5126、GB/T 1499.2
5	疲劳试验	供需双方协议		
6	尺寸	逐支		GB/T 1499.2
7	表面	逐支		目视
8	质量偏差	GB/T 1499.2		GB/T 1499.2
9	晶粒度	2 个/批	任取两根钢筋切取	GB/T 6394

2)组批规则

钢筋应按批进行检查和验收,每批由同一牌号、同一炉(批)号、同一规格的钢筋组成,每批质量通常不大于 60 t,超过部分不足 60 t 的需再做一检验批。

(二)预应力混凝土用钢丝

钢丝按加工状态分为冷拉钢丝和消除应力钢丝两类。冷拉钢丝是用盘条通过拔丝模或轧辊经冷加工而成产品,以盘卷供货的钢丝。消除应力钢丝,即钢丝在塑性变形下(轴应变)进行的短时热处理,得到的应是低松弛钢丝;或钢丝通过矫直工序后在适当温度下进行的短时热处理,得到的应是普通松弛钢丝,故消除应力钢丝按松弛性能又分为低松弛级钢丝和普通松弛级钢丝。钢丝按外形分为光圆钢丝、螺旋肋钢丝、刻痕钢丝三种。预应力钢丝的抗拉强度比钢筋混凝土用热轧光圆钢筋、热轧带肋钢筋高很多,在构件中采用预应力钢丝可节省钢材、减少构件截面和节省混凝土。预应力钢丝主要用于桥梁、吊车梁、大跨度屋架和管桩等预应力钢筋混凝土构件中。

1.检验项目、取样数量及试验方法

钢丝的检验项目、取样数量及试验方法见表 5-14。

表 5-14　钢丝的检验项目、取样数量及试验方法

序号	检验项目	取样数量	取样部位	试验方法
1	表面	逐盘	—	目视
2	外形尺寸	逐盘	—	GB/T 5223
3	消除应力钢丝伸直性	3 根/批	在每(任一)盘中任意一端截取	用分度值为 1 mm 的量具测量
4	质量偏差			GB/T 5223
5	最大力			GB/T 5223
6	0.2% 屈服力 $F_{P0.2}$			GB/T 5223
7	最大力总伸长率			GB/T 5223
8	断面收缩率			GB/T 5223
9	反复弯曲			GB/T 5223
10	弯曲			GB/T 5223
11	扭转			GB/T 5223
12	镦头强度			GB/T 5223
13a	弹性模量			GB/T 5223
14b	应力松弛性能	不少于 1 根/合同批		GB/T 5223
15b	氢脆敏感性 (压力管道用冷拉钢丝)	不少于 9 根/合同批		GB/T 5223

注:1. 当需方要求时测定。

　　2. 合同批为一个订货合同的总量。在特殊情况下,可以由工厂连续检验提供同一种原料、同一生产工艺的数据所代替。

2. 组批规则

钢丝应成批检查和验收,每批钢丝由同一牌号、同一规格、同一加工状态的钢丝组成,每批质量不大于 60 t。

第五节　复合材料

一、玻璃钢

玻璃纤维或其制品做增强材料的增强塑料,称为玻璃纤维增强塑料,或称为玻璃钢,不同于钢化玻璃。按照纤维品种可分为玻璃纤维增强复合塑料(GFRP)、碳纤维增强复合塑料(CFRP)、硼纤维增强复合塑料等,我国在汽车制造业、市政工程、水利工程等行业被广泛应用。

(1)玻璃纤维无捻粗纱易由直接无捻纱,经纺织机编织而成的双向增强材料,具有良好的耐腐蚀性,易于被树脂浸润,层间黏合好,能适合各种曲面,施工效率高;同时具有防火、阻燃、防水、耐老化、耐气候性、高强度、高模量等特点。在水利工程中,主要应用于泵站管道

外壁涂刷、机械及金属结构工程涂层加强等,其主要性能及检测要求如表 5-15 所示。

表 5-15 玻璃纤维无捻粗纱进场检测项目

序号	检测项目	取样数量	性能指标	试验方法
1	外观	同一生产工艺、同一规格、同一品种连续生产一定数量为一检验批	符合 GB/T 18369 要求	GB/T 18369
2	断裂强度 N(tex)		≥0.30	GB/T 7690.3
3	含水率(%)		≤0.2	GB/T 9914.1
4	硬挺度(mm)		80 ~ 200	GB/T 7690.4

(2)电缆用玻璃钢 - 卷制玻璃钢管是一种新型的复合材料管,抗压能力强、质量轻、内壁光滑、摩擦系数小、不易损伤电缆,较水泥管施工、安装简便。弯曲弹性模量好,解决了金属钢管易腐烂、无扭曲弹性的特点,克服了塑管易老化、抗冲击力差的不足。耐水性能好,可在潮湿或水中长期使用不变质。同时,具有耐腐蚀性能强、绝缘、非磁性、耐酸、耐碱、阻燃型、抗静电等特性。在水利工程中,主要应用于泵站机房电缆铺设安装、现场临时设施用电等,其主要性能及检测要求如表 5-16 所示。

表 5-16 电缆用玻璃钢 - 卷制玻璃钢管进场检测项目

序号	检测项目	取样数量	性能指标	试验方法
1	密度(g/cm³)	同一生产工艺、同一规格、同一品种连续生产一定数量为一检验批	1.5 ~ 1.8	GB/T 1463
2	拉伸强度(MPa)		≥160	GB/T 1447
3	弯曲强度(MPa)		≥150	GB/T 1449
4	弯曲模量(GPa)		≥9	GB/T 1449
5	浸水后弯曲强度保留率(%)		≥80	JC/T 988 附录 A

(3)玻璃纤维增强塑料复合检查井盖是用 SMC(片状模塑料)复合材料模压而成的,制品内部的纤维仍然保持了热压之前的层状结构,具有机械强度大、比重轻、耐腐蚀、价格低的优点。该复合井盖主要用作水利项目的护堤地绿化、堤顶道路、设备管线检修、机房电缆覆盖等。其主要性能及检测要求如表 5-17 所示。

表 5-17 玻璃纤维增强塑料复合检查井盖进场检测项目

序号	检测项目	取样数量	性能指标		试验方法
1	外观	从出厂检验批中随机抽取 10 套检查井盖进行外观、几何尺寸检测;从抽取的样本中随机抽取 2 套进行巴氏硬度和承载能力检测;从抽取的样本中随机抽取 1 套进行疲劳性能检测	符合 JC/T 1009 要求		JC/T 1009
2	几何尺寸、允许偏差(mm)		外径 <600	±3.0	JC/T 1009
			外径 ≥600	±4.0	
3	巴氏硬度		≥35		GB/T 3854
4	承载能力(kN)		A	≥20	JC/T 1009
			B	≥125	
			C	≥250	
			D	≥380	
5	疲劳性能		符合 JC/T 1009 要求		JC/T 1009

注:C 级、D 级检查井盖应做疲劳性能试验,经 200 万次循环荷载后,检查井盖不得出现裂纹。

二、土工合成材料

（一）土工合成材料的种类

1. 土工织物

土工织物属透水性土工合成材料。按制造方法可分为针织型、无纺（非织造型）和有纺（机织型）三类。

2. 土工膜

土工膜一般可分为改性沥青和合成高聚物两大类。含沥青的土工膜目前主要为复合型（含编织型或无纺型的土工织物），沥青作为浸润黏结剂。聚合物土工膜又根据不同的主材料分为塑性土工膜、强性土工膜和组合型土工膜。

3. 土工特种材料

土工格栅主要分为塑料类和玻璃纤维类两种。常用作加筋土结构和土工复合材料的筋材。

4. 土工复合材料

土工复合材料有土工织物、土工膜、土工格栅和某些特种土工合成材料，将其两种或两种以上的材料互相组合起来就成为土工复合材料。土工复合材料可将不同材料的性质结合起来，更好地满足具体工程的需要，能起到多种功能的作用。

（二）土工合成材料的工程特性

土工合成材料的物理特性主要是单位面积质量、厚度、等效孔径及其与压力的关系等。反映土工合成材料力学特性的指标主要有抗拉强度、撕裂强度、顶破强度、刺破强度、穿透强度及握持强度等。土工合成材料的水力学特性主要包括两方面：一是透水与导水能力；二是阻止颗粒流失的能力。这些特性包括土工合成材料的孔隙率、孔径大小与分布情况、渗透特性等。土工合成材料的耐久性包括很多方面，主要是指对紫外线辐射、温度变化、化学与生物侵蚀、干湿变化、冻融变化和机械磨损等外界因素变化的抵御能力。材料的耐久性主要与聚合物的类型及添加剂的性质有关。

（三）组批规则

使用土工合成材料时，应检验试验单位的检测试验报告。由用户进行抽样检查，抽样率应多于交货卷数的 5%，最少不应小于 1 卷。

三、化学灌浆材料

（一）化学灌浆材料的分类

（1）防渗止水类：水玻璃、丙烯酸盐、水溶性聚氨酯、弹性聚氨酯和木质素浆等。

（2）加固补强类：环氧树脂、甲基丙烯酸甲酯、非水溶性聚氨酯浆等。

（二）化学灌浆材料的工程特性

化学灌浆材料品种较多，不同品种的化学灌浆材料特性差异比较明显。通常化学灌浆材料的一般性能有浆液稳定性、黏度、凝结时间、耐久性、收缩率、抗渗性能、抗压强度、抗拉强度、无毒害等，这些性能应符合下列要求：

（1）浆液稳定性好，在常温、常压下存放一定时间其基本性质不变；

（2）浆液黏度小，流动性、可灌性好；

（3）浆液的凝胶或固化时间可在一定范围内按需要进行调节和控制；

（4）凝胶体或固结体的耐久性好，不受温湿度变化和酸、碱或某些微生物侵蚀的影响；

（5）浆液在凝胶或固化时收缩率小或不收缩；

（6）凝胶体或固结体有良好的抗渗性能；

（7）固结体的抗压强度、抗拉强度高，不会龟裂，特别是与被灌体有较好的黏结强度；

（8）浆液无毒、无臭，不易燃、易爆，对环境不造成污染，对人体无害。

（三）化学灌浆材料的应用

在水利工程中，化学灌浆主要用于大坝、水库、涵闸等基础防渗帷幕和地基或地基断层破碎带泥化夹层加固，大堤、渠道、渡槽等防渗堵漏及加固；地上混凝土建筑物、构筑物的地基加固和裂缝补强加固，江河海港港工建筑物（如码头、船闸、防波堤等）的基础防渗、加固和保护等。目前应用最多的是聚氨酯和环氧树脂灌浆材料。

1. 聚氨酯灌浆材料

聚氨酯灌浆材料外观要求液体均匀、不分层，其物理力学性能指标如表5-18所示。

表 5-18　聚氨酯灌浆材料的物理力学性能指标

序号	试验项目	取样数量及批次	指标		试验方法
			WPU	OPU	
1	密度（g/cm³），≥	同一类型10 t为一批，不足10 t亦可作为一批，每批取样量为5 kg，按GB/T 3186规定取样。判定执行JC/T 2041	1.00	1.05	GB/T 8077
2	黏度a（MPa·s），≤		1.0×10^3		GB/T 2794
3	凝胶时间a（s），≤		150	—	JC/T 2041
4	凝固时间a（s），≤		—	800	JC/T 2041
5	遇水膨胀率（%），≥		20	—	JC/T 2041
6	包水性（10倍水）（s），≤		200	—	JC/T 2041
7	不挥发物含量（%），≥		75	78	GB/T 16777
8	发泡率（%），≥		350	1 000	JC/T 2041
9	抗压强度b（MPa），≥		—	6	GB/T 2569

注：a 也可根据供需双方商定；b 有加固要求时检测。WPU为水性聚氨酯注浆液，OPU为油性聚氨酯注浆液。

2. 环氧树脂灌浆材料

外观要求A、B组分均匀，无分层，其性能指标如表5-19和表5-20所示。

表 5-19　环氧树脂灌浆材料浆液的性能指标

序号	项目	浆液性能		试验方法
		L	N	
1	浆液密度（g/cm³），>	1.00	1.00	GB/T 13354
2	初始黏度（MPa·s），<	30	200	GB/T 2794
3	可操作时间（min），>	30	30	GB/T 2794

表 5-20　环氧树脂灌浆材料固化物性能指标

序号	项目		取样数量及批次	固化物性能		试验方法
				I	II	
1	抗压强度(MPa),≥		同一类型 10 t 为一批,不足 10 t 亦可作为一批,每批取样量为 8 kg,A、B 组分应充分混合。判定标准执行 JC/T 1041。灌浆液性能检验取样亦同	40	70	GB/T 2569
2	拉伸剪切强度(MPa),≥			5.0	8.0	GB 7124
3	抗拉强度(MPa),≥			10	15	GB/T 2568
4	黏结强度	干黏结(MPa),≥		3.0	4.0	JC/T 1041
		湿黏结*(MPa),≥		2.0	2.5	JC/T 1041
5	抗渗压力(MPa),≥			1.0	1.2	JC/T 1041
6	渗透压力比(%),≥			300	400	JC/T 1041

注:湿黏结强度,在潮湿条件下必须进行测定。固化物性能的测定试龄期为 28 d。

四、合成胶黏剂

胶黏剂是一种具有良好黏聚性能,能将两个相同或不同的材料黏结在一起的材料。常用胶黏剂有热固性树脂胶黏剂、热塑性树脂胶黏剂。

(1)碳纤维复合材浸渍/黏结用胶黏剂是由一种热固性树脂和碳纤维复合而成的胶黏剂,具有抗拉强度高、密度小、质量轻、耐久性好、耐腐蚀、施工便捷等特性。在水工建筑物混凝土和砌筑工程中应用广泛,主要采用外贴碳纤维增强聚合物(carbon fibre reinforced polymer,简称 CFRP)加固技术,其主要性能及检测要求如表 5-21 所示。

表 5-21　碳纤维复合材浸渍/黏结用胶黏剂安全性能指标

序号	试验项目		取样数量	性能指标		试验方法
				A 级胶	B 级胶	
1	胶体性能	抗拉强度(MPa)	同一厂家、同一品种的产品,常用胶黏剂取样批次为 30 t,最小样本量为 2 kg	≥40	≥30	GB/T 2568
2		受拉弹性模量(MPa)		≥2 500	≥1 500	
3		伸长率(%)		≥1.5		
4		抗弯强度(MPa)		≥50 且不得呈脆性(碎裂状)破坏	≥40	GB/T 2570
5		抗压强度(MPa)		≥70		GB/T 2569
6	黏结能力	钢-钢拉伸抗剪切强度标准值(MPa)		≥14	≥10	GB/T 7124
7		钢-钢不均匀扯离强度(kN/m)		≥20	≥15	GJB 94
8		与混凝土的正拉黏结强度(MPa)		≥2.5,且为混凝土内聚破坏		GB 50367 附录 F
9	不挥发物含量(固体含量)(%)			≥99		GB/T 2793

注:表中的性能除标注强度标准值外,均为平均值。

（2）修补胶按其应用及材质主要有钢质修补胶、铁质修补胶、铝质修补胶、铜质修补胶、橡胶修补胶、铸铁修补胶、高温修补胶等。应用时与金属、合金属等具有很高的结合强度，修复后颜色可与修复件保持基本一致；施工工艺性好，基本上无收缩；完全固化后具有很好的强度，可进行钻孔、车牙、切削、砂磨及攻丝等各种机械加工；耐高温、耐磨损、耐腐蚀性能优异等特性。在水利工程中，主要用于金属结构与混凝土接触部位的黏结、橡胶止水带黏结，其主要性能及检测要求如表 5-22 所示。

表 5-22　修补胶的安全性能指标

序号	试验项目		取样数量	性能指标	试验方法
1	胶体性能	抗拉强度（MPa）	同一厂家、同一品种的产品，常用胶黏剂取样批次为 30 t，最小样本量为 2 kg	≥30	GB/T 2568
2		抗弯强度（MPa）		≥40，且不得呈脆性（碎裂状）破坏	GB/T 2570
3		与混凝土的正拉黏结强度（MPa）		≥2.5，且为混凝土内聚破坏	GB 50367 附录 F

注：表中的性能均为平均值。

（3）锚固用胶黏剂具有优良的耐热性、耐介质、耐大气老化、耐震动疲劳、低的蠕变和高的持久强度。大多以具有三向交联结构的热固性树脂为主体，配以热塑性树脂或橡胶型增韧剂组成。在水利工程中，主要用于植筋、裂缝补强、密封，孔洞修补、表面防护、混凝土黏结等，其主要性能及检测要求如表 5-23 所示。

表 5-23　锚固用胶黏剂安全性能指标

序号	试验项目			取样数量	性能指标		试验方法
					A 级胶	B 级胶	
1	胶体性能	劈裂抗拉强度（MPa）		同一厂家、同一品种的产品，常用胶黏剂取样批次为 30 t，最小样本量为 2 kg	≥8.5	≥7.0	GB 50367 附录 G
2		抗弯强度（MPa）			≥50	≥40	GB/T 2570
					不得呈脆性（碎裂状）破坏		
3		抗压强度（MPa）			≥60		GB/T 2569
4	黏结能力	钢 – 钢（钢套筒法）拉伸抗剪强度标准值（MPa）			≥16	≥13	GB 50367 附录 J
5		约束拉拔条件下带肋钢筋与混凝土的黏结强度（MPa）	C30 φ 25 L = 150 mm		≥11.0	≥8.5	GB 50367 附录 K
6			C60 φ 25 L = 125 mm		≥17.0	≥14.0	
7	不挥发物含量（固体含量）（%）				≥99		GB/T 2793

注：表中的性能除标注强度标准值外，均为平均值。

第六节　中间产品

一、混凝土、砂浆拌和物

(一)混凝土拌和物

混凝土中的各种组成材料按一定比例配合,搅拌而成的尚未凝结硬化的塑性状态拌合物,称为混凝土拌和物。

混凝土拌和物的主要性质为和易性。混凝土拌和物易于各工序施工操作,如搅拌、运输、浇筑、振捣、成型等,并能获得质量稳定、整体均匀、成型密实的混凝土性能,称为混凝土拌和物的和易性。和易性是满足施工工艺要求的综合性质,包括流动性、黏聚性和保水性。

流动性是指混凝土拌和物在自重或机械振动时能够产生流动的性质。流动性的大小反映了混凝土拌和物的稀稠程度,流动性良好的拌和物,易于浇筑、振捣和成型。

黏聚性是指混凝土组成材料间具有一定的黏聚力,在施工过程中混凝土能保持整体均匀的性能。黏聚性反映了混凝土拌和物的均匀性,黏聚性良好的拌和物易于施工操作,不会产生分层和离析的现象。黏聚性差时,会造成混凝土质地不均,振捣后易出现蜂窝、空洞等现象,影响混凝土的强度及耐久性。

保水性是指混凝土拌和物在施工过程中具有一定的保持内部水分而抵抗泌水的能力。保水性反映了混凝土拌和物的稳定性。保水性差的混凝土拌和物会在混凝土内部形成透水通道,影响混凝土的密实性,并降低混凝土的强度及耐久性。

混凝土拌和物的和易性目前还很难用单一的指标来评定,通常是以测定流动性为主,兼顾黏聚性和保水性。流动性常用坍落度法(适用于坍落度≥10 mm)和维勃稠度法(适用于坍落度<10 mm)进行测定。另外,也可测定混凝土拌和物的坍落扩展度,用以评定混凝土拌和物的流动性。坍落扩展度指标一般用于检测坍落度大于220 mm的大流动性混凝土,还可以测定混凝土拌和物的泌水率,来评价混凝土拌和物的和易性。

混凝土拌和物除和易性指标外,还有凝结时间、表观密度、含气量等,必要时还要对混凝土拌和物的水胶比进行分析(水洗法和炒干法),以确定混凝土拌和物。

影响混凝土拌和物和易性的因素主要包括:①水泥浆的含量;②骨料级配和砂率;③水泥品种;④掺和料;⑤外加剂。此外,气温也是影响和易性的重要因素。气温高,水分蒸发快,水泥水化加快,加之骨料吸水,促使拌和物迅速变稠。因此,热天需增加些用水量方能保持和易性。

混凝土拌和物硬化后的主要技术性质包括强度、变形和耐久性。强度主要包括立方体抗压强度、轴心抗压强度、抗拉强度等;耐久性主要包括抗渗性、抗冻性、抗腐蚀性。

1.混凝土强度

(1)立方体抗压强度:混凝土的立方体抗压强度是混凝土结构设计的主要技术参数,也是混凝土质量评定的重要技术指标。

按照标准制作方法制成边长150 mm的标准立方体试件,在标准条件(温度20 ℃ ± 2 ℃,相对湿度为95%以上)下养护,在28 d或设计规定龄期采用标准试验方法测得的具有95%保证率的抗压强度值,称为混凝土的立方体抗压强度标准值。为了便于设计和施工选用混凝土,将混凝土的强度按照混凝土立方体抗压强度标准值分为十九个强度等级,分别为C10、C15、C20、C25、C30、C35、C40、C45、C50、C55、C60、C65、C70、C75、C80、C85、C90、C95、C100等级,其中"C"表示混凝土,C后面的数字表示混凝土抗压强度标准值。

以三个试件测值的算术平均值作为该组试件的混凝土立方体试件抗压强度平均值(精确至0.1 MPa)。单个测值与平均值的差值超过15%时,则把该值剔除,取余下两个试件值的平均值作为该组试件的抗压强度值;如一组中可用的测值少于两个,则该组试件的试验结果无效。

(2)混凝土轴心抗压强度:在实际工程中,混凝土结构构件大部分是棱柱体或圆柱体。为了能更好地反映混凝土的实际抗压性能,在计算钢筋混凝土构件承载力时,常采用混凝土的轴心抗压强度作为设计依据。

(3)混凝土抗拉强度:目前,常采用劈裂试验方法测定混凝土的抗拉强度。劈裂试验方法是采用边长为150 mm的立方体标准试件,按规定的劈裂拉伸试验方法测定混凝土的劈裂抗拉强度。

2.混凝土的耐久性

混凝土抵抗其自身因素和环境因素的长期破坏,保持其原有性能的能力,称为耐久性。混凝土的耐久性主要包括抗渗性、抗冻性、抗腐蚀性、抗碱－骨料反应等。

(1)抗渗性:混凝土抵抗压力液体(水或油)等渗透本体的能力称为抗渗性。混凝土的抗渗性能用抗渗等级来表示。抗渗等级是以28 d龄期的标准试件,用标准试验方法进行试验,以每组六个试件中两个出现渗水时的最大水压力来确定。混凝土的抗渗等级用代号W来表示,分为W2、W4、W6、W8、W10、W12六个等级。

(2)抗冻性:混凝土在吸水饱和状态下,抵抗多次反复冻融循环而不被破坏,同时也不严重降低其各种性能的能力,称为抗冻性。混凝土的抗冻性用抗冻等级来表示。抗冻等级是以28 d龄期的混凝土标准试件,在浸水饱和状态下,进行冻融循环试验,以抗压强度下降不超过25%且质量损失率达到5%时,以相应的冻融循环次数作为该混凝土的抗冻等级,以F表示,分为>F400、F400、F350、F300、F250、F200、F150、F100、F50九级。

(3)抗侵蚀性:混凝土在外界各种侵蚀介质作用下,抵抗破坏的能力,称为混凝土的抗侵蚀性。当工程所处环境存在侵蚀介质时,对混凝土必须提出耐侵蚀要求。

(4)抗碱－骨料反应:混凝土中的碱与骨料反应所引起的膨胀具有潜在危害,碱－骨料反应是引起混凝土耐久性的主要原因之一,其危害不仅在于使混凝土结构的强度大大降低,而且由于出现裂缝加剧了环境水及其他介质的侵蚀和冻融等破坏作用,从而大大缩短了混凝土建筑物的使用寿命。

(二)砂浆拌和物

由水泥等胶凝材料、细骨料、掺加料和水按一定比例配合,经搅拌而成的尚未凝结硬化的混合物,称为砂浆拌和物,也称为新拌砂浆。

水泥砂浆的技术性质主要包括新拌砂浆的密度、和易性、硬化砂浆强度、砂浆与其他材料(砂浆)之间的黏结力、抗冻性、抗渗性、干缩(湿胀)性、凝结时间等指标。下面主要介绍新拌砂浆的和易性和硬化砂浆的强度。

1.新拌砂浆的和易性

新拌砂浆的和易性是指砂浆易于施工并能保证质量的综合性质。和易性好的砂浆不仅在运输和施工过程中不易产生分层、离析、泌水,而且能在粗糙的砖、石基面上铺成均匀的薄层,与基层保持良好的黏结,便于施工操作。和易性包括流动性和保水性两个方面。

砂浆的流动性(又称稠度),是指砂浆在自重或外力作用下产生流动的性能。流动性的大小用沉入度(mm)表示,通常用砂浆稠度测定仪测定。

砂浆流动性的选择与砌体种类、施工方法及天气情况有关。流动性过大,砂浆太稀,过稀的砂浆不仅铺砌困难,而且硬化后强度降低;流动性过小,砂浆太稠,难于铺平。

新拌砂浆能够保持内部水分不泌出流失的能力,称为砂浆保水性。保水性良好的砂浆水分不易流失,易于摊铺成均匀密实的砂浆层;反之,保水性差的砂浆,在施工过程中容易泌水、分层离析,使流动性变差;同时,由于水分易被砌体吸收,影响胶凝材料的正常硬化,从而降低砂浆的黏结强度。砂浆的保水性用分层度表示。

2.硬化砂浆的强度

砂浆的强度是以3个70.7 mm×70.7 mm×70.7 mm的立方体带底试模成型的试块,在标准条件下养护28 d后,用标准方法测得的抗压强度(MPa)算术平均值来评定的,分 M20、M15、M10、M7.5、M5、M2.5 六个等级。

以3个试件测值的算术平均值作为该组试件的立方体试件抗压强度平均值(精确至0.1 MPa)。单个测值与平均值的差值超过15%时,则把该值剔除,取余下2个试件值的平均值作为该组试件的抗压强度值;如1组中可用的测值少于2个时,则该组试件的试验结果无效。

同标号(或强度等级)砂浆试件的数量:28 d 龄期,每200 m³砌体取试件1组3个;设计龄期每400 m³砌体取试件1组3个。勾缝水泥砂浆每班取试件不少于1组。

同一标号(或强度等级)试块组数 $n \geq 30$ 时,28 d 龄期的试块抗压强度应同时满足以下标准:

(1)强度保证率不小于80%。

(2)任意一组试块强度不低于设计强度的85%。

(3)设计28 d 龄期抗压强度小于20.0 MPa 时,试块抗压强度的离差系数不大于0.22;设计28 d 龄期抗压强度大于或等于20.0 MPa 时,试块抗压强度的离差系数小于0.18。

同一标号(或强度等级)试块组数 $n < 30$ 组时,28 d 龄期的试块抗压强度应同时满足以下标准:

(1)各组试块的平均强度不低于设计强度;

(2)任意一组试块强度不低于设计强度的80%。

二、预制构件

混凝土预制构件质量应满足设计要求。从场外购买的混凝土预制构件,则应提供构件性能检验等质量合格的相关证明资料。

预制构件的混凝土强度应满足设计要求,其外观应无明显的缺陷,不应有影响结构性能和安装、使用功能的尺寸偏差,构件上的预埋件、插筋和预留孔洞的规格、位置和数量应符合标准图或设计的要求,且应在构件的明显位置标明构件型号、生产日期和质量验收标志,外购的构件还应有生产单位的标志。

三、金属结构构件

水工金属结构主要是指在水工构筑物中起到引水作用的压力钢管,如挡水建筑物中的各种类型的钢闸门及埋件、拦污栅及埋件等。

（一）技术资料

金属结构制造前,应具备下列资料:

(1)设计图样和技术文件,设计图样包括总图、装配图及零件图。

(2)主要钢材、焊材及防腐材料质量证书。

(3)标准件和非标准件质量证书。

（二）材料与设备

(1)金属结构使用的钢材必须符合图样的规定,技术要求应符合国家现行标准和设计文件的规定。常用钢材的化学成分、力学性能和钢板表面质量应符合 NB/T 35045 附录 A 中的规定,并应具有出厂质量证书。如果无质量证书或钢号不清应予复验,复验合格方可使用。

(2)钢板如需超声波探伤,应按《压力容器用钢板超声波探伤》(ZBJ 74003)规定进行探伤,碳素钢应符合该标准规定的Ⅳ级要求;低合金钢应符合Ⅲ级要求。

(3)焊接材料(焊条、焊丝、焊剂)必须具有出厂质量证书。标号不清或对材质有疑问时应予复验,复验符合有关标准后方可使用。同时,焊接材料应符合 GB/T 14173—2008 的规定。

(4)碳弧气刨用碳棒应符合 JB/T 8154 的规定。

(5)切割用气体应符合 NB/T 35045 中 3.2.9 的规定。

(6)金属结构制造所涉及的设备与设施,使用前应确认其与承担的工作相适应,使用过程中应定期检查,需要计量检定的设备应在检定有效期内,并且符合下列规定:

①吊装用吊耳、索具、钢丝绳等必须经过计算确定;

②施工用吊装设备必须检查确认处于良好状态;

③电焊机等电气设备必须电气绝缘和可靠接地;

④必须采取可靠的防火防坠措施并配备相应的设备。

（三）下料及拼装

(1)下料前应认真审阅图纸,熟悉图纸及规范对各部位几何尺寸的允许误差值。

(2)在合格的平台上按图纸尺寸 1:1 的比例放出部件的足尺大样,并与图纸中各构件尺寸比较,无误后方可进行下料,下料时应充分考虑到焊接收缩量、机械加工部位的切削余量。

(3)拼接时一、二类接缝需打坡口,并用砂轮机清除坡口两侧氧化铁等杂物。

(4)装配时不应强行组装,以防止焊接裂纹和减少焊接应力。组装错位和间隙应符合规范要求。

(5)拼装完毕应认真检查各部位的几何尺寸,与图纸及规范对照,合格后做好记录方可进行焊接工序。

（四）焊接

(1)金属结构焊接前首先要根据结构特点及质量要求编制对焊接提供指导的焊接工艺规程,明确焊缝的类型,并对一、二类焊缝的焊接工艺进行评定,最终形成焊接工艺评定报告,作为指导焊接的依据。

（2）从事一、二类焊缝焊接的焊工必须按 SL 35、DL/T 679 或《锅炉压力容器管道焊工考试与管理规则》考试合格，具有经水利、电力主管部门或国家有关部门签发的焊工考试合格证，且焊工焊接的钢材种类、焊接方法和焊接位置等均应与焊工本人考试合格的项目相符。

（3）焊工焊接前应熟悉焊缝的结构特点，认真检查焊缝的装配尺寸，对不符合装配质量标准的焊缝，应该拒焊同时向技术人员汇报。

（4）焊条、焊丝、焊剂应放置于通风、相对湿度不大于 60%、温度保持在 5 ℃ 以上的专设库房内，并有专人负责办理相关手续。烘焙后的焊接材料置于 100～150 ℃ 保温筒中随用随取，烘焙的焊条置于空气中超过 4 h 应重新烘焙，重复烘焙次数不应超过两次。

（5）施焊前将坡口及其两侧 10～20 mm 范围内的铁锈、熔渣、油垢、水迹等清除干净，检查点焊焊缝质量。点焊用经烘焙合格的并与本焊缝施焊相同牌号的焊条，长度一般为 40～100 mm，高度不超过正式焊缝高度的 1/2。一、二类焊缝的点焊应由合格焊工完成。

（6）在气体保护焊风速大于 2 m/s，其他焊接方法风速大于 8 m/s，相对湿度大于 90%，雨雪天气等情况下，应有可靠的防护措施和保温措施；否则，应禁止施焊。

（五）焊接检验

（1）焊接完毕，焊工应进行焊缝外观自检，一、二类焊缝自检合格后，焊缝的首尾须打上施焊焊工的代号钢码。

（2）所有焊接接头应冷却到环境温度后进行外观检查，外观质量和尺寸满足 NB/T 35045 表 4.5.2 的规定。

（3）无损检测人员必须按照《无损检测人员资格鉴定与认证》（GB/T 9446）的要求进行培训和资格鉴定合格，取得全国通用资格证书并通过相关行业部门的资格认可。各级无损检测人员应按照《无损检测应用导则》（GB/T 5616）的原则和程序开展与其资格证书准许项目相同的检测工作，质量评定和检测报告审核应由 2 级及以上的无损检测人员担任。

（六）焊缝返修与处理

（1）对气孔、夹渣、焊瘤、余高过大、凸度过大等表面缺陷应先打磨清除，可进行补焊，对根部凹陷、弧坑、焊缝尺寸不足、咬边等超标缺陷，应进行补焊。

（2）当焊缝发现有裂纹时，应由焊接技术人员对裂纹产生的原因进行调查和分析，制订专项返修工艺后进行返修处理。

（3）同一部位的焊缝返修次数不宜超过 2 次，返修后的焊缝应按原检测方法和质量标准进行检测验收，填写返修施工记录。该记录及返修前后的无损检测报告，应作为金属结构验收及存档资料。

（七）焊后消除应力热处理

（1）闸门及预埋件是否进行焊后消除应力热处理和采用热处理的方法根据母材的化学成分、焊接性能、厚度及焊接接头的约束程度、使用条件按设计图样或技术条件规定执行。

（2）焊件一般做整体消除应力热处理，由于条件限制，允许分段或局部热处理，但局部热处理的加热宽度，在焊缝中心两侧应不小于 3 倍的板厚，且不小于 200 mm。

（3）焊件在炉内整体热处理的加热速度、恒温时间及冷却速度应符合 NB/T 35045 规范中 4.7.3 的要求。

（4）整体或局部热处理后，应提供热处理曲线及消除应力的效果及硬度测定记录。

（八）闸门整体拼装

（1）拼装平台。闸门整体按设计图纸尺寸拼装是在拼焊平台上进行的，首先在拼装平台上放足大样，经反复检查确认无误后才能开始拼装。为保证拼装的质量要求平台有足够的精度。拼装平台的长度、宽度应能满足要求，所使用的钢板及型钢本身的平直度在拼装前须进行检查，其平面度满足施工要求。

（2）面板的拼接。面板在平台进行拼接，因为面板的焊接坡口是在拼装前已处理，经检验合格后组合拼接即可。面板为对接焊缝，按规程规定为二类焊缝，焊接质量一定要保证，必须按规范及设计图纸的要求进行拼接。面板对接焊缝采用 Y 形连续焊，在焊缝与其他构件连接处，焊缝应铲平。当一面的焊缝完成后，应将面板翻身，进行焊缝清根后，仍按上述方法焊接面板另一面的焊缝。

（3）整体拼装。面板焊接完成后即进行超声波探伤检查，合格后即可进行精确的划线放样，按顺序拼接主横梁、边纵梁及中纵梁的工作，但在拼接横梁及纵梁的部件之间，须将面板的全部缺陷处理好并将面板的分段焊缝点焊连接，并注意点焊焊缝的位置布置在完工后容易切割的地方，方便在加工完成后切割。

（4）闸门总体组装。闸门的总体组装是在闸门门页焊接完成后，经焊缝无损探伤合格以后进行，利用起吊设备将闸门吊至平台上放平，检查并紧固分段截面上的定位连接板，验证其正确，结合牢固可靠，然后装设滚轮及侧轮，组装后应测量如下几何尺寸：门页扭曲度、主滚轮的工作踏面的平面度、滚轮装配的松紧程度、闸门的外观质量及其他需要记录的几何尺寸。以上各项内容均应符合 NB/T 35045 的要求，方可拆卸装配部件，拆卸固定分段界面的工装，分为上、下两段，交付喷锌防腐。

（九）金属结构防腐蚀工艺

（1）表面预处理。预处理前，将金属结构表面整修完毕，彻底清除铁锈、氧化皮、焊渣、油污、灰尘、水分等。表面预处理采用喷射或抛射除锈，所用磨料表面应清洁干净，喷射用的压缩空气应经过滤，除去油和水。表面除锈等级应符合 GB/T 8923 规定中的 Sa2.5 级。闸门埋件的表面，其埋入混凝土一侧除锈等级可按 GB/T 8923 规定中的 Sa1 级，露出混凝土表面部分仍按 Sa2.5 级。

（2）涂料涂装。除锈后，金属表面应尽快涂装底漆。潮湿天气在 2 h 内涂装完毕；在晴天和较好天气条件下，最长应在 8 h 内涂装完毕。涂装的涂料应符合设计图纸和合同规定。涂装层数、每层厚度、逐层涂装间隔时间、涂料配制方法和涂装注意事项，应按设计文件、合同和涂料生产厂家的说明书规定执行。最后一道面漆应在闸门和埋件安装完成后进行。安装焊缝两侧 100～200 mm 范围内应留待安装后涂装。

（3）涂装施工时的空气相对湿度、施工现场环境温度、金属表面温度等均应满足规范要求；否则不得进行涂装。

（4）涂层质量应符合 NB/T 35045 要求。

（5）金属喷涂。金属锌丝、铝丝、锌铝合金及铝镁合金中锌、铝的含量应符合 NB/T 35045 要求。金属丝应光洁、无锈、无油、无折痕等，直径为 2.0～3.0 mm。金属喷涂应在除锈后 2 h 内进行，在晴天和较好的大气条件下，最长也不能超过 8 h。涂层经检查合格后，根据使用要求按设计图样规定的涂料进行封闭，涂装前将涂层表面灰尘清理干净，应在涂层尚有余温时进行。

（6）金属涂层质量应符合 NB/T 35045 中 6.6 要求。

第六章　水工建筑物

第一节　一般性水工建筑物

一、挡水建筑物

（一）重力坝

重力坝是用混凝土或浆砌石修筑的大体积挡水建筑物,如图 6-1 所示,一般做成上游面近于铅直的三角形断面,在上游水压力的作用下,主要依靠坝体自身重力产生的抗滑力来维持坝身的稳定。

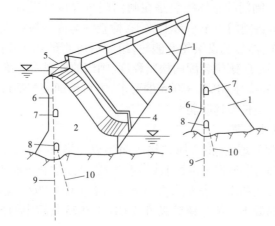

1—非溢流重力坝;2—溢流重力坝;3—横缝;4—导墙;5—闸门;6—坝体排水管;
7—交通、检查和坝体排水廊道;8—坝基灌浆、排水廊道;9—防渗帷幕;10—坝基排水孔幕

图 6-1　重力坝示意图

1.重力坝的特点

（1）泄洪和施工导流容易布置。重力坝所用的材料抗冲能力强,剖面尺寸较大,适于坝顶溢流和在坝身设置泄水孔,施工期可以利用坝体分期导流。

（2）混凝土重力坝需要温控散热措施。重力坝体积大,水泥用量多,水泥水化热量大,需要温控散热措施;否则,会产生温度裂缝,影响坝体的整体性、耐久性及外观等。

（3）材料的强度不能充分发挥。重力坝材料的允许压应力相对较大,而坝体内部和上部的实际应力较小,因此坝体不同区域应采用不同强度等级和耐久性要求的材料。

（4）受扬压力影响大。重力坝的坝体和坝基有一定的透水性,在较大的水头差作用下,产生渗透压力。渗透压力和浮托力合称扬压力,它会减轻坝体的有效重量,对坝体的稳定不利,因此要采取有效措施减小扬压力。

（5）对地形、地质条件适应性好。几乎任何形状的河谷断面都可修建重力坝,重力坝对坝基地质条件的要求虽然比土石坝高,但由于横缝的存在,能很好地适应各种非均质的地基,无重大缺陷的一般强度的岩基均能满足建坝要求。

2.重力坝的类型

(1)按坝体高度。可分为高坝、中坝和低坝。坝高大于 70 m 的为高坝,小于 30 m 的为低坝,介于两者之间的为中坝。坝高指坝基最低面(不包括局部深槽、深井等)至坝顶路面的高度。

(2)按筑坝材料。可分为混凝土重力坝和浆砌石重力坝。

(3)按泄水条件。可分为溢流重力坝和非溢流重力坝。

(4)按坝体的结构。可分为实体重力坝、宽缝重力坝和空腹重力坝,如图 6-2 所示。

(5)按施工方法。可分为浇筑混凝土重力坝和碾压混凝土重力坝。

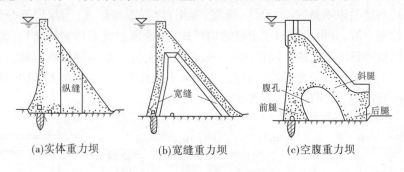

(a)实体重力坝　　　(b)宽缝重力坝　　　(c)空腹重力坝

图 6-2　重力坝的形式

3.重力坝的组成及布置

在进行坝体布置时,由于坝体是枢纽建筑物的一部分,故需结合枢纽布置全面、合理地安排坝体上各种建筑物(如泄洪、发电、灌溉、供水、航运、过木、排沙、过鱼等)的布置,避免互相干扰。重力坝坝址一般宜选在狭窄河谷处,以节省工程量。但有些水利工程为了能在河床中布置溢流坝、水电站厂房和通航建筑物等,有时选择在较宽的河谷处布置枢纽,如长江三峡水利枢纽工程。重力坝的坝轴线一般是直线,与河流流向近于正交。有时为了使坝体布置在更好的岩基上或其他原因,坝轴线也可布置成折线或弯度不大的曲线或与河流流向斜交,但交角不宜太小。溢流坝段通常布置在河床主流位置,两端以非溢流坝段与岸坡相连。

由于施工能力的限制及不均匀沉降和温度应力控制的要求,混凝土坝体常沿轴线方向用垂直于坝轴线的永久性横缝分为许多坝段,如图 6-1 所示;各坝段的外形应尽量协调一致。当地形、地质及运用等条件有显著差别时,应尽量使上游面保持齐平,下游面可按不同情况分别采用不同的下游边坡,使各坝段均达到安全经济的目的。

溢流坝坝顶布置有闸墩、工作桥、交通桥等坝顶建筑物。溢流坝的尾部应根据坝高、坝基及下游河床和两岸地形地质条件接以适当的消能建筑物。当有排沙要求,或采用泄水孔泄洪更有利时,应考虑布置泄洪孔。当坝址地质条件较差,或下游有重要城市需保护时,常需要降低或放空库水,此时需布置放水孔。当需布置一些其他建筑物时,应根据地形、地质、水力、施工及运行条件,妥当地进行安排。

4. 非溢流重力坝的剖面

基本剖面拟定后,要进一步根据作用在坝体上的全部荷载(如静水压力、浪压力等)及运用条件,如防浪墙布置、坝顶设备布置、交通需要、施工和检修要求等,对基本剖面进行修改成为实用剖面。

1) 坝顶宽度

为了满足设备布置、运行、检修、施工、交通、抗震、特大洪水时抢护等的需要,坝顶必须有一定的宽度。考虑坝体各部分尺寸协调美观,一般情况坝顶宽度可采用最大坝高的8%～10%,且不小于 3 m;碾压混凝土坝坝顶宽不小于 5 m;若有交通要求,应按交通要求定;若坝顶布置移动式启闭机设施,坝顶宽度要满足安装门机轨道的要求。

2) 坝顶布置

坝顶结构布置的原则是安全、经济、合理、实用,故有下列形式:①坝顶部分伸向上游;②坝顶部分伸向下游,并做成拱桥或桥梁结构形式;③坝顶建成矩形实体结构,必要时为移动式闸门启闭机铺设隐型轨道。坝顶排水一般都排向上游。坝顶常设防浪墙,高度一般为1.2 m,厚度应能抵抗波浪及漂浮物的冲击,与坝体牢固地连在一起,防浪墙在坝体分缝处也留伸缩缝,缝内设止水。坝顶结构布置如图 6-3 所示。

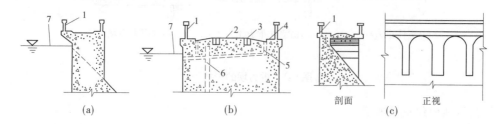

1—防浪墙;2—公路;3—起重机轨道;4—人行道;5—坝顶排水管;6—坝体排水管;7—最高水位

图 6-3　坝顶结构布置

3) 坝顶高程

为了交通和运用管理的安全,非溢流重力坝的坝顶应高于校核洪水位。若坝顶上游设防浪墙,坝顶高程不得低于相应的静水位,防浪墙顶高程不得低于波浪顶高程,如图 6-4 所示。坝顶或防浪墙顶高程 = 水库静水位 + 超高(超高为波浪高度、波浪中心线高出正常蓄水位或校核洪水位的高度、安全超高三项之和),计算结果取设计情况和校核情况的较大值。

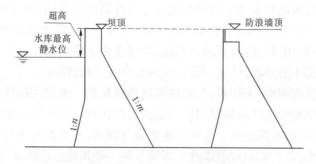

图 6-4　重力坝的坝顶高程

5. 溢流重力坝

溢流重力坝简称溢流坝,既是挡水建筑物,又是泄水建筑物。因此,确定坝体剖面除要满足稳定和强度要求外,还要满足泄水的要求,同时要考虑下游的消能问题。

溢流坝的泄水方式有堰顶开敞溢流式和孔口溢流式两种。

溢流坝的基本剖面也呈三角形。上游坝面可以做成铅直面,也可以做成折坡面。溢流面由顶部曲线段、中间直线段和底部反弧段三部分组成,如图6-5所示。

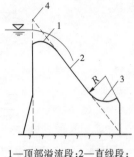

1—顶部溢流段;2—直线段;
3—反弧段;4—基本剖面

图6-5　溢流坝剖面

常用的消能方式有底流消能、挑流消能、面流消能和消力戽消能等。消能形式的选择主要取决于水利枢纽的具体条件,根据水头及单宽流量的大小、下游水深及其变幅、坝基地质地形条件及枢纽布置情况等,经技术经济比较后选定。

(1)底流消能。是在坝下设置消力池、消力坎或综合式消力池和其他辅助消能设施,促使下泄水流在限定的范围内产生水跃,如图6-6所示。主要通过水流内部的漩滚、摩擦、掺气和撞击达到消能的目的,以减轻对下游河床的冲刷。底流消能工作可靠,但工程量较大,多用于低水头、大流量的溢流重力坝。

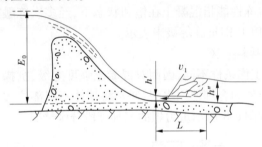

图6-6　底流消能示意图

(2)挑流消能。是利用溢流坝下游反弧段的鼻坎,将下泄的高速水流挑射抛向空中,抛射水流在掺入大量空气时消耗部分能量,而后落到距坝较远的下游河床水垫中产生强烈的漩滚,并冲刷河床形成冲坑,随着冲坑的逐渐加深,大量能量消耗在水流漩滚的摩擦之中,冲坑也逐渐趋于稳定,见图6-7。鼻坎挑流消能一般适用于基岩比较坚固的中、高溢流重力坝。

常用的挑流鼻坎形式有连续式和差动式两种。

6. 重力坝的材料及构造

重力坝挡水后,上游的水将通过坝体和坝基向下游渗透,渗流不仅引起漏水,还会产生渗透压力。

重力坝的坝体材料除应具有必要的强度外,还应具有抗水侵蚀性能,上游水位以下的坝面材料还须有较高的抗渗性能,以降低坝内的渗透压力,防止漏水;长期露天的坝面,应具有抗冻、抗风化的性能;库水位变化范围内的坝面,需兼有抗冻、抗渗及抗湿胀、干缩等的性能;对于溢流面,要求有良好的耐磨、抗冲刷性能等。

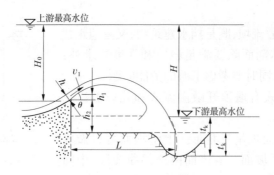

图 6-7　挑流消能示意图

1）混凝土重力坝的材料

坝体常态混凝土强度标准值的龄期一般用 90 d,碾压混凝土可采用 180 d 龄期,因此在规定混凝土强度设计值时,应同时规定设计龄期。大坝常用混凝土强度等级有 C7.5、C10、C15、C20、C25、C30。高于 C30 的混凝土用于重要构件和部位。

2）混凝土的耐久性

抗渗性:对于大坝的上游面,基础层和下游水位以下的坝面均为防渗部位。其混凝土应具有抵抗压力水渗透的能力。抗渗性能通常用 W 即抗渗等级表示。

抗冻性:混凝土的抗冻性能指混凝土在饱和状态下,经多次冻融循环而不破坏,不严重降低强度的性能。通常用 F 即抗冻等级来表示。

3）混凝土重力坝的材料分区

由于坝体各部分的工作条件不同,因而对混凝土强度等级、抗掺、抗冻、抗冲刷、抗裂等性能要求也不同,为了节省和合理使用水泥,通常将坝体不同部位按不同工作条件分区,采用不同等级的混凝土,如图 6-8 所示重力坝的三种坝段分区情况。

(a)非溢流坝　　　　　　　(b)溢流坝　　　　　　　(c)坝身泄水孔

图 6-8　坝体分区示意图

I 区为上、下游水位以上坝体外部表面混凝土,II 区为上、下游水位变动区的坝体外部表面混凝土,III 区为上、下游水位以下坝体外部表面混凝土,IV 区为坝体基础,V 区为坝体内部,VI 区为抗冲刷部位(如溢洪道溢流面、泄水孔、导墙和闸墩等)。分区性能见表 6-1。

坝体为常态混凝土的强度等级不应低于 C7.5,碾压混凝土强度等级不应低于 C5。同一浇筑块中混凝土强度等级不宜超过两种,分区厚度尺寸最少为 2 ~ 3 m。

表 6-1　大坝分区特性

分区	强度	抗渗	抗冻	抗冲刷	抗侵蚀	低热	最大水灰比	选择各分区的主要因素
Ⅰ	+	—	+ +	—		+	+	抗冻
Ⅱ	+	+	+ +	—	+	+	+	抗冻、抗裂
Ⅲ	+ +	+ +	+	—	+	+	+	抗渗、抗裂
Ⅳ	+ +	+	+	—	+	+ +	+	抗裂
Ⅴ	+ +	+	+	—	—	+ +	+	
Ⅵ	+ +	—	+ +	+ +	+ +	+	+	抗冲耐磨

注:表中有"＋＋"的项目为选择各区等级的主要控制因素,有"＋"的项目为需要提出要求的,有"—"的项目为不需提出要求的。

7. 重力坝的分缝与止水

为了满足运用和施工的要求,防止温度变化和地基不均匀沉降导致坝体开裂,需要合理分缝。常见的有横缝、纵缝、水平施工缝。

1)横缝

垂直于坝轴线,将坝体分成若干个坝段的缝为横缝,一般沿坝轴线每 15～20 m 设一道横缝。缝宽的大小,主要取决于河谷地形、地基特性、结构布置、温度变化、浇筑能力等,缝宽一般为 1～2 cm。横缝分永久性和临时性两种。永久性横缝是为了使各坝段独立工作,而设置的与坝轴线垂直的铅直缝面,缝内不设缝槽、不灌浆,但要设置止水,缝宽应大于该地区最大温差引起膨胀的极限值 1 cm。夏季施工和冬季施工时所留的缝宽是不相同的。临时性横缝是临时性横缝在缝面设置键槽,埋设灌浆系统,施工后灌浆连接成整体。

2)纵缝

平行于坝轴线的缝称为纵缝,设置纵缝的目的,在于适应混凝土的浇筑能力和减少施工期的温度应力,待温度正常之后进行接缝灌浆。纵缝按结构布置形式可分为铅直纵缝、斜缝、错缝,如图 6-9 所示。

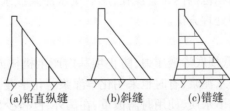

(a)铅直纵缝　　(b)斜缝　　(c)错缝

图 6-9　纵缝形式

3)水平施工缝

坝体上下层浇筑块之间的接合面称水平施工缝。一般浇筑块厚度为 1.5～4.0 m,靠近基岩面用 0.75～1.0 m 的薄层浇筑,利于散热、减少温升,防止开裂。纵缝两侧相邻坝块水平施工缝不宜设在同一高程,以增强水平截面的抗剪强度。上下层浇筑间歇 3～7 d,上层混凝土浇筑前,必须对下层混凝土凿毛,冲洗干净,铺 2～3 cm 强度较高的水泥砂浆后浇筑。水平施工缝的处理应高度重视,施工质量关系到大坝的强度、整体性和防渗性;否则,将成为坝体的薄弱层面。

8. 重力坝的地基处理

地基处理的主要任务有防渗和排水,降低扬压力、减少渗漏量;提高基岩的强度和整体性,满足强度和抗滑稳定的要求。

地基处理的主要内容有坝基的开挖及清理、坝基的加固处理、坝基的防渗与排水、两岸处理。

1) 坝基的开挖及清理

地基开挖与清理的目的是使坝体坐落在稳定、坚固的岩基上。开挖深度应根据坝基应力、岩体强度及坝基整体性、均匀性、抗渗性和耐久性等,结合上部结构对地基的要求和地基加固处理的效果、工期和费用等研究确定。按照《混凝土重力坝设计规范》(SL 319),100 m以上的混凝土重力坝需建在新鲜、微风化或弱风化的下部基岩上;坝高 100 ~ 50 m 时,可建在微风化至弱风化的中部基岩上;坝高小于 50 m 时,可建在弱风化的中部至上部基岩上;两岸地形较高部位的坝段,可适当放宽。为保护坝基面完整,宜采用梯段爆破、预裂爆破,最后0.5 ~ 1.0 m 用小药量爆破。

重力坝的基坑形状应根据地形地质条件及上部结构的要求确定,坝段的基础面上下游高差不宜过大,并略向上游倾斜,若基础面高差过大或向下游倾斜,应开挖成带钝角的大台阶状。

在坝体混凝土浇筑之前需用风镐或撬棍清除坝基面起伏度很大的和松动的岩块,用混凝土回填封堵勘探钻孔、竖井和探洞等,对坝基面进行彻底的清理和冲洗,保证混凝土与岩基面黏结牢固。

2) 坝基的加固处理

对重力坝地基加固的有效措施除开挖及清理外就是固结灌浆。

固结灌浆的目的是:提高基岩的整体性和强度,降低地基的透水性。现场试验表明,在节理裂隙较发育的基岩内进行固结灌浆后,基岩的弹性模量可提高 2 倍甚至更多,在帷幕范围内先进行固结灌浆可提高帷幕灌浆的压力和灌浆效果。

固结灌浆是在坝基大面积范围内布置浅孔,用低压水泥浆或水泥砂浆进行灌注以提高基岩的整体性和强度的地理处理方法。

3) 坝基的防渗与排水

帷幕灌浆的目的是:降低坝底渗透压力,防止坝基内产生机械或化学管涌,减少坝基渗流量。灌浆材料最常用的是水泥浆,有时也采用化学灌浆。化学灌浆的优点是可灌性好、抗渗性强,但较昂贵,且污染地下水质,使用时需慎重,在国外,已较少采用。

帷幕灌浆是在岩基内平行坝轴线钻一排或几排孔,用高压将水泥浆灌入孔中,并把周围裂隙充填起来,胶结成整体,形成一道防渗帷幕。

防渗帷幕一般布置在靠近上游坝踵附近或在坝踵与坝内灌浆廊道之间,自河床向两岸延伸。靠近岸坡处也可在坝顶、岸坡或平洞内进行。平洞还可以起排水作用,有利于岸坡的稳定。钻头若为铁砂钻头,则钻孔方向一般为铅直,或略为倾斜,与竖向夹角一般小于 10°,防止钻孔弯曲;若为金刚石钻头,必要时也可有一定斜度,或与主裂隙面垂直,以便穿过主节理裂隙,提高灌浆效果。

坝基排水与帷幕灌浆相结合是降低坝基渗透压力的重要措施。重力坝坝基排水通常用排水孔幕,即在坝基面的帷幕孔下游 2 m 左右钻一排主排水孔。对于中等高度的坝,除主排水孔外,还可设 1~2 排辅助排水孔;高坝可设 2~3 排辅助排水孔。主排水孔孔距为 2~3 m,辅助排水孔孔距为 3~5 m。孔深应根据防渗帷幕和固结灌浆深度及地质条件确定。

4)两岸处理

若岸坡平缓稳定,岸坡坝段可直接建在开挖的岸坡基岩上;若岸坡较陡,但基岩稳定,为使岸坡坝段稳定,可考虑把岸坡开挖成梯级,利用基岩和混凝土的抗剪强度增加坝段的抗滑稳定,但应避免把岸坡挖成大梯级,以防在梯级突变处引起应力集中,产生裂缝。

(二)土石坝

土石坝历史悠久,是世界坝工建设中应用最为广泛的一种坝型。土石坝得以广泛应用和发展的主要原因是:

(1)可以就地取材,节约大量水泥、木材和钢材,减少工地的外线运输量。由于土石坝设计和施工技术的发展,放宽了对筑坝材料的要求,几乎任何土石料均可筑坝。

(2)能适应各种不同的地形地质,对地基的要求较其他坝型低,几乎可以建在一切地基上。

(3)土石坝的结构简单,工作可靠,使用年限也较长。

(4)土石坝的施工方法比较简单,既可以人力施工,又可采用高度机械化的设备进行施工,运用管理及维修加高均较方便。

(5)对于交通不便,而当地又有足够土石料的山区,土石坝往往是一种比较经济的坝型。

但是,土石坝的运用也会受到以下因素的影响:一般情况下,土石坝的坝顶不允许过水,因此必须另外修建溢洪道来宣泄洪水;土石坝的坝坡缓,体积大,工程量大;土料的填筑受气候的影响比较大等。

1. 土石坝的运用特点

土石坝是由散粒体(松散的固体颗粒集合体)结构的土石料经过填筑而成的挡水建筑物。因此,在运用中,土石坝与其他坝型相比,在稳定、渗流、冲刷、沉陷等方面具有不同的特点:

1)稳定方面

土石坝的基本剖面形状为梯形或复式梯形。由于填筑坝体的土石料为散粒体,抗剪强度低,上下游坝坡平缓,坝体体积和质量都较大,所以不会产生水平整体滑动。土石坝失稳的形式,主要是坝坡的滑动或坝坡连同部分坝基一起滑动。坝坡滑动会影响土石坝的正常工作,严重的将导致工程失事。为了保证土石坝在各种工作条件下能保持稳定,应选取合理的坝坡和防渗排水设备,施工中还要认真做好地基处理并严格控制施工质量。

2)渗流方面

由于土石料是散粒体,土体内具有相互连通的孔隙。当有水位差作用时,水会从水位高的一侧流向水位低的一侧。在水位差作用下,水穿过土中相互连通的孔隙发生流动的现象,称为渗流。土石坝挡水后,上下游存在水位差,在坝体内形成由上游向下游的渗流。坝体内渗流的水面线叫作浸润线。渗流不仅使水库损失水量,还易引起管涌、流土等渗透变形。浸润线以下的土料承受着渗透动水压力,并使土的内摩擦角和黏结力减小,对坝坡稳定不利。坝体与坝基、两岸及其他非土质建筑物的结合面,易产生集中渗流,因此土石坝必须采取防渗措施以减少渗漏,保证坝体的渗透稳定性,并做好各种结合面的处理,避免产生集中渗流,以保证工程安全。

3)冲刷方面

土石坝为散粒体结构,抗冲能力很低。坝体上下游水的波浪将在水位变化范围内冲刷坝坡;大风引起的波浪可能沿坝坡爬升很高甚至翻过坝顶,造成严重事故;降落在坝面的雨水沿坝坡下流,也将冲刷坝坡;靠近土石坝的泄水建筑物在泄水时激起水面波动,对土石坝坝坡也有淘刷作用;季节气温变化,也可能使坝坡受到冻结膨胀和干裂的影响。

为避免上述不良影响,应采取以下工程措施:

(1)在土石坝上下游坝坡设置护坡,坝顶及下游坝面布置排水措施,以免风浪、雨水及气温变化带来的有害影响。

(2)坝顶在最高库水位以上要留一定的超高,以防止洪水漫过坝顶造成事故。

(3)布置泄水建筑物时,注意进出口离坝坡要有一定距离,以免泄水时对坝坡产生淘刷。

4)沉陷方面

由于土石料存在较大的孔隙,且易产生相对的移动,在自重及水压力作用下,会有较大的沉陷。沉陷使坝的高度不足,不均匀沉陷还将导致土石坝裂缝,横缝对坝的防渗极为不利。为防止坝顶低于设计高程和产生裂缝,施工时应严格控制碾压标准并预留沉陷量。对于重要工程,沉陷值应通过沉陷计算确定。对于一般的中小型土石坝,如坝基没有压缩性很大的土层,可按坝高的 1% ~2% 预留沉陷值。

2.土石坝的类型

1)按坝高分类

土石坝按坝高可分为低坝、中坝和高坝。我国《碾压式土石坝设计规范》(SL 274—2001)规定:高度在 30 m 以下为低坝,高度在 30~70 m 的为中坝,高度超过 70 m 的为高坝。我国《碾压式土石坝设计规范》(DL/T 5395—2007)规定:高度 30 m 以下为低坝,30~100 m 为中坝,高度 100 m 及以上为高坝。目前,我国在建的碾压式土石坝已达 300 m 级。

2)按施工方法分类

碾压式土石坝,是用适宜的土料分层堆筑,并逐层加以压实(碾压)而成的坝。这种方法在土坝中用得较多。近年来用振动碾压修建堆石坝得到了迅速的发展。

3)按坝体材料的组合和防渗体的相对位置分类

根据土料的分布情况,碾压式土石坝又可分为以下几种类型:

(1)均质坝。坝体断面不分防渗体和坝壳,基本上是由一种土料组成的。整个坝体用以防渗并保持自身的稳定。均质坝宜分为坝体、排水体、反滤层和护坡等区。由于黏性土抗剪强度较低,故均质坝多用于低坝。最常用于均质坝的土料是砂质黏土和壤土。

(2)土质防渗体分区坝。坝体断面由土质防渗体及若干透水性不同的土石料分区构成,可分为黏土心墙坝、黏土斜心墙坝、黏土斜墙坝及其他不同形式的土质防渗体分区坝。防渗体设在坝体中央的或稍向上游的称为黏土心墙坝或黏土斜心墙坝,防渗体设在上游面的称为黏土斜墙坝。土质防渗体分区坝宜分为防渗体、反滤层、过渡层、坝壳、排水体和护坡等区。当防渗体在上游面时,坝体渗透性宜从上游至下游逐步增大;当防渗体在中间时,坝体渗透性宜向上、下游逐步增大。

(3)非土质材料防渗体坝。由混凝土、沥青混凝土或土工膜组成,其余部分由土料构成的坝。按防渗体的位置也可分为心墙坝和面板坝两种,防渗体在上游面的称为面板坝,防渗体在中央的称为心墙坝。

在以上这些坝型中,用得最多的是斜墙土石坝或斜心墙土石坝,特别是斜心墙的土石混合坝,在改善坝身应力状态和避免裂缝方面具有良好的效能,高土石坝中应用得更多。

3. 土石坝的剖面

土石坝的基本剖面形状为梯形,所以土石坝剖面的基本尺寸主要包括坝顶高程、坝顶宽度、坝坡、防渗结构、排水设备的形式及基本尺寸等。

1) 坝顶高程

坝顶高程为静水位与相应的超高之和,超高包括波浪在坝坡上的最大爬高、安全加高等。这里计算的坝顶高程是指坝体沉降稳定后的数值。因此,竣工时的坝顶高程还应有足够的预留沉陷值。对施工质量良好的土石坝,坝顶沉降值约为坝高的1%。

2) 坝顶宽度

坝顶宽度应根据运行、施工、构造、交通和人防等方面的要求综合研究后确定。当沿坝顶设置公路或铁路时,坝顶宽度应按照有关的交通规定选定。当无特殊要求时,高坝的坝顶最小宽度可选用10～15 m,中低坝可选用5～10 m。坝顶宽度必须考虑心墙或斜墙顶部及反滤层布置的需要。在寒冷地区,坝顶还应有足够的厚度以保护黏性土料防渗体免受冻害。

3) 坝坡

土石坝坝坡坡度对坝体稳定及工程量大小均起重要作用。坝坡坡度选择一般遵循以下规律:

上游坝坡长期处于水下饱和状态,水库水位也可能快速下降,为了保持坝坡稳定,上游坝坡常比下游坝坡为缓,但堆石坝上下游坝坡坡度的差别要比砂土料为小。

土质防渗体斜墙坝上游坝坡的稳定受斜墙土料特性的控制,所以斜墙的上游坝坡一般较心墙坝为缓。而心墙坝,特别是厚心墙坝的下游坝坡,因其稳定性受心墙土料特性的影响,一般较斜墙坝为缓。

黏性土料的稳定坝坡为一曲面,上部坡陡,下部坡缓,所以用黏性土料做成的坝坡,常沿高度分成数段,每段10～30 m,从上而下逐渐放缓,相邻坡率差值取0.25或0.5。砂土和堆石的稳定坝坡为一平面,可采用均一坡率。由于地震荷载一般沿坝高呈非均匀分布,所以砂土和石料有时也做成变坡形式。

由粉土、砂、轻壤土修建的均质坝,透水性较大,为了保持渗流稳定,一般要求适当放缓下游坝坡。

4. 土石坝的渗透变形及防治措施

1) 渗透变形

土石坝及地基中的渗流,由于机械或化学作用,可能使土体产生局部破坏,称为渗透变形。严重时会导致工程失事,必须采取有效的控制措施。

渗透变形的形式及其发生发展过程,与土料性质、土粒级配、水流条件及防渗排水措施等因素有关,通常可分为下列几种形式:

(1) 管涌。在渗流作用下,坝体或坝基中的细小颗粒被渗流带走逐步形成渗流通道的现象称为管涌,常发生在坝的下游坡或闸坝下游地基面渗流逸出处。没有凝聚力的无黏性砂土、砾石砂土中容易出现管涌;黏性土的颗粒之间存在有凝聚力(或称黏结力),渗流难以把其中的颗粒带走,一般不易发生管涌。

　　管涌开始时只是细小颗粒从土壤中被带出,以后随着小颗粒土的流失,土壤的孔隙加大,较大颗粒也会被带走,逐渐向内部发展,形成集中的渗流通道。

　　(2)流土。在渗流作用下,土体成块被掀起浮动的现象称为流土。流土可以发生在黏性土体,又可以发生在非黏性土体。在非黏性土体中,流土表现为成群土粒的浮起现象,如砂沸现象;在黏性土中,流土则表现为成块土的隆起、剥蚀、浮动和断裂。

　　(3)接触冲刷。当渗流沿两种不同土壤的接触面流动时,把其中细颗粒带走的现象,称为接触冲刷。接触冲刷可能使临近接触面的不同土层混合起来。

　　(4)接触流土和接触管涌。渗流方向垂直于两种不同土壤的接触面时,例如在黏土心墙(或斜墙)与坝壳砂砾料之间,坝体或坝基与排水设施之间,以及坝基内不同土层之间的渗流,可能把其中一层的细颗粒带到另一层的粗颗粒中去,称为接触管涌。当其中一层为黏性土,由于含水量增大凝聚力降低而成块移动,甚至形成剥蚀时,称为接触流土。

　　(5)散浸。是土质堤坝常见的一种险情。表现为堤坝背水面土体潮湿、变软,并有少量的水渗出,散浸又叫"堤出汗"。如不及时处理,就会发生内脱坡、管漏等险情。渗透变形一般首先在小范围内发生,逐步发展至大范围,最终可能导致坝体沉降、坝坡塌陷或形成集中的渗流通道等,危及坝的安全。

　　2)防止渗透变形的措施

　　土体发生渗透变形的原因主要取决于渗透坡降、土的颗粒组成和孔隙率等,所以应尽量降低渗透坡降和增加渗流出口处土体抵抗渗透变形的能力。为防止渗透变形,通常采用的工程措施有全面截阻渗流、延长渗径、设置排水设施、反滤层等。

　　反滤层的作用是既安全又顺利地排除坝体和地基土中的渗透水流。设置反滤层是提高土体的抗渗变形能力、防止各类渗透变形,特别是防止管涌的有效措施。在土质防渗体(包括心墙、斜墙、铺盖和截水墙等)与坝壳和坝基透水层间及下游渗流出溢处,渗流流入排水设施处,如不满足反滤要求,均必须设置反滤层。

　　反滤层一般是由2~3层不同粒径的非黏性土组成的。层次排列应尽量与渗流的方向垂直,各层次的粒径则按渗流方向逐层增加,如图6-10所示。

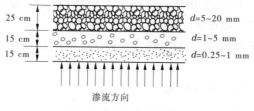

图6-10　反滤层的构造

　　人工施工时,水平反滤层的最小厚度为0.3 m,垂直或倾斜反滤层的最小厚度可采用0.5 m。采用机械化施工时,最小厚度应根据施工方法确定。

　　反滤层的材料首先应该是耐久的、能抗风化的砂石料。为保证滤土排水的正常工作,反滤层必须符合下列要求:

　　(1)被保护土壤的颗粒不得穿过反滤层。但对细小的颗粒(如粒径小于0.1 mm的砂土),则可允许被带走。因为它被带走不会使土的骨架破坏,不至于产生渗透变形。

　　(2)各层的颗粒不得发生移动。

（3）相临两层间，较小的一层颗粒不得穿过较粗一层的孔隙。

（4）反滤层不能被堵塞，而且应具有足够的透水性，以保证排水畅通。

反滤料、过渡层料、排水体料，应有较高的抗压强度，良好的抗水性、抗冻性和抗风化性，具有要求的级配和透水性。反滤料和排水体料中粒径小于 0.075 mm 的颗粒含量应不超过 5%。

5. 土石坝的构造

对满足抗渗和稳定要求的土石坝基本剖面，尚需进一步通过构造设计来保障坝的安全和正常运行。土石坝的构造主要包括坝顶、防渗体、排水设施和护坡等部分。

1）坝顶

土石坝的坝顶通常由防浪墙、路面、排水设施、下游栏杆组成。

坝顶面一般都做护面，护面的材料可采用碎石、单层砌石、沥青或混凝土，Ⅳ级以下的坝也可以采用草皮护面。如有公路交通要求，还应满足公路路面的有关规定，如图 6-11 所示。

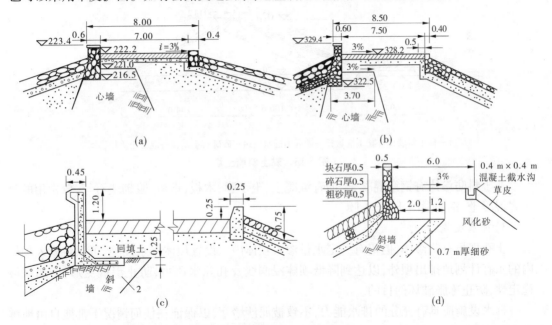

图 6-11　坝顶构造　（单位：m）

2）防渗体

土石坝的防渗体主要由心墙、斜墙、铺盖、截水墙等组成，它的结构和尺寸应能满足防渗、构造、施工和管理方面的要求。

黏土心墙土坝如图 6-12 所示，这种心墙一般布置在坝体中部，有时稍偏上游并稍为倾斜，以便于和坝顶的防浪墙相连接，并可使心墙后的坝壳先期施工，得到充分的先期沉降，以避免或减少裂缝。

心墙坝顶部厚度一般不小于 3 m，以便于机械化施工。由于心墙多为黏性土，材料的抗剪强度低，施工质量受气候的影响大，合适的黏土数量也难就近得到满足，所以一般不宜做肥厚的心墙。

黏土斜墙土坝如图 6-13 所示，防渗体布置在坝的上游面。黏土斜墙的构造除外形外，其他均与心墙类似。顶厚（指与斜墙上游坡面垂直的厚度）也不宜小于 3 m。为保证抗渗稳

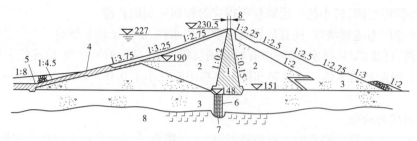

1—黏土心墙;2—半透水料;3—砂卵石;4—施工时挡土黏土斜墙;
5—盖层;6—混凝土防渗墙;7—灌浆帷幕;8—玄武岩

图 6-12　黏土心墙土坝

定,底厚不宜小于作用水头的 1/5。墙顶应高出设计洪水位 0.6 ~ 0.8 m,且不低于校核水位。同样,如有可靠的防浪墙,斜墙顶部也不应低于设计洪水位。

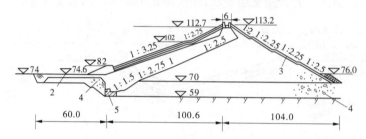

1—黏土斜墙;2—黏土铺盖;3—砂砾半透水层;4—砂砾石土基;5—混凝土盖板齿墙

图 6-13　黏土斜墙土坝

非土料防渗体有钢筋混凝土、沥青混凝土、土工膜、木板、钢板、浆砌块石等,较常用的是沥青混凝土、钢筋混凝土、土工膜。

3）排水设施

土石坝虽有防渗体,但仍有一定水量渗入坝体内。设置坝体排水设施,可以将渗入坝体内的水有计划地排出坝外,以达到降低坝体浸润线及孔隙水压力,防止渗透变形,增加坝坡稳定性,防止冻胀破坏的目的。

排水设施应具有充分的排水能力,不致被泥沙堵塞,以保证在任何情况下都能自由地排出全部渗水。

在排水设施与坝体、土基结合处,都应设置反滤层,以保证坝体和地基土不产生渗透变形,并应便于观测和检修。常用的坝体排水有以下几种形式。

（1）贴坡排水。紧贴下游坝坡的表面设置,由 1 ~ 2 层堆石或砌石筑成,在块石与坝坡之间设置反滤层,如图 6-14 所示。贴坡排水顶部应高于坝体浸润线的逸出点,对 1、2 级坝不小于 2.0 m,3 ~ 5 级坝不小于 1.5 m,并保证坝体浸润线位于冻结深度以下。贴坡排水底部必须设排水沟,其深度要满足结冰后仍有足够的排水断面。贴坡排水构造简单、节省材料、便于维修,但不能降低浸润线。多用于浸润线很低和下游无水的情况,当下游有水时还应满足波浪爬高的要求。

（2）棱体排水。在下游坝脚处用块石堆成棱体,顶部高程应超出下游最高水位,超出高度应大于波浪沿坡面的爬高,且对 1、2 级坝不小于 1.0 m,对 3 ~ 5 级坝不小于 0.5 m,并使坝体浸润线距坝坡的距离大于冰冻深度。堆石棱体内坡一般为 1:1.25 ~ 1:1.5,外坡为

1:1.5～1:2.0或更缓。顶宽应根据施工条件及检查观测需要确定,但不得小于1.0 m,如图6-15所示。

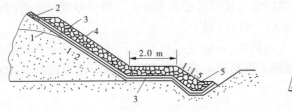

1—浸润线;2—护坡;3—反滤层;4—排水;5—排水沟

图6-14 贴坡排水

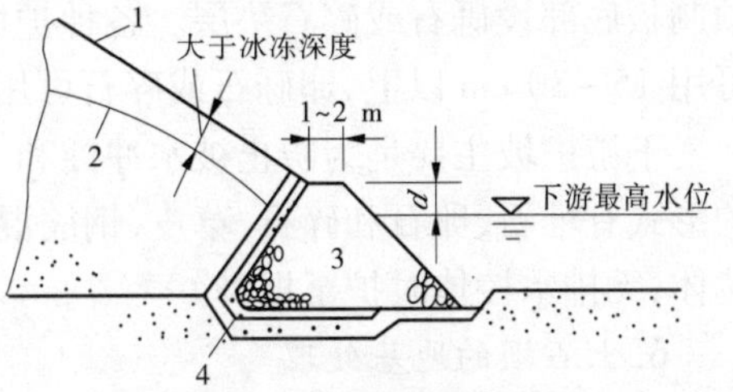

1—下游坝坡;2—浸润线;3—棱体排水;4—反滤层

图6-15 堆石棱体排水

棱体排水可降低浸润线,防止坝坡冻胀和渗透变形,保护下游坝脚不受尾水淘刷,且有支撑坝体增加稳定的作用,是效果较好的一种排水形式。多用于河床部分的下游坝脚处。但石料用量较大,费用较高,与坝体施工有干扰,检修也较困难。

4)土石坝的护坡与坝坡排水

土石坝的上游面,为防止波浪淘刷、冰层和漂浮物的损害、顺坝水流的冲刷等对坝坡的危害,必须设置护坡。土石坝下游面,为防止雨水、大风、水下部位的风浪、冰层和水流作用、动物穴居、冻胀干裂等因素对坝坡的破坏,也需设置护坡。

上游护坡的型式有抛石、干砌石、浆砌石、混凝土或钢筋混凝土、沥青混凝土或水泥土等。护坡覆盖的范围,应由坝顶起护至水库最低水位以下一定距离,一般最低水位以下2.5 m,4级、5级坝可减至1.5 m,对最低水位不确定的坝应护至坝底。

(1)抛石(堆石)护坡。是将适当级配的石块倾倒在坝面垫层上的一种护坡。优点是施工进度快、节省人力,但工程量比砌石护坡的大。

(2)砌石护坡。是用人工将块石铺砌在碎石或砾石垫层上,在马道、坝脚和护坡末端应设置基座。有干砌石和浆砌石护坡,要求石料比较坚硬并耐风化。干砌石应力求嵌紧,通常厚度为20～60 cm。有时根据需要用2～3层垫层,它也起反滤作用。砌石护坡构造,如图6-16所示。

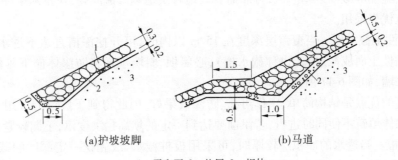

(a)护坡坡脚

(b)马道

1—干砌石;2—垫层;3—坝体

图6-16 干砌石护坡 (单位:m)

浆砌块石护坡能承受较大的风浪,也有较好的抗冰层推力的性能。但水泥用量大,造价较高。若坝体为黏性土,则要有足够厚度的非黏性土防冻垫层,同时要留有一定缝隙以便排水通畅。

（3）混凝土和钢筋混凝土板护坡。当筑坝地区缺乏石料时，可考虑采用此种形式。预制板的尺寸一般采用：方形板为 1.5 m×2.5 m、2 m×2 m 或 3 m×3 m，厚为 0.15～0.20 m。预制板底部设砾石或碎石垫层。各种护坡的垫层按反滤层要求确定。垫层厚度一般对砂土可用 15～30 cm 以上，卵砾石或碎石可用 30～60 cm 以上。

下游护坡主要是为防止被水冲蚀和人为破坏，一般宜采用简化形式。适用于下游护坡的形式有堆石、卵石和碎石、草皮、钢筋混凝土框格填石等。其护坡范围为由坝顶护至排水棱体，无排水棱体时护至坝脚。

6. 土石坝的地基处理

土石坝对地基的要求虽然比混凝土坝低，可不必挖除地表面透水土壤和砂砾石等，但地基的性质对土石坝的构造和尺寸仍有很大影响。据国外资料统计，土石坝失事约有 40% 是由于地基问题引起的，可见地基处理的重要性。土石坝地基处理的任务是：①控制渗流，使地基以致坝身不产生渗透变形，并把渗流流量控制在允许的范围内；②保证地基稳定不发生滑动；③控制沉降与不均匀沉降，以限制坝体裂缝的发生。

土石坝地基处理应力求做到技术上可靠，经济上合理。筑坝前要完全清除表面的腐殖土，以及可能发生集中渗流和可能发生滑动的表层土石，如较薄的细砂层、稀泥、草皮、树根及乱石和松动的岩块等，清除深度一般为 0.3～1.0 m，然后再根据不同地基情况采取不同的处理措施。

岩石地基的强度大、变形小，一般均能满足土石坝的要求，其处理目的主要是控制渗流，处理方法基本与重力坝相同，本节仅介绍非岩石地基的处理。

砂砾石地基一般强度较大，压缩变形也较小，因而对建筑在砂砾石地基上土石坝的地基处理主要是解决渗流问题。所以，处理的原则一般是减少坝基的渗透量并保证坝基和坝体的抗渗稳定。处理的方法是"上防下排"。属于"上防"的有铅直方向的黏土截水墙、混凝土防渗墙、板桩和帷幕灌浆，以及水平方向的防渗铺盖等；属于"下排"的有铅直方向的减压井和反滤式排水沟，以及水平方向的反滤式盖重等。所有这些措施既可以单独使用，也可以联合使用。

砂砾石地基控制渗流的措施，主要应根据地基情况、工程运用要求和施工条件选定。铅直的防渗措施能够截断地基渗流，可靠而有效地解决地基渗流问题，在技术条件可能而又经济合理时应优先采用。

（1）黏性土截水墙。当覆盖层深度在 15 m 以内时，可开挖深槽直达不透水层或基岩，槽内回填黏性土而成截水墙（也称截水槽），心墙坝、斜墙坝常将防渗体向下延伸至不透水层而成截水墙，如图 6-17 所示。

截水墙的优点是结构简单、工作可靠、防渗效果好，因此得到了广泛的应用。缺点是槽身挖填和坝体填筑不便同时进行，若汛前要达到一定的坝高拦洪度汛，工期较紧。

（2）板桩。当透水的冲积层较厚时，可采用板桩截水，或先挖一定深度的截水槽，槽下打板桩，槽中回填黏土，即合并使用板桩和截水墙。通常采用的是钢板桩，木板桩一般只用于围堰等临时性工程。

（3）混凝土防渗墙。用钻机或其他设备在土层中造成圆孔或槽孔，在孔中浇混凝土，最后连成一片，成为整体的混凝土防渗墙，适用于地基渗水层较厚的情况。

（4）灌浆帷幕。当砂卵石层很厚，用上述三种处理方法都较困难或不够经济时，可采用

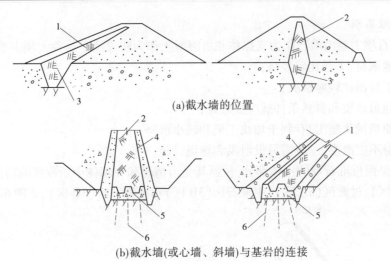

(a)截水墙的位置

(b)截水墙(或心墙、斜墙)与基岩的连接

1—黏土斜墙;2—黏土心墙;3—截水墙;4—过滤层;5—垫座;6—固结灌浆

图6-17 黏性土截水墙

灌浆帷幕防渗。灌浆帷幕的施工方法是:先用旋转式钻机造孔,同时用泥浆固壁,钻完孔后在孔中注入填料,插入带孔的钢管,待填料凝固后,在带孔的钢管中置入双塞灌浆器,用一定压力将水泥浆或水泥黏土浆压入透水层的孔隙中。压浆可自下而上分段进行,分段可根据透水层性质采用0.33~0.5 m不等。待浆液凝固后,就形成了防渗帷幕。

(5)防渗铺盖。是一种由黏性土做成的水平防渗设施,是斜墙、心墙或均质坝体向上游延伸的部分。当采用垂直防渗有困难或不经济时,可考虑采用铺盖防渗。防渗铺盖构造简单,造价一般不高,但它不能完全截断渗流,只是通过延长渗径的办法,降低渗透坡降,减小渗透流量,所以对解决渗流控制问题有一定的局限性,其布置形式如图6-18所示。

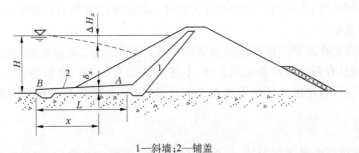

1—斜墙;2—铺盖

图6-18 防渗铺盖示意图

(6)排水减压措施。在强透水地基中采用铺盖防渗时,由于铺盖不能截断渗流,使渗水量和坝址处的逸出坡降较大,特别当坝基表层为相对不透水层时,坝趾处不透水层的下面可能有水头较大的承压水,致使坝基发生渗透变形,或造成下游地区的沼泽化;即使表层并非不透水层,冲积土的坝基也往往具有水平方向渗透系数大于垂直方向的特点,致使坝趾处仍保持有较大的压力水头,也可能发生管涌或流土。针对以上这些情况,有时需在坝下游设置穿过相对不透水层并深入透水层一定深度的排水减压装置,以导出渗水,降低渗透压力。确保土石坝及其下游地区的安全。常用的排水减压设施有排水沟和排水减压井。

7.面板堆石坝

面板堆石坝主要由堆石作为支撑体和由混凝土作为防渗体。这种大坝主要优点如下：

(1)就地取材,工程比较经济;

(2)施工度汛比较好解决;

(3)对地形地质和自然条件适应性较好;

(4)方便机械化施工,有利于加快工期和减小沉降;

(5)坝身不能泄洪,一般需另设泄洪和导流设施。

堆石体是面板堆石坝的主体部分,根据其受力情况和在坝体中所发挥的功能,又可分为垫层区(2A 区)、过渡区(3A 区)、主堆石区(3B 区)和次堆石区(3C 区),如图 6-19 所示。

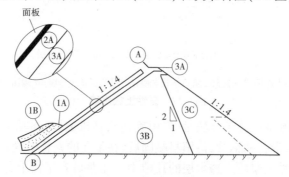

图 6-19　面板堆石坝示意图

垫层区应选用质地新鲜、坚硬且耐久性较好的石料,可采用经人工筛选加工的砂砾石、人工石料或者两者混合掺配。过渡区介于垫层与主堆石区之间,石料的粒径级配和密实度应介于垫层和主堆石之间。主堆石区是面板坝堆石的主体,是承受水压力的主要部分,它将面板承受的水压力传递到地基和下游堆石区,应具有足够的强度和较小的沉降量,同时有一定的透水性和耐久性;次堆石区承受水压力较小,其沉降和变形对面板影响一般也不大,填筑要求可适当低些。

混凝土防渗面板坝的防渗体主要由防渗面板和趾板组成,面板是防渗的主体,对质量要求较高,面板应具有符合设计要求的强度、不透水性和耐久性。趾板是面板的底座,其作用是保证面板与河床及岸坡之间的不透水连接,同时也作为坝基帷幕灌浆的盖板和滑模施工的起始工作面。

（三）拱坝

目前,世界拱坝发展速度很快,仅次于土石坝,且多修建高拱坝、双曲拱坝和薄拱坝。

1.拱坝的特点

拱坝是一空间壳体结构,其坝体结构可近似看作由一系列凸向上游的水平拱圈和一系列竖向悬臂梁所组成,如图 6-20 所示。

坝体结构既有拱作用又有梁作用,具有双向传递荷载的特点。其所承受的水平荷载一部分由拱的作用传至两岸岩体,另一部分通过竖直梁的作用传到坝底基岩,如图 6-21 所示。拱坝所坐落的两岸岩体部分称作拱座或坝肩;位于水平拱圈拱顶处的悬臂梁称作拱冠梁,一般位于河谷的最深处。

拱坝在外荷载作用下的稳定性主要是依靠两岸拱端的反力作用,并不完全依靠坝体重量来维持稳定。这样就可以将拱坝设计得较薄。

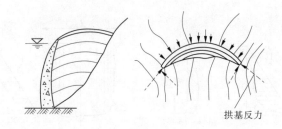

图 6-20　拱坝示意图

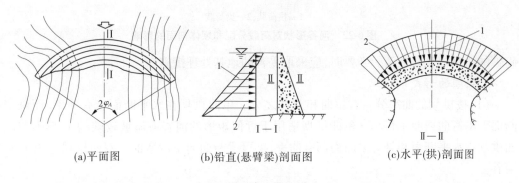

1—拱荷载；2—梁荷载
图 6-21　拱坝平面及剖面图

拱坝坝身不设永久伸缩缝，其周边通常是固接于基岩上，因而温度变化和基岩变化对坝体应力的影响较显著，设计时必须考虑基岩变形，并将温度荷载作为一项主要荷载。

在泄洪方面，过去常认为拱坝坝体比较单薄不宜从坝身宣泄很大的流量。但实践证明，拱坝不仅可以在坝顶安全溢流，而且可以在坝身开设大孔口泄水。目前，坝顶溢流或坝身孔口泄水的单宽流量已超过 $200 \, \mathrm{m}^3/(\mathrm{s \cdot m})$。近年来，拱坝溢流已渐趋普遍。

拱坝坝身单薄，体形复杂，设计和施工的难度较大，因而对筑坝材料强度、施工质量、施工技术及施工进度等方面要求较高。

2. 拱坝对地形和地质条件的要求

地形条件是决定拱坝结构形式、工程布置及经济性的主要因素。理想的地形应是左右两岸对称，岸坡平顺无突变，在平面上向下游收缩的峡谷段。坝端下游侧要有足够的岩体支撑，以保证坝体的稳定。坝址处河谷形状特征常用河谷宽高比(L/H)及河谷的断面形状两个指标来表示。

不同河谷即使具有同一宽高比，其断面形状可能相差很大。如图 6-22 所示两种不同类型的河谷形状，在水压力作用下拱梁系统的荷载分配及对坝体剖面的影响。左右对称的 V 形河谷最适宜发挥拱的作用，靠近底部水压强度最大，但拱跨短，因而底拱厚度仍可较薄；U 形河谷靠近底部拱的作用显著降低，大部分荷载由梁的作用来承担，故厚度较大，梯形河谷的情况则介于这两者之间。

地质条件也是拱坝建设中的一个重要问题。拱坝地基的关键是两岸坝肩的基岩，它必须能承受由拱端传来的巨大推力、保持稳定并不产生较大的变形，以免恶化坝体应力甚至危及坝体安全。理想的地质条件是：基岩均匀单一、完整稳定、强度高、刚度大、透水性小和耐风化等。但是，理想的地质条件是不多的，应对坝址的地质构造、节理与裂隙的分布，断层破

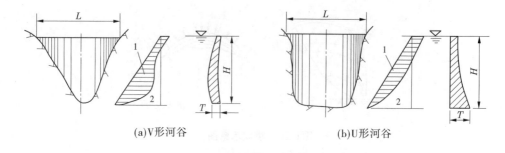

(a)V形河谷　　　　　　　　　　　　(b)U形河谷

1—拱荷载;2—梁荷载

图 6-22　河谷形状对荷载分配和坝体剖面的影响

碎带的切割等认真查清。必要时,应采取妥善的地基处理措施。

3.拱坝的形式

(1)按拱坝的曲率分。有单曲和双曲之分。单曲拱坝在水平断面上有曲率,而悬臂梁断面上不弯曲或曲率很小。单曲拱坝适用于近似矩形的河谷或岸坡较陡的 U 形河谷。双曲拱坝在水平断面和悬臂梁断面都有曲率,拱冠梁断面向下游弯曲。双曲拱坝适用于 V 形河谷。

(2)按水平拱圈形式分。可分为圆弧拱坝、多心拱坝、变曲率拱坝(椭圆拱坝和抛物线拱坝等)。圆弧拱坝拱端推力方向与岸坡边线的夹角往往较小,不利于坝肩岩体的抗滑稳定。多心拱坝由几段圆弧组成,且两侧圆弧段半径较大,可改善坝肩岩体的抗滑稳定条件。变曲率拱坝的拱圈中间段曲率较大,向两侧曲率逐渐减小。

(四)橡胶坝

1.类型

橡胶坝分袋式、帆式和钢柔混合结构式三种坝型,比较常用的是袋式坝型。坝袋按充胀介质可分为充水式、充气式和气水混合式;按锚固方式可分为锚固坝和无锚固坝。

2.组成部分及作用

橡胶坝由坝袋段和上、下游连接段三部分组成,如图 6-23 所示。

坝袋段是橡胶坝的主体,由底板、坝袋、边墩和中墩等组成,具有挡水、调节坝上水位和过坝水流的作用。

1)底板

橡胶坝底板形式与坝型有关,一般多采用平底板。枕式坝为减小坝肩,在每跨底板端头一定范围内做成斜坡。端头锚固坝一般都要求底板面平直。对于较大跨度的单个坝段,底板在垂直水流方向上设沉降缝。

2)中墩

中墩的作用主要是分隔坝段,安放溢流管道,支撑枕式坝两端堵头。

3)边墩

边墩的作用主要是挡土,安放溢流管道,支撑枕式坝端部堵头。

4)坝袋

用高强合成纤维织物做受力骨架,内外涂上合成橡胶做黏结保护层的胶布,锚固在混凝土基础底板上,成封闭袋形,用水或气体的压力充胀,形成柔性挡水坝。主要作用是挡水,并通过充坍坝来控制坝上水位及过坝流量。

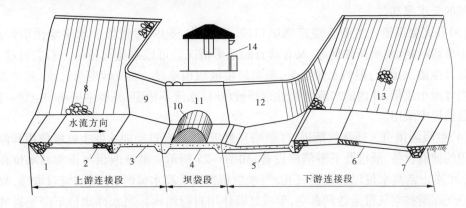

1—上游防冲槽;2—上游护底;3—铺盖;4—坝底板;5—护坦(消力池);6—海漫;7—下游防冲槽;
8—上游护坡;9—上游翼墙;10—坝袋;11—边墩;12—下游翼墙;13—下游边坡;14—控制室

图 6-23 橡胶坝组成部分

二、泄水建筑物

(一)溢洪道

为了宣泄规划库容所不能容纳的洪水,防止洪水漫坝失事,确保工程安全,以及满足放空水库和防洪调节等要求,在水利枢纽中一般都设有泄水建筑物。常用的泄水建筑物有深式泄水建筑物(包括坝身泄水孔、水工隧洞、坝下涵管等)和溢洪道(包括河岸溢洪道、河床溢洪道)。河岸溢洪道一般适用于土石坝、堆石坝及某些轻型坝等水利枢纽。

1. 河岸溢洪道

河岸溢洪道的类型主要有正槽式、侧槽式、井式和虹吸式四种。

(1)正槽溢洪道。如图 6-24 所示,这种溢洪道的泄槽轴线与溢流堰轴线正交,过堰水流方向与泄槽轴线方向一致,所以其水流平顺,超泄能力大,结构简单,运用安全可靠,是一种采用最多的河岸溢洪道形式。

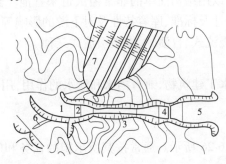

1—进水渠;2—溢流堰;3—泄槽;4—消力池;5—出水渠;6—非常溢洪道;7—土石坝

图 6-24 正槽溢洪道

(2)侧槽溢洪道。如图 6-24 所示,这种溢洪道的泄槽轴线与溢流堰的轴线接近平行,即水流过堰后,在侧槽段的极短距离内转弯约 90°,再经泄槽泄入下游。侧槽溢洪道多设置于较陡的岸坡上,大体沿等高线设置溢流堰和泄槽,易于加大堰顶长度,减少溢流水深和单宽流量,不需大量开挖山坡,但侧槽内水流紊动和撞击都很剧烈。因此,对两岸山体的稳定性及地基的要求很高。

（3）井式溢洪道。主要有溢流喇叭口段、渐变段、竖井、弯道段和水平泄洪洞段组成。适用于岸坡陡峭、地质条件良好,又有适宜的地形情况。可以避免大量的土石方开挖,造价可能较其他溢洪道低,但当水位上升,喇叭口溢流堰顶淹没,堰流转变为孔流,超泄能力较小。当宣泄小流量,井内的水流连续性遭到破坏时,水流不稳定,易产生振动和空蚀。因此,我国目前较少采用。

（4）虹吸溢洪道。通常包括进口（遮檐）、虹吸管、具有自动加速发生虹吸作用和停止虹吸作用的辅助设备、泄槽及下游消能设备,如图 6-25 所示。溢流堰顶与正常高水位在同一高程,水库正常高水位以上设通气孔,当水位超过正常高水位时,水流将流过堰顶,虹吸管内的空气逐渐被空气带走达到真空,形成虹吸作用自行泄水。当水库水位下降至通气孔以下时,虹吸作用便自动停止。这种溢洪道可自动泄水和停止泄水,能比较灵敏地自动调节上游水位,在较小的堰顶水头下能得到较大的泄流量,但结构复杂,施工检修不便,进口易堵塞,管内易空蚀,超泄能力小等。一般用于水位变化不大和需随时进行调节的中小型水库、发电和灌溉的渠道上。

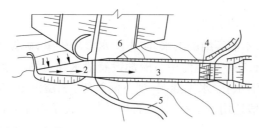

1—溢流堰;2—侧槽;3—泄水槽;4—出口消能段;5—上坝公路;6—土石坝

图 6-25　侧槽溢洪道

2. 非常溢洪道

在建筑物运行期间可能出现超过设计标准的洪水,由于这种洪水出现机会极少,泄流时间也不长,所以在枢纽中可以用结构简单的非常溢洪道来宣泄。其启用标准应根据工程等级、枢纽布置、坝型、洪水特性及标准、库容特性及对下游的影响等因素确定。

非常溢洪道一般分为漫流式、自溃式、爆破引溃式三种。

（二）水闸

水闸是一种低水头的水工建筑物,兼有挡水和泄水的作用,用以调节水位、控制流量,以满足水利事业的各种要求。

1. 水闸的类型

水闸的种类很多,如图 6-26 所示。通常按其所承担的任务和闸室的结构形式来进行分类。

1）按水闸所承担的任务分类

（1）节制闸（或拦河闸）。拦河或在渠道上建造。枯水期用以拦截河道,抬高水位,以利上游取水或满足航运要求;洪水期则开闸泄洪,控制下泄流量。位于河道上的节制闸称为拦河闸。

（2）进水闸。建在河道、水库或湖泊的岸边,用来控制引水流量,以满足灌溉、发电或供

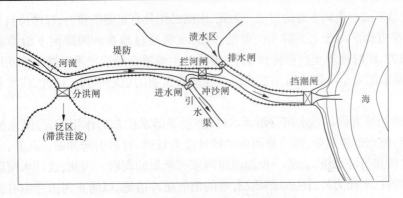

图 6-26 水闸的类型及位置示意图

水的需要。进水闸又称取水闸或渠首闸。

（3）分洪闸。常建于河道的一侧，用来将超过下游河道安全泄量的洪水泄入预定的湖泊、洼地，及时削减洪峰，保证下游河道的安全。

（4）排水闸。常建于江河沿岸，外河水位上涨时关闸以防外水倒灌，外河水位下降时开闸排水，排除两岸低洼地区的涝渍。该闸具有双向挡水、双向过流的特点。

（5）挡潮闸。建在入海河口附近，涨潮时关闸不使海水沿河上溯，退潮时开闸泄水。挡潮闸具有双向挡水的特点。

此外，还有为排除泥沙、冰块、漂浮物等而设置的排沙闸、排冰闸、排污闸等。

2）按闸室结构形式分类

（1）开敞式水闸。闸室上面不填土封闭的水闸，如图 6-27（a）、（b）所示。一般有泄洪、排水、过木等要求时，多采用不带胸墙的开敞式水闸，如图 6-27（a）所示，多用于拦河闸、排冰闸等；当上游水位变幅大，而下泄流量又有限制时，为避免闸门过高，常采用带胸墙的开敞式水闸，如进水闸、排水闸、挡潮闸多用这种形式。

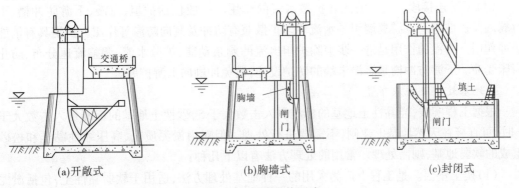

| (a)开敞式 | (b)胸墙式 | (c)封闭式 |

图 6-27 闸室结构形式

（2）封闭式水闸。闸（洞）身上面填土封闭的水闸［见图 6-27（c）］，又称封闭式水闸。常用于穿堤取水或排水的水闸。洞内水流可以是有压的或者是无压的。

2.水闸的工作特点

水闸既能挡水，又能泄水，且多修建在软土地基上，因而它在稳定、防渗、消能防冲及沉降等方面都有其自身的特点。

（1）稳定方面。当水闸关门挡水时，水闸上下游较大的水头差造成较大的水平推力，使水闸有可能沿基面产生向下游的滑动。为此,水闸必须具有足够的重力,以维持自身的稳定。

(2)防渗方面。由于上下游水位差的作用,水将通过地基和两岸向下游渗流。渗流会引起水量损失,同时地基土在渗流作用下,容易产生渗透变形。严重时闸基和两岸的土壤会被淘空,危及水闸安全。渗流对闸室和两岸连接建筑物的稳定不利。因此,应妥善进行防渗设计。

(3)消能防冲方面。当水闸开闸泄水时,在上下游水位差的作用下,过闸水流往往具有较大的动能,流态也较复杂,而土质河床的抗冲能力较低,可能引起冲刷。此外,水闸下游常出现波状水跃和折冲水流,会进一步加剧对河床和两岸的淘刷。因此,设计水闸除应保证闸室具有足够的过水能力外,还必须采取有效的消能防冲措施,以防止河道产生有害的冲刷。

(4)沉降方面。土基上建闸,由于土基的压缩性大,抗剪强度低,在闸室的重力和外部荷载作用下,可能产生较大的沉降影响正常使用,尤其是不均匀沉降会导致水闸倾斜,甚至断裂。在水闸设计时,必须合理地选择闸型、构造,安排好施工程序,采取必要的地基处理等措施,以减少过大的地基沉降和不均匀沉降。

3. 水闸的组成

水闸通常由上游连接段、闸室段和下游连接段三部分组成,如图 6-28 所示。

(1)上游连接段。主要作用是引导水流平稳地进入闸室,同时起防冲、防渗、挡土等作用。一般包括上游翼墙、铺盖、护底、两岸护坡及上游防冲槽等。上游翼墙的作用是引导水流平顺地进入闸孔并起侧向防渗作用。铺盖主要起防渗作用,其表面应满足抗冲要求。护坡、护底和上游防冲槽(齿墙)是保护两岸土质、河床及铺盖头部不受冲刷。

(2)闸室段。闸室是水闸的主体部分,通常包括底板、闸墩、闸门、胸墙、工作桥及交通桥等。底板是闸室的基础,承受闸室全部荷载,并较均匀地传给地基,此外还有防冲、防渗等作用。闸墩的作用是分隔闸孔并支撑闸门、工作桥等上部结构。闸门的作用是挡水和控制下泄水流。工作桥供安置启闭机和工作人员操作之用。交通桥的作用是连接两岸交通。

(3)下游连接段。具有消能和扩散水流的作用。一般包括护坦、海漫、下游防冲槽、下游翼墙及护坡等。下游翼墙引导水流均匀扩散兼有防冲及侧向防渗等作用。护坦具有消能防冲作用。海漫的作用是进一步消除护坦出流的剩余动能、扩散水流、调整流速分布、防止河床受冲。下游防冲槽是海漫末端的防护设施,避免冲刷向上游扩展。

4. 地基处理及桩基布置

根据工程实践,当黏性土地基的标准贯入击数大于 5,砂性土地基的标准贯入击数大于 8 时,可直接在天然地基上建闸,不需要进行处理。但对由淤泥质土、高压缩性黏土和松砂组成的软弱地基,则需处理。常用的处理方法有以下几种:

(1)换土垫层。是工程上广为采用的一种地基处理方法,适用于软弱黏性土,包括淤泥质土。当软土层位于基面附近,且厚度较薄时,可全部挖除。如软土层较厚不宜全部挖除,可采用换土垫层法处理,将基础下的表层软土挖除,换以砂性土,水闸即建在新换的土基上。

砂垫层的主要作用是:①通过垫层的应力扩散作用,减小软土层所受的附加应力,提高地基的稳定性;②减小地基沉降量;③铺设在软黏土上的砂层,具有良好的排水作用,有利于软土地基加速固结。

垫层的厚度一般为 1.5~3.0 m。垫层的宽度 B',通常选用建筑物基底压力扩散至垫层的宽度再加 2~3 m。垫层材料以采用中壤土最为适宜,含砾黏土及级配良好的中砂、粗砂

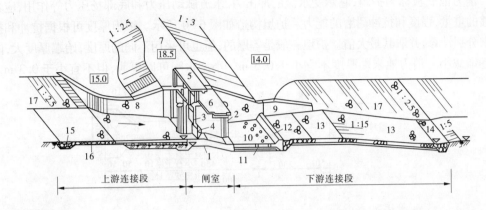

1—闸室底板;2—闸墩;3—胸墙;4—闸门;5—工作桥;6—交通桥;7—堤顶;8—上游翼墙;9—下游翼墙;
10—护坦;11—排水孔;12—消力坎;13—海漫;14—下游防冲槽;15—上游防冲槽;16—上游护底;17—上、下游护坡

图 6-28 水闸的组成

也是适宜的,至于粉砂和细砂,因其容易"液化",不宜作为垫层材料。

(2)桩基础法。水闸桩基础通常应采用摩擦型桩(包括摩擦桩和端承摩擦桩),即桩顶荷载全部或主要由桩侧摩阻力承受。桩的根数和尺寸按照承担底板底面以上的全部荷载(包括竖向荷载和水平向荷载)确定,不考虑桩间土的承载能力。在同一块底板下,不应采用直径、长度相差过大的摩擦型桩,也不应同时采用摩擦桩和端承型桩。

5. 底流消能工构造

底流消能工的作用是通过在闸下产生一定淹没度的水跃来保护水跃范围内的河床免遭冲刷。淹没度过小,水跃不稳定,表面漩滚前后摆动;淹没度过大,较高流速的水舌潜入底层,由于表面漩滚的剪切,掺混作用减弱,消能效果反而减小。

底流式消能设施有三种形式:下挖式、突槛式和综合式,如图 6-29 所示。

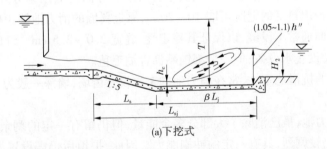

(a)下挖式

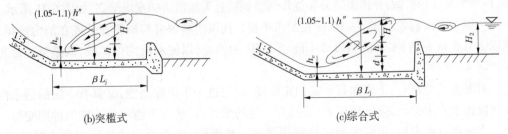

(b)突槛式   (c)综合式

图 6-29 消力池形式

消力池底板称为护坦,它承受水流的冲击力、水流脉动压力和底部扬压力等作用,应具有足够的重量、强度和抗冲耐磨的能力。护坦构造如图6-30所示。护坦厚度可根据抗冲和抗浮要求分别计算,并取其最大值。护坦一般是等厚的,但也可采用不同的厚度,始端厚度大,向下游逐渐减小。消力池末端厚度不宜小于0.5 m。小型水闸可以更薄,但不宜小于0.3 m。

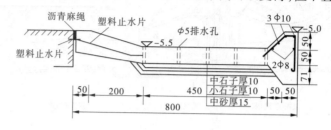

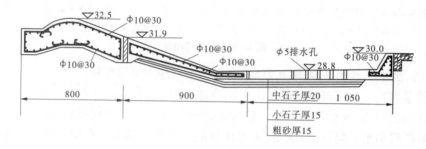

图6-30　护坦构造

底板一般用C15或C20混凝土浇筑而成,并按构造配置 ϕ 10 ~ 12 mm@ 25 ~ 30 cm 的构造钢筋。大型水闸消力池的顶、底面均需配筋,中小型的可只在顶面配筋。

为了降低护坦底部的渗透压力,可在水平护坦的后半部设置排水孔,孔下铺设反滤层,排水孔孔径一般为5 ~ 10 cm,间距1.0 ~ 3.0 m,呈梅花形布置。

护坦与闸室、岸墙及翼墙之间,以及其本身沿水流方向均应用缝分开,以适应不均匀沉陷和温度变形。护坦自身的缝距可取 10 ~ 20 m,靠近翼墙的消力池缝距应取得小一些。护坦在垂直水流方向通常不设缝,以保证其稳定性,缝宽 2.0 ~ 2.5 cm。缝的位置如在闸基防渗范围内,缝中应设止水设备;但一般都铺贴沥青油毛毡。

为增强护坦的抗滑稳定性,常在消力池的末端设置齿墙,墙深一般为 0.8 ~ 1.5 m,宽为0.6 ~ 0.8 m。

水流经过消力池,虽已消除了大部分多余能量,但仍留有一定的剩余动能,特别是流速分布不均,脉动仍较剧烈,具有一定的冲刷能力。因此,护坦后仍需设置海漫等防冲加固设施,以使水流均匀扩散,并将流速分布逐步调整到接近天然河道的水流形态,如图6-31所示。

一般在海漫起始段做5 ~ 10 m长的水平段,其顶面高程可与护坦齐平或在消力池尾坎顶以下 0.5 m 左右,水平段后做成不陡于1:10 的斜坡,以使水流均匀扩散,调整流速分布,保护河床不受冲刷。

对海漫的要求有:①表面有一定的粗糙度,以利进一步消除余能;②具有一定的透水性,以便使渗水自由排出,降低扬压力;③具有一定的柔性,以适应下游河床可能的冲刷变形。

水流经过海漫后,尽管多余能量得到了进一步消除,流速分布接近河床水流的正常状态,但在海漫末端仍有冲刷现象。为保证安全和节省工程量,常在海漫末端设置防冲槽或采

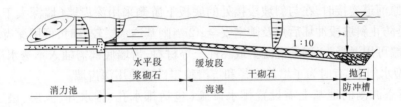

图 6-31 海漫布置示意图

取其他加固措施,如图 6-32 所示。

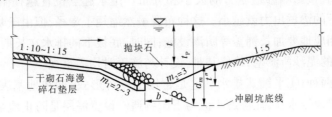

图 6-32 防冲槽

6.防渗及排水设施构造

防渗设施是指构成地下轮廓的铺盖、板桩及齿墙,而排水设施则是指铺设在护坦、浆砌石海漫底部或闸底板下游段起导渗作用的砂砾石层。排水常与反滤层结合使用。

铺盖主要用来延长渗径,应具有相对的不透水性;为适应地基变形,也要有一定的柔性。铺盖常用黏土、黏土壤或沥青混凝土做成,有时也可用钢筋混凝土作为铺盖材料。

黏土和黏壤土铺盖的渗透系数应比地基土的渗透系数小 100 倍以上。铺盖的长度应由闸基防渗需要确定,一般采用上下游最大水位差的 3 ~ 5 倍。铺盖的厚度 δ 应根据铺盖土料的允许水力坡降值计算确定。铺盖与底板连接处为一薄弱部位,通常将底板前端做成斜面,使黏土能借自重及其上的荷载与底板紧贴,在连接处铺设油毛毡等止水材料,一端用螺栓固定在斜面上,另一端埋入黏土铺盖中。为了防止铺盖在施工期遭受破坏和运行期间被水流冲刷,应在其表面先铺设砂垫层,然后再铺设单层或双层块石护面。

如当地缺乏黏性土料,或以铺盖兼作阻滑板增加闸室稳定,可采用混凝土或钢筋混凝土铺盖。其厚度一般为 0.4 ~ 0.6 m,与底板连接处应加厚至 0.8 ~ 1.0 m。铺盖与底板、翼墙之间用沉降缝分开。铺盖本身亦应设温度沉降缝,缝距为 15 ~ 20 m,靠近翼墙的缝距应小一些,缝中均应设止水。混凝土强度等级为 C15,配置温度和构造钢筋。对于要求起阻滑作用的铺盖,应按受力大小配筋。

板桩的作用随其位置不同而不同。一般设在闸底板上游端或铺盖前端,主要用以降低渗透压力,有时也设在底板下游端,以减小出口段坡降或出逸坡降,但一般不宜过长,否则将过多地加大底板所受的渗透压力。

打入不透水层的板桩,嵌入深度不应小于 1.0 m。如透水层很深,则板桩长度视渗流分析结果和施工条件而定,一般采用水头的 0.6 ~ 1.0 倍。

齿墙有浅齿墙和深齿墙两种。浅齿墙常设在闸室底板上下游两端及铺盖起始处。底板两端的浅齿墙均用混凝土或钢筋混凝土做成,深度一般为 1.5 ~ 1.8 m。这种齿墙既能延长渗径,又能增加闸室抗滑稳定性。深齿墙常用于如下情况:①当水闸在闸室底板后面紧接斜坡段,并与原河道连接时,在与斜坡段接处的底板下游侧采用深齿墙(墙深大于 1.5 m),其作用主要是防止斜坡段冲坏后危及闸室安全;②当闸基透水层较浅时,可用深齿墙截断透水层,此时齿墙可用混凝土、钢筋混凝土或黏性土等材料,齿墙底部需插入不透水层 0.5～1.0 m;③在小型水闸中,有时为了增加渗径和抗滑稳定性也使用深齿墙。

在闸室下游侧的地基上需设置排水设施(包括排水孔、排水井、滤层、垫层及排水孔等)。将闸基中的渗水安全地排到下游,以减小渗透压力,增加闸室稳定性。为此要求排水设施应有良好的透水性,并与下游畅通;同时,能够有效地防止地基土产生渗透变形。

排水的位置直接影响渗透压力的大小和分布。排水起点位置越往闸室底板上游端移动,作用在底板下的渗透出力就越小。这种布置虽然缩短了渗径,但由于防渗要求必须满足一定长度,因此相应地要加长铺盖等防渗设施;同时,底板下的排水在长期运用过程中,也有可能被渗水带来的泥沙所淤塞,检修甚难,设计与施工时均需重视。

排水形式有两种:①平铺式排水。这是常用的一种形式,即在地基表面铺设滤层或垫层,在消力池底部设排水孔,让渗透水流与下游畅通。设置滤层是防止地基土产生渗透变形的关键性措施,滤层终点的渗透坡降必须小于地基土在无滤层保护时的容许坡降,应以此原则来确定滤层铺设长度。②铅直排水井(排水井)。反滤层常由 2～3 层不同粒径的石料(砂、砾石、卵石或碎石)组成,每层厚度为 20～30 cm。层面大致与渗流方向正交,其颗径则顺着渗流方向由细到粗进行排列。在黏土地基上,由于黏土颗粒有较大的黏结力,不易产生管涌,因而对滤层级配的要求可以低些,常铺设 1～2 层。

三、临建设施

(一)导流

水利水电工程整个施工过程中的施工水流控制(又称施工导流),广义上说可以概括为采取"导、截、拦、蓄、泄"等工程措施来解决施工和水流蓄泄之间的矛盾,避免水流对水工建筑物施工的不利影响,把河水流量全部或部分地导向下游或拦蓄起来,以保证干地施工和施工期不影响或尽可能少影响水资源的综合利用。

在河流上修建水利水电工程时,为了使水工建筑物能在干地上进行施工,需要用围堰维护基坑,并将河水引向预定的泄水通道往下游宣泄,施工导流如图 6-33 所示。

施工导流方式,大体上可分为三类,即分段围堰法导流、全段围堰法导流、淹没基坑法导流。分段围堰法亦称为分期围堰法,就是用围堰将水工建筑物分段、分期维护起来进行施工的方法。图 6-33 为两期导流的例子。

所谓分段,就是在空间上用围堰将建筑物分为若干施工段进行施工,见图 6-34。所谓分期,就是在时间上将导流分为若干时期。采用分段围堰法导流时,纵向围堰位置的确定,也就是河床束窄程度的选择是关键问题之一。

河床束窄程度可用面积束窄度(K)表示,即

$$K = \frac{A_2}{A_1} \times 100\% \tag{6-1}$$

式中,A_2 为围堰和基坑所占的过水面积,m^2;A_1 为原河床的过水面积,m^2。

国内外一些工程 K 值的取用范围为 40%～70%。

在确定纵向围堰的位置或选择河床的束窄程度时,应重视下列问题:充分利用河心洲、小

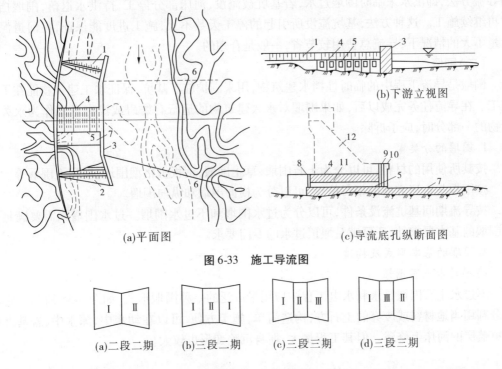

(a)平面图　　　　　　　　　　　　(c)导流底孔纵断面图

图6-33　施工导流图

(a)二段二期　　(b)三段二期　　(c)三段三期　　(d)三段三期

图6-34　分段围堰

岛等有利地形条件;纵向围堰尽可能与导墙、隔墙等永久建筑物相结合;束窄河床流速要考虑施工通航、筏运、围堰和河床防冲等的要求,不能超过允许流速;各段主体工程的工程量、施工强度要比较均衡;便于布置后期导流泄水建筑物,不致使后期围堰过高或截流落差过大。

分段围堰法导流一般适用于河床宽、流量大、施工期较长的工程,尤其在通航河流和冰凌严重的河流上。分段围堰法导流,前期都利用束窄的原河道导流,后期要通过事先修建的泄水道导流,常见的有以下几种:底孔导流、坝体缺口导流和束窄河床导流。

上述三种后期导流方式,一般只适用于混凝土坝,特别是重力式混凝土坝。对于土石坝、非重力式混凝土坝等坝型,若采用分段围堰法导流,常与河床外的隧洞导流、明渠导流等方式相配合。

全段围堰法导流,就是在河床主体工程的上下游各建一道断流围堰,使河水经河床以外的临时泄水道或永久泄水建筑物下泄。主体工程建成或接近建成时,再将临时泄水道封堵。全段围堰法导流,其泄水道类型通常有以下几种。

(1)隧洞导流。是在河岸中开挖隧洞,在基坑上下游修筑围堰,河水经隧洞下泄。一般山区河流,河谷狭窄,两岸地形陡峻,山岩坚实,采用隧洞导流较为普遍。

(2)明渠导流。是在河岸上开挖渠道,在基坑上下游修筑围堰,河水经渠道下泄。

(3)涵管导流。一般在修筑土坝、堆石坝工程中采用。

(4)淹没基坑法导流。是一种辅助导流方法,在全段围堰法和分段围堰法中均可使用。山区河流特点是洪水期流量大、历时短,而枯水期流量则很小,水位暴涨暴落、变幅很大。若按一般导流标准要求来设计导流建筑物,不是挡水围堰修得很高,就是泄水建筑物的尺寸要求很大,而使用期又不长,这显然是不经济的。在这种情况下,可以考虑采用允许基坑淹没的导流方法,即洪水来临时围堰过水,若基坑被淹没,河床部分停工,待洪水退落,围堰挡水时再继续施工。这种方法,基坑淹没所引起的停工天数不长,施工进度能保证,在河道泥沙含量不大的情况下,导流总费用较节省,一般是合理的。

(二)围堰

围堰是导流工程中的临时性挡水建筑物,用来围护施工基坑,保证水工建筑物能在干地施工。在导流任务完成以后,如果围堰对永久建筑物的运行有妨碍或没有考虑作为永久建筑物的一部分时,应予拆除。

1.围堰的分类

按其所使用的材料,可以分为土石围堰、草土围堰、钢板桩格型围堰、混凝土围堰等。

按围堰与水流方向的相对位置,可以分为横向围堰和纵向围堰。

按导流期间基坑淹没条件,可以分为过水围堰和不过水围堰。过水围堰除需要满足一般围堰的基本要求外,还要满足堰顶过水的专门要求。

2.围堰的基本形式及构造

1)不过水土石围堰

不过水土石围堰是水利水电工程中应用最广泛的一种围堰形式,如图6-35所示。它能充分利用当地材料或废弃的土石方,构造简单,施工方便,可以在动水中、深水中、岩基上或有覆盖层的河床上修建。但其工程量大,堰身沉陷变形也较大。

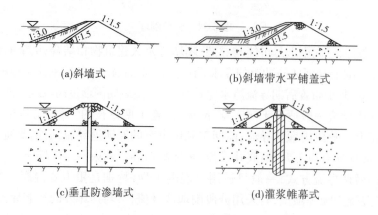

(a)斜墙式　　　　　　　　　　　　(b)斜墙带水平铺盖式

(c)垂直防渗墙式　　　　　　　　　　(d)灌浆帷幕式

图6-35　不过水土石围堰

若当地有足够数量的渗透系数小于 10^{-4} cm/s 的防渗料(如砂壤土),土石围堰可以采用图6-35(a)、(b)两种形式。其中,图6-35(a)适用于基岩河床;图6-35(b)适用于覆盖层厚度不大的场合。

若当地没有足够数量的防渗料或覆盖层较厚,土石围堰可以采用图6-35(c)、(d)两种形式,用混凝土防渗墙、高喷墙、自凝灰浆墙或帷幕灌浆来解决基础防渗问题。

2)过水土石围堰

当采用允许基坑淹没的导流方式时,围堰堰体必须允许过水。因此,过水土石围堰的下游坡面及堰脚应采取可靠的加固保护措施。目前采用的有大块石护面、钢筋石笼护面、加筋护面及混凝土板护面等。较普遍的是混凝土板护面。

3)混凝土围堰

混凝土围堰的抗冲与防渗能力强,挡水水头高,底宽小,易于与永久性建筑物相连接,必要时还可以过水,因此应用比较广泛。国内浙江紧水滩、贵州乌江渡、湖南凤滩及湖北隔河岩等水利水电工程中均采用过拱形混凝土围堰做横向围堰,但多数工程还是以重力式混凝土围堰做纵向围堰。

4)钢板桩格型围堰

钢板桩格型围堰按挡水高度不同,其平面形式有圆筒形格体、扇形格体及花瓣形格体等,应用较多的是圆筒形格体。

5)草土围堰

草土围堰是一种草土混合结构,多用捆草法修建。草土围堰的断面一般为矩形或边坡很陡的梯形,坡比为 1:0.2~1:0.3,是在施工中自然形成的边坡。

第二节　专门性水工建筑物

一、水电站建筑物

水电站是利用水能资源发电的场所,是水、机、电的综合体。其中,为了实现水力发电,用来控制水流的建筑物称为水电站建筑物。要充分利用河流的水能资源,首先要使水电站的上下游形成一定的落差,构成发电水头。因此,就开发河流水能的水电站而言,按其集中水头的方式不同分为坝式、引水式和混合式三种基本方式。抽水蓄能电站和潮汐电站也是水能利用的重要形式。在河流峡谷处拦河筑坝,坝前壅水,在坝址处形成集中落差,这种开发方式为坝式开发。在坝址处引取上游水库中的水流,通过设在水电站厂房内的水轮机,发电后将尾水引至下游原河道,上下游的水位差即是水电站所获取的水头。用坝集中水头的水电站称为坝式水电站,如图 6-36 所示。

在河流坡降陡的河段上筑一低坝(或无坝)取水,通过人工修建的引水道(渠道、隧洞、管道)引水到河段下游,集中落差,再经压力管道引水到水轮机进行发电。用引水道集中水头的电站称为引水式水电站,如图 6-37 所示。

图 6-36　坝后式水电站

图 6-37　引水式水电站

二、泵站

水泵站是机电排灌中的一部分。水泵站的任务是利用动力机带动水泵或提水机具进行提水、通过沟渠对农田进行灌溉和排除涝水,或通过管道为工业和城乡生活提供水。

泵站有多种分类方法,按照其工程用途,可分为为农业服务的灌溉泵站、排水泵站、排灌结合泵站和市政工程的给排水泵站等；按照其扬程高低可分为高扬程泵站、中扬程泵站和低扬程泵站；按照其规模大小可分为大型泵站、中型泵站和小型泵站；按照操作条件及方式，可分为人工手动控制泵站、半自动化泵站、全自动化泵站和遥控泵站等；按照水泵机组设置的位置与地面的相对标高关系，可分为地面式泵站、地下式泵站和半地下式泵站。

　　小型低扬程泵站主要分布在平原河网圩垸等多水源地区，如长江三角洲、珠江三角洲等河网地区。由于这类地区地势平坦，土地肥沃，水源密布，水源水位变幅很小，故以低扬程、小流量为特点的小型泵站星罗棋布，形成大面积泵站群，这类泵站投资小，效益高，而且在非灌溉季节还可以以动力设备进行农副产品加工和解决农村照明用电等。中型排灌泵站主要分布在丘陵地区和圩垸地区，有些泵站起单纯排水或单纯灌溉的作用，有些泵站则兼顾灌溉和排水的双重功能，它们大多属于中等规模的泵站，类型比较多。大型排灌泵站主要分布在湖北、安徽、江苏、湖南等省的沿江滨湖低洼地区，其特点是流量大，扬程低，自动化程度高。高扬程泵站主要分布在陕西、甘肃、山西、宁夏等省（区）的高原地区，其主要特点是扬程高、梯级多、工程巨大。

　　叶片式水泵是靠泵内高速旋转的叶轮将动力机的机械能转换给被抽送的水体。属于这一类的泵有离心泵、轴流泵、混流泵等。

（一）离心泵

　　离心泵按基本结构、形式特征分为单级单吸离心泵、单级双吸离心泵、多级离心泵及自吸离心泵等。

　　单级单吸离心泵的特点是扬程较高，流量较小，结构简单，便于维修，体积小，重量轻，移动方便。单级单吸离心泵目前主要有 IS、IB 系列。IS、IB 系列泵是按照 ISO 2858 国际标准设计，性能指标和标准化、系列化、通用化水平都比老产品有较大提高，其适用范围：转速为 2 900 r/min 或 1 450 r/min，泵进口直径为 50 ~ 200 mm，流量为 6.3 ~ 400 m³/h，扬程为 5 ~ 125 m，用于丘陵山区和一些小型抽水灌区。

　　单级双吸离心泵的特点是流量较大，扬程较高；泵体水平中开，检修时不需拆卸电动机及进出水管路，只要揭开泵盖即可进行检查和维修；由于叶轮对称，轴向力基本平衡，故运行较平稳。单级双吸离心泵的适用范围为：泵进口直径为 150 ~ 1 400 mm，转速为 370 ~ 2 950 r/min，流量为 72 ~ 18 000 m³/h，扬程为 11 ~ 104 m。广泛用于较大面积的农田排水和灌溉。

　　分段式多级离心泵的特点是流量小，扬程高，结构较复杂，使用维护不太方便。分段式多级离心泵扬程的适用范围为 50 ~ 650 m，流量为 6.3 ~ 450 m³/h。适用于城乡人畜供水和小面积农田灌溉。

（二）轴流泵

　　轴流泵按主轴方向可分为立式泵、卧式泵和斜式泵，按叶片调节的可能性可分为固定、半调节和全调节轴流泵。

　　立式泵因其占地面积小，叶轮淹没在水中，启动方便，动力机安装在水泵上部，不易受潮等优点得到广泛采用。

　　轴流泵的特点是低扬程，大流量。立式轴流泵结构简单，外形尺寸小，占地面积小。立式轴流泵叶轮淹没于进水池最低水位以下，启动方便。轴流泵可根据需要改变叶片的安装角度。中小型轴流泵的适用范围：泵出口直径为 150 ~ 1 300 mm，流量为 50 ~ 5 990 L/s，扬程为 1 ~ 23.2 m。适用于圩区和平原地区的排水和灌溉。

为适应大面积农田排灌和跨流域调水的需要,我国兴建了一系列大型排灌泵站,安装叶轮直径为 1.6～4.5 m 的特大型轴流泵,流量范围为 4.5～60 m^3/s,扬程范围为 2.0～11.86 m。

(三)混流泵

混流泵按结构形式分为蜗壳式混流泵和导叶式混流泵。

混流泵的特点是流量比离心泵大,比轴流泵小;扬程比离心泵低,比轴流泵高;泵的效率高,且高效区较宽广;流量变化时,轴功率变化较小,动力机可经常处于满载运行;抗气蚀性能较好,运行平稳,工作范围广;中小型卧式混流泵,结构简单,重量轻,使用维修方便。它兼有离心泵和轴流泵的优点,是一种较为理想的泵型。广泛用于平原地区、圩区、丘陵山区的排水和灌溉。

(四)泵房

我国目前生产的中小型蜗壳式混流泵的适用范围:泵进口直径为 50～800 mm,扬程为 3.5～22.0 m,流量为 130～9 000 m^3/h。中小型导叶式混流泵的适用范围:泵出口直径为 300～2 200 mm,扬程为 3～25.4 m,流量为 0.392～12.0 m^3/s。

泵房是安装水泵、动力机及其他辅助设备的建筑物,是整个泵站工程的主体。其主要作用是为机电设备及运行管理人员提供良好的工作条件,泵房设计应根据规划的要求和所选的主机组类型及台数等,综合当地水文、地形和地质条件进行。泵房设计包括:泵房结构类型的选定,泵房内部布置形式和各部分尺寸的拟定,泵房整体稳定等。

泵房设计应满足如下要求:

(1)在保证设备安装、检修及运行安全可靠的前提下,使泵房的尺寸最小,布置紧凑,以节约工程投资;

(2)泵房结构要有足够的强度和刚度,且抗震性好,在泵房可能遇到各种外力作用的情况下,应满足整体稳定的要求;

(3)泵房应坐落在稳定的地基基础上,避开滑坡区;

(4)要满足采光、通风、防火、低噪声的要求;

(5)保证泵房水下结构抗裂防渗;

(6)便于利用现代的建筑、安装方法进行施工。

泵房的结构形式很多,按泵房能否移动分为固定式泵房和移动式泵房两大类。固定式泵房按基础结构又分为分基型、干室型、湿室型和块基型四种结构形式,如图 6-38 所示。移动式泵房根据移动方式的不同分为浮船式和缆车式两种类型。

三、渠系建筑物

渠系建筑物是指为安全、合理地输配水量,以满足各部门的需要,在渠道系统上修建的建筑物。是灌区灌排系统必不可少的重要组成部分,若缺少,则灌排系统就无法正常工作。渠系建筑物按照作用不同,可分为控制建筑物、交叉建筑物、泄水建筑物、衔接建筑物等。

灌溉渠道遍布整个灌区,线长面广,其规划和设计是否合理,将直接关系到土方量的大小、渠系建筑物的多少、施工和管理的难易及工程效益的大小,因此渠道的布置一定要慎重进行。

(一)渠道

灌溉渠道一般可分为干渠、支渠、斗渠、农渠四级固定渠道,如图 6-39 所示。干渠、支渠主要起输水作用,称为输水渠道;斗渠、农渠主要起配水作用,称为配水渠道。

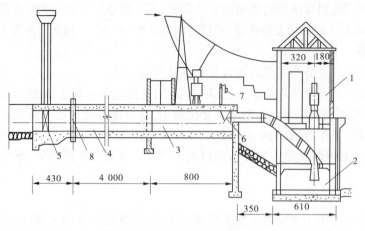

1—电机层；2—水泵层；3—压力水箱；4—出水涵管；5—防洪闸；6—拍门；7—平衡锤；8—伸缩缝

图 6-38　箱形湿室型泵房

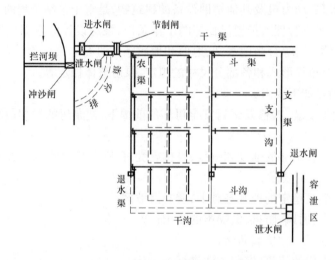

图 6-39　灌溉排水渠道系统示意图

1. 渠道横断面

渠道横断面的形状有梯形、矩形、U 形、弧形底梯形、弧形坡脚梯形等。梯形是最常用的横断面形状，因为它便于施工，并能保持渠道边坡的稳定，如图 6-40(a)、(c)所示。在坚固的岩石中开挖渠道时，宜采用矩形断面，如图 6-40(b)、(d)所示。当渠道通过城镇工矿区或斜坡地段，渠宽受到限制时，可采用混凝土、砌石等材料作为挡墙，如图 6-40(d)、(e)、(f)所示。

渠道横断面尺寸，应根据水力计算确定。梯形土渠的边坡应根据稳定条件确定，土渠的边坡系数 m 一般取 1~3。对于挖深大于 5 m 或填高超过 3 m 的土坡，必须进行稳定计算，计算方法与土石坝稳定计算相同。为了管理方便和边坡稳定，每隔 4~6 m 应设一平台，平台宽 1.5~2 m，并在平台内侧设排水沟。

2. 渠道的纵断面

渠道纵断面设计的任务是根据灌溉水位要求确定渠道的空间位置，主要内容包括确定渠道纵坡、设计水位线、最低水位线、渠底线、渠顶高程线，在渠道的纵断面图上应标明建筑物类型和位置，如图 6-41 所示。

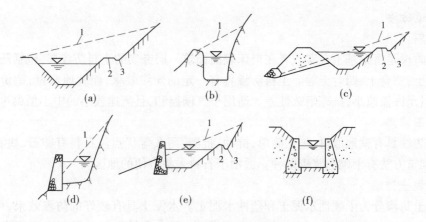

1—原地面线;2—马道;3—排水沟

图6-40　渠道横断面图

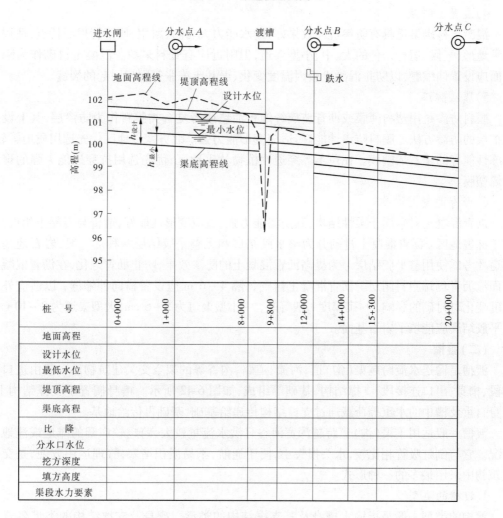

图6-41　渠道纵断面示意图

3.渠道防渗

1）土料防渗

土料防渗是将渠基土夯实或者在渠床表面铺筑一层夯实的土料防渗层,包括压实素土、黏砂混合土、三合土、四合土等。土料防渗具有一定的防渗效果,能就地取材,造价低廉,技术简单,但允许流速小,抗冻耐久性差。适用于气候温和,且流速较小的中小型渠道。

2）砌石防渗

砌石防渗具有就地取材、施工简单、抗冲、抗磨、耐久等优点。石料有卵石、块石、条石、石板等,砌筑方法有干砌和浆砌两种。适用于石料采集方便的地区。

3）水泥土防渗

水泥土防渗分为干硬性水泥土和塑性水泥土。水泥土具有较好的防渗效果,可减少渗漏量 80% ~ 90%,能就地取材,造价低,技术简单,群众容易掌握。但允许流速小,抗冻性差。适用于温和地区,且渠道附近有砂土和砂壤土而缺乏砂石料。

4）混凝土防渗

混凝土衬砌渠道具有防渗抗冲效果好、输水能力大、经久耐用、便于管理等特点,适用于各种地形、气候、运行条件的大、中、小型渠道,但附近应有骨料来源。混凝土衬砌作为刚性护面应设置伸缩缝,以防止混凝土板因温度变化、渠基土冻胀等因素引起的裂缝。

5）膜料防渗

膜料防渗是用塑料薄膜或沥青玻璃纤维布油毡或者复合类膜料作为防渗层,其上设置保护层的防渗方法。膜料防渗性能好,适应变形能力强。北方寒冷地区优先选用质地柔软、抗冻性能好的聚乙烯塑膜。在芦苇等穿透性植物丛生地区,优先选用抗穿透能力强的聚氯乙烯塑膜。

6）沥青混凝土防渗

沥青混凝土衬砌属于柔性结构,其防渗能力强,适应变形性能好,造价与混凝土相近,适用于冻害地区。沥青混凝土衬砌分为整平胶结层和无整平胶结层两种。一般,岩石地基的渠道才考虑使用整平胶结层。为提高沥青混凝土的防渗效果,防止沥青老化,在沥青混凝土表面涂沥青玛琋脂封闭层。沥青混凝土衬砌每隔 4 ~ 6 m 应设置横向伸缩缝,以适应外界温度变化对衬砌的影响。衬砌厚度一般等厚,中小型渠道为 5 ~ 6 cm,大型渠道为 8 ~ 10 cm。整平胶结层应能填平岩石基面。

（二）渡槽

渡槽是输送水流跨越渠（沟）道、河流、道路、沟谷等的架空交叉建筑物。一般由进口连接段、槽身、出口连接段、支撑结构、基础等组成,如图 6-42 所示。槽身搁置于支撑结构上,槽身自重及槽中的水重等荷载通过支撑结构传递给基础,基础再传给地基。

渡槽一般适用于渠（沟）道跨越深宽河谷且洪水流量较大、跨越较广阔的滩地或洼地等情况。它与倒虹吸管相比较,水头损失小,便于通航,不易淤积堵塞,管理运用方便,是交叉建筑物中采用最多的一种形式。

1.渡槽的类型

渡槽的类型一般是指输水槽身及其支撑结构的类型。槽身及支撑结构的类型各式各样,所用材料又有所不同,施工方法也各异,因而分类方式就很多。

按施工方法分,有现浇整体式渡槽、预制装配式渡槽、预应力渡槽等。

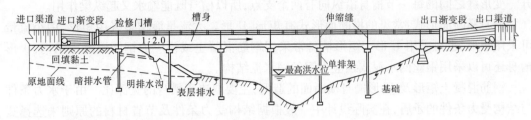

图 6-42　渡槽纵剖面图 （单位：cm）

按所用材料分，有木渡槽、砌石渡槽、混凝土渡槽、钢筋混凝土渡槽等。

按槽身断面分，有矩形槽、U 形槽、梯形槽、椭圆形槽、圆管形槽等，通常用的是前两种。

按支撑结构形式分，有梁式渡槽、拱式渡槽、桁架式渡槽、组合式渡槽、悬吊式渡槽、斜拉式渡槽等，其中常用的是前两类。

梁式渡槽槽身置于槽墩或排架上，槽身侧墙在纵向起梁的作用，故称梁式渡槽。下面从进口段、槽身段、出口段、槽身纵向支撑、基础等几个方面做介绍。

2. 进口段

为了使渠道水流平顺地进入渡槽，尽量减小水头损失，避免冲刷、淤积；避免因连接不当而引起漏水，致使岸坡或填方渠道产生过大的沉陷和滑坡现象；满足运用、交通、泄水等的要求。需要设置进口渐变段、连接建筑物（槽台、挡土墙等），以及为满足运用、交通和泄水等要求而设置的节制闸、交通桥等。布置时，应注意以下几个方面：

(1)进口前的渠道上应有一定长度的直线段。渡槽进口渠道的直线段与槽身连接，在平面布置上要避免急剧转弯；否则，易使水流不均匀而偏离一侧，从而影响渡槽的进流条件，影响正常输水，对于流量较大、坡度较陡的渡槽，尤其要注意这一问题。

(2)设置渐变段。渠道断面可以是梯形、矩形、U 形，通常是梯形的，而且纵坡较缓，所以过水断面与水面宽度一般较大。为了降低渡槽造价，槽身纵坡常陡于渠道，所以槽身断面与宽度常常比渠道小，并且材质上往往也不相同，故为使水流进槽身时比较平顺，以利于减小水头损失和防止冲刷，渡槽进口需设置渐变段。渐变段可采用扭曲面、八字墙等形状。其中，以扭曲面式时水流条件较好，应用较多；八字墙式施工简单方便，但水流条件较差，小型渡槽使用较多。

(3)设置护底与护坡，防止冲刷。对于抗冲能力较低的土渠，为了防冲，靠近渐变段的一段渠道可用砌石或混凝土护底、护坡，其长度等于渐变段长度。

(4)设置连接段。渐变段与槽身之间常因各种需要再设置一节连接段。对于 U 形槽身需设置连接段与渐变段末端矩形断面连接；为交通需要，设置连接段以便布置交通桥或人行桥；为满足停水检修等目的，需要在进口设置节制闸或留检修门槽；为使槽身与进出口建筑物之间的伸缩缝便于检修，需要设置连接段伸入渠道填土边坡或岸坡范围内与渐变段连接。连接段与渐变段之间的接缝需设置止水以防渗。连接段的长度可根据具体情况决定。

3. 槽身段

梁式渡槽槽身在纵向均匀荷载作用下，一部分受压，一部分受拉，故常采用钢筋混凝土结构。为了节约钢筋和水泥用量，还可采用预应力钢筋混凝土及钢丝网水泥结构，跨度较小的槽身也可用混凝土建造。为了适应温度变化及地基不均匀沉陷等原因而引起的变形，必须设置横向变形缝将槽身分为独立工作的若干节，并将槽身与进口建筑物和出口建筑物分开。变形缝之间的每一节槽身沿纵向有两个支点,所以槽身既能输水又起纵梁作用。

　　槽身横断面形式:常见的横断面形式有矩形、U 形。大流量渡槽多采用矩形,中小流量可采用矩形,也可采用 U 形。矩形槽身常采用钢筋混凝土或预应力钢筋混凝土结构,U 形槽身还可以采用钢丝网水泥或预应力钢丝网水泥结构。

　　钢筋混凝土矩形及 U 形槽身横断面的造型,主要取决于槽身的宽深比。由于水力条件与结构受力条件的矛盾,在实际设计中一般根据结构受力条件及节省材料的原则来选择宽深比。对于大流量或有通航要求的,需要较大槽宽的矩形槽。

　　渡槽纵坡:在相同的流量下,纵坡 i 大,过水断面就小,渡槽造价低;但纵坡 i 大,水头损失大,减少了下游自流灌溉面积,满足不了渠系规划要求,同时由于流速大可能引起出口渠道的冲刷。因此,确定一个适宜的底坡,使其既能满足渠系规划允许的水头损失,又能降低工程造价,常常需要试算。一般常采用 $i = 1/500 \sim 1/1\,500$,槽内流速 $1 \sim 2$ m/s;对于有通航要求的渡槽,要求流速在 1.5 m/s 以内,底坡小于 1/2 000。

　　4. 槽身与两岸渠道的连接

　　槽身与两岸渠道的连接常采用斜坡式和挡土墙式。

　　1)斜坡式

　　斜坡式连接是将连接段或渐变段伸入填方渠道末端的锥形土坡内,按照连接段的支撑方式分为刚性连接和柔性连接两种。

　　(1)刚性连接。是将连接段支撑埋置于锥形土坡内的支撑墩上,支撑墩建在固结原状土或基岩上,当填方渠道产生沉陷时,连接段不会因填土沉陷而下沉,变形缝止水工作可靠,但槽底会与填土脱离而形成漏水通道,故需做好防渗处理和采取措施减小填土沉陷。对于小型渡槽,也可不设连接段,而将渐变段直接与槽身连接,并按变形缝要求设置止水,防止接缝漏水影响渠坡安全。

　　(2)柔性连接。是将连接段或渐变段直接置于填土上,填方下沉时槽底仍能与之较好地结合,对防渗有利且工程较省,但对施工技术要求较高,变形缝止水的工作条件差。因此,要严格控制填土质量以尽量减小沉陷,并根据可能产生的沉陷量将连接段预留沉陷高度,以保证进出口建筑物的高程,变形缝止水应能适应因填土沉陷而引起的变形,如图 6-43 所示。

　　无论刚性连接还是柔性连接,都应尽量减小填方渠道的沉陷,做好防渗、防漏处理,保证填土边坡的稳定。为了防止产生过大的沉陷,渐变段和连接段下面的填土宜采用砂性土填筑,并应严格分层夯实,上部铺筑厚 0.5 ~ 1.0 m 的防渗黏土铺盖以减小渗漏。若当地缺少砂性土,也可用黏性土填筑,但必须严格分层夯实,最好在填筑后间歇一定时间,待填土预沉后再建渐变段和连接段。为保证土坡稳定,填方渠道末端的锥体土坡不宜过陡,并采用砌石、混凝土或草皮护坡,在坡脚处设置排水沟以便导渗和排水。

　　2)挡土墙式

　　挡土墙式连接如图 6-44 所示。是将边跨槽身的一端支撑在重力挡土墙式槽墩上,并与渐变段或连接段连接。挡土边槽墩应建在固结原状土或基岩上,以保证稳定并减小沉陷,两侧用“一”字形或“八”字形斜墙挡土。为了降低挡土墙背后的地下水压力,在墙身和墙背面应设置排水设施。其他关于防冲、防渗以及对填土质量的要求等与斜坡式连接相同。

　　挡土墙式连接常属柔性连接,工作较可靠,但用料较多,一般填方高度不大时采用。

　　这种布置的连接段底板和侧墙沿水流方向不承受弯矩作用,故可采用浆砌石建造。有

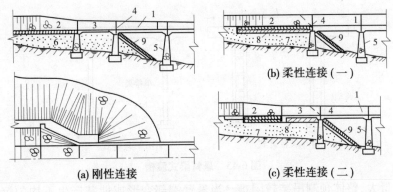

(b) 柔性连接 (一)

(a) 刚性连接　　　　　　　(c) 柔性连接 (二)

1—槽身;2—渐变段;3—连接段;4—变形缝;5—槽墩;
6—回填黏性土;7—回填砂性土;8—黏土铺盖;9—砌石护坡

图 6-43　斜坡式连接

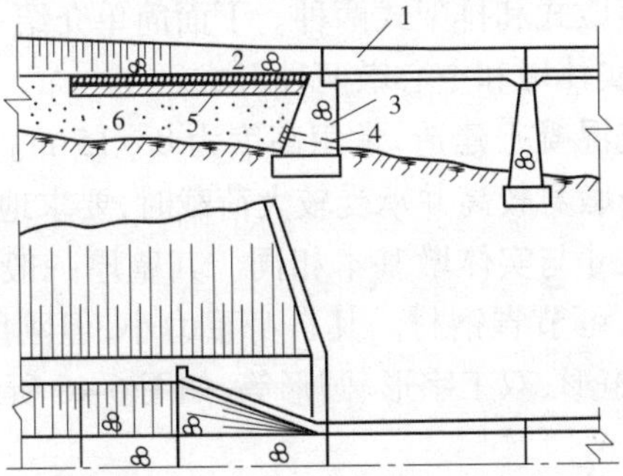

1—槽身;2—渐变段或连接段;3—挡土边槽墩;
4—排水孔;5—黏土铺盖;6—回填砂性土

图 6-44　挡土墙式连接

时为了缩短槽身长度,可将连接段向槽身方向延长,并建造在用浆砌石砌筑的底座上。

5. 出口段

设置出口段的目的是使水流平顺地从渡槽进入渠道,避免冲刷,减小水头损失。

(1)设置渐变段。为使水流平顺衔接,渡槽出口需设置渐变段。渐变段的形状有扭曲面式、八字墙式。

(2)设置护底与护坡,防止冲刷。

(3)设置连接段。渐变段与槽身之间根据需要设置一节连接段。

(4)出口后的渠道上应有一定长度的直线段,以防止冲刷,影响正常输水。

6. 槽身纵向支撑

梁式渡槽的槽身根据其支撑位置的不同,可分为简支梁式、双悬臂梁式[见图 6-45(a)]、单悬臂式[见图 6-45(b)]三种形式。

简支梁式渡槽的优点是结构简单,施工吊装方便,接缝止水构造简单。缺点是跨中弯矩较大,底板受拉,对抗裂防渗不利。其常用跨度为 8 ~ 15 m,经济跨度为墩架高度的 0.8 ~ 1.2 倍。

双悬臂梁式渡槽根据其悬臂长度的不同,又可分为等跨双悬臂式和等弯矩双悬臂式。双悬臂梁式渡槽因跨中弯矩较简支梁小,每节槽身长度可为 25 ~ 40 m,但由于一节槽身的

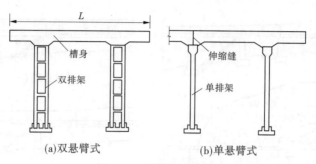

图 6-45　悬臂梁式渡槽

总长度大、重量大,整体预制吊装较困难。当悬臂端部变形或地基产生不均匀沉陷时,接缝将产生错动而使止水容易被拉裂。据已建工程观察,双悬臂梁式渡槽在支座附近容易产生横向裂缝。

梁式渡槽的支撑结构有墩式和排架式两种。下面简单介绍一下墩式渡槽。

槽墩一般为重力墩,有实体墩和空心墩两种形式。

实体墩一般用浆砌石或混凝土建造,常用高度为 8 ~ 15 m。其构造简单,施工方便,但由于自身重力大,用料多,当墩身较高并承受较大荷载时,要求地基有较大的承载能力。

空心墩的体型及部分尺寸与实体墩基本相同。其壁厚一般为 15 ~ 30 cm,与实体墩相比可节省材料,与槽架相比,可节省钢材。其自身重力小,但刚度大,适用于修建较高的槽墩。其截面形式有圆矩形、矩形、双工字形、圆形等,如图 6-46 所示。

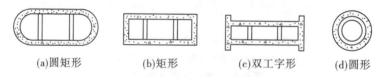

(a)圆矩形　　　　(b)矩形　　　　(c)双工字形　　(d)圆形

图 6-46　空心墩横截面形式

7. 基础

渡槽基础的类型较多,根据埋置深度可分为浅基础及深基础,埋置深度小于 5 m 时为浅基础,大于 5 m 时为深基础。应结合渡槽形式选定基础结构的形式,基础结构的布置尺寸须在槽墩或槽架布置的基础上确定。

对于浅基础,基底面高程(或埋置深度)应根据地形、地质等条件选定。对于冰冻地区,基底面埋入冰冻层以下不少于 0.3 m,以免因冰冻而降低地基承载力。耕作地内的基础,基顶面以上至少要留有 0.5 ~ 0.8 m 的覆盖层,以利耕作。软弱地基上基础埋置深度,一般为 1.5 ~ 2.0 m,当地基的允许承载力较低时,可采取增加埋深或加大基底面尺寸的办法以满足地基承载力的要求。当上层地基土的承载能力大于下层时,宜利用上层土做持力层,但基底面以下的持力层厚度应不小于 1.0 m。坡地上的基础,基底面应全部置于稳定坡线之下,并应削除不稳定的坡土和岩石以保证工程的安全。河槽中受到水流冲刷的基础,基顶面应埋入最大冲刷深度之下以免基底受到淘刷危及工程的安全。对于深基础,入土深度应从稳定坡线、耕作层深度、最大冲刷深度等处算起,以确保深基础的承载能力。

基础是渡槽的下部结构,它将渡槽的全部重量传给地基。常用的渡槽基础有刚性基础、整体板基础、钻孔桩和沉井基础等,如图 6-47 所示。

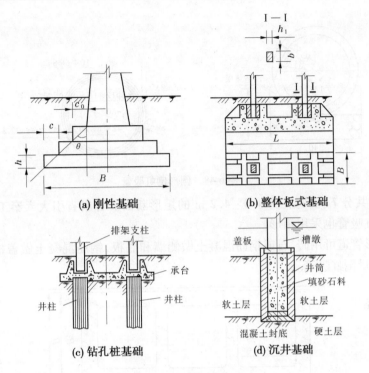

(a) 刚性基础　　　　　　　(b) 整体板式基础

(c) 钻孔桩基础　　　　　　(d) 沉井基础

图 6-47　渡槽的基础

(三)倒虹吸管

倒虹吸管是输送渠水通过河流、山谷、洼地、道路或其他渠道的压力输水管道,是一种渠道交叉建筑物。

与渡槽相比,倒虹吸管具有工程量小、造价低、施工安全方便、不影响河道宣泄等优点。缺点是水头损失较大;当输送小流量多泥沙水时易淤积堵塞;由于承受高压水头,所以运用和管理不方便;通航渠道上不能采用。

1. 倒虹吸管的分类与选型

倒虹吸管按断面形状可分为圆形、箱形、拱形;按建筑材料可分为木质、石质、素混凝土、钢丝网水泥、钢筋混凝土、预应力钢筋混凝土、铸铁、钢管等多种。

1)圆形管道

圆形管道,如图 6-48 所示,湿周小,与过水面积相同的箱形、拱形管道相比,水力摩阻小,水流条件好,过水能力最大。圆形管管壁所受的内水压力均匀,且具有拱的作用,抵抗外部荷载性能好,与通过同样流量的箱形钢筋混凝土管道相比,可节约 10% ~ 15% 钢材。圆管能承受高水头压力,预应力钢筋混凝土圆管、小流量钢箍木质圆管和圆形钢管都可以承受150 ~ 200 m 的水头。圆管施工方便,且适宜于成批生产,质量较易掌握。因此,圆管应用最多。若圆管直径太大,则管重很大,吊装及安装困难。

2)箱形管道

箱形管道有矩形、正方形。可做成单孔或多孔,其结构形式简单,如图 6-49 所示。大断面的钢筋混凝土箱形管在现场立模浇筑比大直径圆管方便,虽然其受力性能不如圆管,材料用量比圆管稍多,但对于大流量、低水头的倒虹吸管采用箱形断面经济合理,应用较多。多孔箱形管有利于调节水量、检修和防止淤积。例如,山东省的黄庄穿涵,压力水头 6 m,流量

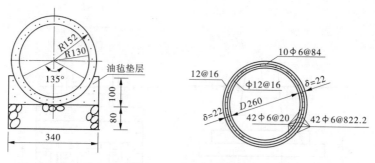

图6-48　圆形倒虹吸管

为238 m^3/s,共分7孔,每孔为4.0~4.2 m的矩形断面。甘肃省引大入秦工程全长711 m 的庄浪河倒虹吸管也采用箱形。

小型箱形管道可用砖、石或钢筋混凝土做侧墙和底板,钢筋混凝土做盖板构成,适用于低水头、小流量倒虹吸管。

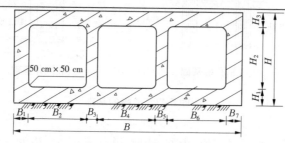

图6-49　箱形倒虹吸管

2. 倒虹吸管的材料

倒虹吸管的材料应根据压力大小及流量的多少、就地取材、施工方便、经久耐用等原则综合分析选择。应用较多的是钢筋混凝土、预应力钢筋混凝土、钢板。

(1)钢筋混凝土管。优点是耐久、价廉、变形小、节约金属材料、制造简便、糙率变化小、抗震性能好等。缺点是管壁厚、自重大、钢筋未能充分发挥作用、抗裂性能较差等。适用于较高水头,一般为30 m左右,可达50~60 m,管径通常不大于3 m。

(2)预应力钢筋混凝土管。除具有钢筋混凝土管的优点外,还具有较好的弹性、不透水性和抗裂性,能充分发挥材料的性能。由于充分利用高强度钢筋,能节约大量钢材,又能承受高水头压力,在相同管径、相同压力条件下,金属用量为金属管的10%~40%,为钢筋混凝土管的70%~80%,并且由于管壁薄、工程量小,造价比钢筋混凝土管的低。预应力钢筋混凝土管重量轻,吊装施工安装方便;不易锈蚀,使用寿命长。缺点是性脆、易碰坏、施工技术较复杂,远程运输后预应力值可能有损失。适用于高水头的情况。

(3)钢管由钢板焊接而成。具有很高的强度和不透水性,所以可用于任何水头和较大的管径。引大入秦工程中的光明峡倒虹吸管全长524.8 m,设计水头107 m;水磨沟倒虹吸管全长567.96 m,设计水头67 m,这两座倒虹吸管均由直径2.65 m的双排钢管组成,是高水头大跨度钢质桥式倒虹吸管。缺点是刚度较小,可能会由于主管的变形使伸缩节内填料松动而使接头漏水;制造技术要求高,且防锈与维护费用高。

(4)钢衬钢筋混凝土管。利用钢板与混凝土两者的长处,把高强薄壁钢筒内衬于管道内缘应力最大部位,施工时能做内模,运行时能把水头损失减小到最低程度。

(5)素混凝土管。优点是节约钢材。但对施工要求很高,质量难于保证。素混凝土管适用于水头较低、流量较小的情况,一般用于水头为 4～6 m 的倒虹吸管。从素混凝土管运行情况来看,管身裂缝、接缝处漏水严重的现象经常发生,这多与材料强度、施工技术与质量等因素有关。

(6)钢丝网水泥管。优点是弹性好、抗裂强度较高、抗渗性能好、重量轻、节约钢材、造价低。最大缺点是保护层薄,钢丝网易锈蚀,使用寿命短。

(7)铸铁管。优点是不透水、变形小、可承受较高水头。缺点是金属材料用量大,锈蚀后水头损失大,寿命较短。一般用于高水头地段。

3. 倒虹吸管的布置与构造

倒虹吸管一般由进口、管身、出口三部分组成。进出口建筑物常见的是挡土墙、梁、板、柱结构。管路布置应根据地形、地质、施工、水力条件等分析确定。总体布置的一般原则是:管身最短、岸坡稳定、管基密实,进出口连接平顺,结构合理。根据流量大小及运用要求,可采用单管、双管或多管。根据管路埋设情况及高差大小,倒虹吸管的布置形式可分为以下几种:

1)竖井式

竖井式多用于压力水头较小($H < 3～5$ m),穿越道路的倒虹吸管,如图 6-50 所示。这种形式构造简单、管路短。进出口一般用砖石或混凝土砌筑成竖井。竖井断面为矩形或圆形,其尺寸稍大于管身,底部设 0.5 m 深的集沙坑,以沉积泥沙,并便于清淤及检修管路时排水。管身断面一般为矩形、圆形或其他形式。竖井式水力条件差,但施工比较容易,一般用于工程规模较小的倒虹吸管。

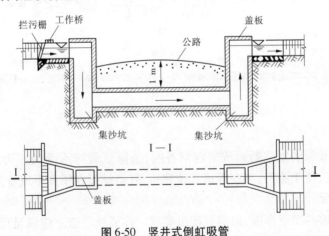

图 6-50 竖井式倒虹吸管

2)斜管式

斜管式多用于压力水头较小,穿越渠道、河流的情况,如图 6-51 所示。斜管式倒虹吸管构造简单,施工方便,水力条件好,在实际工程中常被采用。

3)曲线式

当岸坡较缓(土坡边坡系数 $m > 1.5～2.0$,岩石坡 $m \geq 1.0$)时,为减少施工开挖量,管道可随地面坡度铺设成曲线形,如图 6-52 所示。管身常为圆形的混凝土管或钢筋混凝土管,

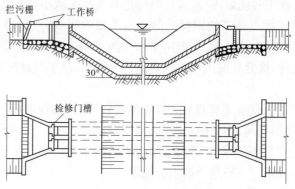

图 6-51　斜管式倒虹吸管

可现浇也可预制安装。管身一般设置管座。当管径较小且土基很坚实时,也可直接设在土基上。在管道转弯处应设置镇墩,并将圆管接头包在镇墩内。为了防止温度引起的不利影响,减小温度应力,管身常埋于地下,为减小工程量,埋置不宜过深。从已建倒虹管工程运行情况看,不少工程因温度影响或土基不均匀沉陷,造成管身裂缝,有的渗漏严重,危及工程安全。

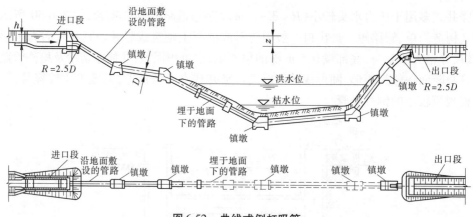

图 6-52　曲线式倒虹吸管

4)桥式

当渠道通过较深的复式断面或窄深河谷时,为降低管道承受的压力水头,减小水头损失,缩短管身长度,便于施工,可在深槽部位建桥,管道铺设在桥面上或支撑在桥墩等支撑结构上,如图 6-53 所示。

桥下应有足够的净空高度,以满足泄洪要求。在通航河道上应满足通航要求。

4. 进出口段及管身段布置

进口段包括进水口、拦污栅、闸门、启闭台、进口渐变段及沉沙池等。进口段的结构形式,应保证通过不同流量时管道进口处于淹没状态,以防止水流在进口段发生跌落、产生水跃而使管身引起振动。进口具有平顺的轮廓,以减小水头损失,并应满足稳定、防冲和防渗等要求。

进口段应修建在地基较好、透水性小的地基上。当地基较差、透水性大时,应做防渗处理。通常做 30~50 cm 厚的浆砌石或做 15~20 cm 的混凝土铺盖,其长度为渠道设计水深

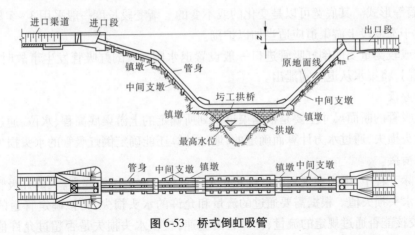

图 6-53　桥式倒虹吸管

的 3 ~ 5 倍。挡水墙可用混凝土浇筑,也可用圬工材料砌筑。砌筑时应与管身衔接好。对于岸坡较陡、管径较大的钢筋混凝土管,进口常做成喇叭口形。当岸坡较缓时,可将管身直接伸入胸墙 0.5 ~ 1.0 m,并与喇叭口连接。对于小型倒虹吸管,为了施工方便,一般将管身直接伸入挡水墙内。

　　单管倒虹吸管进口一般不设置闸门,通常在侧墙设闸门槽,以便在检修和清淤时使用,需要时临时安装插板挡水。当小流量时可减少输水管道的根数,以防止进口水位跌落,同时可增加管内流速,防止管道淤积,如图 6-54 所示。

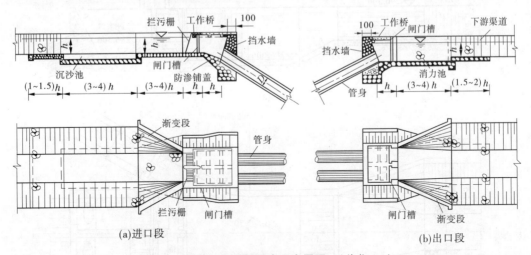

图 6-54　双管倒虹吸管进出口布置图 （单位:cm）

　　为了防止漂浮物或人畜落入渠内被吸入倒虹吸管内,在闸门前需设置拦污栅。拦污栅的布置应有一定的坡度,以增加过水面积和减小水头损失,常用坡度为 1/3 ~ 1/5。栅条用扁钢做成,其间距为 20 ~ 25 cm。为了清污或启闭闸门可设工作桥或启闭台。启闭台台面高出闸墩顶的高度为闸门高加 1.0 ~ 1.5 m。

　　在悬移质为主的平原区渠道,也可不设沉沙池。有输沙要求的倒虹吸管,设计时应使管内流速不小于挟沙流速,同时为保证输沙和防止管道淤积,可考虑采用双管或多管布置。在山丘地区的绕山渠道,泥沙入渠将造成倒虹吸管的磨损,沉沙池应适当加深。

　　倒虹吸管进口前一般设渐变段与渠道平顺连接,以减小水头损失。渐变段形式有扭曲面、八字墙等形式。其底宽可以是变化的或不变的。渐变段长度一般采用 3 ~ 5 倍渠道设计水深。对于渐变段上游渠道应适当加以护砌。

　　大型或较为重要的倒虹吸管进口一般设置退水闸。当倒虹吸管发生事故时,关闭倒虹吸管前闸门,将渠水从退水闸泄出。

　　5. 管身段

　　倒虹吸管的断面尺寸主要是根据渠道规划所确定的上游渠底高程、水位、通过的流量和允许的水头损失,通过水力计算而确定的,通过计算还能确定倒虹吸管的水头损失值和进出口的水面衔接。

　　在实际工程中,渠道在规划时已确定渠道断面形式和上游渠底高程、倒虹吸管通过的流量和允许水头损失值。根据需要通过的流量和允许的水头损失,初拟确定管道的断面形式和尺寸;校核能否通过规定的流量;计算管内流速,校核水头损失是否超过允许值。管内流速应根据技术经济比较和不淤条件进行确定。

　　(1)沉沙池的主要作用是拦截渠道水流挟带的大粒径砂石和杂物,以防止进入倒虹吸管内引起管壁磨损和淤积堵塞。有的倒虹吸管由于管理不善,管内淤积的碎石杂物高度达管高之半,严重影响了输水能力,如图 6-55 所示。

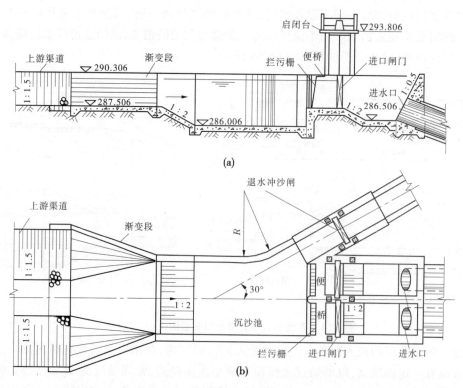

图 6-55　沉沙池及冲沙闸布置图　(高程单位:m;尺寸单位:cm)

　　(2)分缝与止水。为了防止管道因地基不均匀沉陷及温度过低产生较大的纵向应力,使管身发生横向裂缝,管身应设置伸缩缝,缝内设止水。缝的间距应根据地基、管材、施工、气温等条件确定。对于现浇钢筋混凝土管,缝的间距一般为:在土基上 15 ~ 20 m;在岩基上 10 ~ 15 m。如果管身与岩基之间设置油毛毡垫层等,可减小岩基对管身收缩约束作用,管身采用分段间隔浇筑时,缝的间距可增大至 30 m。

伸缩缝的形式主要有平接、套接、企口接及预制管的承插式接头等,如图 6-56 所示。缝的宽度一般为 1~2 cm,缝中堵塞沥青麻绒、沥青麻绳、柏油杉板或胶泥等。

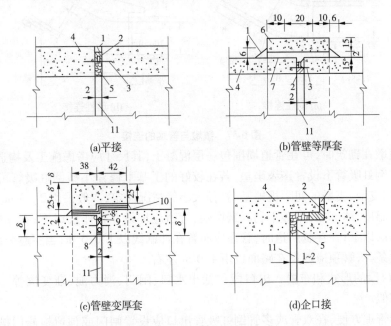

(a)平接   (b)管壁等厚套

(c)管壁变厚套   (d)企口接

1—水泥砂浆封口;2—沥青麻绒;3—金属止水片;4—管壁;5—沥青麻绳;
6—套管;7—石棉水泥;8—柏油杉板;9—沥青石棉;10—油毛毡;11—伸缩缝

图 6-56 管身伸缩缝形式 （单位:cm）

现浇管一般采用平接或套接,缝间止水用金属止水片等。近几年用塑料止水带代替金属止水,以及使用环氧基液贴橡皮已很普遍;PT 胶泥防渗止水材料在山东省引黄济青工程中被广泛采用,应用效果良好。

(3)镇墩。在倒吸管的变坡及转弯处都应设置镇墩,其主要作用是连接和固结管道。在斜坡段若坡度陡,长度大,为防止管身下滑,保证管身稳定,也应在斜坡段设置镇墩,其设置个数视地形、地质条件而定。

镇墩的材料主要为砌石、混凝土或钢筋混凝土。砌石镇墩多用于小型倒虹吸管工程。在岩基上的镇墩,可加锚杆与岩基连接,以增加管身的稳定性。

镇墩承受管身传来的荷载及水流产生的荷载,以及填土压力、自身重力等,为了保持稳定,镇墩一般是重力式的。镇墩与管盖的连接形式有两种:刚性连接和柔性连接,如图 6-57 所示。

刚性连接是把管端与镇墩混凝土浇筑在一起,砌石镇墩是将管端砌筑在镇墩内。这种形式施工简单,但适应不均匀沉降的能力差。由于镇墩的重量远大于管身的,当地基可能发生不均匀沉陷时可能使管身产生裂缝,所以一般多用于斜管坡度大、地基承载能力情况。

柔性连接是用伸缩缝将管身与镇墩分开,缝中设止水,以防漏水。柔性连接施工比较复杂,但适应不均匀沉陷能力好,常用于斜坡较缓的土基上。

斜坡段上的中间镇墩,其上部与管道的连接多为刚性连接,下部多为柔性连接。

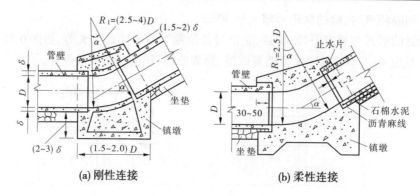

图 6-57　镇墩与管端的连接

砌石镇墩在砌筑时,可在管道周围包一层混凝土,其尺寸应考虑施工及构造要求。

一般在倒虹吸管下设置连续坐垫,若在较好的土基上修建小型倒虹吸管可不设连续坐垫,而设中间支墩,支墩的间距视地基、管径大小等情况而定,一般采用 2 ~ 8 m。

为防止温度、冰冻、耕作等不利因素影响,管道应埋设在耕作层以下;在冰冻区,管顶应布置在冰冻层以下;在穿越河道时,管顶应布置在冲刷线以下 0.5 m;当穿越公路时,为改善管身的受力条件,管顶应埋设在路面以下 1.0 m 左右。

(4)出口段的形式和布置。出口段包括出水口、闸门、消力池、渐变段等。其布置形式与进口段相似。

为运行管理方便,在双管或多管倒虹吸管出口应设置闸门或预留检修门槽。为使出口与下游渠道平顺连接,一般设渐变段,其长度常用 4 ~ 6 倍的渠道设计水深。同时渐变段下游 3 ~ 5 m 长度内的渠道还应护砌,以防止水流对下游渠道冲刷。渐变段的底部常设消力池。

倒虹吸管出口水流流速一般较小,消力池的作用主要在于调整出口水流的流速分布(对双管或多管布置的倒虹吸管出口更为突出),以使水流较平稳地进入下游渠道,防止对下游渠道冲刷。

(四)涵洞

涵洞是渠系建筑物中较常见的一种交叉建筑物。当渠道与道路、沟谷等障碍物相交时,在交通道路或填方渠道下面,为输送渠水或宣泄沟谷来水而修建的建筑物叫作涵洞。通常所说的涵洞主要指不设闸门的输水涵洞和排洪涵洞,一般由进口、洞身、出口三部分组成,如图 6-58 所示。

1. 涵洞的工作特点

渠道上的输水涵洞,一般是无压涵洞,上下游水位差较小,其过涵流速一般在 2 m/s 左右,故一般可以不考虑专门的防排水、消能问题。

排洪涵洞可以设计成有压涵洞、无压涵洞、半有压涵洞。当不会因涵洞前壅水而淹没农田和村庄时,有压涵洞或半有压涵洞。在布置半有压涵洞时需采用必要措施,保证过涵水流只在进口一小段为有压流,其后的洞身直到出口均为稳定的无压明流。设计时应根据流速的大小及洪水持续时间的长短考虑消能防冲、防渗及排水问题。

2. 涵洞的类型

1)圆涵

水力条件和受力条件较好,能承受较大的填土和内水压力作用,一般多用钢筋混凝土或

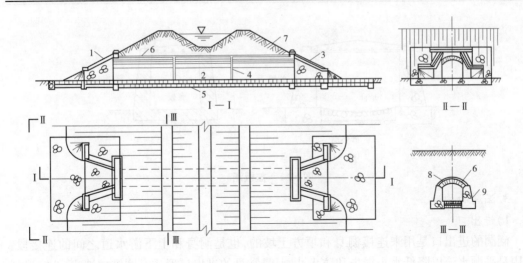

1—进口；2—洞身；3—出口；4—沉降缝；5—砂垫层；6—防水层；7—填方渠道；8—拱圈；9—侧墙

图 6-58　填方渠道下的石拱涵洞

混凝土建造，便于采用预制管安装，是最常采用的一种形式，如图 6-59 所示。优点：结构简单、工程量小、便于施工。当泄水量大时，可采用双管或多管涵洞，其单管直径一般为 0.5 ~ 6 m。钢筋混凝土圆涵根据有无基础分为有基圆涵、无基圆涵、四铰圆涵。

(a)基圆涵　　　　　(b)无基圆涵　　　　　(c)四铰圆涵

图 6-59　圆涵

2）箱涵

　　箱涵多为刚结点矩形钢筋混凝土结构，具有较好的静力工作条件，对地基不均匀沉降的适应性好，可根据需要灵活调节宽高比，泄流量较大时可采用双孔或多孔布置，如图 6-60 所示。适用于洞顶埋土较厚、洞跨较大和地基较差的无压或低压涵洞，可直接敷设于砂石地基、砌石、混凝土垫层上。小跨度箱涵可以分段预制，然后现场安装。

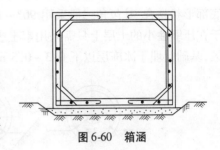

图 6-60　箱涵

3）盖板涵

　　盖板涵一般采用矩形或方形断面，由边墙、底板、盖板组成，如图 6-61 所示。侧墙和底板可用混凝土或浆砌石建造。盖板一般采用预制钢筋混凝土板，盖板一般简支于侧墙上。若地基较好、孔径不大，底板可做成分离式，底部用混凝土或砌石保护，下垫砂石以利排水。主要用于填土较薄或跨度较小的无压涵洞。

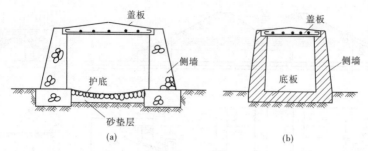

图 6-61　盖板涵

3. 涵洞的构造

1) 进出口

涵洞的进出口是用来连接洞身和填方土坡的,也是洞身和上下游水道之间的连接段。作用是平顺水流以降低水头损失和防止冲刷,最常见的进出口形式有圆锥护坡式、八字形斜降墙式、反翼墙走廊式、八字墙式、进口段洞顶抬高式。

2) 洞身构造

为了适应温度变化引起的伸缩变形和地基的不均匀沉降,涵洞应分段设置沉降缝。对于砌石、混凝土、钢筋混凝土涵洞,分缝间距一般不大于 10 m,且不小于 2 ~ 3 倍洞高;对于预制安装管涵,按管节长度设缝。常在进出口与洞身连接处及洞身上作用变化较大处设沉降缝,该缝为永久缝,缝中应设止水,构造要求与倒虹吸管相似。

若涵洞顶部为渠道,则顶部应设一层防渗层,洞顶填土应不小于 1.0 m,对于有衬砌的渠道,也应不小于 0.5 m,以保证洞身具有良好的工作条件。

无压涵洞的净空高度应大于或等于 1/6 ~ 1/4 的洞高,净空面积应大于或等于 10% ~ 30% 的涵洞断面。

3) 基础

涵洞基础一般采用混凝土或浆砌石管座,如图 6-62 所示,管座顶部的弧形部分与管体底部形状吻合,其包角一般采用 90° ~ 135°。箱涵和拱涵在岩基上只需将基面整平即可;对于在压缩性小的土层上只需采用素土或三合土夯实;在软基上通常用碎石垫层。在寒冷地区,基础应埋于冰冻层以下 0.3 ~ 0.5 m。

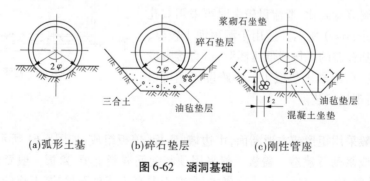

(a) 弧形土基　　　(b) 碎石垫层　　　(c) 刚性管座

图 6-62　涵洞基础

四、港口建筑物

常见的港口水工建筑物有码头建筑、防波堤、修造船水工建筑等;码头是供船舶系靠、装卸货物或上下旅客的建筑物的总称,它是港口中主要的水工建筑物之一。

常规码头的布置形式有顺岸式、突堤式、墩式港池三种。

(1)顺岸式码头的前沿线与自然岸线大体平行,在河港、河口港及部分中小型海港中较为常用。其优点是陆域宽阔、疏运交通布置方便,工程量较小,如图6-63所示。

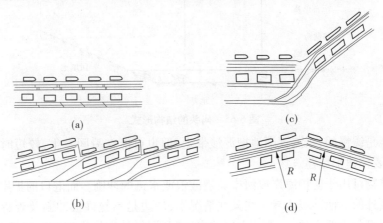

图6-63　顺岸式码头

(2)突堤式码头的前沿线布置成与自然岸线有较大的角度,如大连、天津、青岛等港口均采用了这种形式。其优点是在一定的水域范围内可以建设较多的泊位,缺点是突堤宽度往往有限,每泊位的平均库场面积较小,作业不方便,如图6-64所示。

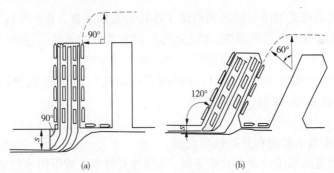

图6-64　突堤式码头

(3)墩式港池由人工开挖形成,在大型的河港及河口港中较为常见,如德国汉堡港、荷兰的鹿特丹港等。挖入式港池布置,也适用于沿岸低洼地建港,利用挖方填筑陆域。

码头按其前沿的横断面外形有直立式、斜坡式、半直立式和半斜坡式。直立式码头岸边有较大的水深,便于大船系泊和作业,不仅在海港中广泛采用,在水位差不太大的河港也常采用;斜坡式适用于水位变化较大的情况,如天然河流的上游和中游港口;半直立式适用于高水时间较长而低水时间较短的情况,如水库港;半斜坡式适用于枯水时间较长而高水时间较短的情况,如天然河流上游的港口。

码头的结构形式有重力式、板桩式、高桩式、混合式。码头由主体结构和码头设备两部分组成。主体结构又分为上部结构、下部结构和基础,如图6-65所示。

天然河岸或海岸,因受波浪、潮汐、水流等自然力的破坏作用,会产生冲刷和侵蚀现象。

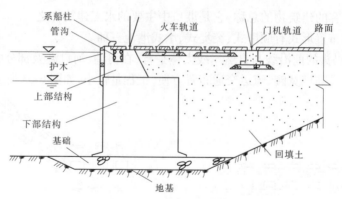

图 6-65　码头的结构形式

这种现象可能是缓慢的,水流逐渐地把泥沙带走,但也可能在瞬间发生,较短时间内出现大量冲刷,因此要修建护岸建筑物。

护岸建筑物可用于防护海岸或河岸免遭波浪或水流的冲刷。而港口的护岸则是用来保护除码头岸线外的其他陆域边界。在某些情况下,岸边是不允许被冲刷及等待其自然平衡的。护岸方法可分为两大类:一类是直接护岸,即利用护坡和护岸墙等加固天然岸边,抵抗侵蚀;另一类是间接护岸,即利用在沿岸建筑的丁坝或潜堤,促使岸滩前发生淤积,以形成稳定的新岸坡。

五、过坝建筑物

过坝建筑物在河道或渠道中修建水利枢纽工程将会截断水流,并产生巨大的上下游水头差,因此截断了原河道或渠道的通航、木筏运送及洄游类鱼的通道。过坝(闸)建筑物,就是指为了满足通航、过木、过鱼等要求而修建的专门水工建筑物。

过坝(闸)建筑物,主要包括通航建筑物(船闸或升船机)、过木建筑物(筏道、漂木道、过木机)、过鱼建筑物(鱼道、鱼闸、举鱼机)等。

(一)船闸

通航建筑物,主要包括船闸和升船机两大类。

船闸是指通过闸室的水位自动上升或下降,分别与上游水位或下游水位齐平,从而使得船舶克服航道的集中水位落差,从上游(下游)水面驶向下游(上游)水面的专门建筑物,船闸利用水力使船只过坝,通航能力较大,应用较为广泛。

升船机是指用于船只升送过坝的专门机械,主要特点是耗水量小、一次性提升高度较大。

通航建筑物的适用条件为:①在河道上拦河筑坝,形成上下游水位差;②在渠化河道时,为了克服水浅流急的自然状态,以增加水深、减小流速,而进行分级筑坝、集中落差;③开通运河,遇到地面高差过大或坡度过陡时,为了保持一定的水面坡度,需要将高差集中。

船闸一般由闸室、闸首、引航道三部分组成,如图 6-66 所示。

(1)闸室。是指由上、下闸首和两侧边墙所组成的空间,通过船闸的船舶可在此暂时停泊。闸室一般由闸底板及闸墙构成,并以闸首内的闸门与上下游引航道隔开。闸底板及闸墙的建筑材料,可以用浆砌石、混凝土或钢筋混凝土;闸底板及闸墙的连接形式有整体式结构和分离式结构。

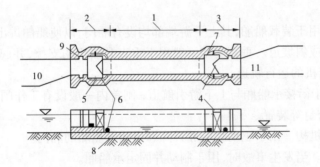

1—闸室；2—上闸首；3—下闸首；4—闸门；5—阀门；6—输水廊道；7—门龛；
8—帷墙；9—检修门槽；10—上游引航道；11—下游引航道

图 6-66　船闸组成示意图

当船闸充水或放水时,闸室水位就自动升降,船舶在闸室中随闸室水位而升降,由于水位升降较快,要求在闸室中的船舶能稳定和安全地停泊,两侧闸墙上还有系船柱和系船环等辅助设备。

(2)闸首。是指将闸室与上下游引航道隔开的挡水建筑物,一般由侧墙和底板组成。位于上游的叫上闸首,位于下游的叫下闸首。在闸首内设有工作闸门、检修闸门、输水系统(输水廊道和输水阀门等)、阀门及启闭机械等设备。船闸的闸门,常用人字闸门。

(3)引航道。是指保证过闸船舶安全进出闸室交错避浪和停靠用的一段航道。与上闸首相连接叫上游引航道,与下闸首相连接的叫下游引航道。

在引航道内一般设有导航和靠船建筑物。导航建筑物与闸首相连接,其作用是引导船舶顺利地进出闸室;靠船建筑物与导航建筑物相连接,布置于船舶过闸方向的一岸,其作用是供等待过闸船舶停靠使用。

船闸的工作原理:当船队(舶)从下游驶向上游时,其过闸程序如图 6-67 所示。①关闭上下游闸门及上游输水阀门;②开启下游输水阀门,将闸室内的水位泄放到与下游水位相齐平;③开启下游闸门,船舶从下游引航道驶向闸室内;④关闭下游闸门及下游输水阀门;⑤打开上游输水阀门向闸室充水,直到闸室内水位与上游水位相齐平;⑥将上游闸门打开,船舶即可驶出闸室,进入上游引航道。

船舶从上游驶向下游时,其过闸程序与此相反。

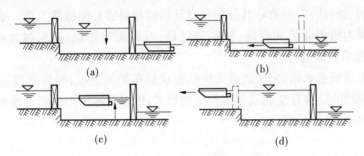

(a)　　　　　　　　　　(b)

(c)　　　　　　　　　　(d)

图 6-67　船闸工作原理示意图

(二)升船机

升船机,一般有承船厢、垂直支架或斜坡道、闸首、机械传动机构、事故装置和电气控制系统等几部分。

(1)承船厢。用于装载船舶,其上下游端部均设有厢门,以使船舶进出承船厢体。

(2)垂直支架或斜坡道。垂直支架一般用于垂直升船机的支撑,并起导向作用,而斜坡道则用于斜面升船机的运行轨道。

(3)闸首。用于衔接承船厢与上下游引航道,闸首内一般设有工作闸门和拉紧(将承船厢与闸首锁紧)、密封等装置。

(4)机械传动机构。用于驱动承船厢升降和启闭承船厢的厢门。

(5)事故装置。当发生事故时,用于制动并固定承船厢。

(6)电气控制系统。主要是用于操纵升船机的运行。

升船机的工作原理与船闸的工作原理基本相同。船舶通过升船机的主要工作程序为:当船舶由大坝的下游驶向上游时,①将承船厢停靠在厢内水位同下游水位齐平的位置上;②操纵承船厢与闸首之间的拉紧、密封装置,并充灌缝隙水;③打开下闸首的工作闸门和承船厢的下游厢门,并使船舶驶入承船厢内;④关闭下闸首的工作闸门和承船厢的下游厢门;⑤将缝隙水泄出,松开拉紧和密封装置,提升承船厢使厢内水位齐平;⑥开启上闸首的工作闸门和承船厢的上游厢门,船舶即可由厢体驶入上游。

当船舶由大坝上游向下游驶入时,则按上述程序进行反向操纵,如图6-68所示。

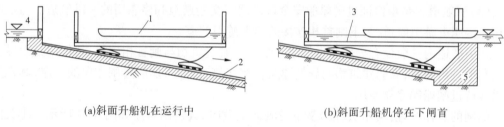

(a)斜面升船机在运行中　　　　　　(b)斜面升船机停在下闸首

1—船只;2—轨道;3—船厢;4—上闸首;5—下闸首

图6-68　斜面升船机示意图

按照承船厢的工作条件,可将升船机分为干式和湿式两类。干式也称干运,是指将船舶置于无水的承船厢内承台上运送;湿式又称湿运,是指船只浮于有水的承船厢内运送。由于干运时船舶易于碰损,故目前已较少采用。

按承船厢的运行线路,一般将其分为垂直升船机和斜面升船机两大类。垂直升船机,是利用水力或机械力沿铅直方向升降,使船只过坝;而斜面升船机,船只过坝时的升降方向(运行线路)则是沿斜面进行的。

另有一种不设承船水箱,采用轨道式钢结构承载车翻越堤坝,船体直接置于承载车上,有翘翘板式、高低轮式、连杆变腿式等多种结构形式,用以运输中小型船只或木排等,便捷快速,河网及沿海地区常有采用。

(三)鱼道

鱼道按结构形式不同,可分为水池式和斜槽式。

(1)水池式鱼道。由一连串分开的水池组成,一般都是利用天然地形绕岸修建,各水池之间用短的渠道连接,如图6-69所示。一般在地形地质条件有利时建造,否则不经济。

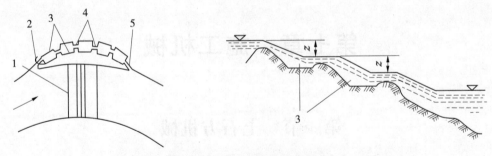

1—坝;2—设有闸门的出口;3—水池式鱼道;4—连接渠;5—鱼道出口

图 6-69　水池式鱼道示意图

（2）斜槽式鱼道。使用最多,它是一条人工建成的斜坡式水槽或阶梯式水槽,按其消能原理的不同,有光面、人工加糙及设置横隔板三种形式。其中,隔板式鱼道,如图 6-70 所示,在水槽中交错布置横隔板,以增加水流阻力,并加长水流行程,降低槽内流速。隔板将水位差分级,并利用水垫、水流沿程摩阻或水流对冲来削减能量,减缓流速。这种鱼道的优点是水流条件好,能用于水位差较大的工程,结构简单,维修费用低,故目前应用较多。

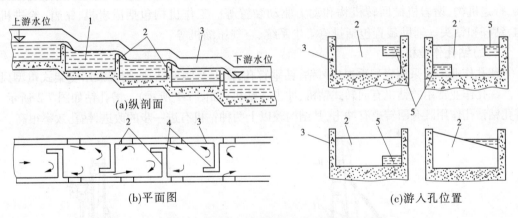

(a)纵剖面

(b)平面图

(c)游入孔位置

1—水池;2—横隔板;3—纵向墙;4—防护门;5—游入孔

图 6-70　隔板式鱼道示意图

第七章　施工机械

第一节　土石方机械

一、钻孔机械

水利工程石方施工中一般多采用爆破法。施工程序中的钻孔以机械钻孔为主。

（一）凿岩机械分类及组成

按工作机构动力分液压式、风动式、电动式和内燃式；按凿岩造孔方式分冲击式、回转式以及冲击回转式；按行走方式分履带式、轮胎式、自行式和拖式。

凿岩钻孔机械主要由底盘、工作机构、辅助装置和操作及电气系统组成。底盘包括机架、行走机构、凿岩机械回转机构和动力驱动装置等。工作机构包括凿岩机、钻臂、给进机构、钻杆和钻头。辅助装置包括排渣集尘系统、空气压缩机等。

（二）钻孔作业机械

浅孔作业一般采用轻型手提式风钻，钻垂直孔；向上及倾斜钻孔，则多采用支架式重型风钻。深孔作业常用的钻机有回转式钻机、冲击式钻机（如图 7-1 所示）。潜孔钻如图 7-2 所示，潜孔钻钻孔作用既有回转也有冲击，其结构较以上两种钻机有进一步的改进，钻孔效率很高。

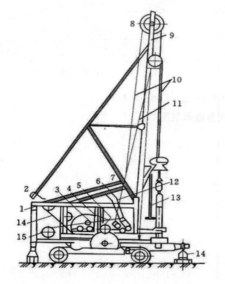

1—机架；2—导向滑轮；3—钻具提升绞车；
4—清渣筒绞车；5—冲击轮；6—摇杆；7—压轮；
8—钻桅；9—天轮；10—提升钻具钢索；11—提升渣
筒钢索；12—连杆；13—钻具；14—千斤顶；15—发动机

图 7-1　冲击式钻机

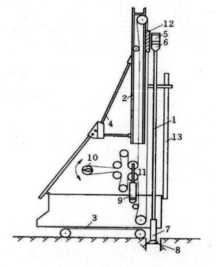

1—钻杆；2—滑架；3—履带行走机构；4—拉杆；
5—电动机；6—减速箱；7—冲击器；
8—钻头；9—推压气缸；10—卷扬机；
11—托架；12—滑板；13—副钻杆

图 7-2　潜孔钻结构示意图

（三）锚杆台车

锚杆台车是用来钻孔、向孔内注浆、安装锚杆的联合作业机械。可以用于洞室顶拱和边壁，以及边坡的加固。

锚杆台车可分为风动和液压两大类。其构造大致由锚杆机头、钻臂、底盘、泵送系统等组成。

锚杆机头部分采用坚固的钢结构，在其上装有钻机推进器、锚杆推进器，它是锚杆作业时的旋转中心。它由凿岩机、钻机推进器、取锚杆臂、锚杆推进器、定位器等组成。

（四）多臂钻车

多臂钻车又称凿岩台车，如图 7-3 所示，主要用于岩石地层地下开挖工程的钻孔作业，它代替了传统的手持风钻和支腿钻机，能大大地提高钻孔效率。

多臂钻车按操作方式可分为风动、液压式和电脑操作式；按行走方式可分为轮胎式、履带式和轨轮式；按配置的钻臂可分为单臂、双臂、三臂和四臂。

多臂钻车的构造由底盘、钻臂定位机构、推进器、液压凿岩机和工作平台组成。底盘基本是专用底盘，主要安装传动系统和工作装置，如发动

图 7-3　多臂钻车

机，液力变矩器、变速箱、传动轴、驱动桥、轮边减速器等以及钻臂、工作平台。

多臂钻车工作时将钻机开进工作场地，放下支腿，用 1 号臂与隧道中的激光束对齐，进行标定，其目的是通知计算机钻机在隧道中的位置。

二、挖掘机械

土方开挖一般采用机械施工。用于土方开挖的机械有单斗挖掘机、多斗挖掘机、铲运机械及水力开挖机械等。

（一）单斗挖掘机

单斗挖掘机是仅有一个铲土斗的挖掘机械。它由行走装置、动力装置和工作装置三部分组成。行走装置分为履带式、轮胎式和步行式三类。履带式是最常用的一种，它对地面的单位压力小，可在各种地面上行驶，转移速度慢；动力装置分为电动和内燃机驱动两种，电动为常用形式，效率高，操作方便，但需要电源；工作装置由铲土斗、斗柄、推压和提升装置组成，按铲土方向和铲土原理分为正向铲、反向铲、拉铲和抓铲四种类型，如图 7-4 所示，用钢索或液压操纵。钢索操纵用于大中型正向铲，液压操纵多用于小型正铲和反铲。

1. 正向铲挖掘机

正向铲挖掘机由推压和提升完成挖掘，开挖断面是弧形，最适于挖停机面以上的土方，也能挖停机面以下的浅层土方。由于稳定性好，铲土能力大，可以挖各种土料及软岩、岩渣进行装车。它的特点是循环式开挖，由挖掘、回转、卸土、返回构成一个工作循环，生产率的大小取决于铲斗大小和循环时间长短。基坑土方开挖常采用正面开挖，土料场及渠道土方开挖，常用侧面开挖，还要考虑与运输工具配合问题。

2. 反向铲挖掘机

反向铲挖掘机用来开挖停机面以下的土料，挖土时由远而近，就地卸土或装车，适用于

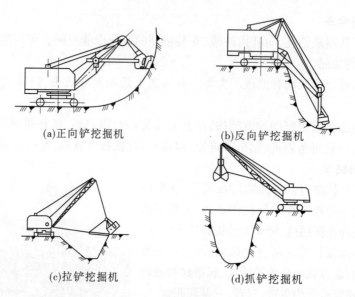

(a)正向铲挖掘机　　　　(b)反向铲挖掘机

(c)拉铲挖掘机　　　　(d)抓铲挖掘机

图 7-4　单斗挖掘机

中小型沟渠、清基、清淤等工作。由于稳定性及铲土能力均比正向铲差,只用来挖Ⅰ~Ⅲ级土,硬土要先进行预松。在沟槽开挖中,在沟端站立倒退开挖,当沟槽较宽时,采用沟侧站立,侧向开挖。

反向铲挖掘机的工作特点是:后退向下,强制切土,如图 7-5 所示。其挖掘力比正铲的小,可以用于开挖停机面以下的Ⅰ~Ⅲ类土。机身和装土均在地面上操作,省去下到坑底,适用于开挖深度不大的基坑、基槽、沟渠、管沟及含水量大或地下水位高的土坑。可同时采用沟端和沟侧开挖。沟端开挖适用于一侧或沟内后退挖土,挖出土方随即运走,或就地取土填筑路基或修筑路基等。沟侧开挖适用于横挖土体和需将土方甩到离沟边较远的距离时使用。反向铲挖掘机的斗容量有 0.25~1.0 m³ 不等,最大挖土深度为 4~6 m,比较经济的挖土深度为 1.5~3.0 m。对于较大、较深的基坑可采用多层接力法开挖,或配备自卸汽车运走。

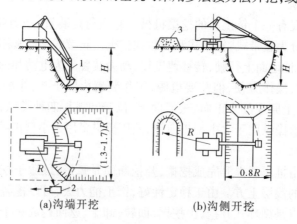

(a)沟端开挖　　　　(b)沟侧开挖

1—反向铲挖土机;2—自卸汽车;3—弃土堆
图 7-5　反向铲挖掘机开挖方式示意图

3. 拉铲挖掘机

拉铲挖掘机铲斗用钢索控制,利用臂杆回转将铲斗抛至较远距离,回拉牵引索,靠铲斗自重下切铲土装满铲斗,然后回转装车或卸土。挖掘半径、卸土半径、卸土高度较大,最适用于水下土砂及含水量大的土方开挖,在大型渠道、基坑及水下砂卵石开挖中应用广泛。开挖方式有沟端开挖和沟侧开挖两种,当开挖宽度和卸土半径较小时,用沟端开挖;开挖宽度大,卸土距离远,用沟侧开挖。

4. 抓铲挖掘机

抓铲挖掘机靠铲斗自由下落中斗瓣分开切入土中,抓取土料合瓣后提升,回转卸土。适用于挖掘窄深型基坑或沉井中的水下淤泥开挖,也可用于散粒材料装卸,在桥墩等柱坑开挖中应用较多。

挖掘机是土方机械化施工的主导机械,为提高生产率,应采取:①加长斗齿,减小切土阻力;②合并一个工作循环各个工作过程,小角度装车或卸土,采用大铲斗;③合理布置工作面和运输道路;加强机械保养和维修,维持机械良好性能状态等。

(二)多斗式挖掘机

多斗式挖掘机是有多个铲土斗的挖掘机械,分为链斗式和斗轮式两种。

链斗式挖掘机最常用的型式是采砂船,如图7-6所示。它是一种构造简单,生产率高,适用于规模较大的工程,可以挖河滩及水下砂砾料的多斗式挖掘机械。

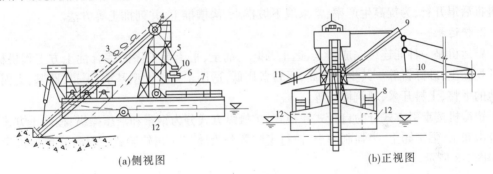

(a)侧视图　　　　　　　　　　　　　　(b)正视图

1—斗架提升索;2—斗架;3—链条和链斗;4—主动链轮;5—卸料漏斗;6—回转盘;
7—主机房;8—卷扬机;9—吊杆;10—皮带机;11—泄水槽;12—平衡水箱

图7-6　链斗式采砂船

斗轮式挖掘机的斗轮装在斗轮臂上,在斗轮上装有7~8个铲土斗,当斗轮转动时,下行至拐弯时挖土,上行运土至最高点时,土料靠自重和旋转惯性卸入受料皮带上,转送到运输工具或料堆上。其主要特点是斗轮转速较快,作业连续,斗臂倾角可以改变,并做360°回转,生产率高,开挖范围大。斗轮式挖掘机如图7-7所示。

(三)铲运机械

铲运机械是指用一种机械同时完成开挖、运输和卸土任务,这种具有双重功能的机械,常用的有推土机、铲运机、装载机等。

1. 推土机

推土机是一种在履带式拖拉机上安装推土板等工作装置而成的一种铲运机械,是水利水电建设中最常用、最基本的机械,可用来完成场地平整,基坑,渠道开挖,推平填方,堆积土料,回填沟槽,清理场地等作业,还可以牵引振动碾、松土器、拖车等机械作业。它在推运作业中,距离不能超过60~100 m,挖深不宜大于1.5~2.0 m,填高小于2~3 m。推土机按安

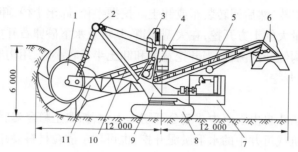

1—斗轮;2—升降机构;3—司机室;4—中心料仓;5—卸料皮带机

6—双槽卸料斗;7—动力装置;8—履带;9—转台;10—受料皮带机;11—斗轮臂

图7-7　斗轮式挖掘机　（单位:mm）

装方式分为固定式和万能式;按操纵方式分为钢索和液压操纵,按行驶分为履带式和轮胎式。

　　固定式推土机的推土板,仅能上下升降,强制切土能力差,但结构简单,应用广泛;而万能式不仅能升降,还可左右、上下调整角度,用途多。履带式推土机附着力大,可以在不良地面上作业;液压式推土机可以强制切土,重量轻,构造简单,操作方便。推土机推运土料采用前进推后退开行,为提高生产率,常采取下坡推土、沟槽推土、并列推土等方法。

　　2.铲运机

　　铲运机是一种能连续完成铲土、运土、卸土、铺土、平土等工序的综合性土方工程机械,能开挖黏土、砂砾石等。其生产率高,运转费用低,适用于开挖大型基坑、渠道、路基,大面积场地的平整、土料开采、填筑堤坝等。

　　铲运机按牵引方式分为自行式和拖式;按操纵方式分为钢索和液压操纵;按卸土方式分为自由卸土、强制卸土、半强制卸土;按行走装置分为履带式和轮胎式。自行式铲运机示意图如图7-8所示。

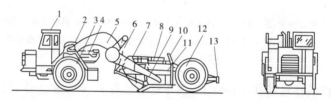

1—驾驶室;2—中央框架;3—前轮;4—转向油缸;5—辕架;6—得斗油缸;7—斗门;

8—斗门油缸;9—铲刀;10—卸土板;11—铲斗;12—后轮;13—尾架

图7-8　自行式铲运机示意图

　　自行式铲运机切土力较小,装满铲斗所需的切土长度较大,但行驶速度快,运距在800～15 000 m时生产率较高;拖式切土较大,所需切土长度较短,但行驶速度慢,运距在250～350 m时生产率高。自行式铲运机工作过程如图7-9所示。

　　为提高生产率,可采取下坡取土、推土机助推、松土机预松等方法,以加大铲土力,减小铲土阻力,缩短装土时间。

　　选取合理的开行路线可缩短空程时间,又能减少对铲运机零部件的磨损。铲运机开行路线有纵向环形路线、横向环形路线、大环形路线"8"字形开行路线,如图7-10所示。

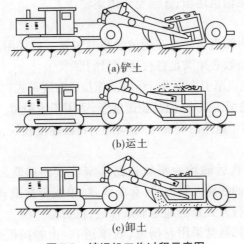

(a)铲土

(b)运土

(c)卸土

图7-9　铲运机工作过程示意图

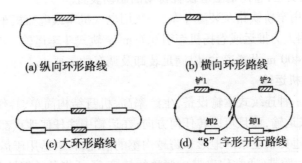

(a) 纵向环形路线　　　　　　(b) 横向环形路线

(c) 大环形路线　　　　　　(d) "8"字形开行路线

图7-10　铲运机开行路线

3. 装载机

装载机是一种挖土、装土和运土连续作业的机械设备,如图7-11所示。轮胎式装载机行走灵活,运转快,效率高,适合于松土、轻质土、基坑清淤及无地下水影响的河渠开挖。挖出的土方可直接卸土、装车或外运,其运距以不超过150 m为宜。它还适于砂料的采挖、零星材料的挖装及短距离的运输。履带式装载机用于恶劣条件下作业。

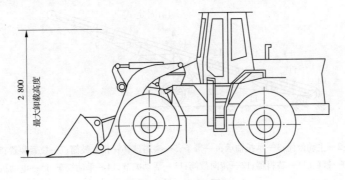

图7-11　轮胎式装载机示意图

三、运输机械

土方运输的类型有:①无轨运输,如汽车、拖拉机、胶轮车等;②有轨运输,如标准轨铁路、窄轨铁路等;③带式运输机运输;④架空索道运输等。

（一）无轨运输

土方运输一般采用自卸汽车。汽车运输线路的布置一般采用双线（往复）或环形两种,运输线路的布置及线路条数必须满足昼夜运输量的要求。

拖拉机运输是以拖拉机牵引拖车进行运输。拖拉机有履带式和轮胎式两种。履带式牵引力大、对道路要求低、对地面压强小,但行驶速度慢,适用于运距短、道路不良而汽车运行困难的情况。轮胎式拖拉机对于道路的要求与汽车相同,行驶速度较快,适用于运距较大的情况。

（二）有轨运输

工程施工所用的有轨运输均为窄轨铁路。窄轨铁路的轨距有 1 000 mm、762 mm、610 mm 几种。铁路运输的线路布置方式,有单线式、单线带岔道式、双线式及环形式四种。根据运输强度,车辆的运行方式及当地地形条件进行选择。

当遇到较陡的坡度时,通常采用卷扬道（绞车道）。由卷扬机牵引车辆上下坡,其坡度可达 30% 。为保证安全,卷扬道上应设置自动的制动装置。

石渣运输多采用窄轨铁路及装渣斗车,一般用电气机车或电瓶机车牵引。当运距短、出渣量少时,也可采用人力推运或卷扬机牵引 0.6 m³ 窄轨式斗车运输。洞内有轨运输宜铺设双线,并每隔 300 ~ 400 m 设置道岔,以满足装卸及调车的需要。

（三）带式运输机运输

带式运输机是一种连续式运输设备,生产率高,机身结构简单、轻便,造价低廉;可做水平运输,也可做斜坡运输,而且可以转任何方向;在运输中途任何地点都可卸料;适用于地形复杂、坡度较大、通过比较复杂的地形和跨越沟壑的情况;特别适用于运输大量的粒状材料。

带式运输机是由胶带（通常称皮带）、两端的鼓筒、承托带条的辊轴、拉紧装置、机架和喂料、卸料设备等部分组成。按照运输机能否移动分为固定式和移动式两种,如图 7-12 所示。

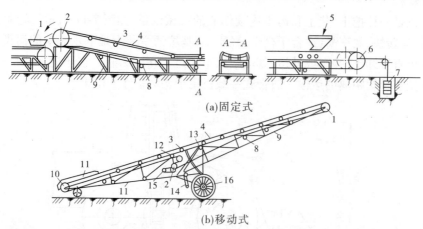

1—卸料槽;2—主动鼓筒;3—承托轴承;4—带条;5—喂料器;6—拉紧鼓筒;7—拉紧装置;8—空载轴承;
9—机架;10—鼓筒;11—装料器;12—转向鼓筒;13—活动关节;14—手动绞车;15—电动机;16—移动轮

图 7-12　带式运输机

固定式带式运输机没有行走装置,多用于运距较长且线路固定的情况;移动式带式运输机长 5 ~ 15 m,装有轮子,移动方便,常用于做需经常移动的短距离的运输。

承托载重带条的上层辊轴有水平和槽形两种形式,一般常用的为槽形。

为了均匀而连续地向带条上装料,通常用喂料器,其类型如图7-13所示。料斗上方是储料斗,下方是喂料器。为了减少运输皮带的磨损,装料方向应和带条的运动方向一致。卸料可以在尾部,也可在中部。在运输机尾端卸料时,在尾端鼓筒处装设滑槽或卸料斗;在运输机中部卸料时,可装设卸料小车或挡板。

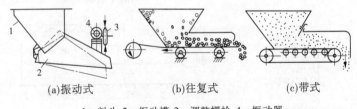

(a)振动式　　　　(b)往复式　　　　(c)带式

1—料斗;2—振动槽;3—调整螺栓;4—振动器

图7-13　喂料器

(四)架空索道运输

索道运输是一种架空式运输。在地形崎岖复杂的地区,用支塔架立起空中索道,运料斗沿索道运送土料、砂石料、碎石等。特别是由高处向低处运送材料时,利用索道的自重下滑,不需要动力,更为经济。

四、平地机械

平地机是一种平整作业机械,利用机械所装的刮刀平整场地,刮刀位于两轮轴中间,能够升降、倾斜、回转和向外伸出,动作灵活准确,操纵方便。适用于推土、运土、大面积平整、挖道路边沟、刮修边坡等作业。平地机还配备有耙齿、推土铲刀、接长刮刀、刮边坡刀、挖沟刀、扫雪器等,可以进行多种作业。

平地机分拖式和自行式两种。拖式平地机机身沉重,操作费力,动作不灵活,已经淘汰;自行式平地机具有机动灵活、操纵省力等优点,应用广泛。

自行式平地机有四轮双轴和六轮三轴两种,前者为轻型机,后者为中大型机。驱动有全轮驱动和后轮联动之分;根据车轮转向情况,有全轮转向和前轮转向两种。

五、压实机械

压实方法按其作用原理分为碾压、夯击和振动三类。碾压和夯击用于各类土,振动法仅适用于砂性土。

根据压实原理,制成各种机械。常用的机械有平碾、肋形碾、羊脚碾、气胎碾、振动碾、蛙夯等,如图7-14所示。

(一)羊脚碾

碾的滚筒表面设有交错排列的柱体,形若羊脚。碾压时,羊脚插入土料内部,使羊脚底部土料受到正压力,羊脚四周侧面土料受到挤压力,碾筒转动时土料受到羊脚的揉搓力,从而使土料层均匀受压,压实层厚,层间结合好,压实度高,压实质量好,但仅适于黏土。非黏性土压实中,由于土颗粒产生竖向及侧向移动,效果不好。

羊脚碾压实中,一种是逐圈压实,即先沿填土一侧开始,逐圈错距以螺旋形开行逐渐移动进行压实,机械始终前进开行,生产率高,适用宽阔的工作面,并可多台羊脚碾同时工作。但拐弯处及错距交叉处产生重压和漏压。另一种是进退错距压实,即沿直线前进后退压实,

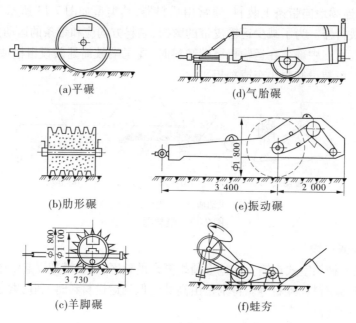

图7-14　常用的土料压实机械

返复行驶,达到要求后错距,重复进行。压实质量好,遍数好控制,但后退操作不便。此法用于狭窄工作面。

(二)气胎碾

气胎碾利用充气轮胎作为碾子,由拖拉机牵引的一种碾压机械。这种碾子是一种柔性碾,碾压时碾和土料共同变形。胎面与土层表面的接触压力与碾重关系不大,增加碾重(可达几十吨至上百吨),可以增加与土层的接触面积,从而增大压实影响深度,提高生产率。它既适用于黏性土的压实,也可以压实砂土、砂砾石、黏土与非黏性土的结合带等。与羊脚碾联合作业效果更佳,如气胎碾压实,用羊脚碾收面,有利于上下层结合;羊脚碾碾压,气胎碾收面,有利于防雨。

(三)振动碾

振动碾是一种具有静压和振动双重功能的复合型压实机械。常见的类型是振动平碾,也有振动变形(表面设凸块、肋形、羊脚等)碾。它是由起振柴油机带动碾滚内的偏心轴旋转,通过连接碾面的隔板,将振动力传至碾滚表面,然后以压力波的形式传到土体内部。非黏性土的颗粒比较粗,在这种小振幅、高频率的振动力的作用下,摩擦力大大降低,由于颗粒不均匀,惯性力大小不同而产生相对位移,细粒滑入粗粒孔隙而使空隙体积减小,从而使土料达到密实。振动碾的构造示意图如图7-15所示。

由于振动力的作用,土中的应力可提高4~5倍,压实层达1 m以上,有的高达2 m,生产率很高。可以有效地压实堆石体、砂砾料和砾质土,是土坝砂壳、堆石坝碾压必不可少的工具,应用非常广泛。

(四)夯实机械

夯实机械是一种利用冲击能来击实土料的一种机械,有强夯机、挖掘机夯板等,用于夯实砂砾料,也可以用于夯实黏性土。适于在碾压机械难于施工的部位压实土料。

1. 强夯机

强夯机是一种发展很快的强力夯实机械。它是由高架起重机和铸铁块或钢筋混凝土块做成的夯砣组成。夯砣的重量一般为 10~40 t,由起重机提升 10~40 m 高后自由下落冲击土层,影响深度达 4~5 m,压实效果好,生产率高,用于杂土填方,软基及水下地层。

2. 挖掘机夯板

挖掘机夯板是一种用起重机械或正铲挖掘机改装而成的夯实机械,如图 7-16 所示。夯板一般做成圆形或方形,面积约 1 m^2,重量为 1~2 t,提升高度为 3~4 m。主要优点是压实功能大,生产率高,有利于雨季、冬季施工。当石块直径大于 50 cm 时,工效大大降低,压实黏土料时,表层容易发生剪力破坏,目前看有逐渐被振动碾取代之势。

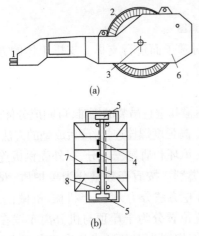

(a)

(b)

1—牵引挂钩;2—碾滚;3—轴;4—偏心块;
5—轮;6—车架侧壁;7—隔板;8—弹簧悬架

图 7-15　振动碾的构造示意图

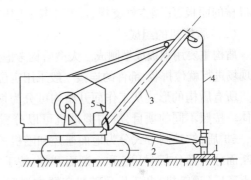

1—夯板;2—控制方向杆;3—支杆;4—起重索;5—定位杆

图 7-16　挖掘机夯板示意图

六、掘进机

掘进机是一种专用的隧洞掘进设备。它依靠机械的强大推力和剪切力破碎岩石,配合连续出渣,具有比钻爆法更高的掘进速度。适用于地质条件良好、岩石硬度适中(抗压强度 30~150 N/mm^2)、岩性变化不大的水平或倾斜的圆形隧洞。对于椭圆形隧洞,可通过调整刀盘倾角来实现。

掘进机可分为滚压式和铣削式。滚压式主要是通过水平推进油缸,使刀盘上的滚刀强行压入岩体,利用刀盘旋转推进过程中的挤压和剪切的联合作用破碎岩体;铣削式是利用岩石抗弯、抗剪强度低的特点,靠铣削(剪切)加弯折破碎岩体。碎石渣由安装在刀盘上的铲斗铲起,转至顶部集料斗卸在皮带机上,通过皮带机运至机尾,卸入运输设备送至洞外。如图 7-17 所示为掘进机工作示意图。

七、盾构机

(一)盾构机的原理

盾构法隧道施工的基本原理是用一件圆形的钢质组件,成为盾构,沿隧道设计轴线一边

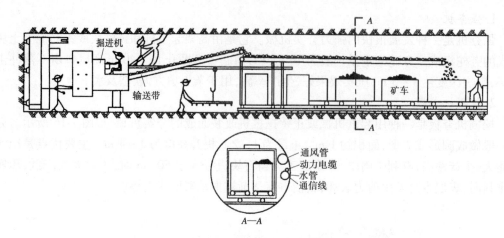

图 7-17　掘进机工作示意图

开挖土体一边向前行进。在隧道前进的过程中,需要对掌子面进行支撑。支撑土体的方法有机械的面板、压缩空气支撑、泥浆支撑、土压平衡支撑。

(二)盾构机的组成

盾构主要用钢板成型制成。大型盾构考虑到水平运输和垂直吊装的困难,可制成分体式,到现场进行就位拼装,部件的连接一般采用定位销定位、高强度螺栓连接,最后成型的方法。

所有盾构的形式从工作面开始均可分为切口环、支承环和盾尾三部分,以外壳钢板连成整体。按照不同的项目,盾构掘进机可以分成不同的类别。按盾壳数量分为单护盾、双护盾、三护盾;按控制方式分为地面遥控和随机控制;按开挖方法分为人工、半机械、机械;按开挖断面分为部分断面开挖和全断面开挖;按千斤顶布置位置分为千斤顶与机分离布置在混凝土环后(顶管机)和千斤顶随机布置在混凝土环前;按切制头刀盘形式分为刀盘固定(网格式刀盘,刀盘上只装切制土的铲刀)、刀盘回转(刀盘上装有切削土的铲刀与切割岩石的滚刀,称混合型盾构,以稳定被开挖地层)。

(三)土压平衡盾构

土压平衡盾构的原理在于利用土压来支撑和平衡掌子面,如图 7-18 所示。土压平衡盾构刀盘的切削面和后面的承压隔板之间的空间称为泥土室。刀盘旋转切削下来的土壤通过刀盘上的开口充满了泥土室,与泥土室内的可塑性土浆混合。盾构千斤顶的推力通过承压隔板传递到泥土室内的泥土浆上,形成的泥土浆压力作用于开挖面。它起着平衡开挖面处的地下水压、土压,保持开挖面稳定的作用。

螺旋输送机从承压隔板的开孔处伸入泥土室进行排土。盾构机的挖掘推进速度和螺旋输送机单位时间的排土量(或其旋转速度)依靠压力控制系统两者保持着良好的协调,使泥土室内始终充满泥土,且土压与掌子面的压力保持平衡。

通常土压平衡盾构由前、中、后护盾三部分壳体组成。中、后护盾间用铰接,基本的装置有切削刀盘及其轴承和驱动装置、泥土室以及螺旋输送机。后护盾下有管片安装机和盾构千斤顶,尾盾处有密封。

(四)泥水盾构

与土压平衡盾构不同,泥水盾构机施工时,稳定开挖面靠泥水压力,用它来抵抗开挖面的土压力和水压力以保持开挖面的稳定,同时控制开挖面的变形和地基沉降。

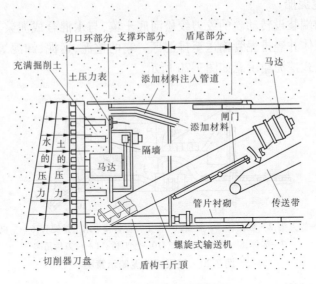

图 7-18　土压平衡盾构原理

在泥水盾构机中,支护开挖面的液体同时又作为运输渣土的介质。开挖的土料在开挖室中与支护液混合。然后,开挖土料与悬浮液的混合物被泵送到地面。在地面的泥水处理场中支护液与土料分离。随后如需要添加新的膨润土,再将此液体泵回隧洞开挖面。

在构造组成方面,与土压平衡盾构的主要不同是没有螺旋输送机,而用泥浆系统取而代之。泥浆系统担负着运送渣土、调节泥浆成分和压力的作用。

泥水盾构有直接控制型、间接控制型、混合型等三种。

八、疏浚机械

利用挖泥船或其他机具及人工进行航道浚深或拓宽,是维护和提高航道尺度的一种工程措施。

(一) 耙吸式挖泥船

施工时将吸泥管斜靠河底,吸泥管端部有耙头,利用机械力或水动力将泥耙松,然后由泥泵吸泥,通过泥管输入泥舱。当船徐徐向前航行时,其耙头沿着河底进行耙吸挖泥。自航耙吸式挖泥船示意图如图 7-19 所示。

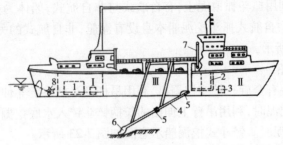

1—主机;2—泥泵;3—电动机;4—吸泥船;5—挠性接头;6—耙头;7—排泥管;8—打进器

图 7-19　自航耙吸式挖泥船示意图

（二）绞吸式挖泥船

利用吸水管前端装设转动着的绞刀绞松河底土壤，与水混合成泥浆，通过泥泵作用，泥浆经吸泥管吸入泵体并经排泥管输送至排泥区。它的挖泥、运泥、卸泥等工作过程，可以一次连续完成。绞吸式挖泥船示意如图 7-20 所示。

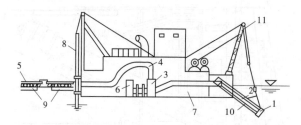

1—绞刀头；2—吸泥管；3—泥泵；4—船上排泥管；5—水上排泥管；6—主机；
7—船体；8—钢桩；9—浮筒；10—绞刀桥；11—绞刀桥吊架

图 7-20　绞吸式挖泥船示意图

（三）链斗式挖泥船

链斗式挖泥船装有一套链斗挖掘机构，由斗链带动链斗连续运转进行作业。由链斗挖取的泥沙，直接依靠本船专用机械搅成泥浆，再由泥泵扬出的为自扬链斗挖泥船；通过溜泥槽装入本船泥舱，并自航至深水区自动卸泥的为自航链斗挖泥船。链斗式挖泥船示意图如图 7-21 所示。

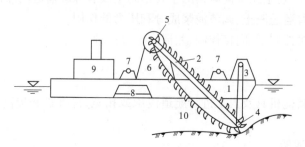

1—船体；2—斗桥；3—升降塔；4—下鼓轮；
5—上鼓轮；6—斗桥塔；7—绞车；8—主机；9—锅炉房；10—泥斗

图 7-21　链斗式挖泥船示意图

（四）抓斗式挖泥船

抓斗式挖泥船是利用抓斗抓取泥土，有自航式与非自航式，船体为箱形，在甲板上设置可旋转 360°的抓斗机。自航式抓斗挖泥船本身设有泥舱，非自航式的另配泥驳。抓扬式挖泥船示意图如图 7-22 所示。

（五）铲斗式挖泥船

铲斗式挖泥船是装有全旋转铲斗挖掘机，利用吊杆及斗柄将铲斗伸至水底挖掘硬土、碎石和卵石的挖泥船。挖泥时，利用吊臂上伸出的长柄铲斗铲入水底挖掘泥石，然后用绞机提升铲斗，将土石方卸于泥驳。铲斗式挖泥船示意图如图 7-23 所示。

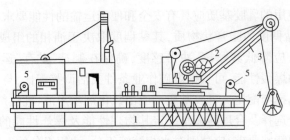

1—船体;2—吊机;3—吊杆;4—抓斗;5—绞缆机

图 7-22 抓扬式挖泥船示意图

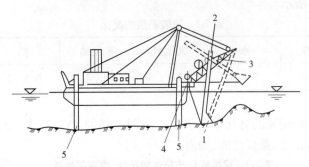

1—铲斗;2—斗柄;3—支杆;4—转盘;5—定位桩

图 7-23 铲斗式挖泥船示意图

九、现场混装炸药与设备

(一)混装炸药

混装炸药使用炸药原料及半成品,在爆破现场使用装药机械混合制成炸药并装入炮孔或药室,这是炸药加工与爆破技术的一个重要突破。在施工现场只需存放非爆炸性原材料或半成品,无须贮存炸药,显著提高了装药的安全性;采用机械装药,缩短装药时间,提高装药效率;现场配制的散装炸药装填流畅均匀,实现孔内全耦合装药,可扩大爆破孔网参数,有效减少钻孔数量;可针对围岩地质变化情况在装药过程中调整炸药组分,且可确保错孔情况下的装药质量,有利于提高爆破质量,使用散装材料可节省包装,降低运输成本。混装炸药技术安全、经济、高效、环保,适用于规模较大的工程爆破,在水利水电工程中应加快推广应用。

在现场使用的混装炸药主要有现场混装乳化炸药、现场混装多孔粒状铵油炸药和现场混装重铵油炸药。

1.混装乳化炸药

混装乳化炸药采用配制好的乳胶基质在现场由装药车将乳胶基质与敏化剂均匀混合,装入炮孔,乳胶基质与发泡剂在输药软管的端部由静态掺混后进入炮孔,在炮孔中敏化后形成具有起爆感度的乳化炸药。敏化时发泡速度对泡体大小及均匀性有影响,发泡太快则泡体大,爆轰性能差,太慢则达不到密度要求,传爆困难,一般装药 15 min 后起爆,可获得较好效果。乳化炸药配方独特,可在装药现场即时敏化,且具有一定的流动性,可利用装药车的"水环润滑机构"实现小直径软管内的长距离输送,临界直径小,可装入小直径炮孔,这一特点确保了实施现场装药和装药质量。

现场混装炸药使用的乳胶基质应具有安全和便于运输的性能要求:①常温下易于泵送,乳胶基质为有一定黏稠度的脂膏状物质,其黏稠度取决于油相的组成与状态,且与温度有关;②有较好的纯感,应降低其摩擦、冲击感度,确保在制造、贮存、运输及使用时的安全;③敏化后具有合适的爆轰性能,可根据爆破作业条件灵活调整配比,与工程相匹配。

乳化炸药组分选择与配比。乳胶基质一般由氧化剂水溶液、乳化剂、复合油相三部分组成。乳胶基质的组分选择及合理匹配是决定其物理性能及爆炸性能的内在因素,根据现场混装车对乳胶基质的特殊要求,应分别对水相溶液组分、油相组分的选择与匹配,发泡剂、发泡促进剂的选择等进行试验,确定适合于中小直径炮孔现场混装的乳胶基质的配比。乳胶基质的配比如表 7-1 所示。

表 7-1　乳胶基质的配比

组分	硝酸盐	水	乳化剂	矿物油	蜡	添加剂
比例(%)	76~83	9~13	1.5~2.5	3~4	0.5~2	0.4~0.8

采用装药车将现场混装的乳化炸药装填于不同直径的 PVC 管中,测试其爆轰性能,现场混装乳化炸药传爆长度、爆轰性能,如表 7-2 所示。

表 7-2　混装乳化炸药传爆长度、爆轰等性能

传爆长度(m)	ϕ25 mm	≥1.5
	ϕ30 mm	≥3
	ϕ40 mm	≥6
	ϕ50 mm	≥6
	密度(g/cm³)	0.95~1.25
	猛度(mm)	≥16
	爆速(ϕ40~50 mm,m/s)	3 800~4 600

2. 混装多孔粒状铵油炸药

多孔粒状铵油炸药是由 94.5% 的多孔粒状硝铵和 5.5% 的柴油混合配成,考虑到加工过程中柴油可能有部分挥发和损失,通常掺加 6% 的柴油。柴油一般由 6 号、10 号及 20 号轻柴油,北方严寒地区可用 10 号柴油。

多孔粒状铵油炸药在现场由混装车直接混制并装孔。除现场混装车装药外,多孔粒状铵油炸药还有渗油性,采用人工混拌法和机混法等加工方法。

混装多孔粒状铵油炸药是一种使用安全、经济、爆速低的炸药。混装多孔粒状铵油炸药临界直径 >70 mm,避免了直径过小导致爆速过低而影响传爆。混装铵油炸药技术指标见表 7-3 所示。

3. 混装重铵油炸药

重铵油炸药又称乳化铵油炸药,是乳胶基质与多孔粒状铵油炸药的物理掺和产品。在掺和过程中,高密度的乳化基质填充多孔粒状硝酸铵颗粒间的空隙并涂覆于硝酸铵颗粒的

表 7-3　混装粒状铵油炸药技术指标

序号	性能名称	多孔粒状铵油炸药
1	密度（g/cm³）	0.90 ~ 0.98
2	爆速（m/s）	≥2 800
3	猛度（mm）	≥15
4	撞击感度（%）	≤8
5	摩擦感度（%）	≤8
6	热感度	不燃烧、不爆炸

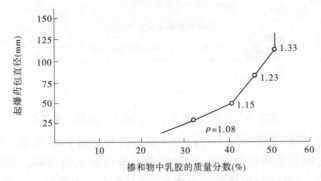

图 7-24　重铵油炸药的临界直径与乳胶含量的关系

表面，这样，既提高了粒状铵油炸药的相对体积威力，又改善了铵油炸药的抗水性能。乳胶基质在重铵油炸药中的比例可由 0 ~ 100% 变化，炸药的体积威力及抗水能力等性能也随着乳胶含量的变化而变化。重铵油炸药的相对体积威力与乳胶含量的关系如图 7-24 所示。

由图 7-24 可知，随着重铵油炸药中乳胶含量的增加，炸药的临界直径逐渐增大，即炸药的起爆感度降低了。重铵油炸药两种组分与性能的关系如表 7-4 所示。

表 7-4　重铵油炸药两种组分与性能的关系

项目	成分（质量分数）（%）										
乳胶基质	0	10	20	30	40	50	60	70	80	90	100
ANFO	100	90	80	70	60	50	40	30	20	10	0
密度（g/cm³）	0.85	1.0	1.10	1.22	1.31	1.42	1.37	1.35	1.32	1.31	1.30
爆速（药包直径 127 mm）（m/s）	3 800[①]	3 800	3 800	3 900	4 200	4 500	4 700	5 000	5 200	5 500	5 600
膨胀功（4.181 9 J/g）	908	897	886	876	862	846	824	804	784	768	752
冲击功（4.181 9 J/g）						827					750
摩尔气体质量（100 g）	4.38	4.33	4.28	4.23	4.14	4.14	4.09	4.04	3.99	3.94	3.90
相对重量威力	100	99	98	96	95	93	91	89	86	85	83
相对体积威力	100	116	127	138	146	155	147	171	133	131	127
抗水性	无	同一天内可起爆			无约束包装下，可保持 3 d 起爆				无包装保持 3 d		
最小直径（mm）	100	100	100	100	100	100	100	100	100	100	100

重铵油炸药密度、爆热及体积威力与乳胶含量的关系如图 7-25 所示。

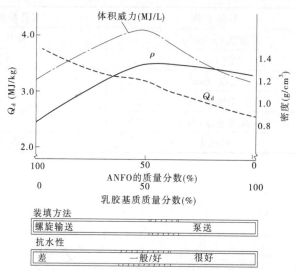

图 7-25　重铵油炸药密度、爆热及体积威力与乳胶含量的关系

重铵油炸药密度、爆热及体积威力与乳胶含量的关系如图 7-25 所示。现场混制的基本过程是先分别制备乳胶基质和铵油炸药,然后将两者按设计比例掺和。所制备的乳胶基质可泵送至储罐中存放,也可用专用罐车运至现场,还可在车上直接制备。多孔粒硝铵与柴油可按 94∶6 的比例在工厂等固定地点混拌,也可在混装车上混制。

（二）混装炸药设备

混装炸药设备主要由移动式乳胶制备站(MEF)和混装炸药车组成。MEF 是混装炸药生产配套设备,用于炸药原材料、半成品料储存和加工,与混装炸药车配套使用,实现炸药现场制备与爆破装药机械化作业。

1. MEF 制备站

移动式乳胶制备站(MEF)改变了乳化炸药固定式工厂生产模式,将乳化炸药生产设备小型化、高度集成。一般集中设计安装在两台标准的半挂车箱体内,乳化炸药生产采用计算机自动控制,连续、高效、安全地生产乳胶基质。MEF 制备站既可生产适合于地下工程使用的乳胶基质炸药,又可生产露天中型、大型炮孔使用的铵油炸药。MEF 制备站广泛用于露天矿山采掘、地下工程、水利水电开挖等开挖强度相对集中、作业周期长、流动性较大的土石方爆破工程。

1) MEF 制备站分类标识

MFF 制备站按适用于现场混装炸药车分为三种形式。BYDR 适用于乳化系列混装炸药车；BYDZ 适用于重铵油系列混装炸药车；BYDL 适用于粒状铵油系列混装炸药车。

MEF 制备站型号标识如图 7-26 所示。

2) MEF 制备站组成

MEF 制备站通常主要由水相原料制备车、油相(乳化基质)制备车、发电机组三大设施组成,分别设置在三个标准的集装箱内,如图 7-27、图 7-28 所示。

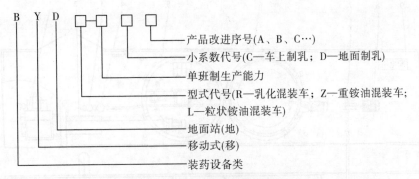

图 7-26　MEF 制备站型号标识

图中文字标注：

B Y D □ □ □ □
- 产品改进序号(A、B、C…)
- 小系数代号(C—车上制乳；D—地面制乳)
- 单班制生产能力
- 型式代号(R—乳化混装车；Z—重铵油混装车；L—粒状铵油混装车)
- 地面站(地)
- 移动式(移)
- 装药设备类

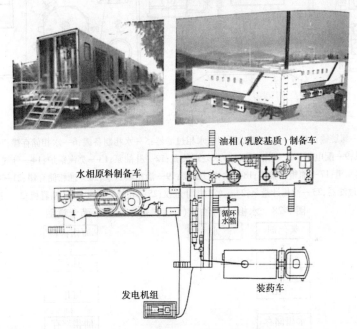

图 7-27　MEF 移动式制备站平面示意图

制备站设有水相制备及输送系统、油相制备及输送系统、发泡剂制备及输送系统、控制系统等。

动力车设有配电屏，发电机、蒸汽锅炉、水处理装置、污水处理装置、化验室、乳化剂储存罐等。

3）MEF 制备站工艺流程

MEF 制备站高度自动化，是条生产过程由 PLC（可编程计算机）全程控制，连续乳化生产线。实现了工业炸药自动化生产。MEF 制备站生产工艺流程如图 7-29 所示。

生产过程：操作员将当天各种炸药组分制备量及炸药配方编号输入计算机，计算机将自动计算出各种原料和添加剂的数量，经确认后，发送到各制备工序的显示屏上。

水相配制：程序控制器自动将水和硝酸铵、硝酸钠加入水相制备罐内；打开蒸汽阀，启动搅拌器；当加热温度到水相溶液性能要求时，自动关闭蒸汽阀，停止搅拌器，水相制作完成。管道泵将水相溶液泵送到水相储存罐中保温备用。

油相配制、敏化剂配制过程同水相配制。

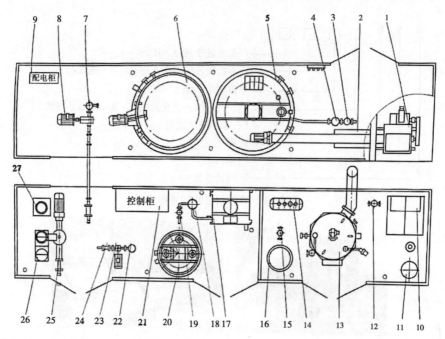

1—粉碎机;2—螺旋输送机;3—水相输送泵;4—水相过滤器;5—水相制备罐;6—水相储存罐;7—水相过滤器;

8—水相计量泵;9—配电柜;10—柴油箱;11—水处理装置;12—补油泵;13—蒸汽锅炉;14—分气缸;15—热水泵;

16—热水罐;17—油相制备罐;18—油相过滤器;19—油相输送泵;20—油相储存罐;21—控制柜;

22—油相过滤器;23—油相计量泵;24—水油相计量仪;25—乳胶输送泵;26 精乳机;27—连续乳化器

图 7-28 水相(上)油相(下)制备车配置平面示意图

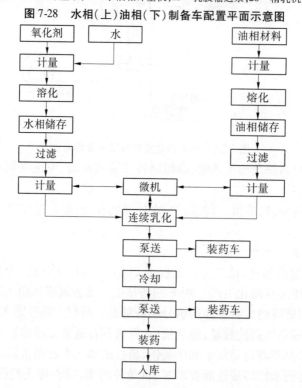

图 7-29 MEF 制备站生产工艺流程图

当乳胶基质在制备站制作完成后,即可根据作业现场的用量,通过泵送到装药车上,由装药车运输到现场,进行混装装药作业。

2. 混装炸药车

混装炸药车主要面向工业炸药生产及工程爆破应用行业,是集炸药生产、储存、运输、填装为一体,全面提升水利水电工程施工炸药安全可靠使用的设备。混装炸药车自动化程度高,构造简单,运行安全,广泛应用于露天煤矿、水利水电、有色冶金、大型洞室、水下等工程爆破作业。国产混装炸药车如图 7-30 所示。

图 7-30 国产混装炸药车

1)混装炸药车分类和标识

混装炸药车按炸药种类分为:①乳化混装炸药车(BCRH),适用于有水炮孔炸药装填;②重铵混装炸药车(BCZH),属多功能混装炸药车,可混制乳化炸药、多孔粒铵油炸药和重铵油炸药,水孔和干孔都适用;③粒状铵油混装炸药车(BCLH),适用于大中型露天矿无水炮孔炸药装填;④井下乳化混装炸药车(BCJH),适用于地下工程爆破作业。

混装炸药车标识(JB/T 8432.1.2.3—2006)如图 7-31 所示。

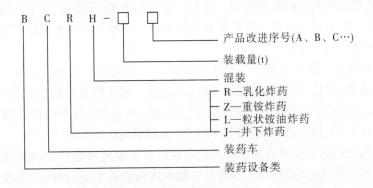

图 7-31 混装炸药车标识

2)混装炸药车特点和作业流程

混装炸药车是集炸药原料运输、炸药生产、装填于一体的高度自动化的设备,与传统人工装填炸药相比,有以下特点:

(1)运输、储存安全性好。炸药车上一般装有乳胶基质储存罐、添加剂罐等,配置了防颠簸、防冲撞装置,能确保运输途中的安全。在炸药使用区域内只存放非爆炸原材料或炸药半成品,无须修建炸药储存库和防爆安全设施,储存和使用安全有保障。

(2)计量准确、装药效率高。炸药车将乳胶基质、干料、添加剂经泵送系统混合后装入炮孔,经敏化后成为炸药。装药量、乳胶基质、添加剂等配比由可编程控制计算机(PCL)控制,自动化程度高,配置、计算准确,装填效率高。一般装药车装填效果:150 mm 以上的炮孔

150～300 kg/min,150 mm 以下的炮孔 15～150 kg/min。

（3）装药密实、爆破效果好。炸药车装药过程连续、流动性好、不易卡孔,保证了装药密实度,耦合性好,炮孔利用率高,大大提高了爆破效果。

（4）提高了爆破质量,降低爆破成本。炸药车输送管能将炸药直接送到炮孔的底部,解决了因孔内有水和岩渣致使炸药无法达到炮孔底部的困难,减少了卡孔造成的炮根与盲炮,爆破后底部较平整,避免了二次解炮处理工作量。同时,爆破岩石粒径得到合理的控制和改善,提高了挖装效率。一般情况下,采用炸药车装药,其孔网参数要比使用人工装药爆破的孔网参数大,延米爆破方量为人工爆破方量的 1.5 倍左右,钻孔量可减少 20%～30%。

作业流程如下:①炸药半成品制备。混装炸药半成品制备是乳化炸药形成的第一步,通过采用 MEF 制备站炸药生产系统,对炸药原材料按照一定的比例进行混合加工制成半成品(水相、油相),分别装进混装炸药车的料仓中,完成了炸药半成品的制备和储备。②炸药储存和运输。混装炸药车可以实现炸药的现场制备和装药。平常可在混装炸药车上准备好一定量的炸药半成品(水相、油相),接到爆破通知后,将事先准备好的炸药半成品运送到需要爆破的施工部位。③炸药现场配置和装填。混装炸药车到达作业现场,将炸药半成品混制成密度符合要求的炸药后,同时加入敏化剂,在炮孔中即时敏化为成品炸药。装药过程中,可根据需要随时调整密度和装药量,以达到理想的爆破效果。

3）混装炸药车的组成

（1）现场混装乳化炸药车(BCRH 系列)。

现场混装乳化炸药车(BCRH 系列)主要由汽车底盘、动力输出系统、液压系统、电气控制系统、燃油(油相)系统、乳化系统、水气清洗系统、干料配料系统、水暖系统、微量元素添加系统、备胎装置和软管卷筒装置组成。该车广泛适用于冶金、煤炭、化工、建材、水电、交通等工程的爆破作业,特别适合在金属矿等岩石硬度较高或炮孔内含水量较高的条件下使用。炮孔的直径在 100 mm 以上。

BCRH 系列乳化炸药现场混装炸药车可现场混制纯乳化炸药和最大加 30% 干料的两种乳化炸药。水相、油相、敏化剂和配制在地面站进行,而乳胶基质的敏化、干料的混合、敏化在车上进行。炸药主要有水相(硝酸铵溶液)、油相(柴油和乳化剂的混合物)、干料(多孔粒状硝铵或铝粉)和微量元素(发泡剂)四大部分混制而成。

现场混装乳化炸药车在爆破现场将车载乳胶基质装填进入炮孔,敏化后形成具有起爆感度的乳化炸药。装载的乳胶基质,本身是一种非常稳定的半成品材料,不具备雷管感度。现场混装车装填的乳化炸药,爆炸威力大。

乳化炸药车输药效率 200～280 kg/min。目前,有 8 t、12 t、15 t、25 t 四个规格。现场混装乳化炸药车具有自动计量功能 ,计量误差 ≤ ±2%。

（2）现场混装多孔粒状铵油炸药车(BCLH 系列)。

现场混装多孔粒状铵油炸药车主要由汽车底盘、动力输出系统、干料箱、燃油箱、输送螺旋、电器装置等组成。主要在冶金、水利、交通、煤炭、化工、建材等大中型露天矿爆破采场中使用,适用于大直径(一般 80 mm 以上)干孔装药。

现场混装多孔粒状铵油炸药车工作前先在地面站装入柴油和多孔粒状硝酸铵。装药车驶到作业现场,由车载系统将多孔粒状硝酸铵与柴油按配比均匀掺混,并装入炮孔。现场混装铵油炸药工艺简单、成本低,但爆炸威力相对较低。

粒状铵油炸药现场混装车输药效率为 200～450 kg/min,目前有 4 t、6 t、8 t、15 t、25 t 等六个规格可供选择。现场混装多孔粒状铵油炸药车具有自动计量功能,计量误差≤2%

(3)现场混装重铵油炸药车(BCZH 系列)。

现场混装重铵油炸药车由汽车底盘、动力输出系统、螺旋输送系统、软管卷筒、干料箱、乳化液箱、电气控制系统、液压控制系统、燃油系统等部件组成。重铵油炸药车混制炸药的各种原料从地面站分别装入车上的各个料仓内,在爆破现场按不同比例将乳胶基质与多孔粒状铵油掺混在一起,制备成不同能量密度的重铵油炸药,是多功能炸药现场混装车,可混制乳化炸药、多孔粒铵油炸药和重铵油炸药,兼具乳化炸药的高威力和铵油炸药的低成本优点。这种装药车水孔和干孔都适用,可满足不同爆破工程要求。

混装重铵油炸药车输药效率为螺旋送药时是 450 kg/min;用 MONO 泵送药时为 200～280 kg/min,目前,有 8 t、12 t、15 t、25 t 四个规格供用户选择。现场混装重铵油炸药车具有自动计量功能,计量误差≤±2%。

(三)工程实例

1. 三峡工程三期碾压混凝土围堰爆破拆除混装乳化炸药研制及应用

三峡工程三期上游碾压混凝土围堰平行于大坝布置,围堰轴线位于大坝轴线上游 114 m,其右侧与右岸白岩尖山体相接,左侧与混凝土纵向围堰上纵堰内段相连。围堰轴线总长 546.5 m;从右至左分别为右岸坡段(2 号～5 号堰块,长 106.5 m)、河床段(6 号～15 号堰块,长 380 m)和左接头段(长 60 m)。

三期碾压混凝土围堰为重力式结构。堰顶宽 8 m,堰顶高程 140 m,堰体最大高度 121 m。迎水面高程 70 m 以上为垂直坡,高程 70 m 以下为 1∶0.3 的边坡;背水面高程 130 m 以上为垂直坡,高程 130 m 至 50 m 为 1∶0.75 的台阶边坡,其下为平台。根据水力学模型试验成果,三峡三期上游围堰右岸 5 号堰块长 40 m、河床段 6 号～15 号堰块长 380 m,左连接段长 60 mm,要求拆除至高程 110 m,其中与纵堰交界处拆除至纵堰内坡面。围堰爆破拆除总长度为 480 m,总拆除工程量为 18.6 万 m^3。

围堰右岸 5 号堰块及左接头段采取钻孔炸碎法拆除,6～15 号堰块采用预埋药室与预埋断裂孔进行倾倒的爆破方案。施工中配置了 2 台 BCRH-15 型现场混装乳化炸药车,单台载药量 15 000 kg,装药效率 200～280 kg/min。地面站为 BDR4.0"混装炸药车半成品移动式地面站",生产效率为单班生产输送半成品大于 20 t,按单班制组织生产,年生产能力 4 000 t。考虑到此次爆破的重要性及浸水后炸药性能将有所降低,要求的炸药性能参数为:50 m 深水下浸泡 7 d 后爆速大于 4 500 m/s、爆力大于 320 mL、猛度大于 16 mm,一般的炸药性能均难以达到这一要求。葛洲坝易普力股份有限公司通过对混装乳化炸药的配方与生产工艺进行了一系列的理论研究和计算,在总结过去混装车生产乳化炸药经验的基础上,经过多次室内外试验,研制了具有高爆速、高威力、高抗水,便于远距离多次泵送、综合成本较低等特点的混装乳化炸药。该高威力炸药的主要性能如下:外观,银灰色膏状物,有弹性;密度,1.20～1.30 g/cm³;爆速,50 m 深水下浸泡 7 d 后为 5 460 m/s;猛度,18.6 cm;做功能力,346 mL;感度,无热感度、摩擦感度与撞击感度。炸药制备与装药工艺如图 7-32 所示。廊道内的药室及排水孔炮孔的装药,由装药车在堰顶通过约 30 m 的装药管长距离输送至廊道,再经装药器二次加压后装入;其余深孔由装药车在堰顶通过装药管直接装入。卷状炸药采用人工直接送入炮孔。起爆前,堰前水位降至 135 m 高程,堰后充水至 139 m 高程,炸药将处于深水下浸泡,最低药室处水深达 38 m,浸水时间(充水至起爆)约 3 d,炸药将长时间在深水下浸泡。

该工程于 2006 年 5 月 28 日开始装药施工,6 月 2 日下午装药结束,共装填高威力混装乳化炸药 152.72 t,6 月 6 日下午起爆,爆破达到了预期目的,取得了良好效果。

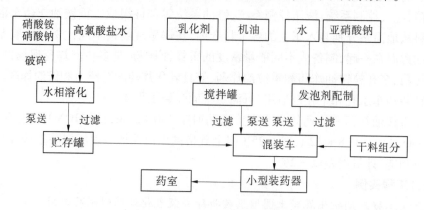

图 7-32　炸药制备与装药工艺

2. 水布垭面板堆石坝级配料开采混装乳化炸药车的应用

水布垭水利枢纽为湖北清江干流三个梯级开发的龙头电站,面板堆石坝最大坝高 233 m,是目前同类型最高的面板堆石坝。总填筑量 1 564 万 m³,其中:主堆石料(ⅢB)776 万 m³、过渡料(ⅢA)64.2 万 m³。面板堆石坝填筑石料有严格的级配要求,主堆石料的主要级配要求为:最大粒径 800 mm、粒径小于 1 mm 的含量小于 5%、小于 5 mm 的含量大于 4%;过渡料的主要级配要求为:最大粒径 300 mm、粒径小于 1 mm 的含量小于 5%、小于 5 mm 的含量大于 8%。

该工程要求粒径小于 5 mm 的含量比较高,爆破难度较大,要求在获取合格坝料的同时,还应提高爆破开采的规模和效率。为此,在级配料爆破开采过程中,充分发挥混装车装药的技术优势,2002 ~ 2004 年累计爆破 540 余次,最高月爆破强度超过 40 万 m³,级配料合格率 100%。

应用混装车技术开采面板堆石坝级配料主要在公山包料场与溢洪道两个部位进行,料场为茅口组厚层至巨厚层坚硬完整灰岩。采用的主要爆破参数如表 7-5 所示。

施工中配置了 2 台 BCRH-15 型现场混装乳化炸药车,单台载药量 15 000 kg,装药效率 200 ~ 280 kg/min,所生产的混装乳化炸药密度为 1.15 ~ 1.25 kg/m³,爆速为 4 700 ~ 5 200 m/s。地面站为 BDR4.0"混装炸药车半成品移动式地面站",生产效率为单班生产输送半成品大于 20 t,按单班制组织生产,年生产能力 4 000 t。该地面站将现场混装乳化炸药车所需半成品加工设备、加工所需动力源等各种设施,安装在两台标准汽车半拖车底盘上,形成可移动式地面站动力车与制备车,并根据需要选配具有硝酸铵原材料储存功能的箱式运输车。为葛洲坝易普力公司与山西特种汽车制造厂共同研制开发的国家定型产品,已通过技术鉴定,并获得国家专利。

表 7-5 水布垭混装炸药车级配料爆破开采技术参数一览表

项目	公山包料场开采		溢洪道开挖	
	主堆石料	过渡料	主堆石料	过渡料
台阶高度(m)	15	15	10	10
钻孔直径(mm)	90~115	90~115	115	115
钻孔角度(°)	85~90	85~90	85~90	85~90
超深(m)	0.8~1.2	0.7~1.0	0.8~1.2	0.7~1.0
布孔方式	梅花形	梅花形	梅花形	梅花形
孔距(m)	4.5~5.0	3.0~3.5	4.5~5.5	3.2~3.8
排距(m)	2.6~3.0	2.0~2.3	2.8~3.2	2.0~2.5
密集系数(孔距/排距)	1.2~1.5	1.4~1.7	1.2~1.5	1.4~1.7
炸药类型	混装乳化炸药	混装乳化炸药	混装乳化炸药	混装乳化炸药
装药结构	连续/耦合	连续/耦合	连续/耦合	连续/耦合
炸药单耗(kg/m³)	0.6	0.9	0.55	0.8
堵塞长度(m)	2.5~3.0	2.3~2.8	2.5~3.0	2.3~2.8
联网方式	孔间有序微差	孔间有序微差	孔间有序微差	孔间有序微差
单次爆破规模(m³)	8 000~20 000	4 000~8 000	5 000~15 000	3 000~5 000

采用混装乳化炸药车技术开采面板堆石坝级配料,相对采用常规药卷爆破有以下优点:①混装乳化炸药具有密度大、相对体积威力高的特点,采用耦合装药的方式有利于改善级配料的爆破粒径分布,提高了小于 5 mm 细料的含量,尤其是过渡料的级配质量明显提高,更能满足级配料开采的质量要求。②混装炸药车比人工药卷装药方式装药效率高,体现在现场制药效率方面,现场装药效率 200~280 kg/min;生产的混装乳化炸药流动性好,不存在药卷卡孔等装药问题;混装乳化炸药耐水性强、装药连续性好,水孔装药可直接将输送管插入孔底,装药效率不受水孔因素的影响,有利于级配料爆破规模化施工水平的提高,加快施工进程。③混装车的作业方式有利于提高爆破作业的安全化水平,有利于扩大爆破孔网参数,降低级配料开采成本。综上所述,采用混装乳化炸药车技术开采面板堆石坝级配料是值得大力推广的一种施工技术。

第二节 地基处理与基础工程机械

一、强夯机械

强夯法又称动力固结法,是用起重机械(起重机或起重机配三脚架、龙门架)将 8~40 t 夯锤起吊到 6~25 m 高度后自由落下,给地基以强大的冲击能量夯击,使土中出现冲击波和冲击应力,迫使土体孔隙压缩、局部液化,在夯击点周围产生裂隙,形成良好的排水通道,孔隙水和气体逸出,使土体重新排列,经时效压密达到固结,从而提高地基承载力,降低其压缩性的一种地基处理方法。

一般来说,夯击时最好锤重和落距大,则单击能量大,夯击击数少,夯击遍数也相应减少,加固效果和技术经济较好。在设计中,根据需要加固的深度初步确定采用的单位夯击能,然后根据机具条件因地制宜地确定锤重和落距。

一般夯锤可取 10 ~ 25 t。夯锤材质最好用铸钢,也可用钢板为外壳内灌混凝土的锤。夯锤的平面一般为圆形,夯锤中宜对称设置若干个上下贯通的排气孔,孔径可取 250 ~ 300 mm。

二、预制桩施工机械

(一)锤击沉桩设备

锤击沉桩也称打入桩,是利用桩锤下落产生的冲击能量将桩沉入土中,它是混凝土预制桩最常用的沉桩方法。

打桩所用的机具设备,主要包括桩锤、桩架及动力装置三部分。

1. 桩锤选择

桩锤是把桩打入土中的主要机具,有落锤、汽锤、柴油桩锤、振动桩锤等。桩锤的类型应根据施工现场情况、机具设备条件及工作方式和工作效率等来选择。

1)落锤

作用是对桩施加冲动击力,将桩打入土中。一般由铸铁制成,构造简单,使用方便,能随意调整其落锤高度,适合于普通黏土和含砾石较多的土层中打桩。但打桩速度较慢(6 ~ 12次/min),效率不高,贯入能力低,对桩的损伤较大。落锤有穿心锤和龙门锤两种,质量一般为 0.5 ~ 1.5 t。适于打细长尺寸的混凝土桩,在一般土层及黏土、含有砾石的土层中均可使用。

2)汽锤

汽锤是以高压蒸汽或压缩空气为动力的打桩机械,有单动汽锤和双动汽锤两种,如图 7-33 所示。

(1)单动汽锤。结构简单,落距小,对设备和桩头不易损坏,打桩速度及冲击力较落锤大,效率较高,冲击力较大,打桩速度较落锤快,锤击 60 ~ 80 次/min,一般适用于各种桩在各类土中施工,最适于套管法打就地灌注混凝土桩,锤重 0.5 ~ 15 t。

(2)双动汽锤。打桩速度快,冲击频率高,达 100 ~ 120 次/min,一般打桩工程都可使用,并能用于打钢板桩、水下桩、斜桩和拔桩,但设备笨重,移动较困难。锤重为 0.6 ~ 6.0 t。

3)柴油桩锤

柴油桩锤是利用燃油爆炸来推动活塞往返运动进行锤击打桩。柴油桩锤与桩架、动力设备配套组成柴油打桩机。柴油桩锤分导杆式和筒式两种。锤重 0.6 ~ 0.7 t。设备轻便,打桩迅速,锤击 40 ~ 80 次/min,常用于打木桩、钢板桩和混凝土预制桩,是目前应用较广的一种桩锤。但在松软土中打桩时易熄火。

4)振动桩锤

振动桩锤是利用机械强迫振动,通过桩帽传到桩上使桩下沉。振动桩锤沉桩速度快,适用性强,施工操作简便安全,能打各种桩,并能帮助卷扬机拔桩。但不适于打斜桩,适于打钢板桩、钢管桩、长度在 15 m 以内的打入灌注桩。适于粉质黏土、松散砂土、土和软土,不宜用于岩石、砾石和密实的黏性土地基,在砂土中打桩最有效。

2. 桩架

桩架是支持桩身和桩锤,在打桩过程中引导桩的方向及维持桩的稳定,并保证桩锤沿着所要求方向冲击的设备。桩架一般由底盘、导向杆、起吊设备、撑杆等组成。

桩架的形式多种多样,常用的通用桩架有两种基本形式:一种是沿轨道行驶的多功能桩架;另一种是装在履带底盘上的履带式桩架。多功能桩架是由定柱、斜撑、回转工作台、底盘及传动机构组成的,如图 7-34 所示。它的机动性和适应性很大,在水平方向可作 360° 回转,导架可以伸缩和前后倾斜,底座下装有铁轮,底盘在轨道上行走。这种桩架可适用于各种预制桩及灌注桩施工。缺点是机构较庞大,现场组装和拆移比较麻烦。

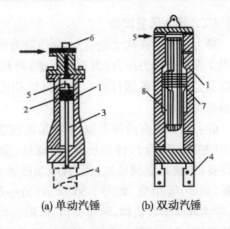

(a) 单动汽锤　(b) 双动汽锤

1—汽缸;2—活塞;3—活塞杆;4—桩;
5—活塞上部;6—换向阀门;7—锤的垫座;8—冲击部分

图 7-33 汽锤

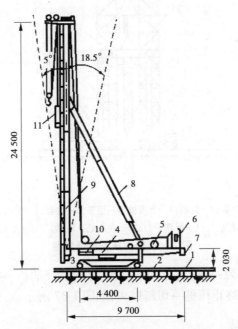

1—枕木;2—钢轨;3—底盘;4—回转平台;5—卷扬机;6—司机室;
7—平衡重;8—撑杆;9—挺杆;10—水平调整装置;11—桩锤与桩帽

图 7-34 多功能桩架

履带式桩架以履带式起重机为主机,配备桩架工作装置所组成,如图 7-35 所示。操作灵活,移动方便,适用于各种预制桩和灌注桩的施工,目前应用最多。

3. 动力装置

打桩机械的动力装置是根据所选桩锤而定的。当采用空气锤时,应配备空气压缩机;当选用蒸汽锤时,则要配备蒸汽锅炉和绞盘。

（二）静力压桩设备

静力压桩是在软土地基上,利用静力压桩机或液压压桩机用无振动的静力压力(自重和配重)将预制桩压入土中的一种新工艺。与普通的打桩和振动沉桩相比,压桩可以消除噪声和振动公害。

静力压桩机有两种类型:一种是机械静力压桩机,它由压桩架(桩架与底盘)、传动设备(卷扬机、滑轮组、钢丝绳)、平衡设备(铁块)、量测装置(测力计、油压表)及辅助设备(起重设备、送桩)等组成,如图 7-36 所示;另一种是液压静力压桩机,它由液压吊装机构、液压夹持、压桩机构(千斤顶)、行走及回转机构、液压及配电系统、配重铁等部分组成。

静力压桩机的工作原理是:通过安置在压桩机上的卷扬机的牵引,由钢丝绳、滑轮及压梁,将整个桩机的自重力(800～1 500 kN)反压在桩顶上,以克服桩身下沉时与土的摩擦力,迫使预制桩下沉。

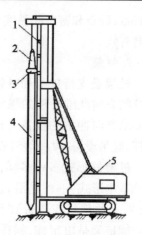

1—导架;2—桩锤;3—桩帽;
4—桩;5—吊车

图 7-35　履带式桩架图

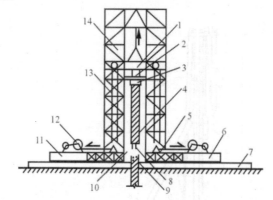

1—活动压梁;2—油压表;3—桩帽;4—上段桩;5—压重;6—底盘;7—轨道;8—上段接状锚筋;
9—下段接状锚筋孔;10—导笼口;11—操作平台;12—卷扬机;13—加压钢丝滑轮组;14—桩架导向笼机械

图 7-36　静力压桩机示意图

静力压桩的施工程序为:测量定位→桩机就位→吊桩插桩→桩身对中调直→静压沉桩→接桩→再静压沉桩→终止压桩→切割桩头,如图 7-37 所示。

三、灌注桩施工机械

混凝土灌注桩是直接在施工现场桩位上成孔,然后在孔内安放钢筋笼,浇筑混凝土成桩。与预制桩相比,具有施工噪声低、振动小、挤土影响小、单桩承载力大、钢材用量小、设计变化自如等优点。但成桩工艺复杂,施工速度较慢,质量影响因素较多。

灌注桩按成孔的方法分为泥浆护壁成孔灌注桩、沉管灌注桩、干作业钻孔灌注桩等。

（一）泥浆护壁成孔灌注桩

泥浆护壁成孔灌注桩是利用原土自然造浆或人工造浆浆液进行护壁,通过循环泥浆将被钻头切下的土块挟带出孔外成孔,然后安放绑扎好的钢筋笼,水下灌注混凝土成桩。此法

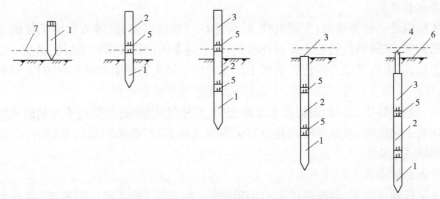

(a)准备压第一段桩　　(b)接第二段桩　　(c)接第三段桩　　(d)整根桩压至地面　　(e)送桩

1—第一段桩;2—第二段桩;3—第三段桩;4—送桩;5—桩接头处;6—地面线;7—压桩机操作平台线

图7-37　静力压桩工艺示意图

适用于地下水位较高的黏性土、粉土、砂土、填土、碎石土及风化岩层;也适用于地质情况复杂、夹层较多、风化不均、软硬变化较大的岩层。但在岩溶发育地区要慎重使用。

泥浆护壁成孔灌注桩成孔方法按成孔机械分类有回转钻机成孔、潜水钻机成孔、冲击钻机成孔、冲抓锥成孔等。

1.回转钻机成孔

回转钻机是由动力装置带动钻机回转装置转动,再由其带动带有钻头的钻杆移动,由钻头切削土层。适用于地下水位较高的软、硬土层,如淤泥、黏性土、砂土、软质岩层。

回转钻机钻孔方式根据泥浆循环方式的不同,分为正循环回转钻机成孔和反循环回转钻机成孔。

正循环回转钻机成孔的工艺如图7-38所示。由空心钻杆内部通入泥浆或高压水,从钻杆底部喷出,携带钻下的土渣沿孔壁向上流动,由孔口将土渣带出流入泥浆池。

反循环回转钻机成孔的工艺如图7-39所示。泥浆带渣流动的方向与正循环回转钻机成孔的情形相反。反循环工艺的泥浆上流的速度较高,能携带较大的土渣。

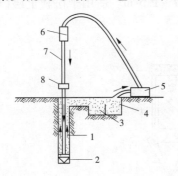

1—钻头;2—泥浆循环方向;3—沉淀池;
4—泥浆池;5—循环泵;6—水龙头;
7—钻杆;8—钻机回转装置

图7-38　正循环回转钻机成孔工艺原理

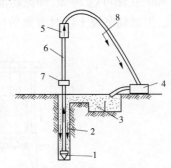

1—钻头;2—新泥浆流向;3—沉淀池;
4—砂石泵;5—水龙头;6—钻杆;
7—钻杆回转装置;8—混合液流向

图7-39　反循环回转钻机成孔工艺原理

2.潜水钻机成孔

潜水钻机是一种将动力、变速机构、钻头连在一起加以密封,潜入水中工作的一种体积小而轻的钻机,这种钻机的钻头有多种形式,以适应不同桩径和不同土层的需要。钻头可带有合金刀齿,靠电机带动刀齿旋转切削土层或岩层。钻头靠桩架悬吊吊杆定位,钻孔时钻杆不旋转,仅钻头部分放置切削下来的泥渣通过泥浆循环排出孔外。

当钻一般黏性土、淤泥、淤泥质土及砂土时,宜用笼式钻头;当穿过不厚的砂夹卵石层或在强风化岩上钻进时,可镶焊硬质合金刀头的笼式钻头;当遇孤石或旧基础时,应用带硬质合金齿的筒式钻头。

3.冲击钻机成孔

冲击钻机通过机架、卷扬机把带刃的重钻头(冲击锤)提高到一定高度,靠自由下落的冲击力切削破碎岩层或冲击土层成孔。部分碎渣和泥浆挤压进孔壁,大部分碎渣用掏渣筒掏出。此法设备简单,操作方便,对于有孤石的砂卵石岩、坚质岩、岩层均可成孔。

冲孔前应埋设钢护筒,并准备好护壁材料。若表层为淤泥、细砂等软土,则在筒内加入小块片石、砾石和黏土;若表层为砂砾卵石,则投入小颗粒砂砾石和黏土,以便冲击造浆,并使孔壁挤密实。冲击钻机就位后,校正冲锤中心对准护筒中心,在冲程 0.4~0.8 m 范围内应低提密冲,并及时加入石块与泥浆护壁,直至护筒下沉 3~4 m 以后,冲程可以提高到 1.5~2.0 m,转入正常冲击,随时测定并控制泥浆相对密度。

冲击钻头形式有十字形、工字形、人字形等,一般常用十字形冲击钻头。在钻头锥顶与提升钢丝绳间设有自动转向装置,冲击锤每冲击一次转动一个角度,从而保证桩孔冲成圆孔。

4.冲抓锥成孔

冲抓锥如图 7-40 所示,锥头上有一重铁块和活动抓片,通过机架和卷扬机将冲抓锥提升到一定高度,下落时松开卷筒刹车,抓片张开,锥头便自由下落冲入土中,然后开动卷扬机提升锥头,这时抓片闭合抓土。冲抓锥整体提升至地面上卸去土渣,依次循环成孔。冲抓锥成孔施工过程、护筒安装要求、泥浆护壁循环等与冲击成孔施工相同。冲抓锥成孔直径为450~600 mm,孔深可达 10 m,冲抓高度宜控制在 1.0~1.5 m。适用于松软土层(砂土、黏土)中冲孔,但遇到坚硬土层时宜换用冲击钻施工。

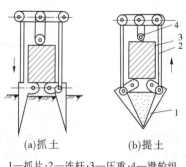

(a)抓土　　　　(b)提土

1—抓片;2—连杆;3—压重;4—滑轮组

图 7-40　冲抓锥锥头示意图

（二）沉管灌注桩

沉管灌注桩是利用锤击打桩设备或振动沉桩设备,将带有钢筋混凝土的桩尖(或钢板靴)或带有活瓣式桩靴的钢管沉入土中(钢管直径应与桩的设计尺寸一致),造成桩孔,然后放入钢筋骨架并浇筑混凝土,随之拔出套管,利用拔管时的振动将混凝土捣实,便形成所需要的灌注桩。利用锤击沉桩设备沉管、拔管成桩,称为锤击沉管灌注桩,如图 7-41 所示;利用振动器振动沉管、拔管成桩,称为振动沉管灌注桩,如图 7-42 所示。

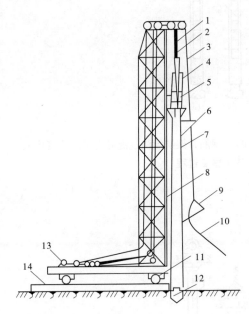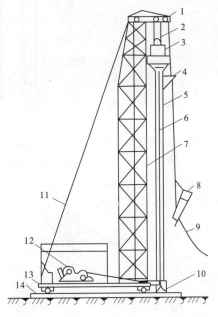

1—桩锤钢丝绳;2—桩管滑轮组;3—吊斗钢丝绳;
4—桩锤;5—桩帽;6—混凝土漏斗;7—桩管;8—桩架;
9—混凝土吊斗;10—回绳;11—行驶用钢管;
12—预制桩尖;13—卷扬机;14—枕木

图 7-41　锤击沉管灌注桩机械设备示意图

1—导向滑轮;2—滑轮组;3—激振器;4—混凝土漏斗;
5—桩管;6—加压钢丝绳;7—桩架;8—混凝土吊斗;
9—回绳;10—活瓣桩尖;11—缆风绳;12—卷扬机;
13—行驶用钢管;14—枕木

图 7-42　振动沉管灌注桩桩机示意图

1. 锤击沉管灌注桩

锤击沉管灌注桩适用于一般黏性土、淤泥质土和人工填土地基,其施工过程如图 7-43 所示。

2. 振动沉管灌注桩

振动沉管灌注桩采用激振器或振动冲击沉管,施工过程如图 7-44 所示。它适用于一般黏性土、淤泥质土及人工填土地基,更适用于砂土、稍密及中密的碎石土地基。

（三）干作业钻孔灌注桩

干作业钻孔灌注桩是先用钻机在桩位处进行钻孔,然后在桩孔内放入钢筋骨架,再浇筑混凝土而成桩。适用于成孔深度内没有地下水的一般黏土层、砂土及人工填土地基,不适于有地下水的土层和淤泥质土。其施工过程如图 7-45 所示。

干作业成孔一般采用螺旋钻机钻孔。常用的螺旋钻机有履带式和步履式两种。前者一般由履带车、支架、导杆、鹅头架滑轮、电动机头、螺旋钻杆及出土筒组成,后者的行走度盘为

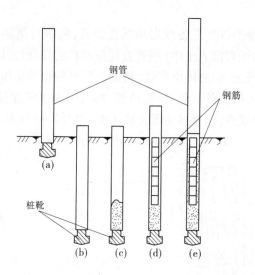

（a）就位；（b）锤击沉入钢管；（c）开始灌注混凝土；（d）下钢筋骨架继续浇筑混凝土；（e）拔管成型

图 7-43　锤击沉管灌注桩施工过程

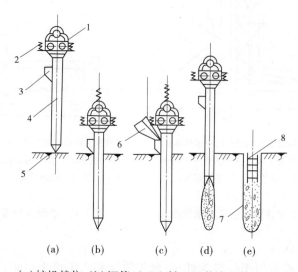

（a）桩机就位；（b）沉管；（c）上料；（d）拔出钢管；

（e）在顶部混凝土内插入短钢筋并浇满混凝土

1—振动锤；2—加压减振弹簧；3—加料口；4—桩管；5—活瓣桩尖；6—上料口；7—混凝土桩；8—短钢筋骨架

图 7-44　振动沉管灌注桩

步履式，在施工时用步履进行移动。步履式机下装有活动轮子，施工完毕后装上轮子由机动车牵引到另一工地。

螺旋钻机根据钻杆形式不同可分为整体式螺旋、装配式长螺旋和短螺旋三种。螺旋钻杆是一种动力旋动钻杆，钻头的螺旋叶旋转削土，土块由钻头旋转上升而带出孔外。螺旋钻头外径分别为 400 mm、500 mm、600 mm，钻孔深度相应为 12 m、10 m、8 m。

(a)钻机进行钻孔　　　　(b)放入钢筋骨架　　　　(c)浇筑混凝土

图 7-45　螺旋钻机钻孔灌注桩施工过程示意图

四、高压喷射灌浆设备

当前,高压喷射注浆法的基本种类有单管法、二重管法、三重管法和多重管法等多种方法,它们各有特点,可根据工程要求和土质条件选用。加固形状可分为柱状、板状和块状。

(一)单管法

单管法全称为单管旋喷注浆法,是利用钻机等设备,把安装在注浆管(单管)底部侧面的特殊喷嘴,置入土层预定深度后,用高压泥浆泵等装置,以 15 ~ 20 MPa 的压力,把浆液从喷嘴中喷射出去冲击破坏土体,同时借助注浆管的旋转和提升运动,使浆液与从土体上崩落下来的土搅拌混合,经过一定时间凝固,便在土中形成圆柱状的固结体。单管法形成的固结体直径较小,一般桩径可达 0.5 ~ 0.9 m,板墙体长度可达 1.0 ~ 2.0 m。

(二)二重管法

二重管法全称为二重管旋喷注浆法,是使用双通道的二重注浆管。当二重注浆管钻进到土层的预定深度后,通过在管底部侧面的一个同轴双重喷嘴同时喷射出高压浆液和空气两种介质的喷射流冲击破坏土体。以高压泥浆泵等高压发生装置喷射出 10 ~ 20 MPa 压力的浆液,从内喷嘴中高速喷出,并用 0.7 ~ 0.8 MPa 压力,把压缩空气从外喷嘴中喷出。在高压泥浆流和它外圈环绕气流的共同作用下,破坏土体的能量显著增大,喷嘴一面喷射一面旋转和提升,最后在土中形成圆柱状固结体。

(三)三重管法

三重管法全称为三重管旋喷注浆法,是使用分别输送水、气、浆三种介质的三重注浆管。在以高压泵等高压发生装置产生 20 ~ 50 MPa 的高压水喷射流的周围,环绕一股 0.7 ~ 0.8 MPa 的圆筒状气流,进行高压水喷射流和气流同轴喷射冲切土体,形成较大的空隙,再另由泥浆泵注入压力为 2 ~ 5 MPa 的浆液填充,当喷嘴做旋转和提升运动,最后便在土中凝固为直径较大的圆柱状固结体。

(四)多重管法

多重管法首先要在地面钻一个导孔,然后置入多重管,用逐渐向下运动的旋转超高压水射流(压力约 40 MPa),切削破坏四周的土体,经高压水冲击下来的土和石,随着泥浆立即用真空泵从多重管中抽出。如此反复地冲和抽,便在地层中形成一个较大的空间,装在喷嘴附近的超声波传感器及时测出空间的直径和形状,最后根据工程要求选用浆液、砂浆、砾石等材料填充。于是,在地层中形成一个大直径的柱状固结体,在砂性土中最大直径可达 4 m。

五、灌浆机械

砂砾石地基灌浆孔除打管外,都是铅直向钻孔,造孔方式主要有冲击钻进和回转钻进两类。地基防渗帷幕灌浆的方法可分为打管灌浆、套管灌浆、循环灌浆和预埋花管灌浆。

(一)打管灌浆

灌浆管由钢管、花管、锥形管头组成,用吊锤或振动沉管的方法打入砂砾石地基受灌层。每段在灌浆前,用压力水冲洗,将土、砂等杂质冲出地表或压入地层灌浆区外部。采用纯压式或自流式压浆,自下而上、分段拔管、分段灌浆,直到结束。此法设备简单,操作方便,适用于覆盖层较浅、砂石松散及无大孤石的临时工程。施工程序如图7-46所示。

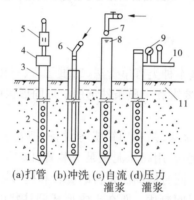

(a)打管　(b)冲洗　(c)自流灌浆　(d)压力灌浆

1—管锥;2—花管;3—钢管;4—管帽;5—打管锤;6—冲洗用水管;7—注浆管;8—浆液面;
9—压力表;10—进浆管;11—盖重层

图7-46　打管灌浆程序

(二)套管灌浆

此法是边钻孔边下套管进行护壁,直到套管下到设计深度。然后将钻孔洗干净,下灌浆管,再拔起套管至第一灌浆段顶部,安灌浆塞,压浆灌注。自下而上、逐段拔管、逐段灌浆、直到结束。其施工工艺如图7-47所示。

(三)循环灌浆

循环灌浆是一种自上而下,钻一段灌一段,无须待凝,钻孔与灌浆循环进行的灌浆方法。钻孔时需用黏土浆固壁,每个孔段长度视孔壁稳定和渗漏大小而定,一般取1~2 m。此方法不设灌浆塞,而是在孔口管顶端封闭。孔口管设在起始段上,具有防止孔口坍塌、地表冒浆,钻孔导向的作用,以提高灌浆质量。工艺过程如图7-48所示。

(四)预埋花管灌浆

在钻孔内预先下入带有射浆孔的灌浆花管,花管与孔壁之间的空间注入填料,在灌浆管内用双层阻浆器分段灌浆。其工艺过程为:钻孔及护壁→清孔更换泥浆→下花管和下填料→开环→灌浆。如图7-49所示。

一般用回转式钻机钻孔,下套管护壁或泥浆护壁;钻孔结束后,清除孔内残渣,更换新鲜泥浆;用泵灌注花管与套管空隙内的填料,边下料、边拔管、边浇筑,直到全部填满将套管拔出为止;孔壁填料待凝5~15 d,具有一定强度后,压开花管上的橡皮圈,压裂填料形成通路,称为开环;然后用清水或稀浆灌注5~10 min,开始灌浆,完成每一排射浆孔(一个灌浆段)

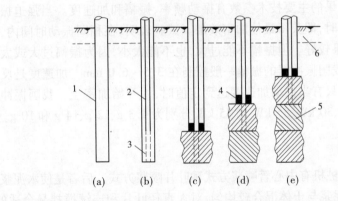

(a)钻孔下套管;(b)下灌浆管;(c)拔套管灌第一段浆;(d)拔套管灌第二段浆;(e)拔套管灌第三段浆

1—护壁套管;2—灌浆管;3—花管;4—止浆塞;5—灌浆段;6—盖重层

图 7-47 套管灌浆程序

的灌浆后,进行下一段开环灌浆。

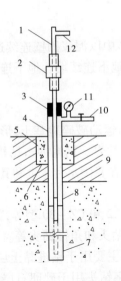

1—灌浆管(钻杆);2—钻机竖轴;3—封闭器;4—孔口管;
5—混凝土封口;6—防浆环(麻绳缠箍);7—射浆花管;
8—孔口管下花管;9—盖重层;10—回浆管;
11—压力表;12—进浆管

图 7-48 循环灌浆图

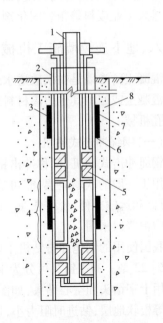

1—灌浆管;2—花管;3—射浆孔;
4—灌浆段;5—双栓灌浆塞;
6—铅丝(防滑环);7—橡皮圈;8—填料

图 7-49 预埋花管灌浆

六、振冲设备

振冲器是一种利用自激振动,配合水力冲击进行施工作业的工具。振动方式有水平振动、水平振动加垂直振动。目前,国内外均以单向水平振动为主,工作原理是利用电机旋转一组偏心块产生一定顺率和振幅的水平向振动力,压力水通过空心竖轴从振动器下面的喷口喷出。振冲器的振动能源有电动机和液压马达两种。

影响土层加密效果的主要技术参数有振动频率、振幅和加速度。当强迫振动与土的自振频率相同发生共振时，即获得最佳加密效果。试验表明，在相同振动时间内，振幅较大时沉陷量较大，加密效果较好。但振幅不能过大，也不能太小，因为振幅过大或太小均不利于土体的加固。所以，我国振冲器的振幅一般控制在 3.5～6.0 mm。加速度是反映振冲器振动强度的主要指标。只有当振动加速度达到定值时，才开始加密土。我国振冲器自身发出的加速度对应 13 kW、30 kW、55 kW 和 75 kW 分别为 4.3 g、12 g、14 g 和 10 g。

七、搅拌桩机

国内目前的搅拌桩机有中心管喷浆方式和叶片喷浆方式。后者是使水泥浆从叶片上若干个小孔喷出，使水泥浆与土体混合较均匀，对大直径叶片和连续搅拌是合适的，但因喷浆孔小，易被浆液堵塞，它只能使用纯水泥浆而不能采用其他固化剂，且加工制造较为复杂。中心管输浆方式中的水泥浆是从两根搅拌轴间的另一中心管输出，这对于叶片直径在 1 m 以下时，并不影响搅拌均匀度，而且它可适用多种固化剂，除纯水泥浆外，还可用水泥砂浆，甚至掺入工业废料等粗粒固化剂。

八、地下连续墙施工机械

混凝土防渗墙是在松散透水地基或土石坝（堰）坝体中以泥浆固壁连续造孔，在泥浆下浇筑混凝土或回填其他防渗材料筑成的，起防渗作用的地下连续墙。地下连续墙施工机械为造孔机械。

（一）钢绳冲击式钻机

钢绳冲击式钻机（简称冲击钻）通过钻头向下的冲击运动破碎地基土，形成钻孔。它不仅适用于一般的软弱地层，亦可适用砾石、卵石、漂石和基岩。钢绳冲击钻机结构简单，操作、维修和运输方便，价格低廉。因此，尽管效率较低，仍在我国水利水电和其他行业的中小工程中被普遍采用。

我国使用的钢绳冲击钻机主要型号有 CZ－20、CZ－22 和 CZ－30 型等，如图 7-50 所示为 CZ－22 型。冲击钻头可分为十字钻头、空心钻头、圆钻头和角锥钻头等。在防渗墙施工中常用十字钻头和空心钻头，如图 7-51 所示。空心钻头主要用于钻进黏土层、砂土层和壤土层等松软地层，钻进时阻力小，切削力大，重心稳。十字钻头用于砂卵石层、风化岩层、卵石、漂石及基岩等。

（二）冲击式反循环钻机

冲击式反循环钻机适用于软土、砂砾石、漂卵石和基岩等多种地层。

冲击式反循环钻机工作原理如图 7-52 所示，CZF－1200 型冲击式反循环钻机的外形结构如图 7-53 所示。

（三）回转式钻机

回转式钻机包括回转正循环钻机和回转反循环钻机，它们的工作原理、设备结构形式，见灌注桩设备部分。

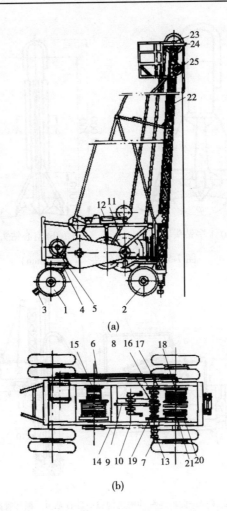

1—前轮;2—后轮;3—牵引杆;4—底架;5—电动机;6—三角皮带;7—主动轴;8—冲击离合器;9—冲击齿轮;
10—冲击轴;11—连杆;12—缓冲装置;13—钻进工具用卷筒离合器;14—链条;15—钻进工具用卷筒;
16—抽筒用卷筒离合器;17—齿轮;18—抽筒用卷筒;19—辅助滑车用卷筒离合器;20—齿轮;
21—辅助滑车用卷筒;22—桅杆;23—钻进工具钢丝绳天轮;24—抽筒钢丝绳天轮;25—起重用滑轮

图 7-50 CZ－22 型钢绳冲击钻机

（四）抓斗挖槽机

抓斗挖槽机(简称抓斗)适用的地层比较广泛,除大块的漂卵石、基岩以外,一般的覆盖层均可。不过当地层的标准贯入度 $N > 40$ 时,使用抓斗的效率很低。对含有大漂石的地层,需配合采用重锤冲击才可完成钻进。

根据抓斗结构和工作原理的不同,抓斗分为钢绳抓斗和液压抓斗。钢绳抓斗又分为斗体推压式抓斗(如图 7-54 所示)、中心牵挂式抓斗(如图 7-55 所示)。液压抓斗又分为液压导板抓斗(如图 7-56 所示)、液压导杆抓斗(如图 7-57 所示)、半导杆抓斗(如图 7-58 所示)。

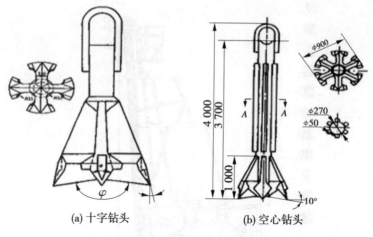

(a) 十字钻头　　　　　(b) 空心钻头

图 7-51　冲击式钻头　（单位：mm）

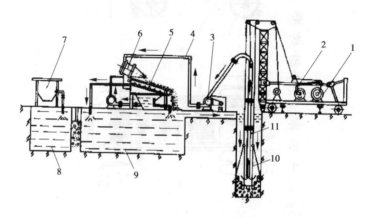

1—同步双筒卷扬；2—曲柄连杆冲击机构；3—砂石泵；4—循环管路；5—振动筛；
6—旋流器；7—制浆站；8—储浆池；9—循环浆池；10—钻头；11—排渣管

图 7-52　CZF 型冲击式反循环钻机工作原理图

（五）槽孔掘进机

槽孔掘进机成套设备，如图 7-59 所示。由起重机、掘进头、泥浆站三大部分组成。槽孔掘进机造孔施工的工艺流程，如图 7-60 所示。

（六）其他钻孔机械

射水成槽机，以高压射水冲击破坏土体，土渣与水混合回流溢出地面，或反循环抽出，经矩形成槽箱修整后形成槽孔。射水成槽机主要由正反循环泵组、成型器和拌和浇筑机组成。

锯槽机是通过锯管的上下往复运动，以锯齿克取土体，形成连续的沟槽，该种机械适用于含少量砾石，最大粒径不大于 80 mm、标贯击数 $N \leqslant 30$ 的地层，以及对墙底高程无严格要求的悬挂式帷幕。

悬臂式链斗挖槽机是通过串联的链条及链条上的链斗，对地层进行连续挖掘和排出钻渣，形成沟槽。该设备适用于在砂壤土中施工，土层中夹杂的卵石粒径应小于 130 mm。

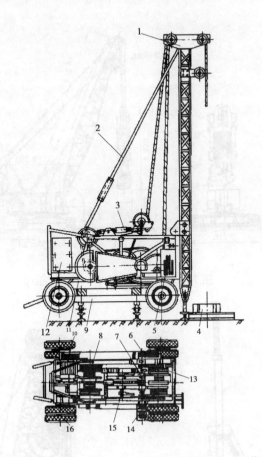

1—桅杆;2—支撑杆;3—缓冲系统;4—孔口机构;5—操纵系统;6—传动系统;
7—主传动轴;8—同步双筒卷扬;9—平台车;10—电动机;11—底盘机架;
12—电器箱;13—副卷扬;14—辅助卷扬;15—冲击机构;16—行走系统

图 7-53　CZF－1200 型冲击反循环钻机

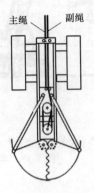

图 7-54　斗体推压式钢绳抓斗

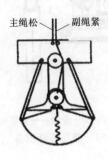

图 7-55　中心牵挂式钢绳抓斗

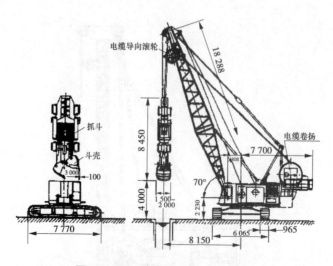

图 7-56　液压导板抓斗 （单位：mm）

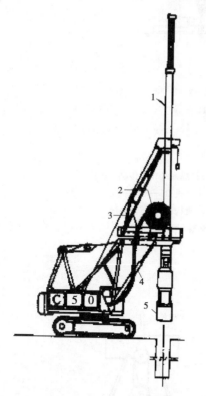

1—导杆；2—油管转盘；3—平台；4—调整油缸；5—抓斗
图 7-57　液压导杆抓斗

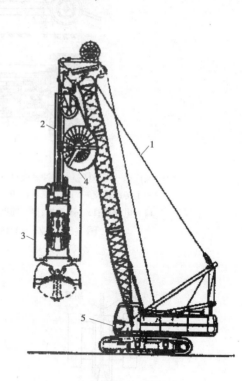

1—钢丝绳；2—导杆；3—抓斗；4—油管转盘；5—起重机
图 7-58　半导杆抓斗

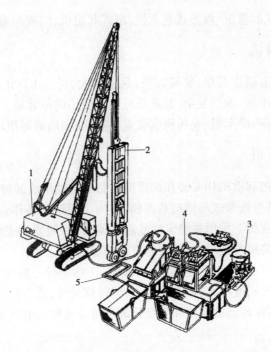

1—起重机;2—掘进头;3—制浆机;4—泥浆处理系统;5—槽孔

图 7-59　槽孔掘进机成套设备

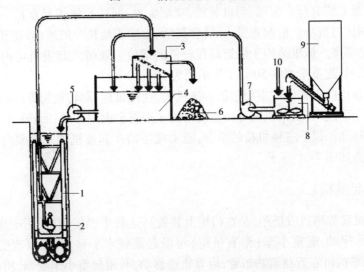

1—槽孔掘进机;2—泥浆泵;3—除砂装置;4—泥浆罐;5—供浆泵;
6—筛除的钻渣;7—补浆泵;8—泥浆搅拌机;9—膨润土储料桶;10—水源

图 7-60　槽孔掘进机造孔施工的工艺流程

第三节　施工起重机械

　　起重机械用来对物料进行起重、装卸、运输、安装和人员运送等作业,能在一定范围内垂直和水平移动物品,是一种间歇、循环动作的搬运机械。在工程建设中广泛应用的起重机有桅杆式起重机、轮胎式起重机、履带式起重机,塔式起重机、门式起重机和缆式起重机等。

一、桅杆式起重机

桅杆式起重机具有制作简单,装卸方便,起重量大,可达 1 000 kN 以上,受地形限制小等特点。适用于交通不便,地形复杂,起重机械难于使用的吊装施工。桅杆式起重机又称为拔杆,主要由拔杆、底座、滑车组、卷扬机或绞盘、缆风绳和地锚等组成。

二、轮胎式起重机

轮胎式起重机是把起重机构安装在加重型轮胎和轮轴组成的特制底盘上的一种全回转式起重机,其上部构造与履带式起重机基本相同,为了保证安装作业时机身的稳定性,起重机设有四个可伸缩的支腿。为增强稳定性或起吊能力,一般要用支腿。吊重时一般需放下支腿,增大支撑面,并将机身调平,以保证起重机的稳定。

轮胎式起重机型号品种齐全,起重量 8 ~ 300 t,工作半径一般为 10 ~ 15 m。履带式起重机和轮胎式起重机提升高度不大,控制范围小,但转移灵活,适应狭窄地形,在开工初期能及早使用,适用于浇筑高程较低的部位和零星分散小型建筑物的混凝土。

三、履带式起重机

履带式起重机多由开挖石方的挖掘机改装而成,直接在地面上开行,无须轨道。是在行走的履带式底盘上装有行走装置、起重装置、变幅装置、回转装置的起重机。它的提升高度不大,控制范围比门机小。但起重量大、转移灵活、适应工地狭窄的地形,在开工初期能及早投入使用,生产率高。该机适用于浇筑高程较低的部位。履带式起重机可由挖掘机改装而成,也有专用系列,起重量 10 ~ 50 t,工作半径为 10 ~ 30 m。

履带式起重机的工作机构主要包括卷扬机构、变幅机构、回转机构等。卷扬机构可以实现吊钩的垂直上下运动;变幅机构可以实现吊钩在垂直平面内移动;回转机构可以实现吊钩在水平平面内移动。以上三种机构的组合,能实现吊钩在起重机能及范围内任意运动。履带式起重机构造如图 7-61 所示。

四、塔式起重机

塔式起重机又称塔机或塔吊,是在门架上装置高达数十米的钢塔,用于增加起重高度。其起重臂多是水平的,起重小车(带有吊钩)可沿起重臂水平移动,用以改变起重幅度,如图 7-62 所示。塔机可靠近建筑物布置,沿着轨道移动,利用起重小车变幅,所以控制范围是一个长方形的空间。但塔机的起重臂较长,相邻塔机运行时的安全距离要求大,相邻中心距不小于 34 ~ 85 m。塔机适用于浇筑高坝,并可将多台塔机安装在不同的高程上。

塔式起重机运输的优点是地面运输、垂直运输和楼面运输都可以采用。混凝土在地面由水平运输工具或搅拌机直接卸入吊斗吊起运至浇筑部位进行浇筑。

五、门式起重机

门式起重机是一种大型移动式起重设备。它的下部为一钢结构门架,门架底部装有车轮,可沿轨道移动。门架下有足够的净空,能并列通行两列运输混凝土的平台列车。门架上

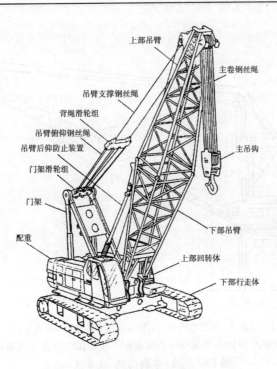

図 7-61 履带式起重机

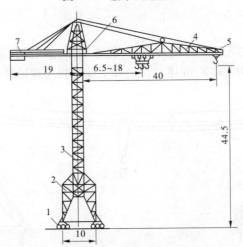

1—车轮;2—门架;3—塔身;4—起重臂;

5—起重小车;6—回转塔架;7—平衡重

图 7-62 10/25 t 塔式起重机

面的机身包括起重臂、回转工作台、滑轮组(或臂架连杆)、支架及平衡重等。整个机身可通过转盘的齿轮作用,水平回转 360°。该机运行灵活、移动方便,起重臂能在负荷下水平转动,但不能在负荷下变幅。变幅是在非工作时,利用钢索滑轮组使起重臂改变倾角来完成的。

我国水利工程施工,常用的门机有 10 t 丰满门机,如图 7-63 所示。20/60 t 高架门机,其中高架门机起重高度可达 70 m,常配合栈桥用于浇筑高坝和大型厂房。

门机运行灵活、起重量大、控制范围大,在大中型水利工程中应用广泛。

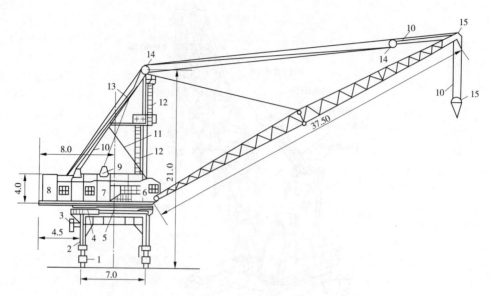

1—车轮;2—门架;3—电缆卷筒;4—回转机构;5—转盘;6—操纵室;7—机器间;
8—平衡重;9、14、15—滑轮;10—起重索;11—支架;12—梯;13—臂架升降索

图 7-63　10 t 丰满门机　（单位:m）

六、缆式起重机

缆式起重机由一套凌空架设的缆索系统、起重小车、主塔架、副塔架等组成,如图 7-64 所示。主塔内设有机房和操纵室,并用对讲机和工业电视与现场联系,以保证缆机的运行。

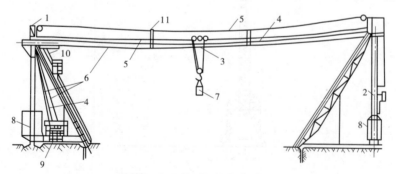

1—主塔;2—副塔;3—起重小车;4—承重索;5—牵引索;6—起重索;
7—重物;8—平衡重;9—机房;10—操纵室;11—索夹

图 7-64　缆式起重机

缆索系统为缆机的主要组成部分,它包括承重索、起重索、牵引索和各种辅助索。承重索两端系在主塔和副塔的顶部,承受很大的拉力,通常用高强钢丝束制成,是缆索系统中的主起重索,垂直方向设置升降起重钩,牵引起重小车沿承重索移动。塔架为三角形空间结构,分别布置在两岸缆机平台上。

缆机的类型,一般按主塔、副塔的移动情况划分,有固定式、平移式和辐射式三种。

缆机适用于狭窄河床的混凝土坝浇筑。它不仅具有控制范围大、起重量大、生产率高的特点,而且能提前安装和使用,使用期长,不受河流水文条件和坝体升高的影响,对加快主体工程施工具有明显的作用。

第四节　混凝土施工机械

一、骨料制备机械

(一)破碎机械

为了将开采的石料破碎到规定的粒径,往往需要经过几次破碎才能完成。因此,通常将骨料破碎过程分为粗碎(将原石料破碎到 300 ~ 70 mm)、中碎(破碎到 70 ~ 20 mm)和细碎(破碎到 20 ~ 1 mm)三种。骨料破碎用碎石机进行,常用的有旋回破碎机、反击式破碎机、颚式破碎机、圆锥式破碎机,此外还有辊式破碎机和锤式破碎机、棒磨制砂机、旋盘破碎机、立轴式破碎机等制砂设备。

1. 颚式破碎机

颚式破碎机构造,如图 7-65 所示。它的主要工作部分由两块颚板构成,颚板上装有可以更换的齿状钢板。工作时,由传动装置带动偏心轮作用,使活动颚板相对于固定颚板左右摆动作用。将进入的石料轧碎,从下端出料口漏出。

按照活动颚板的摆动方式,颚式破碎机可分为简单摆动式和复杂摆动式两种。其中,复杂摆动式破碎效果较好,产品粒径较均匀,生产率较高,但衬板的磨损快。

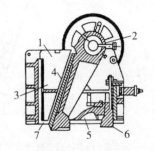

1—破碎槽进口;2—偏心轮;
3—固定颚板;4—活动颚板;
5—撑杆;6—楔形滑块;7—出料口

图 7-65　颚式破碎机构造

颚式破碎机结构简单可靠,外形尺寸较小,安装、操作、维修方便,适用于对石料进行粗碎或中碎。但产品料中扁长粒径较多,一般需配置给料设备,活动颚板需经常更换。

2. 旋回破碎机

旋回破碎机是利用破碎锥在壳体内锥腔中的旋回运动,对石料产生挤压、劈裂和弯曲作用。装有破碎锥的主轴的上端支撑在横梁中部的衬套内,其下端则置于轴套的偏心孔中。轴套转动时,破碎锥绕机器中心线作偏心旋回运动,它的破碎动作是连续进行的,故工作效率高于颚式破碎机。旋回破碎机可分为重型和轻型两类,按动锥的支撑方式又可分为普通型和液压型两种。

旋回破碎机适用于对各种硬度的岩石进行粗碎,破碎料粒径分布均匀、粒形好、无须配置给料设备、设备运行可靠,但是旋回破碎机土建工程量大、机体高大、重量大、设备结构复杂、检修复杂、总体投资大。

3. 反击式破碎机

反击式破碎机是利用板锤的高速冲击和反击板的回弹作用,使石料受到反复冲击而破碎的机械。板锤固定在高速旋转的转子上,并沿着破碎腔按不同角度布置若干块反击板。石料进入板锤的作用区时先受到板锤的第一次冲击而初次破碎,并同时获得动能,高速冲向反击板。石料与反击板碰撞再次破碎后,被弹回到板锤的作用区,重新受到板锤的冲击。如此反复进行,直到被破碎成所需的粒度而排出机外。反击式破碎机结构简单,重量轻,设备投资较少,破碎比大,产品粒形好,但锤头、衬板易磨损。适用于对中硬石料进行中、细碎。

4.圆锥式破碎机

工作原理同旋回破碎机,圆锥式破碎机的破碎腔由内、外锥体之间的空隙构成。活动的内锥体装在偏心主轴上,外锥体固定在机架上,如图7-66所示。工作时,由传动装置带动主轴旋转,使内锥体作偏心转动,将石料碾压破碎,并从破碎腔下端出料槽滑出。圆锥破碎机按腔型分标准、中型、短头三种,有弹簧和液压两种支撑方式。

圆锥式破碎机是一种大型碎石机械,碎石效果好,产品料较方正,生产率高,功耗少,适用于对石料进行中碎或细碎。但其结构复杂,体形和重量都较大,安装维修不方便,设备价格高。

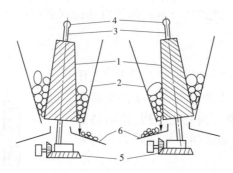

1—内锥体;2—破碎机机壳;3—偏心主轴;4—球形铰;5—伞齿及传动;6—出料滑板

图7-66　圆锥式破碎机

5.制砂设备

辊式和锤式破碎机、棒磨制砂机、旋盘破碎机、立轴冲击式破碎机、超细碎圆锥破碎机是国内常用的制砂设备。辊式和锤式破碎机制砂,构造简单,但设备易磨损,产品的级配不够稳定,适用于小型人工砂生产系统。棒磨制砂机是目前最常用的制砂设备,其结构简单、施工方便,性能可靠,产品粒形好,粒度分布均匀,但体形和重量较大。旋盘破碎机能耗低,产品粒形比棒磨机稍差。立轴冲击式破碎机有双料流和单料流冲击式两种,其中双料流冲击式设备高度大,产品粒径较粗;单料流冲击式结构轻巧,安装简便,产品粒形稳定,针片状含量低,运行成本低,处理量大,但设备易磨损。超细碎圆锥破碎机能耗低,产量高,但产品粗粒较多。

(二)筛分机械

筛分是将天然或人工的混合砂石料,按粒径大小进行分级。筛分作业常用机械筛分。

偏心轴振动筛又称为偏心筛,如图7-67所示,筛架装在偏心主轴上,当偏心轴旋转时,偏心轴带动筛架做环形运动而产生振动,对筛网上的石料进行筛分。偏心筛的特点是刚性振动,振幅固定(3~6 mm),不因来料多少而变化,也不因来料过多而堵塞筛孔。但当平衡块不能完全平衡偏心轴的惯性力时,可能引起固定机架的强烈振动。偏心筛适于筛分粗、中颗粒,常担任第一道筛分任务。

惯性轴振动筛如图7-68所示,是利用旋转主轴上的偏心重产生惯性离心力而引起筛网

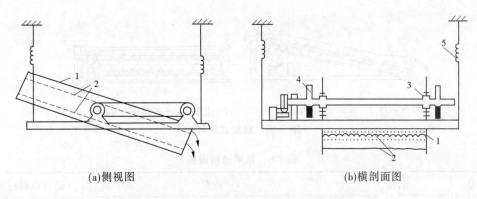

(a)侧视图　　　　　　　　　　　(b)横剖面图

1—筛架;2—筛网;3—偏心部位;4—消振平衡重;5—消振弹簧

图 7-67　偏心轴振动筛示意图

振动。惯性筛属弹性振动,其振幅随来料的多少而变化。进料过多容易堵塞筛孔,使用中应喂料均匀。惯性筛适于筛分中、细颗粒。惯性筛的皮带轮中心和偏心轴轴承中心一致,皮带轮随偏心轴一起振动,皮带时紧时松,容易打滑和损坏。

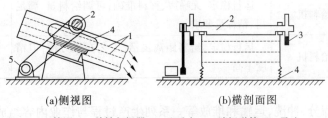

(a)侧视图　　　　　　　　　　　(b)横剖面图

1—筛网;2—单轴起振器;3—配重盘;4—消振弹簧;5—马达

图 7-68　惯性轴振动筛示意图

(三)冲洗机械

冲洗是为了清除骨料中的泥质杂质。机械筛分的同时,常在筛网上安装几排带喷水孔的压力水管,不断对骨料进行冲洗,冲洗水压应大于 0.2 MPa。若经筛分冲洗仍达不到质量要求,应增设专用的洗石设备。骨料加工厂常用的洗石设备有槽式洗石机和圆筒洗石机。

常用的洗砂设备有螺旋洗砂机和沉砂箱。其中螺旋洗砂机兼有洗砂、分级、脱水的作用,其构造简单,工作可靠,应用较广,结构如图 7-69 所示。螺旋洗砂机在半圆形的洗砂槽内装一个或一对相对旋转的螺旋。洗砂槽以 18°~20°的倾斜角安放,低端进砂,高端进水。由于螺旋叶片的旋转,使被洗的砂受到搅拌,并移向高端出料口卸到皮带机上。污水则从低端的溢水口排出。沉砂箱的工作原理是由于不同粒径的砂粒在水中的沉降速度不同,控制沉砂箱中水的上溢速度,使 0.15 mm 以下的废砂和泥土等随水悬浮溢出,而 0.15 mm 以上的合格的砂在箱中沉降下来。

(四)骨料加工厂

给料是将混凝土各组分从料仓按要求供到称料料斗。给料设备的工作机构常与称量设备相连,当需要给料时,控制电路开通,进行给料。当计量达到要求时,即断电停止给料。常用的给料设备如表7-6。

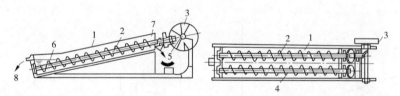

1—洗砂槽;2—螺旋轴;3—电动机;4—叶片;5—皮带机;6—进料;7—清水;8—混水

图 7-69　螺旋式洗砂机

表 7-6　常用给料设备

序号	名称	特点	适宜给料对象
1	皮带给料机	运行稳定、无噪声、磨损小、使用寿命长、精度较高	砂
2	给料闸门	结构简单、操作方便、误差较大,可手控、气控、电磁控制	砂、石
3	电磁振动给料机	给料均匀,可调整给料量,误差较大、噪声较大	砂、石
4	叶轮给料机	运行稳定、无噪声、称料准确,可调给料量,满足粗、精称量要求	水泥、混合材料
5	螺旋给料机	运行稳定、给料距离灵活、工艺布置方便,但精度不高	水泥、混合材料

把骨料破碎、筛分、冲洗、运输和堆放等一系列生产过程与作业内容组成流水线,并形成一定规模的骨料生产企业,称为骨料加工厂。大中型工程常设置筛分楼,如图 7-70 所示。

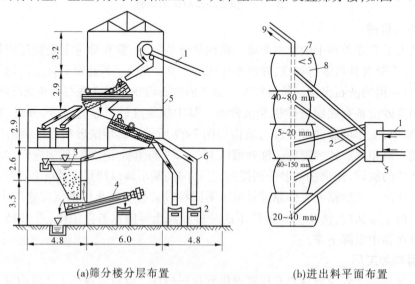

(a)筛分楼分层布置　　　　　(b)进出料平面布置

1—进料皮带机;2—出料皮带机;3—沉砂箱;4—洗砂机;
5—筛分楼;6—溜槽;7—隔墙;8—成品料堆;9—成品运出

图 7-70　骨料加工厂

　　进入筛分楼的砂石混合料,应先经过预筛分,剔出粒径大于 150 mm 的超径石。经过预筛分的砂石混合料,由皮带机运送上筛分楼,经过两台筛分机筛分和冲洗,筛分出 5 种粒径不同的骨料:特大石(80～150 mm)、大石(40～80 mm)、中石(20～40 mm)、小石(5～20 mm)、砂子(<5 mm)。其中特大石在最上一层筛网上不能过筛,首先被筛分。砂料经沉砂箱和洗砂机清洗得到洁净的砂。经过筛分的各级骨料,分别由皮带机运送到净料堆贮存,以供混凝土制备的需要。

二、钢筋加工机械

(一)钢筋除锈机械

　　机械除锈有除锈机除锈和喷砂法除锈。

　　钢筋除锈机有固定式和移动式两种,一般由钢筋加工单位自制,是由动力带动圆盘钢丝刷高速旋转,来清刷钢筋上的铁锈。固定式钢筋除锈机一般安装一个圆盘钢丝刷,为提高效率也可将两台除锈机组合。

　　除锈机除锈对直径较细的盘条钢筋,通过冷拉和调直过程自动去锈;粗钢筋采用圆盘钢丝刷除锈机除锈。

　　喷砂法除锈主要是用空压机、储砂罐、喷砂管、喷头等设备,利用空压机产生的强大气流形成高压砂流除锈,适用于大量除锈工作,除锈效果好。

(二)钢筋调直机械

　　钢筋调直机按调直原理的不同分为孔摸式和斜辊式两种;按切断机构的不同分为下切剪刀式和旋转剪刀式两种;而下切剪刀式按切断控制装置的不同又可分为机械控制式与光电控制式。

　　下切剪刀式工作原理,如图 7-71 所示。

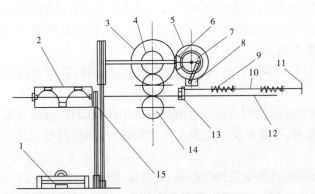

1—电动机;2—调直筒;3,4,5—减速齿轮;6—圆锥齿轮;7—曲柄轴;8—锤头;
9—压缩弹簧;10—定长拉杆;11—定长挡板;12—钢筋;13—滑动刀台;14—牵引轮;15—皮带传动机构

图 7-71　钢筋调直机机构简图

　　采用一台电动机作总动力装置,电动机轴端安装两个 V 带轮,分别驱动调直筒、牵引和切断机构。其牵引、切断机构传动如下:电动机启动后,经 V 带轮带动圆锥齿轮旋转,通过另一圆锥齿轮使曲柄轴旋转,再通过减速齿轮带动一对同速反向回转齿轮,使牵引轮转动,牵引钢筋向前运动。曲柄轮上的连杆使锤头上、下运动,调直好的钢筋顶住与滑动刀台相连的定长挡板时,挡板带动定长拉杆将刀台拉到锤头下面,刀台在锤头冲击下将钢筋切断。

（三）钢筋切断机械

钢筋的切断有人工剪断、机械切断和氧气切割三种。钢筋切断机是用来把钢筋原料和已调直的钢筋切断,其主要有电动和液压传动两种类型。工地上常见的是电动钢筋切断机。对于直径大于 40 mm 的钢筋,多数工地用氧气切断,氧气切割钢筋工效高、操作简便,但成本较高。

切断机的工作原理:电动机经一级三角带传动以及二级齿轮传动减速后,带动曲轴进行旋转,曲轴推动连杆让滑块和动刀片在机座的滑道中作往复的直线运动,使活动刀片及固定刀片相错从而切断钢筋。

切断机运转中应注意的事项如下:

（1）必须确认空载试运转正常后,方能投入正式切料。

（2）切断料时,必须握紧钢筋,应在活动刀片向后退时（即使用刀片的中下部位）,迅速把钢筋送入切口,并向固定刀片一侧用力压住钢筋,以防止钢筋末端摆动或弹出伤人。严禁两手分在刀片两边握住钢筋俯身送料。

（3）切短钢筋时,手握一端长度不得小于 400 mm。靠近刀片的手与刀片之间的距离,应保持在 150 mm 以上的安全距离,否则要用钳子夹紧送料。切下的钢筋长度如小于 300 mm,必须用套管或夹钳压住短头,以防回弹伤人。

（4）切较长钢筋时,应设专人帮扶钢筋,要听从操作者指挥,动作要协调一致。

（四）钢筋弯曲机械

钢筋弯曲机主要由控制设备、电动机、带轮、减速箱和工作台几部分组成,其中减速箱由三级齿轮组成。

钢筋弯曲机的工作原理:钢筋弯曲机的工作机构是一个安装在垂直的主轴上旋转的圆盘,把钢筋放在下料位置,挡料支撑销轴固定在机床上,中心轴和压弯轴安装在工作圆盘上,主轴转动带动工作圆盘转动,将钢筋弯曲。为了适用于不同直径的钢筋,在工作圆盘上多开几个孔,用来插弯曲轴,也可以换成不同直径的中心轴,以达到弯曲不同直径钢筋的目的。钢筋弯曲机的操作要点如下:

（1）操作前,要对机械各部件进行全面检查以及试运转,并检查齿轮、轴套等备件是否齐全。

（2）要熟悉倒顺开关的使用方法以及所控制的工作盘旋转方向,钢筋放置要和成型轴、工作盘旋转方向相配合,不要放反。变换工作盘旋转方向时,要按正转—停—倒转,不要直接正—倒。

（3）严禁在机械运转过程中更换中心轴、成型轴、挡铁,或进行清扫、加油。

（4）钢筋在弯曲机上进行弯曲时,其圆弧直径是由中心轴直径决定的,要根据钢筋粗细和所要求圆弧弯曲直径大小随时更换轴套或中心轴。

（5）弯曲机运转时,成型轴和中心轴同时转动,有可能带动钢筋向前滑移。所以,钢筋弯曲点线的划线方法虽然和手工弯曲一样,但在操作时放在工作盘上的位置是不同的,因此在钢筋弯曲前,应试弯一下摸索规律。一般情况下,弯曲点线和心轴关系如图 7-72 所示。

（6）为了适应不同直径钢筋的弯曲需要,成型轴宜加偏心套;钢筋在中心轴与成型轴间的空隙应大于 2 mm。弯曲机机身要接地,电源不允许直接连在倒顺开关上,应另设电气闸刀控制。

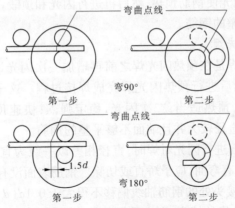

图 7-72　弯曲点线和心轴关系

（五）钢筋的焊接机械

钢筋的焊接方法有闪光对焊、电阻点焊、电弧焊、电渣压力焊和埋弧压力焊等。对焊用于在加工厂内接长钢筋,点焊用于焊接钢筋网,埋弧压力焊用于钢筋同预埋件的焊接,电渣压力焊用于现场竖向钢筋焊接。

1.闪光对焊

钢筋的闪光对焊是将两根钢筋安放成对接形式,利用对焊机,通以低电压的强电流,使两钢筋的接触点产生电阻热,熔化金属,并产生强烈飞溅,形成闪光,当钢筋加热到接近熔点时,迅速施加顶锻压力,使两根钢筋焊接在一起,形成对焊接头,如图 7-73 所示。

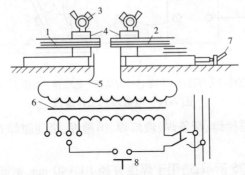

1、2—钢筋;3—夹紧装置;4—夹具;5—线路;6—变压器;7—加压杆;8—开关

图 7-73　对焊机工作原理

根据所用对焊机功率大小及钢筋品种、直径不同,闪光对焊又分连续闪光焊、预热闪光焊、闪光—预热—闪光焊等不同工艺。

1)连续闪光焊

先将钢筋夹入对焊机的两极中,闭合电源,然后使钢筋端面轻微接触,此时钢筋间隙中产生闪光,接着继续将钢筋端面逐渐移近,新的触点不断生成,即形成连续闪光过程。当钢筋烧化完规定留量后,以适当压力进行顶锻挤压即形成焊接接头,至此完成整个连续闪光焊接过程。连续闪光对焊一般适用于焊接直径较小的钢筋。

2)预热闪光焊

预热闪光焊是在连续闪光前,增加一个钢筋预热过程,即使两根钢筋端面交替地轻微接触和断开,发出断续闪光使钢筋预热,然后再进行闪光和顶锻。预热闪光焊适用于焊接直径较大并且端面比较平整的钢筋。

3)闪光—预热—闪光焊

闪光—预热—闪光焊是在预热闪光焊之前再增加一次闪光过程,使不平整的钢筋端面先闪成较平整的端面,然后进行预热闪光焊完成焊接过程。这个过程可以概括为:一次闪光,闪去压伤;频率中低,预热适当;二次闪光,稳定强烈;快速顶锻,压力要强。闪光—预热—闪光焊适用于焊接直径较大并且端面不够平整的钢筋。

采用不同直径的钢筋进行闪光对焊时,直径相差以一级为宜,且不得大于 4 mm。采用闪光对焊时,钢筋端头如有弯曲,应予矫直或切除。钢筋表面没有裂纹和明显的烧伤。接头处的弯折不得大于$4°$。接头处的钢筋轴线偏移不得大于$0.1d$(d 为钢筋直径),同时不得大于 2 mm 。外观检查不合格的接头,剔出重焊。

2. 电弧焊

电弧焊是利用弧焊机使焊条与焊件间产生高温电弧,使焊条和电弧燃烧范围内的焊件金属熔化,熔化的金属凝固后,便形成焊缝或焊接接头。电弧焊的工作原理,如图 7-74 所示。电弧焊应用范围广,如钢筋的接长、钢筋骨架的焊接、钢筋与钢板的焊接、装配式结构接头的焊接及其他各种钢结构的焊接等。

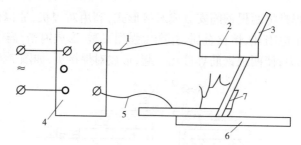

1—电缆;2—焊钳;3—焊条;4—焊机;5—地线;6—钢筋;7—电弧

图 7-74　电弧焊的工作原理

钢筋电弧焊可分为搭接焊、帮条焊、坡口焊、熔槽焊、窄间隙焊五种接头形式。

1)搭接焊接头

搭接焊接头,如图 7-75 所示,适用于焊接直径 10 ~ 40 mm 钢筋。钢筋搭接焊宜采用双面焊。不能进行双面焊时,可采用单面焊。焊接前,钢筋宜预弯,以保证两钢筋的轴线在同一直线上,使接头受力性能良好。

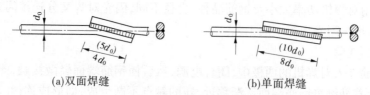

(a)双面焊缝　　　　　　　　　　(b)单面焊缝

图 7-75　搭接焊接头

2)帮条焊接头

帮条焊接头,如图 7-76 所示,适用于焊接直径 10 ~ 40 mm 钢筋。钢筋帮条焊宜采用双面焊,不能进行双面焊时,也可采用单面焊。帮条宜采用与主筋同级别、同直径的钢筋制作。

当帮条牌号与主筋相同时,帮条直径可与主筋相同或小一个规格;当帮条直径与主筋相同时,帮条牌号可与主筋相同或低一个规格。

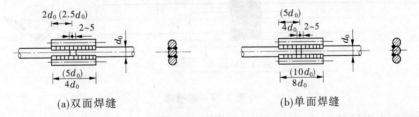

(a)双面焊缝   (b)单面焊缝

图 7-76 帮条焊接头

钢筋搭接焊接头或帮条焊接头的焊缝厚度 h 应不小于 0.3 倍主筋直径;焊缝宽度 b 不应小于 0.8 倍主筋直径,如图 7-77 所示。

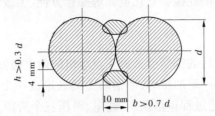

图 7-77 焊缝尺寸示意图

对于热轧光圆钢筋的搭接焊或帮条焊的焊缝总长度应不小于 $8d$;对于热轧带肋钢筋,其搭接焊或帮条焊的焊缝总长度应不小于 $10d$,帮条焊时接头两边的焊缝长度应相等。

3)坡口焊接头

坡口焊接头比上两种接头节约钢材,多用于装配式框架结构安装中的柱间节点或梁与柱的节点焊接。适用于直径 18~40 mm 的钢筋。按焊接位置不同可分为平焊与立焊两种方式,如图 7-78 所示。

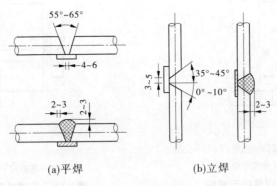

(a)平焊   (b)立焊

图 7-78 坡口焊接头

4)熔槽帮条焊

熔槽帮条焊宜用于直径大于 25 mm 钢筋现场连接,焊接时应加角钢做垫板模,接头形式如图 7-79 所示。

3. 电渣压力焊

电渣压力焊是将两根钢筋安放成竖向对接形式,利用焊接电流通过两钢筋端面间隙,在焊剂层下形成电弧过程和电渣过程,产生电弧热和电阻热,熔化钢筋,加压后完成连接的方

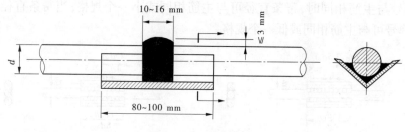

图 7-79　熔槽焊

法。操作前应将钢筋待焊端部约 100 mm 范围内的铁锈、杂物以及油污清除干净。其焊接原理如图 7-80 所示。

　　电渣压力焊适用于现浇钢筋混凝土结构中竖向或斜向（倾斜度在 4:1 范围内），不得用于梁、板等构件中水平钢筋的连接。它比电弧焊操作方便、工效高，而且接头成本低，容易保证质量，并可节约大量钢筋。

　　4. 电阻点焊

　　电阻点焊，是将已除锈污的钢筋交叉放入点焊机的两电极间，利用电流通过焊件时产生的电阻热作为热源，并施加一定的压力，使钢筋交叉处形成一个牢固的焊点，将钢筋焊合起来的方法。电阻点焊的工艺过程包括预压、通电、锻压三个阶段。

　　点焊机主要由点焊变压器、时间调节器、电压和加压机构等部分组成，点焊机工作原理如图 7-81 所示。钢筋骨架和钢筋网中交叉钢筋的焊接宜采用电阻点焊，其所适用的钢筋直径和级别为：直径 6 ~ 14 mm 的热轧钢筋，直径 3 ~ 5 mm 的冷拔低碳钢丝和直径 4 ~ 12 mm 的冷轧带肋钢筋。采用点焊代替绑扎，可提高工效，节约劳动力，成品刚性好，便于运输。

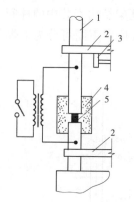

1—钢筋；2—夹钳；3—凸轮；
4—焊剂；5—铁丝团环球或导电焊剂

图 7-80　电渣压力焊焊接示意图

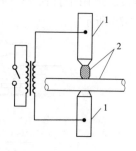

1—电极；2—钢丝

图 7-81　点焊机工作原理示意图

　　（六）钢筋的机械连接

　　钢筋机械连接是通过钢筋与连接件的机械咬合作用或钢筋端面的承压作用，将一根钢筋中的力传递至另一根钢筋的连接方法。

　　1. 套筒挤压连接

　　通过挤压力使连接件钢套筒塑性变形与带肋钢筋紧密咬合形成的接头。有两种形式，径向挤压连接和轴向挤压连接。

　　2.锥螺纹连接

　　通过钢筋端头特制的锥形螺纹和连接件锥形螺纹咬合形成的接头。锥螺纹连接技术的诞生克服了套筒挤压连接技术存在的不足。锥螺纹丝头完全是提前预制,现场连接占用工期短,现场只需用力矩扳手操作,不需搬动设备和拉扯电线。但是锥螺纹连接接头质量不够稳定。由于加工螺纹的锥螺纹削弱了母材的横截面面积,从而降低了接头强度。

　　3.直螺纹连接

　　直螺纹连接接头主要有镦粗直螺纹连接接头和滚压直螺纹连接接头。这两种工艺采用不同的加工方式,增强钢筋端头螺纹的承载能力,达到接头与钢筋母材等强的目的。

　　将待加工钢筋夹持在夹钳上,开动机器,扳动进给装置,使动力头向前移动,开始剥肋滚压螺纹,待滚压到调定位置后,设备自动停机并反转,将钢筋端部退出滚压装置,扳动进给装置将动力头复位停机,螺纹即加工完成。如图7-82所示。

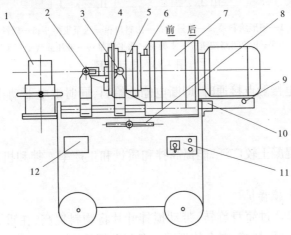

1—台钳;2—涨刀触头;3—收刀触头;4—剥肋机构;5—滚丝头;6—上水管;7—减速机;
8—进给手柄;9—行程挡块;10—行程开关;11—控制面板;12—标牌

图7-82　钢筋剥肋滚丝机

三、拌和及输送设备

(一)混凝土拌和设备

　　1.混凝土称量设备

　　混凝土配料称量的设备,有电动磅秤、自动配料杠杆秤、电子秤等。

　　1)电动磅秤

　　电动磅秤是简单的自控计量装置,每种材料用一台装置,如图7-83所示。给料设备下料至主称量料斗,达到要求重量后即断电停止供料,称量料斗内材料卸至皮带机送至集料斗。

　　2)自动配料杠杆秤

　　自动配料杠杆秤带有配料装置和自动控制装置,自动化水平高,可作砂、石的称量,精度较高。

　　3)电子秤

　　电子秤是通过传感器承受材料重力拉伸,输出电信号在标尺上指出荷重的大小,当指针

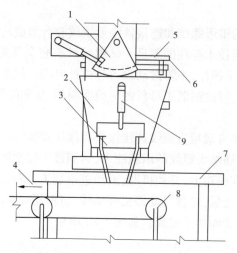

1—扇形给料器;2—称量斗;3—出料口;4—送至集料斗;5—磅秤;
6—电源闭路按钮;7—支架;8—水平胶带;9—液压或气动开关

图 7-83　电动磅秤

与预先给定数据的电接触点接通时,即断电停止给料,同时继电器动作,称料斗斗门打开向集料斗供料。

2. 机械拌和

用拌和机拌和混凝土较广泛,能提高拌和质量和生产率。拌和机械有自落式和强制式两种。

1) 自落式混凝土搅拌机

自落式搅拌机是通过筒身旋转,带动搅拌叶片将物料提高,在重力作用下物料自由坠下,反复进行,互相穿插、翻拌、混合使混凝土各组分搅拌均匀。

(1)锥形反转出料搅拌机。

锥形反转出料搅拌机是中、小型建筑工程常用的一种搅拌机,正转搅拌,反转出料。由于搅拌叶片呈正、反向交叉布置,拌和料一方面被提升后靠自落进行搅拌,另一方面又被迫沿轴向左右窜动,搅拌作用强烈。

锥形反转出料搅拌机外形如图 7-84 所示。它主要由上料装置、搅拌筒、传动机构、配水系统和电气控制系统等组成。搅拌筒示意图如图 7-85 所示,当混合料拌好以后,可通过按钮直接改变搅拌筒的旋转方向,拌和料即可经出料叶片排出。

(2)双锥形倾翻出料搅拌机。

双锥形倾翻出料搅拌机进出料在同一口,出料时由气动倾翻装置使搅拌筒下旋 50° ~ 60°,即可将物料卸出。双锥形倾翻出料搅拌机卸料迅速,拌筒容积利用系数高,拌和物的提升速度低,物料在拌筒内靠滚动自落而搅拌均匀,能耗低,磨损小,能搅拌大粒径骨料混凝土。主要用于大体积混凝土工程。

2) 强制式混凝土搅拌机

强制式混凝土搅拌机一般筒身固定,搅拌机片旋转,对物料进行剪切、挤压、翻滚、滑动、混合使混凝土各组分搅拌均匀。

(1)涡桨强制式搅拌机。

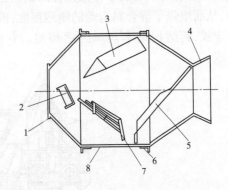

1—进料口；2—挡料叶片；3—主搅拌叶片；4—出料口；
5—出料叶片；6—滚道；7—副叶片；8—搅拌机筒身

图 7-84　锥形反转出料搅拌机外形　　图 7-85　锥形反转出料搅拌机的搅拌筒

涡桨强制式搅拌机是在圆盘搅拌筒中装一根回转轴，轴上装有拌和铲和刮板，随轴一同旋转，如图 7-86 所示。它用旋转着的叶片，将装在搅拌筒内的物料强行搅拌使之均匀。涡桨强制式搅拌机由动力传动系统、上料和卸料装置、搅拌系统、操纵机构和机架等组成。

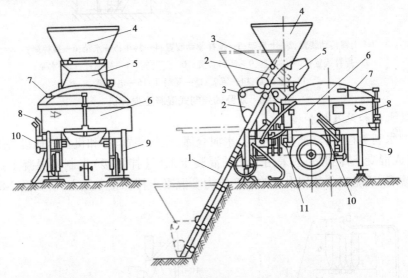

1—上料轨道；2—上料斗底座；3—铰链轴；4—上料口；5—进料承口；6—搅拌筒；
7—卸料手柄；8—料斗下降手柄；9—撑脚；10—上料手柄；11—给水手柄

图 7-86　涡桨强制式搅拌机

（2）单卧轴强制式混凝土搅拌机。

单卧轴强制式混凝土搅拌机的搅拌轴上装有两组叶片，两组推料方向相反，使物料既有圆周方向运动，也有轴向运动，因而能形成强烈的物料对流，使混合料能在较短的时间内搅拌均匀。它由搅拌系统、进料系统、卸料系统和供水系统等组成。

（3）双卧轴强制式混凝土搅拌机。

双卧轴强制式混凝土搅拌机，如图 7-87 所示。它有两根搅拌轴，轴上布置有不同角度的搅拌叶片，工作时两轴按相反的方向同步相对旋转。由于两根轴上的搅拌铲布置位置不同,螺旋线方向相反,于是被搅拌的物料在筒内既有上下翻滚的动作,也有沿轴向的来回运动,从而增强了混合料运动的剧烈程度,因此搅拌效果更好。双卧轴强制式混凝土搅拌机为固定式,其结构基本与单卧式相似。它由搅拌系统、进料系统、卸料系统和供水系统等组成。

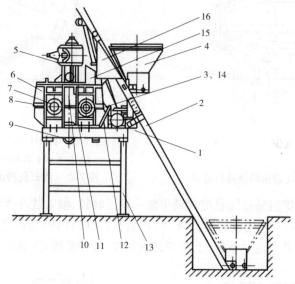

1—上料传动装置;2—上料架;3—搅拌驱动装置;4—料斗;5—水箱;6—搅拌筒;
7—搅拌装置;8—供油器;9—卸料装置;10—三通阀;11—操纵杆;12—水泵;
13—支撑架;14—罩盖;15—受料斗;16—电气箱

图 7-87　双卧轴强制式混凝土搅拌机

3. 混凝土拌和站及拌和楼

大中型水利工程中,常把骨料堆场、水泥仓库、配料装置、拌和机及运输设备等比较集中地布置,组成混凝土拌和站,或采用成套的混凝土工厂(拌和楼)来制备混凝土。这样既有利于生产管理,又能充分利用设备的生产能力。混凝土拌和楼布置方式,如图7-88所示。

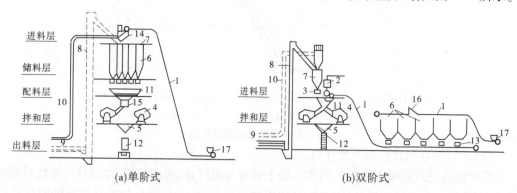

(a)单阶式　　　　(b)双阶式

1—皮带机;2—水箱及量水器;3—水泥料斗及磅秤;4—搅拌机;5—出料斗;6—骨料仓;7—水泥仓;
8—斗式提升机输送水泥;9—螺旋输送机输送水泥;10—风送水泥管道;11—骨料斗;12—混凝土吊罐;
13—配料器;14—回转漏斗;15—回转喂料器;16—卸料小车;17—进料斗

图 7-88　混凝土拌和楼布置方式

三峡工程中使用的 HL240—4F3000LB 预冷(热)型微机控制大型混凝土拌和楼是我国自行设计制造的新型温控混凝土拌和楼,适用于大、中型混凝土工程。此拌和楼装有 4 台 3 m³ 双锥形自落式搅拌机,生产率为 240 m³/h。HL240-4F3000LB 拌和楼是采用计算机全自动控制,可在骨料仓安装冷、热风和片冰等温控设施,采用双线出料,可以同时生产两种不同强度等级的混凝土。

(二)混凝土运输设备

1. 混凝土搅拌运输车

混凝土搅拌运输车是一种用于长距离输送混凝土的高效能机械。在运输途中,混凝土搅拌筒始终在不停地做慢速转动,从而使筒内混凝土拌和物可连续得到搅动,以保证混凝土在长途运输后,不致产生离析现象。在运输距离很长时,也可将混凝土干料装入筒内,在运输途中加水搅拌以减少由于长途运输而引起的混凝土坍落度损失。

2. 皮带运输机

皮带机(包括塔带机、胎带机等)运输混凝土可将混凝土直接运送入仓,也可作为转料设备。直接入仓浇筑混凝土主要有固定式和移动式两种。固定式即用钢排架支撑多条胶带通过仓面,每条胶带控制浇筑宽度 5~6 m,每隔几米设置刮板,混凝土经过溜筒垂直下卸。移动式为仓面上的移动梭式胶带布料机与供应混凝土的固定胶带正交布置,混凝土经过梭式胶带布料机分料入仓,皮带机运输混凝土有关参数见表 7-7。

表 7-7 皮带机运输混凝土有关参数

皮带机类型	骨料最大粒径 (mm)	皮带机速度 (m/s)	最大向上倾角	最大向下倾角
塔带机(或顶带机)	150	3.15~4	26°	12°
胎带机	150	2.8~4	22°	10°
常规皮带输送机	80	1.2 以内	15°	7°
深槽皮带	150	3.4		

用各类皮带机运输混凝土时,应遵守下列规定:

(1)混凝土运输中应避免砂浆损失,必要时适当增加配合比的砂率。

(2)当输送混凝土的最大骨料粒径大于 80 mm 时,应进行适应性试验,以满足混凝土质量要求。

(3)皮带机卸料处应设置挡板、卸料导管和刮板。

(4)皮带机布料应均匀,堆料高度应小于 1 m。

(5)应有冲洗设施及时清洗皮带上黏附的水泥砂浆,并应防止冲洗水流入仓内。

(6)露天皮带机上宜搭设盖棚,以免混凝土受日照、风、雨等影响;低温季节施工时,应有适当的保温措施。

3. 泵送混凝土运输

混凝土泵是一种连续运输机械,可同时完成混凝土的水平运输和垂直运输任务。混凝土泵有多种形式,常用的是活塞式混凝土泵。活塞式混凝土泵按照驱动方式的不同,可分为机械驱动和液压驱动两种,按缸体数目分为单缸、双缸两种,多用双缸液压式活塞泵。按移动方式,常用活塞泵有拖移式混凝土泵机和自行式混凝土泵车两种。

使用混凝土泵运输混凝土时对于泵送混凝土的原材料及配合比的要求有:细骨料宜用中砂且应尽可能采用河砂;粗骨料的最大粒径一般不得超过管径的 1/3;泵送混凝土宜掺适量粉煤灰;所用的外加剂应有利于提高混凝土的可泵性,而不至影响混凝土的强度;泵送混凝土的配合比除了应满足设计要求的强度、耐久性要求外,还应具有可泵性;对于泵送混凝土坍落度以 10 ~ 20 cm 为宜;砂率宜为 38% ~ 45%;水灰比宜为 0.40 ~ 0.6;最小水泥用量宜为 300 kg/m^3。

泵送混凝土系统主要由混凝土泵、输送管道和布料装置组成。泵送混凝土施工过程中,要注意防止导管堵塞,泵送应连续进行。泵送完毕,应将混凝土泵和输送管清洗干净。泵送混凝土施工因水泥用量较多,故成本相对较高;泵送混凝土坍落度大,混凝土硬化时干缩量大;在输送距离、浇筑面积上,也受到一定限制。

4. 运输混凝土的辅助设备

运输混凝土的辅助设备有吊罐、集料斗、溜槽、溜管、溜筒等。用于混凝土装料、卸料和转运入仓,对于保证混凝土质量和运输工作顺利进行起着相当大的作用。

1) 溜槽与振动溜槽

溜槽(泻槽)为一铁皮槽子,用于高度不大的情况下滑送混凝土,可以将皮带机、自斜汽车、吊罐等运输来料转运入仓。其坡度由试验确定,一般为 45° 左右。

振动溜槽是在溜槽上附有振动器,每节长 4 ~ 6 m,拼装总长达 30 m,坡度 15° ~ 20°。采用溜槽时,应在溜槽末端加设 1 ~ 2 节溜管,以防止混凝土料在下滑过程中分离。

2) 溜管与振动溜管

溜管由多节铁皮管串挂而成。每节长 0.8 ~ 1 m,上大下小,相邻管节铰挂在一起,可以拖动。采用溜管卸料可起到缓冲消能作用,以防止混凝土料分离和破碎,还可以避免吊罐直接入仓,碰坏钢筋和模板。

溜管卸料时,其出口离浇筑面的高差应不大于 1.5 m,并利用拉索拖动均匀卸料,但应使溜管出口段(约 2 m 长)与浇筑面保持垂直,以避免混凝土料分离。随着混凝土浇筑面的上升,可逐节拆卸溜管下端的管节。溜管卸料多用于断面小、钢筋密的浇筑部位。其卸料半径为 1 ~ 1.5 m,卸料高度不大于 10 m。振动溜管与普通溜管相似,但每隔 4 ~ 8 m 的距离装有一个振动器,以防止混凝土料中途堵塞。其卸料高度可达 10 ~ 20 m。

使用溜管、溜槽运输混凝土时,还应遵守下列规定:

(1)溜管、溜槽内壁应光滑,开始浇筑前应用砂浆润滑溜管、溜槽内壁;当用水润滑时应将水引出仓外,仓面必须有排水措施。

(2)使用溜管、溜槽,应经过试验论证,确定出口高度与合适的混凝土坍落度。

(3)溜管、溜槽宜平顺,每节之间应连接牢固,应有防脱落保护措施。

(4)运输和卸料过程中,应避免混凝土分离,严禁向溜管、溜槽内加水。

（5）当运输结束或溜管、溜槽堵塞经处理后，应及时清洗，且应防止清洗水进入新浇混凝土仓内。

（三）混凝土平仓振捣设备

1．平仓设备

平仓就是把卸入仓内成堆的混凝土铺平到要求的均匀厚度。可采用振捣器平仓。振捣器应首先斜插入料堆下部，然后再一次一次地插向上部，使流态混凝土在振捣器作用下自行摊平。但须注意，在平仓振捣时不能造成砂浆与骨料分离。使用振捣器平仓，不能代替下一个工序的振捣密实。

混凝土平仓振捣机是一种能同时进行混凝土平仓和振捣两项作业的新型混凝土施工机械，如图 7-89 所示。

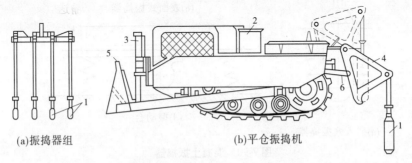

(a)振捣器组　　　　　　　　(b)平仓振捣机

1—振捣器；2—推土机；3—液压缸；4—吊架；5—推土刀片；6—悬吊机构

图 7-89　振捣器组和平仓振捣机

采用平仓振捣机，能代替繁重的劳动、提高振实效果和生产率，适用于大体积混凝土机械化施工。但要求仓面大、无模板拉条、履带压力小，还需要起重机吊运入仓。

2．振捣设备

混凝土振捣主要采用振捣器进行。其原理是利用振捣器产生的高频小振幅的振动作用，减小混凝土拌和物的内摩擦力和黏结力，从而使塑态混凝土液化、骨料相互滑动而紧密排列、砂浆充满空隙、空气被排出，以保证混凝土密实，并使液化后的混凝土填满模板内部的空间，且与钢筋紧密结合。

1）振捣器的类型

混凝土振捣器的类型，按振捣方式的不同，分为插入式、外部式、表面式和振动台等，如图 7-90 所示。其中，外部式只适用于柱、墙等结构尺寸小且钢筋密的构件；表面式只适用于薄层混凝土的捣实（如渠道衬砌、道路、薄板等）；振动台多用于实验室。

2）插入式振捣器

根据使用的动力不同，插入式振捣器有电动式、风动式和内燃机式三类。内燃机式仅用于无电源的场合。风动式因其能耗较大、不经济，同时风压和负载变化时会使振动频率显著改变，影响混凝土振捣密实质量，逐渐被淘汰。因此，一般工程均采用电动式振捣器。电动插入式振捣器又分为三种，如表 7-8 所示。

按振捣器的激振原理，插入式振捣器可分为偏心式和行星式两种，如图 7-91（a）、（b）所示。偏心式振捣器利用装有偏心块的转轴（也有将偏心块与转轴做成一体的）作高速旋转时所产生的离心力迫使振捣棒产生剧烈振动。偏心块每转动一周，振捣棒随之振动一次。

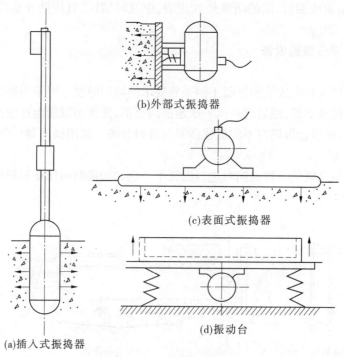

图 7-90 混凝土振捣器

一般单相或三相异步电动机的转速受电源频率限制只能达到 3 000 r/min,如插入式振捣器的振动频率要求达到 5 000 r/min 以上时,则当电机功率小于 500 W 时尚可采用串激式单相高速电机,而当功率为 1 kW 甚至更大时,应由变频机组供电,即提供频率较大的电源。

表 7-8 电动插入式振捣器

序号	名称	构造	适用范围
1	串激式振捣器	串激式电机拖动,直径 18～50 mm	小型构件
2	软轴振捣器	有偏心式、外滚道行星式、内滚道行星式振捣棒,直径 25～100 mm	除薄板以外各种混凝土工程
3	硬轴振捣器	直联式,振捣棒直径 80～133 mm	大体积混凝土

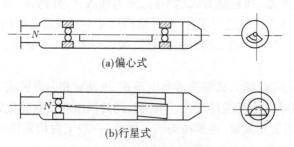

图 7-91 振捣器的振动原理

水利工程中主要采用软轴插入式振捣器和硬轴插入式振捣器。

(1)软轴插入式振捣器。

①软轴行星式振捣器。

软轴行星式振捣器结构图,如图7-92所示。由可更换的振动棒头、软轴、防逆装置(单向离合器)及电机等组成。电机安装在可360°回转的回转支座上,机壳上部装有电机开关和把手,在浇筑现场可单人携带,并可搁置在浇筑部位附近手持软轴进行振捣操作。

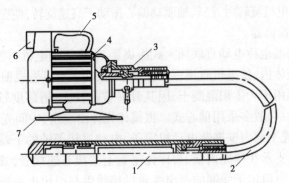

1—振动棒;2—软轴;3—防逆装置;4—电机;5—握手;6—电动机开关;7—电动机回转支座

图7-92　软轴行星式振捣器结构图

振捣棒是振捣器的工作装置,其外壳由棒头和棒壳体通过螺纹联成一体。壳体上部有内螺纹,与软轴的套管接头密闭衔接。带有滚轴的转轴的上端支撑在专用的轴向大游隙球轴承或球面调心轴承中,端头以螺纹与软轴连接,另一端悬空。圆锥形滚道与棒壳紧配,压装在与转轴滚锥相对的部位。

②软轴偏心式振捣器。

软轴偏心式振捣器,如图7-93所示。由电机、增速器、软管、软轴和振捣棒等部件组成。软轴偏心式振捣器的电机定子、转子和增速器安装在铝合金机壳内,机壳装在回转底盘上,机体可随振动方向旋转。软轴偏心式振捣器一般配装一台两极交流异步电动机,转速只有2 860 r/min。为了提高振动机构内偏心振动子的振动频率,一般在电动机转子轴端至弹簧软轴连接处安装一个增速机构。

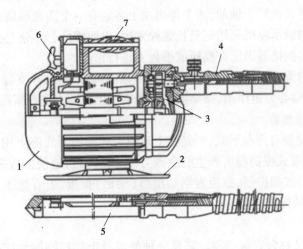

1—电动机;2—底盘;3—增速器;4—软轴;5—振捣棒;6—电路开关;7—手柄

图7-93　软轴偏心式振捣器

③串激式软轴振捣器。

串激式软轴振捣器是采用串激式电机为动力的高频偏心软轴插入式振捣器,其特点是交直流两用,体积小,重量轻,转速高,同时电机外形小巧并采用双重绝缘,使用安全可靠,无须单向离合器。它由电机、软轴软管组件、振捣棒等组成。电机通过短软轴直接与振捣棒的偏心式振动子相连。当电机旋转时,经软轴驱动偏心振动子高速旋转,使振捣棒产生高频振动。

(2)硬轴插入式振捣器。

硬轴插入式振捣器也称电动直联插入式振捣器,它将驱动电机与振捣棒联成一体,或将其直接装入振捣棒壳体内,使电机直接驱动振动子,振动子可以做成偏心式或行星式。硬轴插入式振捣器一般适用于大体积混凝土,因其骨料粒径较大,坍落度较小,需要的振动频率较低而振幅较大,所以一般多采用偏心式。振捣棒壳体由端塞、中间壳体和尾盖三部分通过螺纹连接成一体,棒壳上部内壁嵌装电动机定子,电动机转子轴的下端固定套装着偏心轴,偏心轴的两端用轴承支承在棒壳内壁上,棒壳尾盖上端接有连接管,管上部设有减振器,用来减弱手柄的振动。电机定子线圈的引出线通过接线盖与引出电缆连接,引出电缆则穿过连接管引出,并与变频机组相接。

变频机组是硬轴插入式振捣器的电源设备。由安装在同一轴上的电动机和低压异步发电机组成。变频电源,一方面驱动电动机旋转,另一方面通过保险丝、电源线、碳刷及滑环接入发电机转子激磁,使发电机输出高频率的低压电源,供振捣器使用。

偏心式振捣器的偏心轴所产生的离心力,通过轴承传递给壳体。轴承所受荷载既大,转速又高,在振捣大粒径骨料混凝土时,还要承受大石子给予很大的反向冲击力,因此轴承的使用寿命很短(以净运转时间计算,一般只有 50 ~ 100 h),并成为振捣器的薄弱环节。而轴承一旦损坏,如未能及时发现并更换,还会引起电动机转子与定子内孔碰擦,线圈短路烧毁。因此硬轴振捣器应注意日常维护。

3)附着式振捣器

附着式振捣器由电机、偏心块式振动子组合而成,外形如同一台电动机。机壳一般采用铸铝或铸铁制成,有的为便于散热,在机壳上铸有环状或条状凸肋形散热翼。附着式振捣器是在一个三相二极电动机转子轴的、两个伸出端上各装有一个圆盘形偏心块,振捣器的两端用端盖封闭。端盖与轴承座机壳用三只长螺栓紧固,以便维修。外壳上有四个地脚螺钉孔,使用时用地脚螺栓将振捣器固定在模板或平板上进行作业。

附着式振捣器的偏心振动子安装在电机转子轴的两端,由轴承支撑。电机转动带动偏心振动子运动,由于偏心力矩作用,振捣器在运转中产生振动力进行振捣密实作业。

4)平板(梁)式振捣器

平板(梁)式振捣器有两种形式,一是在上述附着式振捣器底座上用螺栓紧固一块木板或钢板(梁),通过附着式振捣器所产生的激振力传递给振板,迫使振板振动而振实混凝土;二是定型的平板(梁)式振捣器,振板为钢制槽形(梁形)振板,上有把手,便于边振捣、边拖行,更适用于大面积的振捣作业。

5)振动台

混凝土振动台,又称台式振捣器。它是一种使混凝土拌和物振动成型的机械。其机架一般支撑在弹簧上,机架下装有激振器,机架上安置成型制品的钢模板,模板内装有混凝土拌和物。在激振器的作用下,机架连同模板及混合料一起振动,使混凝土拌和物密实成型。

第八章　主要施工方法

第一节　土石方工程

一、开挖

(一)基坑排水

水工建筑物的地基处理和基础施工多低于地面或外水位和地下水位,因此经常受围堰渗水、基坑范围内的降雨和地下水的影响。为了给施工创造一个良好的条件,基坑排水成为水利工程中的重要环节,无论何种地基,都必须妥善解决基坑内的排水问题。

1.基坑积水的排除

当围堰完成后,要尽快排除基坑积水,首先要充分利用下游水较低的地形条件自流排水,余水经排水沟导引到低洼处或人工开挖的排水井集中,用水泵排出。基坑排水包括围堰形成后积聚的余水、施工期的雨水和周边及基面渗水或泉水。应根据地形、基坑来水情况、基坑范围的大小、开挖的深度,以及不同的土质、工期长短采取排水措施。

2.基坑外地面排水

地面水的排除一般采用排水沟、截水沟、挡水土坝等措施。应尽量利用自然地形来设置排水沟,使水直接排至场外,或流向低洼处再用水泵抽走。主排水沟最好设置在施工区域的边缘或道路的两旁,其横断面和纵向坡度应根据最大流量确定。一般排水沟的横断面不小于 0.5 m×0.5 m,纵向坡度一般不小于 3‰。平坦地区,如排水困难,其纵向坡度不应小于 2‰;沼泽地区可减至 1‰。在场地平整过程中,要注意保持排水沟畅通。

山区的场地平整施工,应在较高一面的山坡上开挖截水沟。在低洼地区施工时,除开挖排水沟外,必要时应修筑挡水土坝,以阻挡雨水的流入。

3.基坑内排水

基坑内排水主要是指排除坑内雨水、渗水和施工弃水等,常用的方法是明式排水法。明式排水法是在基坑的两侧或四周设置具有一定坡度的排水明沟,在基坑四角或每 30~40 m 设置集水井,使地下水流入集水井内,然后用水泵抽出坑外,如图 8-1 所示。明沟集水井排降水是一种常用的最经济、最简单的方法。

4.井管排水降低地下水位

基坑降水一般采用人工降低地下水位的方法。在工程实际中,井点降水法是一种较好的人工降低地下水位的方法。井点降水法就是在基坑开挖前,预先在基坑周围埋设一定数量的滤水管(井),利用抽水设备不断抽出地下水,使地下水位降低到坑底以下,直至基础工程施工完毕,使所挖的土始终保持干燥状态。井点降水法改善了工作条件,防止了流砂发生。同时,由于地下水位降落过程中动水压力向下作用与土体自重作用,使基底土层压密,提高了地基土的承载能力。

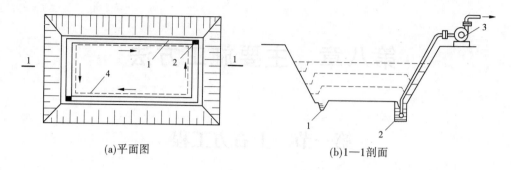

(a)平面图　　　　　　　　　　(b)1—1剖面

1—排水明沟；2—集水井；3—水泵；4—基础外缘线

图 8-1　明沟集水井排降水

人工降低地下水位的方法按其系统的设置、吸水原理和方法的不同，可分为轻型（真空）井点、喷射井点、电渗井点和管井井点等。

轻型井点就是沿基坑四周将许多直径较小的井点管埋入蓄水层内，井点管上部与总管连接，通过总管利用抽水设备将地下水从井点管内不断抽出，使原有的地下水位降至坑底以下，如图 8-2 所示。此种方法适用于土壤的渗透系数 $K=0.1\sim50$ m/d 的土层；降水深度单级轻型井点为 $3\sim6$ m，多级轻型井点为 $6\sim12$ m。

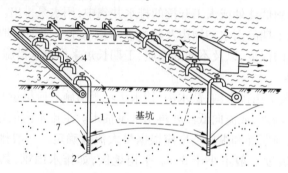

1—井点管；2—滤管；3—集水总管；4—弯联管；
5—水泵房；6—原地下水位线；7—降低后的地下水位线

图 8-2　轻型井点降水示意图

（二）土石方开挖与运输

水工建筑物的地基一般可分为软基（土基）和岩基两大类。

软基开挖多为机械施工，工作面狭窄处可用人力。土基开挖到接近设计高程时，如基础施工不立即进行，一般应留 $20\sim30$ cm 保护层，以免地基面层土料受到人为扰动和降雨破坏。基础开挖后应注意保护，防止基坑泡水。

岩基开挖主要用爆破来完成。岩石地基如果用爆破法开挖，四周宜采用光面爆破，当开挖接近设计高程时，要采用手工清理或者放小炮，避免超挖和留下隐患，基坑开挖高程宜控制在设计高程的 ±10 cm。

1.人工开挖

（1）在基础土方开挖之前，应检查龙门板、轴线桩有无位移现象，并根据设计图纸校核基础灰线的位置、尺寸、龙门板标高等是否符合要求。

（2）基础土方开挖应自上而下分步分层下挖，每步开挖深度约30 cm，每层深度以60 cm为宜，按踏步形逐层进行剥土；每层应留足够的工作面，避免相互碰撞出现安全事故；开挖应连续进行，尽快完成。

（3）挖土过程中，应经常按事先给定的坑槽尺寸进行检查，不够时对侧壁土及时进行修挖，修挖槽帮应自上而下进行。

（4）所挖土方应两侧出土，抛于槽边的土方以距离槽边1 m、高度1 m为宜。以保证边坡稳定，防止因压载过大产生塌方。除留足所需的回填土外，多余的土应一次运至用土处或弃土场，避免二次搬运。

（5）挖至距槽底约50 cm时，应配合测量放线人员抄出距槽底50 cm平线，沿槽边每隔3～4 m钉水平标高小木桩。应随时依此检查槽底标高，不得低于标高。如个别处超挖，应用与基土相同的土料填补，并夯实到要求的密实度，或用碎石类土填补并仔细夯实。如在重要部位超挖，可用低强度等级的混凝土填补。

（6）如挖方后不能立即进行下一工序或在冬季、雨期挖方，应在槽底标高以上保留20～30 cm不挖，待下道工序开始前再挖。

2.机械开挖

（1）点式开挖。厂房的柱基或中小型设备基础坑，因挖土量不大，基坑坡度小，机械只能在地面上作业，一般多采用抓铲挖土机和反向铲挖土机。抓铲挖土机能挖一、二类土和较深的基坑；反向铲挖土机适于挖四类以下土和深度在4 m以内的基坑。

（2）线式开挖。大型厂房的柱列基础和管沟基槽截面宽度较小，有一定长度，适于机械在地面上作业。一般多采用反向铲挖土机。当基槽较浅，又有一定的宽度，土质干燥时也可采用推土机直接下到槽中作业，但基槽需有一定长度并设上下坡道。

（3）面式开挖。有地下室的房屋基础、箱形和筏式基础、设备与柱基础密集，可采取整片开挖方式。除可用推土机、铲运机进行场地平整和开挖表层外，多采用正向铲挖土机、反向铲挖土机或拉铲挖土机开挖。用正向铲挖土机工效高，但它要求土质干燥，需有上下坡道以便运输工具驶入坑内；反向铲和拉铲挖土机可在坑上开挖，运输工具可不驶入坑内，坑内土潮湿也可以作业，但工效比正向铲挖土机低。

3.土石方运输

在小型水利工程施工中，汽车运输因其操纵灵活、机动性大，能适应各种复杂的地形，已成为最广泛采用的运输工具。自卸汽车车厢容量应与装车机械斗容相匹配，一般为挖装机械斗容的3～5倍较适合。

（三）渠道开挖

渠道开挖的施工方法有人工开挖、机械开挖、爆破等。开挖方法的选择取决于技术条件、土壤类别、渠道纵横断面尺寸、地下水位等因素。渠道开挖的土方多堆在渠道两侧用作渠堤。

1.人工开挖

人工开挖应自渠道中心向外分层下挖，先深后宽。为方便施工，加快工程进度，边坡处可按设计坡比先挖成台阶状，待挖至设计深度时再进行削坡。

2.机械开挖

机械开挖主要有推土机开挖和铲运机开挖。推土机开挖渠道，其开挖深度不宜超过1.5～

2.0 m,填筑堤顶高度不宜超过 2~3 m,坡度不宜陡于 1∶2。铲运机开挖适用于半挖半填渠道或全挖方渠道就近弃土。

3.爆破

当遇到岩石渠段时,施工作业可采用钻孔爆破配合挖掘机、装载机及自卸汽车进行。基础渠道石质基槽的开挖一般多用人工开挖,开挖时宜采用小炮,以免造成渠基裂缝,甚至使渠基稳定性降低。

二、填筑

(一)压实机械的选择

在碾压式的小型土坝施工中,常用的碾压机具有平碾、气胎碾、羊脚碾、振动碾,也有用重型履带式拖拉机作为碾压机具。选择压实机械主要考虑如下原则:

(1)适应筑坝材料的特性。黏性土应优先选用气胎碾、羊脚碾;砾质土宜用气胎碾、夯板;堆石与含有特大料径的砂卵石宜用振动碾。

(2)应与土料含水量、原状土的结构状态和设计压实标准相适应。对含水量高于最优含水量 1%~2% 的土料,宜用气胎碾压实;当重黏土的含水量低于最优含水量、原状土天然密度高并接近设计标准时,宜用重型羊脚碾。

(3)应与施工强度、工作面宽度和施工季节相适应。气胎碾、振动碾适用于生产要求强度高和抢时间的雨期作业,夯击机械宜用于坝体与岸坡或刚性建筑物的接触带、边角和沟槽等狭窄地带。

(二)压实标准

土石坝的压实标准是根据设计要求通过试验确定的。对于黏性土,在施工现场以最优含水量和干密度作为压实指标来控制填方质量的。对于非黏性土通常以土料的相对密度来控制,由于在施工现场用相对密度进行施工质量控制不方便,往往将相对密度换算成干密度作为现场控制质量的依据。石渣及堆石体作为坝壳填筑料,压实指标一般用空隙率表示。

(三)压实参数的选择及现场压实试验

土料压实,除应根据土料的性质正确地选择压实机具外,还应合理地确定黏性土料的含水量、铺土厚度、压实遍数等各项压实参数,以便使坝体达到要求的密度,而消耗的压实功能又最少。

由于影响土石料压实的因素很复杂,目前还不能通过理论计算或由试验室确定各项压实参数,宜通过现场压实试验进行选择。现场压实试验在坝体填筑以前、土石料和压实机具已经确定情况下进行。

(1)试验场地选择。试验场地应平坦、坚实、靠近水源、地形开阔,有水电附属设施。用试验土料先在地基上铺筑一层,压实到设计标准,将这一层作为基层,然后在上面进行碾压试验。

(2)试验场地布置。试验区的面积:每个试验组合面积为:黏土不小于 6 m×4 m;碎(砾)石土与砂砾石不小于 6 m×10 m;漂石、堆石料不小于 6 m×15 m。由于碾压时产生侧向挤压,因此试验区的两侧应各留出一个碾宽,顺碾方向的两端应各留出 4~5 m 作为停车和错车非试验区。

(3)试验参数的确定。土料的碾压试验,是根据已选定的压实机械,来确定铺土厚度、压实遍数及相应的含水量。试验组合方法一般采用淘汰法,也叫逐步收敛法。此法每次变动一种参数,固定其他参数,通过试验求出该参数的适宜值,依此类推。每场只变动一种参数,一般一场试验布置 4 个组合试验。

根据干密度量测成果表,绘制不同铺土厚度、不同压实遍数、土料含水量和干密度的关系曲线,如图 8-3 所示,绘制出铺土厚度、压实遍数和最优含水量、最大干密度关系曲线,如图 8-4 所示。

根据设计干密度,从图 8-4 曲线上分别查出不同铺土厚度时所对应的压实遍数 a、b、c 和最优含水量 d、e、f,分别计算 h_1/a、h_2/b 及 h_3/c(单位压实遍数的压实厚度)并进行比较,以单位压实遍数的压实厚度最大者,为最经济合理。

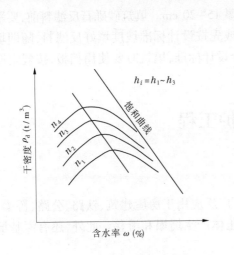

图 8-3 铺土厚度、压实遍数与
干密度、含水量关系曲线

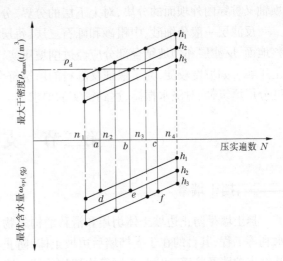

图 8-4 铺土厚度、压实遍数与最大
干密度、最优含水量关系曲线

(四)填土压实的质量检查

填土压实后必须具有一定的密实度,以避免建筑物的不均匀沉陷。填土密实度以设计规定的控制干密度 ρ_d 或规定压实系数 λ_c 作为检查标准。压实系数计算公式如下:

$$\lambda_c = \frac{\rho_d}{\rho_{dmax}} \tag{8-1}$$

式中,λ_c 为土的压实系数;ρ_d 为土的实际干密度;ρ_{dmax} 为土的最大干密度。

土的最大干密度 ρ_{dmax} 由试验室击实试验或计算求得,再根据规范规定的压实系数 λ_c,即可算出填土控制干密度 ρ_d 值。填土压实后的实际干密度,应有 90% 以上符合设计要求,其余 10% 的最低值与设计值的差,不得大于 0.08 g/cm³,且应分散,不得集中。压实后的实际干密度,通常采用环刀法取样测定。

(五)坝体的填筑

土坝的修筑包括土石料的挖、装、运、卸、摊、压六道工序。开挖合格的土石料装运上坝时,要严格按指定的部位卸土,然后按规定的厚度削碎摊平,经过碾压以达到设计要求。

大坝开始回填,需按相应高程的设计断面在现场划分出不同土料的填筑范围,先填平低洼处和心墙或斜墙地面以下的部分,然后基本保持全坝水平均匀升高。一般坝轴线部分略高于两侧,以防止雨后积水。

坝体填筑过程中,含水量的控制可根据各地区不同土料的试验资料和施工现场测验数据。施工现场应通过试验对各种土料用相同的铺土厚度和碾压工具或不同的铺土厚度,压实到设计干密度所需要的碾压次数进行比较后,采用碾压总功能最小的作为施工掌握的标准。

在施工中,不同高程土壤填筑宽度应按设计标准控制。小型水库的心墙、斜墙铺土厚度15~20 cm,砂性土为20~25 cm,砂砾料为30~40 cm,堆石可以加厚至50~100 cm。填土时如发现坝面有裂缝或弹簧土,应查明原因同时把这部分土料清除出坝外,重新铺土压实后才能继续上土。坝面填土分块或分界面,往往是碾压的薄弱环节,铺土分块时应尽量避免垂直坝轴又贯穿内外坝面的分块,对上下层的分界、分块缝也要错开。

反滤层一般分细砂、中粗砂和砾石三层,每层厚15~20 cm。填筑砂砾石反滤料前,要平整地面,反滤层和坝坡结合部分应经过削坡压实,或先按设计标准坡度填好反滤料,随即填土压实。如坡度较陡,为了保证反滤料的填筑符合设计标准,填筑时要使用挡板,按规定厚度分层填筑,同时浇水振捣,达到密实的要求。

第二节　支护工程

一、挡土墙

挡土墙是防止边坡土体坍塌和滑移的构筑物,广泛应用于房屋建筑、铁路、公路、桥梁、水利等工程,其目的在于支挡墙后边坡土体,防止土体产生坍塌和滑移。此外,还有深基坑开挖支护墙及隧道、水闸、驳岸等构筑物的挡土墙。

(一)常用形式

挡土墙按其所用材料分类,有毛石、砖、混凝土和钢筋混凝土等;按结构类型分类,有重力式、悬臂式、扶壁式、板桩式等,如图8-5所示。

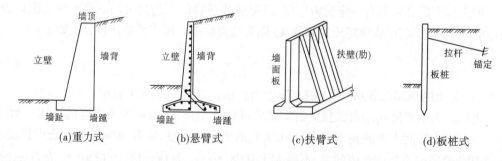

图8-5　挡土墙类型

(二)重力式挡土墙

重力式挡土墙靠本身的重量保持墙身的稳定。这种挡土墙通常是用砖、块石或素混凝土修筑。由于墙体抗弯能力较差,这种形式挡土墙的断面较大,这对于挡土墙的稳定性和强度可以起到保证作用。

采用重力式挡墙时,土质边坡高度不宜大于8 m,岩质边坡高度不宜大于10 m。对变形有严格要求的边坡和开挖土石方危及边坡稳定的边坡不宜采用重力式挡墙,开挖土石方危及相邻建筑物安全的边坡不应采用重力式挡墙。

根据墙背倾斜情况,重力式挡土墙可分为俯斜式挡土墙、仰斜式挡土墙、直立式挡土墙和衡重式挡土墙以及其他形式挡土墙。应根据使用要求、地形和施工条件综合考虑确定,对岩质边坡和挖方形成的土质边坡宜采用仰斜式,高度较大的土质边坡宜采用衡重式或仰斜式。

重力式挡土墙在施工中应注意的事项如下:

(1)浆砌块石、条石挡土墙的施工必须采用坐浆法,所用砂浆宜采用机械拌和。块石、条石表面应清洗干净,砂浆填塞应饱满,严禁干砌。

(2)块石、条石挡土墙所用石材的上下面应尽可能平整,块石厚度不应小于 200 mm,外露面应用 M7.5 砂浆勾缝。应分层错缝砌筑,基底和墙趾台阶转折处不应有垂直通缝。还要严格保证砂浆水灰比符合要求、填缝紧密、灰浆饱满,确保每一块石料安稳砌正,墙体稳固。

(3)墙后填土必须分层夯实,选料及其密实度均应满足设计要求。对于常用的砖、石挡土墙,当砌筑的砂浆达到强度的 70% 时,方可回填,回填土应分层夯实。

(4)在松散坡积层地段修筑挡土墙,不宜整段开挖,以免在墙完工前土体滑下;宜采用马口分段开挖方式,即跳槽间隔分段开挖。施工前应先做好地面排水。

(5)当填方挡土墙墙后地面的横坡坡度大于 1∶6 时,应在进行地面粗糙处理后再填土。

(6)重力式挡土墙在施工前要做好地面排水工作,保持基坑和边坡坡面干燥。

(三)悬臂式挡土墙

悬臂式挡土墙用钢筋混凝土建造,由三个悬臂板,即立壁、墙趾悬臂和墙踵悬臂组成。其稳定主要依靠墙踵悬臂以上土的重量,而墙身拉应力由钢筋承担,其优点是能充分利用钢筋混凝土的受力性能,墙体的截面尺寸较小,可以承受较大的土压力,适用于重要工程中墙高大于 5 m、地基土较差、当地缺乏石料等情况。

当采用双排钢筋时,墙身顶面最小宽度宜为 200 mm。如果墙高较小,墙身较薄,墙内配筋采用单排钢筋,则墙身顶面最小宽度可适当减小。墙身面坡采用 1∶(0.02~0.05),底板最小厚度为 200 mm,若挡土墙高超过 6 m,宜加扶壁柱。

挡土墙后应做好排水措施。通常在墙身中每隔 2~3 m 设置一个 100~150 mm 孔径的泄水孔。墙后做滤水层,墙后地面宜铺筑黏土隔水层,墙后填土时,应采用分层夯填方法。在严寒气候条件下有冻胀可能时,最好以炉渣填充。

一般每隔 20~25 m 设一道伸缩缝,当墙面较长时,可采用分段施工以减少收缩影响。

(四)扶壁式挡土墙

当墙高大于 8 m 时,墙后填土较高,若采用悬臂式挡土墙会导致墙身过厚而不经济,通常沿墙的长度方向每隔 1/3~1/2 墙高设一道扶壁以保持挡土墙的整体性,增强悬臂式挡土墙中立壁的抗弯性能。这种挡土墙称为扶壁式挡土墙。扶壁可以设在挡土墙的外侧,也可以设在内侧。

扶壁式挡土墙的混凝土强度等级不应低于 C20,受力钢筋直径不应小于 12 mm,间距不宜大于 250 mm。混凝土保护层厚度不应小于 25 mm。

当挡土墙受滑动稳定控制时,应采取提高抗滑能力的构造措施。宜在墙底下设防滑键,其高度应保证键前土体不被挤出。防滑键厚度应根据抗剪强度计算确定,且不应小于 300 mm。

扶壁式挡土墙纵向伸缩缝间距,对素混凝土挡土墙应采用 10~15 m。在挡土墙高度变化处应设沉降缝,缝宽应采用 20~30 mm,缝中应填塞沥青麻筋或其他柔性(有弹性的)防水材料,填塞深度不应小于 150 mm。在挡墙拐角处,应适当加强构造措施。

挡土墙后面的填土,应优先选择透水性较强的填料。当采用黏性土做填料时,宜掺入适量的碎石。不应采用淤泥、耕植土、膨胀性黏土等软弱有害的土体作为填料。

(五)板桩式挡土墙

板桩式挡土墙按所用材料的不同,分为钢板桩、木板桩和钢筋混凝土板桩等。它可用作永久性也可用作临时性的挡土结构,是一种承受弯矩的结构。板桩式挡土墙的施工一般需要用打桩机打入,施工较复杂,在水利工程中应用较多,工业与民用建筑深基坑的开挖施工中也常应用。

板桩式挡土墙按结构形式可分为悬臂式(板桩上部无支撑,又称无锚板桩)和锚定式(板桩上部有支撑,又称有锚板桩)两大类,如图 8-6 所示。

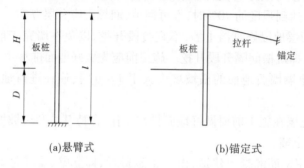

(a)悬臂式　　　　　　　　　(b)锚定式

图 8-6　板桩式挡土墙

悬臂式板桩挡土墙的桩顶为自由端,桩下部固定在地面以下。悬臂板桩只适用于墙高小于 4 m 及临时性工程如基坑开挖时的支撑,否则会导致板桩入土深度过大而不经济。

锚定式板桩挡土墙的桩顶或桩顶附近加一道锚定拉杆,则板桩打入土中的长度和断面可以大大减小。当墙高比较大时,常采用这种结构。

二、基坑支护

深基坑用放坡开挖会大大增加土方工程量,也会因场地的条件限制无法放坡,为了维持基坑边坡的稳定性,需设置适当的支护结构。

深基坑支护结构既要确保坑壁稳定、坑底稳定、邻近建筑物与构筑物的安全,又要考虑支护结构施工方便,经济合理,有利于土方开挖和地下建筑的建造。

常见的基坑支护结构类型有以下几种。

(一)排桩墙支护工程

排桩根据混凝土的浇筑方式可以分为灌注和预制以及板桩,适用于基坑开挖深度在 10 m 以内的黏性土、粉土和砂土类。根据土质不同可分三排和四排桩,如图 8-7 所示。

(二)水泥土桩墙支护工程

水泥重力式支护结构目前在工程中用得较多。采用水泥搅拌桩组成,有时也采用高压

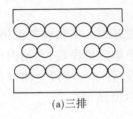(a)三排　　　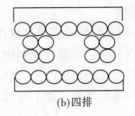(b)四排

图 8-7　排桩墙

喷射注浆法形成。适用于黏性土、砂土和地下水位以上的基坑支护。深层搅拌水泥土桩重力式支护结构常用于软黏土地区,开挖深度为 7 m 以内的基坑工程。

(三)锚杆及土钉墙支护工程

沿开挖基坑、边坡每 2~4 m 设置一层水平土层锚杆,直到挖土至要求深度。适用于较硬土层或破碎岩石中开挖较大较深基坑。邻近有建筑物时,必须保证边坡稳定时采用。

土钉墙的构造要求:土钉墙一般通过钻孔、插筋和注浆来设置,传统上称砂浆锚杆。其施工方法为边开挖基坑,边在土墙中设置土钉,在坡面上铺设钢筋网,并迅速喷射混凝土形成混凝土面板,即形成土钉墙支护结构,如图 8-8 所示。

锚杆及土钉墙的施工特点:应遵循分段开挖、分段支护的原则,不宜按一次挖就再行支护的方式施工。施工中应对锚杆或土钉位置、钻孔直径、深度及角度、锚杆或土钉插入长度、注浆配比、压力及注浆量、喷锚墙面厚度及强度、锚杆或土钉应力等进行检查。

每段支护体施工完后,应检查坡顶或坡面位移,坡顶沉降及周围环境变化,如有异常情况应采取措施,恢复正常后方可继续施工。

(四)钢或混凝土支撑系统

通常在开挖基坑的周围打钢板桩或混凝土板桩。板桩入土深度及悬臂长度,应经计算确定。如基坑宽度很大,可加水平支撑,如图 8-9 所示。适用于一般地下水、深度和宽度不很大的黏性砂土层中。

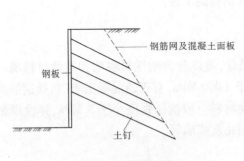

图 8-8　土钉墙支护

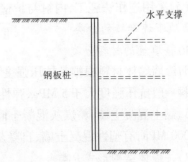

图 8-9　钢板桩或混凝土板桩

支撑系统包括围图及支撑,当支撑较长时(一般超过 15 m),还包括支撑下的相应的立柱桩。施工前应熟悉支撑系统的图纸及各种计算工况,掌握开挖及支撑设置的方式、预顶力及周围环境保护的要求。施工过程中应严格控制开挖和支撑的程序及时间,对支撑的位置(包括立柱及立柱桩位置)、每层开挖深度、预加顶力(如需要)、钢围图与围护体或支撑与围图的密贴度应做周密检查。全部支撑安装结束后,仍应维持整个系统的正常运转直至支撑全部拆除。

(五)地下连续墙

地下连续墙是利用专用的成槽机械在指定位置开挖一条狭长的深槽,再使用膨润土泥浆进行护壁;当一定长度的深槽开挖结束,形成一个单元槽段后,在槽内插入预先在地面上制作的钢筋笼,以导管法浇筑混凝土,完成一个墙段,各单元墙段之间以各种特定的接头方式相互连接,形成一道现浇壁式地下连续墙,如图 8-10 所示。

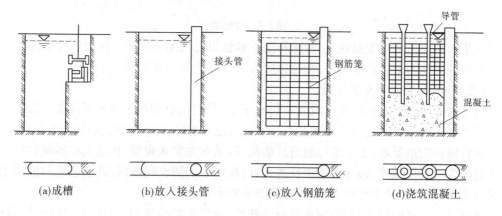

(a)成槽　　　　(b)放入接头管　　　(c)放入钢筋笼　　　(d)浇筑混凝土

图 8-10　地下连续墙施工程序示意图

1.地下连续墙的适用条件

地下连续墙是一种比钻孔灌注桩和深层搅拌桩造价昂贵的结构形式,其在基础工程中的适用条件如下:

(1)基坑深度≥10 m;

(2)软土地基或砂土地基;

(3)在密集的建筑群中施工基坑,对周围地面沉降、建筑物的沉降要求须严格限制时;

(4)围护结构与主体结构相结合,用作主体结构的一部分,对抗渗有较严格要求时;

(5)采用逆作法施工,内衬与护壁形成复合结构的工程。

2.地下连续墙的分类

1)按填筑的材料分类

防渗墙墙体材料根据其抗压强度和弹性模量,可以分为刚性材料墙和柔性材料墙。刚性材料一般抗压强度大于 5 MPa,弹性模量大于 2 000 MPa,有普通混凝土墙(包括钢筋混凝土墙)、黏土混凝土墙、粉煤灰混凝土墙等;柔性材料一般抗压强度小于 5 MPa,弹性模量小于 2 000 MPa,有塑性混凝土墙、自凝灰浆墙、固化灰浆墙等。

2)按墙体结构形式分类

按墙体结构形式可分为桩柱型防渗墙、槽孔型防渗墙和混合型防渗墙三类,如图 8-11所示。槽孔型防渗墙使用更为广泛。

3)按成墙方式分类

地下连续墙按其成墙方式分为桩排式、壁板式、桩壁组合式。桩排式地下连续墙,实际就是钻孔灌注桩并排连接所形成的地下连续墙。壁板式地下连续墙,采用专用设备,利用泥浆护壁在地下开挖深槽,水下浇筑混凝土,形成地下连续墙。桩壁组合式地下连续墙,即将上述桩排式和壁板式地下连续墙组合起来使用的地下连续墙。

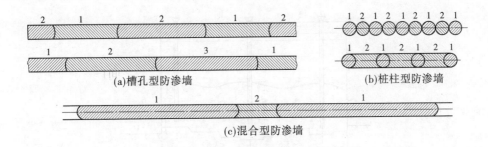

(a)槽孔型防渗墙　　　　　　　　　　　　　(b)桩柱型防渗墙

(c)混合型防渗墙

1、2—槽孔编号

图 8-11　水工混凝土防渗墙的结构形式

4）按用途分类

地下连续墙按其用途可分为临时挡土墙、防渗墙、用作主体结构兼作临时挡土墙的地下连续墙。

5）按成槽方法分类

地下连续墙按其成槽方法可分为钻挖成槽防渗墙、射水成槽防渗墙、链斗成槽防渗墙和锯槽防渗墙。

3.地下连续墙的施工工序

对于现浇钢筋混凝土壁板式地下连续墙,其施工工艺过程为修筑导墙、泥浆制备与处理、深槽挖掘、钢筋笼制备与吊装及混凝土浇筑。

4.槽孔混凝土浇筑

槽孔混凝土浇筑是防渗墙施工的关键工序,采用泥浆下直升导管法浇筑。由于导管内混凝土和槽内泥浆的压力不同,在导管下口处存在压力差使混凝土可从导管内流出,自下而上置换孔内泥浆,在浆柱压力的作用下自行密实,不用振捣。

防渗墙混凝土浇筑,最常用的方法是混凝土导管提升法。即沿槽孔轴线方向布置若干组导管,每组导管由若干节内径为 200~250 mm 的钢管组成。除顶部和底部设数节 0.3~1.0 m 的短管外,其余每节长均为 1~2 m。导管顶部设受料斗,整个导管悬挂在导向槽上,并通过提升设备升降。导管安设时,要求管底与孔底距离为 10~25 cm,以便浇筑混凝土时将管内泥浆排出管外。当槽底不平,高差大于 25 cm 时,导管布置在控制范围的最低处。导管的间距取决于混凝土的扩散半径。间距太大,易在相邻导管间混凝土中形成泥浆夹层;间距太小,会给现场布置和施工操作带来困难。由于防渗墙混凝土坍落度一般为 18~20 cm,其扩散半径为 1.5~2 m,导管间距一般不超过 3.5 m 左右;一期槽孔端部混凝土,由于钻孔要套打切除,所以端部导管与孔端间距采用 0.8~1.0 m,最大不超过 1.5 m,导管布置如图 8-12 所示。

槽孔浇筑过程中要注意保持混凝土面均匀上升,各处的高差应控制在 0.5 m 以内。混凝土面高差过大会造成混凝土混浆、墙段接缝夹泥、导管偏斜等多种不利后果。宜尽量加快混凝土浇筑,一般槽内混凝土面上升速度不宜小于 2 m/h。

在浇筑过程中,导管不能做横向运动,导管横向运动会把沉渣和泥浆混入混凝土内。不能使混凝土溢出料斗,流入导沟,否则会使泥浆质量恶化,反过来又会给混凝土的浇筑带来不良影响。应随时掌握混凝土的浇筑量、混凝土上升高度和导管埋入深度,防止导管下口暴露在泥浆内,造成泥浆涌入导管。要随时用测锤量测混凝土面的高程,应量测三点取其平均

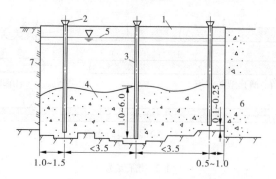

1—导墙;2—受料斗;3—导管;4—混凝土;5—泥浆;6—已浇槽孔;7—未挖槽孔

图 8-12　导管布置图　（单位:m）

值。测量混凝土面用的测锤的形状和重量要适当,一般可采用上底直径 30 mm,下底直径 50 mm,高 100 mm 的钢制测锤。

混凝土顶面存在一层浮浆层,需要凿去,为此混凝土需要超浇 300～500 mm,以便将设计标高以上的浮浆层用风镐打去。

5.墙段连接

防渗墙一般由各单元墙段连接而成,墙段间的接缝是防渗墙的薄弱环节。如果连接不好,就有可能产生集中渗漏,降低防渗效果。对墙段连接的基本要求是接触紧密、渗径较长和整体性较好。

地下连续墙的接头形式很多,总的来说地下连续墙的接头分为两大类:施工接头和结构接头。施工接头是浇筑地下连续墙时在墙的纵向连接两相邻单元墙段的接头;结构接头是已竣工的地下连续墙在水平向与其他构件(地下连续墙内部结构的梁、柱、墙、板等)相连接的接头。

按施工方法不同,墙段连接施工主要采用钻凿法、接头管(箱)法。

(六)沉井与沉箱

沉井一般是一个由混凝土或钢筋混凝土做成的井筒,井筒分筒身和刃脚两部分,如图 8-13所示。按其横断面形状分,有圆形、方形或椭圆形等规则形状。根据井孔的布置方式又可分为单孔、双孔和多孔。沉井适用于地基深层土的承载力不大,而上部土层比较松软、易于开挖的土层;或由于建筑物使用上的要求,需要把基础埋入地面下深处的情况。

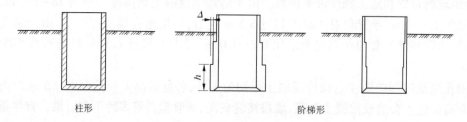

柱形　　　　　　　　　　　　　　　　　　　　　　　　阶梯形

图 8-13　沉井立面形状示意图

沉井的施工方法一般分为旱地施工、水中筑岛施工和浮运沉井施工 3 种,现只介绍旱地上沉井施工。

1.平整场地

根据设计图纸,进行定位放样以后,如基础所在位置的地基承载力满足设计要求,可就地整平夯实;如地基承载力不够,可先采取加固措施,以防止沉井在浇筑时和养护期内出现不均匀沉降。一般平整场地并压实后,在其上铺垫 0.3~0.5 m 的砂垫层。

2.浇筑第一节沉井

由于沉井自重大,刃脚踏面尺寸较小,因此铺砂垫层以后,应在刃脚处对称地铺满垫木。垫木之间用砂填平,然后放出刃脚踏面大样。装踏面底模,安放刃脚角钢,立内模,绑扎钢筋,立外模,最后浇筑底节沉井混凝土。

内隔墙与井壁连接处垫木应联成整体,底模应支撑在垫木上,以防不均匀沉降。外模与混凝土贴接一侧应平直、光滑。

混凝土浇筑前,应检查校对模板各部分尺寸和钢筋的布置是否符合设计要求。灌注混凝土时应连续,并均匀振捣。

3.拆模板和抽除垫木

混凝土强度达到设计强度的 70% 时,方可拆除模板,混凝土达到设计强度后,才能抽除垫木。抽除垫木时,应分区、依次、对称、同步地向沉井外抽出,随抽随用砂土回填振实。抽垫时应防止沉井偏斜。定位支点处的支垫,应按设计要求的顺序尽快地抽出。

4.挖土下沉

沉井下沉可分为排水下沉和不排水下沉两种。

当土层较稳定,抽水时不产生大量流砂现象,可采用边排水边挖土。排水下沉常采用人工挖土;不排水下沉一般采用抓土斗或吸泥机等除土。除土时,应自中间向刃脚处均匀对称除土,对于用排水法下沉的底节沉井,设计支撑位置处的土,应在分层除土中最后同时挖除。下沉时随时注意正位,保持竖直下沉,并做好下沉观测记录。合理安排沉井弃土地点,避免对沉井引起偏压。

下沉至设计高程以上 2 m 左右时,应适当放慢下沉速度,并控制井内除土位置,以使沉井平稳下沉,正确就位。

5.沉井接高

第一节沉井顶面下沉距地面还剩 1~2 m 时,可进行沉井接高,加重应均匀对称地进行。接高前不得将刃脚掏空,保证第一节沉井位置正直,凿毛顶面,然后立模,浇筑混凝土。待达到设计强度后,拆模,继续除土下沉。

如果最后一节沉井顶面低于地面或水面,需在沉井顶部设置围堰。其底部与井顶应连接牢固,防止沉井下沉时围堰与井顶脱离。围堰是临时的,待墩台身出水后可拆除。

6.基底检验与处理

沉井沉至设计高程后,应进行基底检验。排水下沉时,可直接检验、处理;不排水下沉时,应由潜水员进行水下检查、处理,必要时取样鉴定。

7.封底、井孔填充和浇筑盖板

地基经检验及处理合乎要求后,应及时封底。对于排水下沉的沉井,清基时,如渗水量上升速度小于或等于 6 mm/min,可按普通混凝土浇筑方法进行封底;如渗水量上升速度大于 6 mm/min 或不排水下沉的情况,采用导管法灌注。

(七)喷锚支护

喷锚支护是喷混凝土支护、锚杆支护、喷混凝土锚杆支护、喷混凝土锚杆钢筋网支护和喷混凝土锚杆钢拱架支护等不同支护形式的统称。

1.喷锚支护原理

喷锚支护是充分利用围岩的自承能力和具有弹塑变形的特点,有效控制和维护围岩稳定的新型支护。它的原理是把岩体视为具有黏性、弹性、塑性等物理性质的连续介质,同时利用岩体中开挖洞室后产生变形的时间效应这一动态特性,适时采用既有一定刚度又有一定柔性的薄层支护结构与围岩紧密黏结成一个整体,以期既能对围岩变形起到某种抑制作用,又可与围岩同步变形来加固和保护围岩,使围岩成为支护的主体,充分发挥围岩自身承载能力,从而增加了围岩的稳定性。

2.喷锚支护形式

根据围岩不同的破坏形态采用不同的支护形式。围岩的破坏形态主要可归纳为局部破坏和整体破坏。

局部破坏:通常采用锚杆支护,有时根据需要加做喷混凝土支护。

整体破坏:常采用喷混凝土锚杆支护、喷混凝土锚杆钢筋网支护和喷混凝土锚杆钢拱架支护等不同支护形式。

3.锚杆支护

锚杆是锚固在岩体中的杆件,用以加固围岩,提高围岩的自稳能力。工程中常用锚杆有金属锚杆和砂浆锚杆,其锚固方式基本分为集中锚固和全长锚固,锚杆的布置有局部锚杆和系统锚杆。

4.喷混凝土施工

喷混凝土是将水泥、砂、石等骨料,按一定配比拌和后,装入喷射机中,用压缩空气将混合料压送到喷头处,与水混合后高速喷到作业面上,快速凝固而成一种薄层支护结构。

喷混凝土的施工方法有干喷和湿喷。

干喷时,将水泥、砂、石和速凝剂加微量水干拌后,用压缩空气输送到喷嘴处,再与适量水混合,喷射到岩石表面。也可以将干混合料压送到喷嘴处,再加液体速凝剂和水进行喷射。这种施工方法,便于调节水量,控制水灰比,但喷射时粉尘较大。

湿喷是将骨料和水拌匀以后送到喷嘴处,再添加液体速凝剂,并用压缩空气补给能量进行喷射。它改善了喷射时粉尘较大的缺点。

第三节　地基处理

当地基强度与稳定性不足或压缩变形很大,不能满足设计要求时,常采取各种地基加固、补强等技术措施,改善地基土的工程性状,增加地基的强度和稳定性,减少地基变形,以满足工程要求。这些措施统称为地基处理。

一、软土地基处理

(一)挖除置换法

当地基软弱层厚度不大时,可全部挖除,并换以砂土、黏土、壤土或砂壤土等回填夯实、回填时应分层夯实,严格掌握压实质量。

1.砂和砂石置换

砂和砂石置换法应用广泛,适于处理 3 m 以内的软弱、透水性强的黏性土地基;不宜用于加固湿陷性黄土地基及渗透系数小的黏性土地基。

施工要点如下:

(1)垫层铺设时,严禁扰动垫层下卧层及侧壁的软弱土层,防止被践踏、受冻或受浸泡,降低其强度。如垫层下有厚度较小的淤泥或淤泥质土层,在碾压荷载下抛石能挤入该层底面时,可采取挤淤处理。先在软弱土面上堆填块石、片石等,然后将其压入以置换和挤出软弱土,再作垫层。

(2)砂和砂石地基底面宜铺设在同一标高上,如深度不同,基土面应挖成踏步和斜坡形,踏步宽度不小于 500 mm,高度同每层铺设厚度,斜坡坡度应大于 1:1.5,搭槎处应注意压(夯)实。施工应按先深后浅的顺序进行。

(3)应分层铺筑砂石,铺筑砂石的每层厚度,一般为 150~200 mm,不宜超过 300 mm,亦不宜小于 100 mm。分层厚度可用样桩控制。视不同条件,可选用夯实或压实的方法。

(4)砂和砂石地基的压实,可采用平振法、插振法、水撼法、夯实法、碾压法。夯实或碾压的遍数,由现场试验确定。每层夯实后的密实度应达到中密标准,即孔隙比不应大于 0.65,干密度不小于 1.60 g/cm^3。

(5)分段施工时,接槎处应做成斜坡,每层接槎处的水平距离应错开 0.5~1.0 m,并应充分压(夯)实。

(6)铺筑的砂石应级配均匀。如发现砂窝或石子成堆现象,应将该处砂子或石子挖出,分别填入级配好的砂石。同时,铺筑级配砂石,在夯实碾压前,应根据其干湿程度和气候条件,适当地洒水以保持砂石的最佳含水量,一般为 8%~12%。

(7)施工时当地下水位较高或在饱和的软弱地基上施工时,应加强基坑内及外侧四周的排水工作,防止砂垫层泡水引起砂的流失,保持基坑边坡稳定;或采取降低地下水位措施,使地下水位降低到基坑底 500 mm 以下。

2.粉煤灰置换

粉煤灰地基是以粉煤灰为垫层,经压实而成的地基。粉煤灰作为建筑物基础时应符合有关放射性安全标准的要求,大量填筑时应考虑对地下水和土壤的环境影响。颗粒粒径宜为 0.001~2.00 mm,烧失量宜低于 12%。

施工要点如下:

(1)在软弱地基上填筑粉煤灰垫层时,应先铺设 200 mm 的中、粗砂或高炉干渣,以免下卧软土层表面受到扰动,同时有利于下卧的软土层的排水固结,并切断毛细水的上升。

(2)粉煤灰铺设含水量应控制在最优含水量 31%±4% 范围内。如含水量过大时,需摊铺晾干后再碾压。粉煤灰铺设后,应于当天压完;如压实时含水量过小,呈现松散状态,则应洒水湿润再压实,洒水的水质不得含有油质。

(3)粉煤灰垫层应分层铺设与碾压,铺设厚度用机械夯为 200~300 mm,夯完后厚度为 150~200 mm。对小面积基坑(槽)垫层,可用人工分层摊铺,用平板振动器或蛙式打夯机进行振(夯)实,每次振(夯)板应重叠 1/2~1/3 板,往复压实,由两侧或四侧向中间进行,夯实不少于 3 遍。大面积垫层应采用推土机摊铺,先用推土机预压两遍,然后用 8 t 压路机碾压,施工时压轮重叠 1/2～1/3 轮宽,往复碾压,一般碾压 4～6 遍。

(二)强夯法

强夯地基是利用夯锤(锤重不小于 8 t)自由下落(落距不小于 6 m)时的冲击能来夯实浅层填土地基,使土中出现很大应力,迫使土体孔隙压缩,排除孔隙中的气和水,使土粒重新排列,迅速固结,从而提高地基强度,降低其压缩性,使表面形成一层较为均匀的硬层来承受上部荷载。

强夯法处理适用于碎石土、砂土、低饱和度的粉土与黏性土、湿陷性黄土、杂填土和素填土等地基。对高饱和度的粉土与软塑—流塑黏性土地基,当采用在夯坑内回填块石、碎石或其他粗颗粒材料进行置换时,应通过现场试验确定其适用性。

施工要点如下:

(1)强夯前应平整场地,周围做好排水沟,按夯点布置测量放线确定夯位。地下水位较高时,应在表面铺 0.5～2.0 m 中(粗)砂或砂石垫层,以防设备下陷和便于消散强夯产生的孔隙水压,或采取降低地下水位后再强夯。

(2)强夯应分段进行,顺序从边缘夯向中央。加固顺序是:先深后浅,即先加固深层土,再加固中层土,最后加固表层土。最后一遍夯完后,仍采用推土机将场地推平,然后进行低能量满夯夯击一遍。满夯的夯点应搭接夯锤底面积至少 1/3,将场地表层松土夯实,并测量场地夯后高程。如有条件以采用小夯锤夯击为佳。

(3)通常待土层内超孔隙水压力大部分消散,地基稳定后再夯下一遍,一般时间间隔 1～4 周。对黏土或冲积土常为 3 周。若无地下水或地下水位在 5 m 以下,含水量较少的碎石类填土或透水性强的砂性土,可采取间隔 1～2 d 或采用连续夯击,而不需要间歇。

(三)砂井预压法

为了提高软土地基的承载能力,可采用砂井预压法,又称为排水固结法。砂井直径一般多采用 20～30 cm,井距采用 6～10 倍井径,常用范围为 2～4 m。

井深主要取决于土层情况。当软土层较薄时,砂井宜贯穿软土层;软土层较厚且夹有砂层时,一般可设在砂层上,软土层较厚又无砂层时,或软土层下有承压水时,则不应打穿。一般砂井深度以 10～20 m 为宜。

砂井顶部应设排水砂垫层,以连通各砂井并引出井中渗水。当砂井工程结束后,即开始堆积荷载预压。预压荷载一般为设计荷载的 1.2～1.5 倍,但不得超过当时的基土承载能力。

(四)深孔爆破加密法

深孔爆破加密法就是利用人工进行深层爆破,使饱和松砂液化,颗粒重新排列组合成为结构紧密、强度较高的砂。施工时在砂层中钻孔埋设炸药,其孔深一般采用处理层深的 2/3,炮孔间距与爆破顺序,宜通过现场试验确定,用药量以不致使地面冲开为度。此法适用于处理松散饱和的砂土地基。

(五)混凝土灌注桩

软土地基承载能力小时,可采用混凝土灌注桩支撑上部结构的荷载。混凝土灌注桩,是在现场造孔达到设计深度后,在孔内浇筑混凝土成桩。因此,它具有桩柱直径大、承载力强,且可根据桩身内力大小配筋以节约钢材等优点。但该法可能产生缩颈、断桩、夹土和混凝土离析等事故,应设法防止。

(六)振动水冲法

振动水冲法是用一种类似插入式混凝土振捣器的振冲器,在土层中振冲造孔,并以碎石或砂砾填成碎石或砂砾桩,达到加固地基的一种方法。这种方法不仅适用于松砂地基,也可用于黏性土地基,因碎石桩承担了大部分传递荷载,同时又改善了地基排水条件,加速了地基的固结,提高了地基的承载能力。一般碎石桩的直径为 0.6~1.1 m,桩距视地质条件在1.2~2.5 m 范围内选择。采用此法时必须有充足的水源。

(七)旋喷法

旋喷法是利用旋喷机具造成旋喷桩以提高地基的承载能力。也可以作联锁桩施工或定向喷射成连续墙,用于地基防渗。旋喷法适用于砂土、黏性土、淤泥等地基的加固,对砂卵石(最大粒径不大于 20 cm)的防渗也有较好的效果。

旋喷法的一般施工程序为:孔位定点并埋设孔口管→钻机就位→钻孔至设计深度→旋喷高压浆液或高压水气流与浆体,同时提升旋喷管,直至桩顶高程→向桩中空穴进行低压注浆,起拔孔口管→转入下一孔位施工。

钻孔可以采用旋转、射水、振动或锤击等多种方法进行。旋喷管可以随钻头一次钻到设计孔深,接着自下而上进行旋喷,也可先行钻孔,终孔后下入旋喷管。

喷射方法有单管法、二重管法和三重管法。

二、砂砾石地基灌浆

砂砾石地基空隙率大、透水性强,要进行防渗处理方可作为水工建筑物的地基。

(一)砂砾石地基可灌性

可灌性是指砂砾石地基能接受灌浆材料灌入程度的一种特性。影响可灌性的主要因素有地基的颗粒级配、灌浆材料的细度、灌浆压力和施工工艺等。常用以下几种指标进行评价。

(1)可灌比 M:

$$M = D_{15}/D_{85} \tag{8-2}$$

式中, D_{15} 为地基砂砾颗粒级配曲线上相应于含量为 15% 的粒径,mm; D_{85} 为灌浆材料颗粒级配曲线上相应于含量为 85% 的粒径,mm。

M 值愈大,地基的可灌性愈好。当 $M=5~10$ 时,可灌含水玻璃的细粒度水泥黏土浆;当 $M=10~15$ 时,可灌水泥黏土浆;当 $M \geqslant 15$ 时,可灌水泥浆。

(2)渗透系数。

K 值愈大,可灌性愈好。当 $K<3.5/10\ 000$ m/s 时,采用化学灌浆;当 $K=(3.5~6.9)/10\ 000$ m/s 时,采用水泥黏土灌浆;当 $K \geqslant (6.9~9.3)/10\ 000$ m/s 时,采用水泥灌浆。

(3)不均匀系数 C_u

$$C_u = D_{60}/D_{10} \tag{8-3}$$

式中, D_{60} 为砂砾石颗粒级配曲线上相应于含量为 60% 的粒径,mm; D_{10} 为砂砾石颗粒级配曲线上相应于含量为 10% 的粒径,mm。

C_u 的大小反映了砂砾石颗粒不均匀的程度。当 C_u 较小时,砂砾石的密度较小,透水性较大,可灌性较好;当 C_u 较大时,透水性小,可灌性差。

(二)灌浆材料

砂砾石地基灌浆多用于修筑防渗帷幕,防渗是主要目的。一般采用水泥黏土混合灌浆。浆液配比视帷幕设计要求而定,常用配比为水泥∶黏土=1∶2~1∶4(质量比)。浆液稠度为水∶干料=6∶1~1∶1。

水泥黏土浆的稳定性和可灌性优于水泥浆,固结速度和强度优于黏土。但由于固结较慢,强度低,抗渗抗冲能力差,多用于低水头临时建筑的地基防渗。为了提高固结强度,加快黏结速度,可采用化学灌浆。

(三)灌浆方法

砂砾石地基灌浆孔除打管外,都是铅直向钻孔,造孔方式主要有冲击钻进和回转钻进两类。灌浆的方法可分为以下几种:

1.打管灌浆

灌浆管由钢管、花管、锥形管头组成,用吊锤或振动沉管的方法打入砂砾石地基受灌层。每段在灌浆前,用压力水冲洗,将土、砂等杂质冲出地表或压入地层灌浆区外部。采用纯压式或自流式压浆,自下而上、分段拔管、分段灌浆,直到结束。此法设备简单,操作方便,适于覆盖层较浅、砂石松散及无大孤石的临时工程。

2.套管灌浆

此法是边钻孔边下套管进行护壁,直到套管下到设计深度。然后将钻孔洗干净,下灌浆管,再拔起套管至第一灌浆段顶部,安灌浆塞,压浆灌注。自下而上、逐段拔管、逐段灌浆、直到结束。

3.循环灌浆

循环灌浆是一种自上而下,钻一段灌一段,无须待凝,钻孔与灌浆循环进行的灌浆方法。钻孔时需用黏土浆固壁,每个孔段长度视孔壁稳定和渗漏大小而定,一般取1~2 m。此方法不设灌浆塞,而是在孔口管顶端封闭。孔口管设在起始段上,具有防止孔口坍塌、地表冒浆,钻孔导向的作用,以提高灌浆质量。

4.预埋花管灌浆

在钻孔内预先下入带有射浆孔的灌浆花管,花管与孔壁之间的空间注入填料,在灌浆管内用双层阻浆器分段灌浆。一般用回转式钻机钻孔,下套管护壁或泥浆护壁;钻孔结束后,清除孔内残渣,更换新鲜泥浆;用泵灌注花管与套管空隙内的填料,边下料、边拔管、边浇筑,直到全部填满将套管拔出为止;孔壁填料待凝5~15 d,具有一定强度后,压开花管上的橡皮圈,压裂填料形成通路,称为开环;然后用清水或稀浆灌注5~10 min,开始灌浆,完成每一排射浆孔(即一个灌浆段)的灌浆后,进行下一段开环灌浆。

三、岩基灌浆处理

岩基灌浆就是把一定比例具有流动性和胶凝性的某种液体,通过钻孔压入岩层的裂隙中去,经过胶结硬化,提高岩基的强度,改善岩基整体性和抗渗性。

岩基灌浆的类型,按材料可分为水泥灌浆、黏土灌浆、沥青灌浆和化学灌浆等。按用途可分为帷幕灌浆、固结灌浆、接缝灌浆、回填灌浆和接触灌浆等。

现主要介绍固结灌浆和帷幕灌浆两种工艺。

(一)固结灌浆

固结灌浆是对水工建筑物基础浅层破碎、多裂隙的岩石进行灌浆处理,改善其力学性能,提高岩石弹性模量和抗压强度。它是一种比较常用的基础处理方法,在水利水电工程施工中得到广泛应用。

1.孔的布置及钻孔

固结灌浆孔的特点为"面、群、浅"。无混凝土盖重固结灌浆,钻孔的布置有规则布孔和随机布孔两组。规则布孔形式有梅花形和方格形布孔两种。有盖重固结灌浆,钻孔布置按方格形和六角形布置。

固结灌浆孔可采用风钻或其他型钻机造孔,孔位、孔向和孔深均应满足设计要求。固结灌浆孔依据深度的不同可分为以下三类:

(1)浅孔固结灌浆。是为了普遍加固表层岩石,固结灌浆面积大、范围广。孔深多为5 m左右。可采用风钻钻孔,全孔一次灌浆法灌浆。

(2)中深孔固结灌浆。是为了加固基础较深处的软弱破碎带以及基础岩石承受荷载较大的部位。孔深5~15 m,可采用大型风钻或其他钻孔方法,孔径多为50~65 mm。灌浆方法可视具体地质条件采用全孔一次灌浆或分段灌浆。

(3)深孔固结灌浆。在基础岩石深处有破碎带或软弱夹层,裂隙密集且深,而坝又比较高,基础应力也较大的情况下,常需要进行深孔固结灌浆,孔深15 m以上。常用钻机进行钻孔,孔径多为75~91 mm,采用分段灌浆法灌浆。

2.钻孔冲洗

固结灌浆施工,钻孔冲洗十分重要,特别是在地质条件较差、岩石破碎、含有泥质充填物的地带,更应重视这一工作。冲洗的方法有单孔冲洗和群孔冲洗两种。固结灌浆孔应采用压力水进行裂隙冲洗,直至回水清净时止。冲洗压力可为灌浆压力的80%。地质条件复杂,多孔串通以及设计对裂隙冲洗有特殊要求时,冲洗方法宜通过现场灌浆试验或由设计确定。

3.压水试验

固结灌浆孔灌浆前的压水试验应在裂隙冲洗后进行,试验孔数不宜少于总孔数的5%,选用一个压力阶段,压力值可采用该灌浆段灌浆压力的80%(或100%)。压水的同时,要注意观测岩石的抬动和岩面集中漏水情况,以便在灌浆时调整灌浆压力和浆液浓度。

4.灌浆施工

固结灌浆施工最好是在基础岩石表面浇筑有混凝土盖板或有一定厚度的混凝土,且已达到其设计强度的50%后进行。

固结灌浆施工的特点是"围、挤、压",就是先将灌浆区圈围住,再在中间插孔灌浆挤密,最后逐序压实。这样易于保证灌浆质量。固结灌浆的施工次序必须遵循逐渐加密的原则。一般分为两个次序,地质条件不良地段可分为三个次序。

固结灌浆宜采用循环灌浆法。可根据孔深及岩石完整情况采用一次灌浆法或分段灌浆法。固结灌浆孔基岩段长小于6 m时,可全孔一次灌浆。当地质条件不良或有特殊要求时,可分段灌浆。

灌浆压力直接影响着灌浆的效果,在可能的情况下,以采用较大的压力为好。但浅孔固结灌浆受地层条件及混凝土盖板强度的限制,往往灌浆压力较低。一般情况下,浅孔固结灌浆压力,在坝体混凝土浇筑前灌浆时,可采用 0.2~0.5 MPa,浇筑 1.5~3 m 厚混凝土后再灌浆时,可采用 0.3~0.7 MPa。深孔固结灌浆时,各孔段的灌浆压力值可参考帷幕灌浆孔选定压力的方法来确定。

固结灌浆过程中,要严格控制灌浆压力。固结灌浆当吸浆量较小时,可采用"一次升压法",尽快达到规定的灌浆压力;而在吸浆量较大时,可采用"分级升压法",缓慢地升到规定的灌浆压力。

浆液浓度变换:灌浆开始时,一般采用稀浆开始灌注,根据单位吸浆量的变化,逐渐加浓。固结灌浆液浓度的变换比帷幕灌浆可简单一些。灌浆开始后,尽快地将压力升高到规定值,灌注 500~600 L,单位吸浆量减少不明显时,即可将浓度加大一级。在单位吸浆量很大、压力升不上去的情况下,也应采用限制进浆量的办法。

固结灌浆结束标准与封孔:在规定的压力下,当注入率不大于 0.4 L/min 时,继续灌注 30 min,灌浆可以结束。固结灌浆孔封孔应采用"机械压浆封孔法"或"压力灌浆封孔法"。

固结灌浆效果检查:固结灌浆完成后,应当进行灌浆质量和固结效果的检查,检查的方法和标准应视工程的具体情况和灌浆的目的而定。

(1)压水试验检查。灌浆结束 3~7 d 后,钻进检查孔,进行压水试验检查。采用单点法进行简易压水。当灌浆压力小于或等于 1 MPa 时,压水试验压力为灌浆压力的 80%。压水检查后,应按规定进行封孔。

(2)测试孔检查。弹性波速检查、静弹性模量检查应分别在灌浆结束后 14 d、28 d 后进行。其孔位的布置、测试仪器的确定、测试方法、合格批标以及工程合格标准,均应按照设计规定执行。

(3)钻孔取岩芯,观察水泥结石充填及胶结情况。根据需要,对岩芯也可进行必要的物理力学性能试验。

(二)帷幕灌浆

对于透水性强的基岩,采用灌浆帷幕防渗效果显著。防渗帷幕常能使坝基幕后扬压力降低到 $0.5H$(H 为水头)左右;防渗帷幕再结合排水则可降低到 $(0.2~0.3)H$。

1.钻孔

帷幕灌浆孔呈"线、单、深"的特点。帷幕灌浆孔宜采用回转式钻机和金刚石钻头或硬质合金钻头钻进,钻孔位置与设计位置的偏差不得大于 1%。因故变更孔位时,应征得设计部门同意。孔深应符合设计规定,帷幕灌浆孔宜选用较小的孔径,钻孔孔径上下均一、孔壁平直完整;必须保证孔向准确;帷幕灌浆孔应进行孔斜测量,发现偏斜超过要求应及时纠正或采取补救措施。

2.钻孔冲洗

灌浆孔(段)在灌浆前应进行钻孔冲洗,孔内沉积厚度不得超过 20 cm。帷幕灌浆孔(段)在灌浆前宜采用压力水进行裂隙冲洗,直至回水清净时止。冲洗压力可为灌浆压力的 80%,该值若大于 1 MPa,采用 1 MPa。

洗孔的目的是将残存在孔底岩粉和黏附在孔壁上的岩粉、铁砂碎屑等杂质冲出孔外,以免堵塞裂隙的通道口而影响灌浆质量。钻孔钻到预定的段深并取出岩芯后,将钻具下到孔底,用大流量水进行冲洗,直至回水变清,孔内残存杂质沉淀厚度不超过 10~20 cm 时,结束洗孔。

冲洗的目的是用压力水将岩石裂隙或空洞中所充填的松软、风化的泥质充填物冲出孔外,或是将充填物推移到需要灌浆处理的范围外。使用压力水冲洗时,在钻孔内一定深度需要放置灌浆塞。冲洗有单孔冲洗和群孔冲洗两种方式。

单孔冲洗有以下几种方法:

(1)高压压水冲洗。整个过程在大的压力下进行,以便将裂隙中的充填物向远处推移或压实,但要防止岩层抬动变形。如果渗漏量大,升不起压力,就尽量增大流量,加大流速,增强水流冲刷能力,使之能挟带充填物走得远些。

(2)高压脉动冲洗。首先用高压冲洗,压力为灌浆压力的80%~100%,连续冲洗5~10 min 后。孔口压力迅速降到零,形成反向脉冲流,将裂隙中的碎屑带出。回水呈浑浊色。当回水变清后,升压用高压冲洗,如此一升一降,反复冲洗,直至回水洁净后,延续10~20 min 为止。

(3)扬水冲洗。将管子下到孔底,上接风管,通入压缩空气,使孔内的水和空气混合,由于混合水体的密度轻,孔内的水向上喷出孔外,孔内的碎屑随之喷出孔外。

3.压水试验

压水试验应在裂隙冲洗后进行,简易压水试验可在裂隙冲洗后或结合裂隙冲洗进行。压力可为灌浆压力的80%,该值若大于1 MPa,采用1 MPa。压水20 min,每5 min测读一次压入流量,取最后的流量值作为计算流量,其成果以透水率表示。

4.灌浆施工

1)灌浆方法

灌浆方法按浆液的灌注流动方式分为纯压式和循环式,如图8-14所示。纯压式浆液全扩散到岩石的裂隙中去,不再返回灌浆筒,适用于裂缝发育而渗透性大的孔段;循环式浆液在压力作用下进入孔段,一部分进入裂隙扩散,余下的浆液经回浆管路流回到浆液搅拌筒中去。循环式灌浆使浆液在孔段中始终保持流动状态,减少浆液中颗粒沉淀,灌浆质量高,国内外大坝岩石地基的灌浆工程大都采用此法。

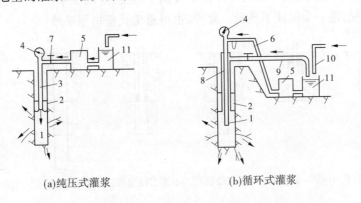

(a)纯压式灌浆　　　　　　(b)循环式灌浆

1—灌浆段;2—灌浆塞;3—灌浆管;4—压力表;5—灌浆泵;6—进浆管;
7—阀门;8—孔内回浆管;9—回浆管;10—供水管;11—搅拌筒

图8-14　浆液灌注方法

按灌浆孔中灌浆程序可分为一次灌浆和分段灌浆两种方法。

一次灌浆用在灌浆深度不大,孔内岩性基本不变,裂隙不大而岩层又比较坚固的情况下,可将孔一次钻完,全孔段一次灌浆。

　　分段灌浆用在灌浆孔深度较大,孔内岩性又有一定变化而裂隙又大时。将灌浆划分为几段,灌浆段长度一般保持在 5 m 左右。分别采用自下而上或自上而下的方法进行灌浆。如果地表岩层比较破碎,下部岩层比较完整,在一个孔位可将两种方法混合使用,即上部采用自上而下、下部采用自下而上的方法来进行灌浆。

　　自下而上分段灌浆的灌浆孔,可一次钻到设计深度。用灌浆塞按规定段长由下而上依次塞孔、灌浆,直到孔口,如图 8-15 所示。此法允许上段灌浆紧接在下段结束时进行,这样可不用搬动灌浆设备,比较方便。

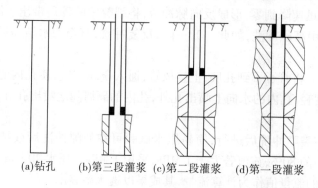

(a)钻孔　(b)第三段灌浆　(c)第二段灌浆　(d)第一段灌浆

图 8-15　自下而上分段灌浆

　　自上而下分段灌浆法的施工步骤,如图 8-16 所示。这种方法的灌浆孔只钻到第一孔段深度后,即进行该段的冲洗、压水试验和灌浆工作。经过待凝规定时间后,再钻开孔内水泥结石,继续向下钻第二孔段,进行第二孔段的冲洗、压水试验和灌浆工作。依次反复,直到设计深度。此法的缺点是钻机需多次移动,每次钻孔要多钻一段水泥结石,同时必须等上一段水泥浆凝固后方能进行下一段的工作。其优点是:从第二孔段以下各段灌浆时可避免沿裂隙冒浆;不会出现堵塞事故;上部岩石经灌浆提高了强度,下段灌浆压力可逐步加大,从而扩大灌浆有效半径,进一步保证了质量。此外,也可避免孔壁坍塌事故。

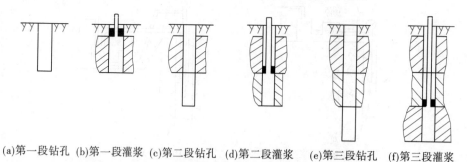

(a)第一段钻孔　(b)第一段灌浆　(c)第二段钻孔　(d)第二段灌浆　(e)第三段钻孔　(f)第三段灌浆

图 8-16　自上而下分段灌浆

2)浆液浓度控制

　　灌浆过程中,必须根据吸浆量的变化情况,适时调整浆液的浓度,使岩层的大小裂隙既能灌满又不浪费。开始时用最稀一级浆液,在灌入一定的浆量没有明显减少时,即改为用浓一级的浆液进行灌注,如此下去,逐级变浓直到结束。

3)灌浆压力控制

灌浆压力通常是指作用在灌浆段中部的压力,一般均采用高压灌浆。确定灌浆压力的原则是:在不致破坏基岩和坝体的前提下,尽可能采用比较高的压力。使用较高的压力有利于提高灌浆质量和效果,但是灌浆压力也不能过高,否则会使裂隙扩大,引起岩层或坝体的抬动变形。大型工程和地质条件复杂时,灌浆压力宜通过灌浆试验确定。

灌浆的结束条件用两个指标来控制:一个是残余吸浆量,又称最终吸浆量,即灌到最后的限定吸浆量;另一个是闭浆时间,即在残余吸浆量的情况下,保持、设计规定压力的延续时间。

在国内帷幕灌浆工程中,大多规定:在设计规定的压力之下,灌浆孔段的单位吸浆量小于 0.2~0.4 L/min,延续 30~60 min 以后,就可结束灌浆。

5.回填封孔

灌浆完毕后应将钻孔严密填实。回填材料多用水泥浆或水泥砂浆。砂的粒径不大于 1~2 mm,砂的掺量一般为水泥的 0.75~2 倍。水灰比为 0.5∶1 或 0.6∶1。

机械回填法是将胶管(或铁管)下到钻孔底部,用泵将砂浆或水泥浆压入,浆液由孔底逐渐上升,将孔内积水顶出,直到孔口冒浆为止。要注意的是软管下端必须经常保持在浆面以下。

第四节　混凝土工程

一、钢筋工程

(一)钢筋的检验

1.外观检验

钢筋进场应具有出厂证明书或试验报告单,同时还要分批作机械性能试验。

热轧钢筋表面不得有裂缝、结疤和折叠。钢筋表面允许有凸块,但不允许超过螺纹筋的高度。钢筋外形尺寸应符合国家标准的规定。

对于精轧螺旋钢筋,螺纹尺寸要严格检查,除按要求的尺寸进行卡尺量度外,并用正负公差做两个螺母进行检验。

热处理钢筋表面也不得有裂纹、结疤和折叠,钢筋的表面允许有局部凸块,但不得超过螺纹筋的高度。钢筋尺寸要有卡尺量度并符合国家标准规定。

2.机械性能检验

钢筋应分批验收,每批质量不大于 60 t。每批钢筋中任意抽取两根钢筋,各截取一根试件。一根试件做拉力试验。拉力试验包括屈服强度、抗拉强度和伸长率。另一根做冷弯试验。试验应按国家标准规定进行。如有一个试验项目结果不能符合规范所规定的数值,则另取双倍数量的试件对不合格的项目作第二次试验,如仍有一根试件不合格,则该批钢筋质量不合格。

热处理钢筋检验分批重量与同批标准参照热轧钢筋办理。从每批钢筋中选取 10% 的盘数(不少于 25 盘)进行拉力试验。试验结果如有一项不合格,该不合格盘报废。再从未试验过的钢筋中取双倍数量的试样进行复验,如仍有一项不合格则该批钢筋不合格。

（二）钢筋的储存

钢筋运到施工现场后，必须妥善保管，一般应做好以下工作：

（1）应有专人认真验收入库钢筋，不但要注意数量的验收，而且对进库的钢筋规格、等级、牌号也要认真地进行验收。

（2）入库钢筋应尽量堆放在料棚或仓库内，并应按库内指定的堆放区分品种、牌号、规格、等级、生产厂家分批、分别堆放。

（3）每垛钢筋应立标签，每捆（盘）钢筋上应有标牌。标签和标牌应写有钢筋的品种、等级、直径、技术证书编号及数量等。钢筋保管要做到账、物、牌（单）三相符，凡库存钢筋均应附有出厂证明书或试验报告单。

（4）如条件不具备，则可选择地势较高，土质坚实，较为平坦的露天场地堆放，并应在钢筋垛下面用木方垫起或将钢筋堆放在堆放架上。

（5）堆放场地应注意防水和通风，钢筋不应和酸、盐、油等物品一起存放，以防腐蚀或污染钢筋。

（6）钢筋的库存量应和钢筋加工能力相适应，周转期应尽量缩短，避免存放期过长，使钢筋发生锈蚀。

（三）钢筋的配料

在构件制作前均应根据设计图纸、构造要求、施工验收规范等，设计出构件内各种形状和规格的单根钢筋图，逐根加以编号，然后计算出各种规格钢筋的数量和配筋下料长度，填写配料单，最后进行钢筋加工、绑扎与安装。

钢筋配料包括识图、下料长度计算和编制配筋表。

看懂施工图是水利工程施工人员在施工作业之前必须进行的一道重要工作。通过研究分析要掌握各种钢筋混凝土结构的几何尺寸、钢筋配置的数量、规格、型号和在结构中的具体位置，钢筋相互之间的关系等基本内容。

钢筋配料计算时，首先是钢筋下料长度的计算，其次是同规格钢筋在下料过程中的合理搭配，再次是努力使成型钢筋的接头（焊接或搭接）数量达到最低限度。

计算钢筋的下料长度是配料工作的第一步。根据钢筋加工表中各种成型钢筋的规格和形状，在分段累计长度后，分别加上或减去下料调整值作为钢筋的下料长度。各种形状钢筋下料长度计算如下：

直钢筋下料长度＝构件长度－保护层厚度＋弯钩增加长度

弯起钢筋下料长度＝直段长度＋斜段长度－弯曲调整值＋弯钩增加长度

箍筋下料长度＝箍筋周长＋箍筋调整值

上述钢筋若需要搭接，还应加钢筋搭接长度。

（1）弯曲调整值。钢筋弯曲后，在弯曲处内皮收缩外皮伸长，轴线长度不变，因弯曲处形成圆弧，而量尺寸时又是沿直线量外包尺寸，如表8-1所示。

表 8-1　钢筋弯曲调整值（手工弯曲）

钢筋弯起角度	30°	45°	60°	90°	135°
钢筋弯曲调整值	$0.35d$	$0.54d$	$0.85d$	$1.75d$	$2.5d$

注：d 为钢筋直径。

（2）弯钩长度。弯钩形式有半圆弯钩、直弯钩及斜弯钩等三种，如图 8-17 所示。

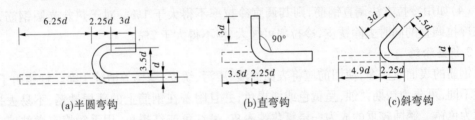

(a)半圆弯钩　　　　　　　　(b)直弯钩　　　　　　　　(c)斜弯钩

图 8-17　钢筋端头的弯钩形式

半圆弯钩是常用的一种弯钩，直弯钩只用于柱钢筋的下部、箍筋和附加钢筋中，斜弯钩只用在直径较小的钢筋中。按图所示的计算简图（弯心直径为 2.5d、平直部分为 3d），其计算值为：半圆弯钩为 6.25d，直弯钩为 3d，斜弯钩为 4.9d，为计算方便取 5d（d 为钢筋直径）。

（3）箍筋调整值。为弯钩增加长度和弯曲调整值两项之差，由箍筋量外包尺寸或内皮尺寸而定，如表 8-2 所示。

表 8-2　箍筋弯钩增加值

箍筋量度方法	箍筋直径（mm）			
	4~5	6	8	10~12
量外包尺寸	40	50	60	70
量内皮尺寸	80	100	120	150~170

编制配筋表就是根据施工配筋图、表，计算各种钢筋的几何尺寸、根数与重量，按一定的编号填制钢筋配料单和料牌，然后送交钢筋厂加工。钢筋配料单如表 8-3 所示。

表 8-3　钢筋配料单

工程部位或构件名称	钢筋编号	钢号	直径（mm）	形状	下料长度（mm）	根数	质量（kg）	备注

（四）钢筋的加工

1.钢筋调直

在构件中的钢筋必须直顺；否则，会在受力时使构件开裂，且影响构件的受力性能。

10 mm 以下的钢筋采用绞磨的办法人工调直。粗钢筋放在工作台上，用手动调直器校直，把弯曲处放在板柱之间，用卡口扳手扳平或者是放在铁砧上用大锤敲直。

机械调直主要用钢筋调直机调直。粗钢筋可以利用卷扬机结合冷拉工序进行调直。钢筋的调直应符合下列要求：

（1）钢筋的表面应洁净，使用前应无表面油渍、漆污、锈皮、鳞锈等。

（2）钢筋应平直，无局部弯折，钢筋中心线同直线的偏差不应超过其全长的 1%。成盘的钢筋或弯曲的钢筋均应矫直后，才允许使用。

（3）钢筋在调直机上调直后，其表面伤痕不得使钢筋截面面积减少 5% 以上。

（4）如用冷拉方法调直钢筋，则其调直冷拉率不得大于 1%。对于热轧光圆钢筋，为了能在冷拉调直的同时去除锈皮，冷拉率可加大，但不得大于 2%。

2.钢筋除锈

钢筋的表面应洁净，使用前应将表面油渍、漆污、锈皮、鳞锈等清除干净。铁锈由于锈蚀程度不同，可分为初期锈蚀，呈黄色或淡褐色，并且附着在钢筋上的薄层铁锈，不易去掉，一般称为色锈。锈蚀较重的成为一层氧化铁表皮，呈红色或红褐色，用手触摸有微粒感，受碰撞或锤击有锈皮剥落，此种称为陈锈。对钢筋的握裹力有较大的影响，必须予以清除。

（1）需冷拉的钢筋，则可通过冷拉和调直的过程自动除锈。

（2）手工除锈。工作量不大或在工地设置的临时工棚中操作时，可用麻袋布擦或钢刷子刷。对于较粗的钢筋，可用砂盘除锈法，即制作钢槽或木槽，槽盘内放置干燥的粗砂和细石子，将有锈的钢筋穿入砂盘中来回抽拉。

（3）机械除锈。常用电动圆盘钢丝刷、固定式或移动电动除锈机。最简便的方法用喷砂枪除锈，可根据工地条件自行选用。

3.钢筋切断

钢筋的切断有手工切断、机械切断和氧气切割三种。

（1）手工切断。钢筋是一种劳动强度大、工效很低的方法，只是在切断量小或缺少动力设备的情况下采用。但如在长线台座上放松预应力钢丝，仍采用手工切断的方法。

手工切断主要工具有断线钳、手动液压切断机、手压切断器和"克子"切断器等。手工切断工具如没有固定基础，在操作过程中可能发生移动。因此，当采用卡板作为控制切断尺寸的标志而大量切断钢筋时，就必须经常复核断料尺寸是否准确。特别是一种规格的钢筋切断量很大时，更应在操作过程中经常检查，避免刀口和卡板间距离发生移动，引起断料尺寸错误。

（2）机械切断。钢筋切断机是用来把钢筋原料和已调直的钢筋切断，其主要有电动和液压传动两种类型。工地上常见的是电动钢筋切断机。

对于直径大于 40 mm 的钢筋，多数工地用氧气切断。

（3）钢筋切断须注意如下问题：

①将同规格（同级别、同直径）的钢筋分别统计，按不同长度进行长短搭配，一般情况下应先断长料，后断短料，以尽量减少短头，减少损耗。

②检查测量长度所用工具或标志的准确性。在断料时，应避免用短尺量长料，防止在量料中产生累积误差。

③对根数较多的批量切断任务，在正式操作前应试切两三根，以检验长度的准确性。

④钢筋切断要在调直后进行。

⑤在切断配料过程中，如发现钢筋有劈裂、缩头或严重的弯头等必须切除。

⑥切断的钢筋应分类堆放，以便于下一道工序顺利进行，并应防止生锈和弯折。

4.钢筋弯曲

1）准备工作

熟悉待加工钢筋的规格、形状和各部分的尺寸。由配料人员提供，包括配料单和料牌。配料单内容包括钢筋规格、式样、根数和下料长度等。料牌是从钢筋下料切断之后传过来的钢筋加工式样牌,上面注明工程名称、图号、钢筋编号、根数、规格、式样及下料长度等,分别写于料牌的两面,加工过程中用于随时对照,直至成型结束,最后系在加工好的钢筋上作为标志。

钢筋弯曲前,根据钢筋料牌上标明的尺寸用石笔将各弯曲点位置画出。画线时应注意:

(1)根据不同的弯曲角度扣除弯曲调整值,其扣法是从相邻两段长度中各扣一半。

(2)若钢筋端部带半圆弯钩,该段长度画线时增加 $0.5d$(d 为钢筋直径)。

(3)画线工作宜从钢筋中线开始向两边进行;两边不对称的钢筋,也可从钢筋一端开始画线,如画到另一端有出入,则应重新调整。

2)弯曲成型

弯曲成型有手工弯曲成型和机械弯曲成型。

手工弯曲钢筋具有设备简单,成型正确的特点,但也有劳动强度大、效率低等缺点。手工弯曲主要工具有弯曲钢筋的工作台、手摇扳、卡盘、钢筋扳子等。机械弯曲成型主要用钢筋弯曲机进行。

5.钢筋连接

1)钢筋的绑扎

受拉钢筋直径大于 28 mm 或受压钢筋直径大于 32 mm 时,不宜采用绑扎接头。

钢筋绑扎与安装的主要工作内容为:放样画线,排筋绑扎,垫撑铁和预留保护层,检查校正钢筋位置、尺寸及固定预埋件等。

钢筋绑扎所用的工具一般比较简单,主要工具有钢筋钩、带扳口的小撬杠和绑扎架等。

钢筋采用绑扎接头时,应遵守下列规定:

(1)搭接长度不得小于规定的数值。

(2)受拉区域内的光圆钢筋绑扎接头的末端,应做弯钩。螺纹钢筋可不做弯钩。

(3)梁、柱钢筋的接头,如采用绑扎接头,则在绑扎接头的搭接长度范围内应加密箍筋。当搭接钢筋为受拉钢筋时,箍筋间距不应大于 $5d$(d 为两搭接钢筋中较小的直径);当搭接钢筋为受压钢筋时,其箍筋间距不应大于 $10d$。

2)钢筋的焊接

钢筋相互绑扎的连接强度则是依靠混凝土的握裹力,与钢筋的表面积成正比例,所以较粗的钢筋均应采用焊接接头。规范规定当受力钢筋直径 $d>20$ mm,螺纹钢筋直径 $d>25$ mm 时,不宜采用非焊接的搭接接头。

钢筋的焊接方法有闪光对焊、电阻点焊、电弧焊、埋弧压力焊和电渣压力焊等。

闪光对焊用于在加工厂内接长钢筋,电阻点焊用于焊接钢筋网,埋弧压力焊用于钢筋同预埋件的焊接,电渣压力焊用于现场竖向钢筋焊接。

(五)钢筋的安装

水工钢筋混凝土工程中的钢筋安装,其质量应符合以下规定:

(1)钢筋的安装位置、间距、保护层厚度及各部分钢筋的大小尺寸,均应符合设计要求。检查时先进行宏观检查,没发现有明显不合格处,即可进行抽样检查。

(2)现场焊接或绑扎的钢筋网,其钢筋交叉的连接应按设计规定进行。如设计未作规定,且直径在 25 mm 以下时,则除楼板和墙内靠近外围两行钢筋之交点应逐根扎牢外,其余按 50%的交叉点进行间隔绑扎。

（3）钢筋安装中交叉点的绑扎，直径在 16 mm 以上且不损伤钢筋截面时，可用手工电弧焊进行点焊来代替，但必须采用细焊条、小电流进行焊接，并严加外观检查，钢筋不应有明显的咬边和裂纹出现。

（4）板内双向受力钢筋网，应将钢筋全部交叉点全部扎牢。柱与梁的钢筋中，主筋与箍筋的交叉点在拐角处应全部扎牢，其中间部分可每隔一个交叉点扎一点。

（5）安装后的钢筋应有足够的刚度和稳定性。整装的钢筋网和钢筋骨架，在运输和安装过程中应采取措施，以免变形、开焊及松脱。安装后的钢筋应避免错动和变形。

（6）在混凝土浇筑施工中，严禁为方便浇筑擅自移动或割除钢筋。

（7）钢筋接头应分散布置。配置在"同一截面内"的下述受力钢筋，其接头的截面面积占受力钢筋总截面面积的百分率，应符合下列规定：

①闪光对焊、熔槽焊、接触电渣焊接头在受弯构件的受拉区，不超过 50%，在受压区不受限制。

②绑扎接头，在构件的受拉区中不宜超过 25%，在受压区中不宜超过 50%。

③焊接接头与绑扎接头距钢筋弯起点不小于 10 倍钢筋直径，也不应位于最大弯矩处。

④两相邻钢筋接头中距在 50 cm 以内或两绑扎接头的中距在绑扎搭接长度以内，均作为同一截面。

⑤直径不超过 12 mm 的受压光圆钢筋的末端，以及轴心受压构件中任意直径的受力钢筋的末端，可不做弯钩；但搭接长度不应小于钢筋直径的 30 倍。按疲劳验算的构件不得采用绑扎接头。

钢筋安装尤其是在高空进行钢筋绑扎作业时，应特别注意安全、除遵守高空作业的安全规程外，还要注意以下几点：

（1）应佩戴好安全护具，注意力集中，站稳后再操作，上下、左右应随时关照，减少相互之间的干扰。

（2）在高空作业时，传递钢筋应防止钢筋掉下伤人。

（3）在绑扎安装梁、柱等部位钢筋时，应待绑扎或焊接牢固后，方可上人操作。

（4）在高空绑扎和安装钢筋时，不要把钢筋集中堆放在模板或脚手架的某一部位，以保安全，特别是在悬臂结构上，更应随时检查支撑是否稳固可靠，安全设施是否牢靠，并要防止工具、短钢筋坠落伤人。

（5）不要在脚手架上随便放置工具、箍筋或短钢筋，避免放置不稳坠落伤人。

（6）应尽量避免在高空修整、弯曲粗钢筋，在必须操作时，要系好安全带，选好位置，人要站稳，防止脱手伤人。

（7）安装钢筋时，不要碰撞电线，避免发生触电事故。

（8）在雷雨时，必须停止露天作业，预防雷击钢筋伤人。

二、模板工程

（一）模板的作用

模板作业是混凝土工程施工中必不可少的辅助作业，在施工中，模板装拆作业往往是控制性工序之一，直接影响工程进度。在某些特殊部位，如大坝溢流面、尾水管弯管段等部位的模板安装，是控制工程质量的关键。

模板对混凝土的作用:①支撑作用。支撑混凝土重量、流态、混凝土侧压力及其他施工荷载;②成型作用。使新浇混凝土凝固成型,保证结构物的设计形状和尺寸;③保护作用。使混凝土在较好的温湿条件下凝固硬化,减轻外界气温的有害影响。除上述作用外,某些模板还有改善混凝土表面质量的作用,如真空模板和混凝土预制模板等。

(二)模板的基本要求

(1)支撑作用要求模板具有足够的稳定性、刚度和强度,能承受各种设计荷载。

(2)成型作用要求模板拼装严密、准确,表面平整,不漏浆,不超过允许偏差,保证浇筑块成型后的形状、尺寸符合设计规定。

(3)按保护作用应利于混凝土凝固硬化,提高混凝土表面强度。

(4)施工要求应结构简单,制作、安装和拆除方便,力求模板标准化、系列化,提高重复使用次数,有利于混凝土工程机械化施工。

(三)模板的分类

按模板材料分有木模板、钢模板、混凝土板、竹胶板。承重模板主要承受混凝土重量和施工中的垂直荷载;侧面模板主要承受新浇混凝土的侧压力。侧面模板按其支撑受力方式,又分为简支模板、悬臂模板和半悬臂模板。

按模板形状分为平面模板和曲面模板。平面模板又称为侧面模板,主要用于结构物垂直面,数量较大。曲面模板用于廊道、隧洞、溢流面和某些形状特殊的部位,如进水口扭曲面、蜗壳、尾水管等。曲面模板数量相对较少。

按模板使用特点分为固定式、拆移式、移动式和滑动式。固定式用于基础部位或形状特殊的部位,使用一两次后难以重复使用。后三种模板都能重复使用,或连续使用在形状一致的部位。但其使用方式有所不同:拆移式模板需要拆散移动;移动式模板的车架装有行走轮,可沿专用轨道使模板整体移动(如隧洞施工中的钢模台车);滑动式模板是以千斤顶或卷扬机为动力,可在混凝土连续浇筑的过程中,使模板面紧贴混凝土面滑动(如闸墩施工中的滑模)。

(四)模板的设计荷载与校核

模板及其支架应具有足够的强度、刚度和稳定性,以保证其支撑作用。在设计模板结构时,应考虑以下荷载及其组合。

1.设计荷载

设计荷载分基本荷载和特殊荷载两类。

(1)基本荷载。

①模板及其支架自重。根据规范及设计图确定。

②新浇混凝土重量。重度按 $24 \sim 25$ kN/m^3 计。

③钢筋重量。根据设计图确定。对一般钢筋混凝土,钢筋重量可按 100 kg/m^3 计。

④工作人员及浇筑设备、工具的荷载。计算模板及直接支撑模板的楞木(围檩)时,可按均布荷载 2.5 kPa 及集中荷载 2.5 kN 计算;计算支撑楞木的构件时,可按 1.5 kPa 计算;计算支架立柱时按 1 kPa 计算。

⑤振捣混凝土时产生的荷载可按照 1 kPa 计。

⑥新浇混凝土的侧压力,是侧面模板承受的主要荷载。

(2)特殊荷载。

①风荷载。根据相关规范确定。

②其他荷载。可按实际情况计算。

2.设计荷载组合

在计算模板及支架的强度和刚度时,根据承重模板和侧面模板(竖向模板)受力条件的不同,其荷载组合按表8-4进行。表列6项基本荷载,表列之外的特殊荷载,按可能发生的情况计算。

表 8-4　各种模板结构的基本荷载组合

项次	模板种类	基本荷载组合	
		计算强度用	计算刚度用
1	承重模板 (1)板、薄壳的模板及支架 (2)梁、其他混凝土结构(厚于0.4 m)的底模板及支架	①+②+③+④ ①+②+③+⑤	①+②+③ ①+②+③
2	竖向模板	⑥或⑤+⑥	⑥

3.稳定校核

在计算承重模板及支架的抗倾稳定性时,应分别计算下列三项荷载产生的倾覆力矩,并取其中最大值。三项荷载为:①风荷载;②实际可能发生的最大水平作用力;③作用于承重模板边缘的 1.5 kN/m 水平力。模板及支架(包括同时安装的钢筋在内)自重产生的稳定力矩,则应乘以 0.8 的折减系数。

承重模板及支架的抗倾稳定系数应大于1.4。

(五)模板的安装

模板安装是一项繁重复杂的工作,必须在安装前按设计图纸测量放样。测量点线的精度应高于模板安装的允许偏差,重要部位应多设控制点,并进行复核,以保证结构尺寸准确和方便模板校正。模板安装程序如图8-18所示。模板安装包括面板拼装和支撑设置两项内容。

图 8-18　模板安装程序

承重模板承受竖向荷载,支撑形式有立柱支撑、桁架支撑及承重排架支撑。

模板及支架的安装必须牢固,位置准确。因此,支架必须支撑在坚实的地基或老混凝土上,并有足够的支撑面积,斜撑要防止滑动。支架的立柱(围图、钢楞、桁架梁等)必须在两个互相垂直的方向上,且用斜拉条固定,以确保稳定。模板在架立过程中,还必须保持足够的临时支撑和铅丝、扒钉等固定措施,以防止模板倾覆而发生事故。模板和支架还要求简单易拆,应恰当利用楔子、千斤顶、砂箱、螺栓等便于松动的装置。

模板支撑设置要求:

(1)支架必须支撑在坚实的地基或混凝土上,并应有足够的支撑面积。设置斜撑,应注意防止滑动。在湿陷性黄土地区,必须有防水措施;对冻胀土地基,应有防冻融措施。

（2）支架的立柱或桁架必须用撑拉杆固定，以提高整体稳定性。

（3）模板及支架在安装过程中，注意设临时支撑固定，防止倾倒。

模板安装质量控制要求：

（1）凡离地面 3 m 以上的模板架设，必须搭设脚手架和安全网。

（2）对于大跨度承重模板，安装时应适当起拱（预留一定的竖向变形值，一般按跨长的 3‰ 左右计算），以保证浇筑后的混凝土形状准确。

（3）木模板安装的允许偏差，一般不得超过表 8-5 的规定。

表 8-5　大体积混凝土木模板安装的允许偏差　　　　　（单位：mm）

项次	偏差项目	混凝土结构部位	
		外露表面	隐蔽内面
1	相邻两面板高差	3	5
2	局部不平（用 2 m 直尺检查）	5	10
3	结构物边线与设计边线	内模板 -10~0；内模板 0~+10	15
4	结构物水平截面内部尺寸	±20	
5	承重模板标高	0~+5	
6	预留孔、洞中心线位置	±10	
7	预留孔、洞截面内部尺寸	-10	

（六）模板的拆除

模板拆除应遵循"先安后拆、后安先拆"的原则。

拆模时间根据设计要求、气温和混凝土强度增长的情况确定。对于非承重的侧面模板，当混凝土强度达到 2.5 MPa 以上，且表面和棱角不因拆模而损坏时，才能拆模。对于水工大体积混凝土，为了防止拆模后因混凝土表面温度骤然下降而发生表面裂缝，拆模时间必须考虑外界气温的变化。在遇冷风、寒潮袭击时，应避免拆模；在低气温下，应力求避免早晚和夜间拆模。现浇结构的模板拆除时的混凝土强度，应符合设计要求；当设计无具体要求时，应符合下列规定：侧模板在混凝土强度能保证其表面及棱角不因拆除模板而受损时，方可拆除。底模拆除时的混凝土强度应符合表 8-6 的规定。

表 8-6　底模板拆除时的混凝土强度要求

次序	构件类型	构件跨度（m）	达到设计的混凝土立方体抗压强度标准值的百分率（%）
1	悬臂板、梁	≤2	≥75
		>2	≥100
2	其他梁、板、拱	≤2	≥50
		>2，≤8	≥75
		>8	≥100

拆模时，要使用专门的工具，如撬棍、钉拔等。按照模板锚固情况，分批拆除锚固连接

件,以防止大片模板坠落,发生事故和模板损坏。拆下的模板、支架及连接件应及时清理、维修,并分类堆存和妥善保管,避免日晒雨淋。对于整体拼装的大型模板,最好能将一个仓位的拆模与另一仓位的立模衔接起来,以利于提高模板的周转率。

拆模时要注意以下几点:

(1)水平模板拆除时先降低可调支撑头高度,再拆除主、次木楞及模板,最后拆除脚手架,严禁颠倒工序、损坏面板材料。

(2)拆除后的各类模板,应及时清除面板混凝土残留物,涂刷隔离剂。模板及支撑材料应按照一定位置和顺序堆放。

(3)大钢模板的堆放必须面对面、背对背,并按设计计算的自稳角要求调整堆放期间模板的倾斜角度。

(4)严格按规范规定的要求拆模,严禁为抢工期、节约材料而提前拆模。

三、混凝土施工

(一)骨料加工与储存

1.骨料加工

从料场开采的砂石料不能直接用于制备混凝土,需要通过破碎、筛分、冲洗等加工过程,制成符合级配要求,质量合格的各级粗、细骨料。

1)破碎

为了将开采的石料破碎到规定的粒径,往往需要经过几次破碎才能完成。因此,通常将骨料破碎过程分为粗碎(将原石料破碎到 300~70 mm)、中碎(破碎到 70~20 mm)和细碎(破碎到 20~1 mm)三种。骨料破碎用碎石机进行,常用的有旋回破碎机、反击式破碎机、颚式破碎机、圆锥式破碎机,此外还有辊式破碎机和锤式破碎机、棒磨制砂机、旋盘破碎机、立轴式破碎机等制砂设备。

2)筛分

筛分是将天然或人工的混合砂石料,按粒径大小进行分级。筛分作业分人工筛分和机械筛分两种。

超径、逊径含量是筛分作业质量的控制标准。超径是指骨料筛分中,筛下某一级骨料中夹带的大于该级骨料规定粒径范围上限的粒径。逊径是指骨料筛分中,筛下某一级骨料中夹带的小于该级骨料规定粒径范围下限的粒径。产生超径的原因有筛网孔径偏大,筛网磨损、破裂。产生逊径的原因有喂料过多,筛孔堵塞,筛网孔径偏小,筛网倾角过大等。一般规定,以原孔筛检验,超径小于5%,逊径小于10%;以超径、逊径筛检验时,超径为零,逊径小于2%。

3)冲洗

冲洗是为了清除骨料中的泥质杂质。机械筛分的同时,常在筛网上安装几排带喷水孔的压力水管,不断对骨料进行冲洗,冲洗水压应大于 0.2 MPa。若经筛分冲洗仍达不到质量要求,应增设专用的洗石设备。骨料加工厂常用的洗石设备有槽式洗石机和圆筒洗石机。

常用的洗砂设备有螺旋洗砂机和沉砂箱。其中,螺旋洗砂机兼有洗砂、分级、脱水的作用,其构造简单,工作可靠,应用较广。

2.骨料加工厂

把骨料破碎、筛分、冲洗、运输和堆放等一系列生产过程与作业内容组成流水线,并形成一定规模的骨料生产企业,称为骨料加工厂。当采用天然骨料时,加工的主要作业是筛分和冲洗;当采用人工骨料时,加工的主要作业是破碎、筛分、冲洗和棒磨制砂。骨料加工厂要根据地形情况、施工条件、来料和出料方向,做好主要加工设备、运输线路、净料和弃料堆的布置。骨料加工应做到开采和使用相平衡,尽量减少弃料;骨料的开采和加工过程中,还应注意做好环境保护工作,应采取措施避免水土流失,减少废水及废渣排放。

3.骨料储存

成品骨料在堆存和运输应注意以下要求:

(1)堆存场地应有良好的排水设施,必要时应设遮阳防雨棚。

(2)各级骨料仓应设置隔墙等有效措施,严禁混料,并应避免泥土和其他杂物混入骨料中。

(3)应尽量减少转运次数。卸料时,如粒径大于 40 mm 骨料的自由落差大于 3 m,应设置缓降设施。

(4)储料仓除有足够的容积外,还应维持不小于 6 m 的堆料厚度。细骨料仓的数量和容积应满足细骨料脱水的要求。

(5)在粗骨料成品堆场取料时,同一级料在料堆不同部位同时取料。

(二)混凝土制备

混凝土制备是按照混凝土配合比设计要求,将其各组成材料拌和成均匀的混凝土料,以满足浇筑的需要。混凝土的制备主要包括配料和拌和两个生产环节。

1.配料

配料是按设计要求,称量每次拌和混凝土的材料用量。配料有体积配料法和质量配料法两种。因体积配料法难以满足配料精度的要求,所以水利工程广泛采用质量配料法。质量配料法,混凝土组成材料的配料量均以质量计。称量的允许偏差为(按质量百分比):水泥、掺和料、水、外加剂溶液为±1%;骨料为±2%。

设计配合比中的加水量根据水灰比计算确定,并以饱和面干状态的砂子为标准。施工时应及时测定现场砂、石骨料的含水量,并将混凝土的实验室配合比换算成在实际含水量情况下的施工配合比。

2.拌和

人工拌和是在一块钢板上进行,先倒入砂子,后倒入水泥,用铁铲干拌三遍。然后倒入石子,加水拌和至少三遍,直至拌和均匀为止。人工拌和劳动强度大、混凝土质量不易保证,拌和时不得任意加水。

机械拌和可提高拌和质量和生产率。按照拌和机械的工作原理,可分为强制式和自落式两种。大中型水利工程中,常把骨料堆场、水泥仓库、配料装置、拌和机及运输设备等比较集中地布置,组成混凝土拌和站,或采用成套的混凝土工厂(拌和楼)来制备混凝土。

混凝土拌和站或拌和楼的容量应满足混凝土浇筑强度的需要。混凝土拌和楼按照物料提升次数和制备机械垂直布置的方式,拌和楼可分为双阶式和单阶式两种。双阶式拌和楼建筑高度小,运输设备简单,易于装拆,投产快,投资少,但效率和自动化程度较低,占地面积大,多用于中、小型工程。

3.混凝土搅拌制度

确定搅拌制度即一次投料数量、投料顺序和搅拌时间等。

1)一次投料数量

不同类型的搅拌机都有一定的进料容量，一般情况下，一次投料数量 V_J 与搅拌机搅拌筒的几何容量 V_g 的比值 $V_J/V_g=0.22\sim0.40$，鼓筒搅拌机可用较小值。

每拌和一次，装入拌和筒内各种松散体积之和，称为装料体积。拌和机每一个工作循环拌制出的新鲜混凝土的实方体积称混凝土的出料体积，又称为拌和机的工作容量。出料体积与装料体积之比称为拌和机的出料系数，为 0.65~0.7。

2)投料顺序

常用投料顺序可分为一次投料法、二次投料法。二次投料法搅拌的混凝土比一次投料法搅拌的混凝土和易性好，强度可提高 20%左右。

（1）一次投料法。是在上料斗中先装石子，再加水泥和砂子，一次加入搅拌筒内进行搅拌的方法。对于自落式搅拌机要在搅拌筒内先加部分水；对立轴强制式搅拌机，因出料口在下部，不能先加水，应在翻斗投料入机的同时，缓慢均匀分散地加水。

（2）二次投料法。分为预拌水泥砂浆法、预拌水泥净浆法和裹砂石法等。预拌水泥砂浆法，是先将水泥、砂和水加入搅拌筒内进行充分搅拌，成为均匀的水泥砂浆后，再加入石子搅拌成均匀的混凝土。预拌水泥净浆法，是先将水泥和水充分搅拌成均匀的水泥净浆后，再加入砂子和石子搅拌成混凝土。裹砂石法，先将全部石子、砂和 70%的拌和水倒入搅拌机，拌和 15 s，再倒入全部水泥进行造壳搅拌 30 s 左右，然后加入 30%的拌和水，再进行糊化搅拌 60 s 左右即完成。

3)搅拌时间

混凝土的拌和时间与混凝土的品种类别、拌和温度、拌和机的机型、骨料的品种和粒径及拌和料的流动性有关。轻骨料混凝土的拌和时间比普通混凝土要长；低温季节时混凝土的拌和时间比常温季节要长；流动性小的混凝土比流动性大的混凝土拌和时间要长。混凝土的拌和时间应通过试验确定，也可参照表 8-7。

表 8-7　混凝土最少拌和时间

拌和机容量 $Q(\mathrm{m}^3)$	最大骨料粒径（mm）	最少拌和时间（s）	
		自落式拌和机	强制式拌和机
$0.75\leqslant Q\leqslant1$	80	90	60
$1<Q\leqslant3$	150	120	75
$Q>3$	150	150	90

注：入机拌和量应在拌和机额定容量的 110%以内；加冰混凝土的拌和时间应延长 30 s；当掺有外加剂时，搅拌时间应适当延长。

（三）混凝土运输

混凝土输送机械用来把拌制好的新鲜混凝土及时、保质地输送到浇灌现场。对于集中搅拌的或商品混凝土，由于输送距离较长且输送量较大，为了保证被输送的混凝土不产生初凝和离析等降质情况，常应用混凝土搅拌输送车、混凝土泵或混凝土泵车等专用输送机械，而对于采用分散搅拌或自设混凝土搅拌点的工地，一般可采用手推车、机动翻斗车、皮带运输机或起重机等机械输送。

运输混凝土的辅助设备有吊罐、集料斗、溜槽、溜管、溜筒等。用于混凝土装料、卸料和转运入仓,对于保证混凝土质量和运输工作顺利进行起着相当大的作用。

混凝土运输是整个混凝土施工中的一个重要环节,它运输量大、涉及面广,对于工程质量和施工进度影响大。基本要求如下:

(1)混凝土运输设备及运输能力的选择,应与拌和、浇筑能力、仓面具体情况相适应,以便充分发挥整个系统施工机械的设备效率。

(2)所用的运输设备,应使混凝土在运输过程中不致发生分离、漏浆、严重泌水、过多温度回升和坍落度损失,在运输混凝土期间运输工具必须专用,运输道路必须平整,装载的混凝土的厚度不应小于40 cm,如发生离析,在浇筑之前应进行二次搅拌。

(3)同时运输两种以上混凝土时,应设置明显的区分标志。

(4)混凝土在运输过程中,应尽量缩短运输时间及减少转运次数。掺普通减水剂的混凝土运输时间不宜超过表8-8的规定。严禁在运输途中和卸料时加水。

表 8-8　混凝土运输时间

运输时段的平均气温(℃)	混凝土运输时间(min)
20~30	45
10~20	60
5~10	90

(5)在高温或低温条件下,混凝土运输工具应设置遮盖或保温设施,以避免天气、气温等因素影响混凝土质量。

(四)混凝土的浇筑

混凝土的浇筑包括准备工作、入仓铺料、平仓、振捣、养护等工序。

1.准备工作

1)基础面处理

对于土基,应先将开挖基础时预留下来的保护层挖除,并清除杂物。然后用碎石垫底,盖上湿砂,进行压实,再浇混凝土。

对于砂砾地基,应清除杂物,平整基础面,并浇筑10~20 cm厚的低强度混凝土垫层,以防止漏浆。

对于岩基,一般要求清除到质地坚硬的新鲜岩面,然后进行整修。用人工清除表面的松软岩石、棱角和反坡,并用高压水冲洗,压缩空气吹扫。若岩面上有油污、灰浆及其黏结的杂物,还应采用钢丝刷反复刷洗,直至岩面清洁为止。最后,再用风吹至岩面无积水,经检验合格,才能开仓浇筑。

2)施工缝处理

施工缝是指浇筑块之间临时的水平和垂直结合缝,也就是新老混凝土之间的结合面。为了保证建筑物的整体性,在新混凝土浇筑前,必须将老混凝土表面的水泥膜(乳皮)清除干净,并使其表面新鲜清洁,形成有石子半露的麻面,以利于新老混凝土的紧密结合。施工缝的处理方法有以下几种:

(1)刷毛和冲毛。在混凝土凝结后但尚未完全硬化以前,用钢丝刷或高压水对混凝土表面进行冲刷,形成麻面,称为刷毛和冲毛。高压水冲毛效率高,水压力一般为 400~600 kPa。根据水泥品种、混凝土强度等级和当地气温来确定冲毛的时间,一般春秋季节,在浇筑完毕后 10~16 h 开始,夏季掌握在 6~10 h,冬季则在 18~24 h 后进行。

(2)凿毛。当混凝土已经硬化,用人工或风镐等机械将混凝土表面凿成麻面称为凿毛。凿深一般为 1~2 cm,然后用高压水清洗干净。凿毛以浇筑后 32~40 h 进行为宜,多用于垂直缝面的处理。

(3)喷毛。将经过筛选的粗砂和水装入密封的砂箱,再通入压缩空气(风压为 400~600 kPa),压缩空气与水、砂混合后,经喷枪喷出,将混凝土表面冲成麻面。冲毛时间一般在浇筑后 24~48 h 内进行。

由于混凝土工程属于隐蔽工程,在浇筑混凝土前应进行隐蔽工程验收,检查浇筑项目的轴线和标高,施工缝处理及仓面处理,开仓浇筑前,必须按照设计图纸和施工规范的要求,对仓面安设的模板、钢筋及预埋件进行全面检查验收。浇筑仓面检查准备就绪,水、电及照明布置妥当后,经监理全面检查,同意后方可开仓浇筑。

2.入仓铺料

基础面的浇筑仓和老混凝土上的迎水面浇筑仓,在浇筑第一层混凝土之前必须先铺一层 2~3 cm 的水泥砂浆,砂浆的水灰比应较混凝土的水灰比减小 0.03~0.05。常用的几种混凝土浇筑方法如下:

1)平层浇筑法

它是沿仓面长边逐层水平铺填,第一层铺填完毕并振捣密实后,再铺填振捣第二层,依次类推,直至达到规定的浇筑高程为止,如图 8-19 所示。

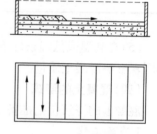

2)阶梯浇筑法

阶梯浇筑法的铺料顺序是从仓位的一端开始,向另一端推进,并以台阶形式,边向前推进,边向上铺筑,直至浇到规定的厚度,把全仓浇完,如图 8-20(a)所示。阶梯浇筑法的最

图 8-19 平层浇筑法

大优点是缩短了混凝土上、下层的间歇时间;在铺料层数一定的情况下,浇筑块的长度可不受限制。既适用于大面积仓位的浇筑,也适用于通仓浇筑。阶梯浇筑法的层数以 3~5 层为宜,阶梯长度不小于 3 m。

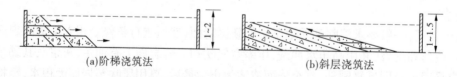

(a)阶梯浇筑法　　　　　　　　(b)斜层浇筑法

图 8-20 阶梯浇筑法和斜层浇筑法 (单位:m)

3)斜层浇筑法

当浇筑仓面大,混凝土初凝时间短,混凝土拌和、运输、浇筑能力不足时,可采用斜层浇筑法,如图 8-20(b)所示。斜层浇筑法由于平仓和振捣使砂浆容易流动和分离。为此,应使用低流态混凝土,浇筑块高度一般限制在 1~1.5 m。同时,应控制斜层法的层面斜度不大于10°。

无论采用哪一种浇筑方法,都应保持混凝土浇筑的连续性。如相邻两层浇筑的间歇时间超过混凝土的初凝时间,将出现冷缝,造成质量事故。此时应停止浇筑,并按施工缝处理。

施工缝是结构中的薄弱环节,宜留在结构剪力较小的部位。在施工缝处继续浇筑混凝土时,应除掉水泥浮浆和松动石子,并用水冲洗干净,待已浇筑的混凝土的强度不低于 1.2 MPa 时才允许继续浇筑,在结合面应先铺抹一层水泥浆或与混凝土砂浆成分相同的砂浆。

3.平仓

平仓就是把卸入仓内成堆的混凝土铺平到要求的均匀厚度。可采用振捣器平仓。

4.振捣

振捣的目的是使混凝土密实,并使混凝土与模板、钢筋及预埋件紧密结合,从而保证混凝土的最大密实性。振捣是混凝土施工中最关键的工序,应在混凝土平仓后立即进行。

混凝土振捣主要采用振捣器进行。

插入式振捣器在水利水电工程混凝土施工中使用较多。手持式振捣器的使用与振实判断要求如下:

(1)用振捣棒振捣混凝土,振捣棒(组)应垂直插入混凝土中,振捣完应慢慢拔出。每个插入点振捣时间一般需要 20~30 s。

(2)振捣第一层混凝土时,振捣棒(组)应距硬化混凝土面 5 cm。振捣上层混凝土时,振捣棒头应插入下层混凝土 5~10 cm。

(3)振捣作业时,严禁振捣器直接碰撞模板、钢筋及预埋件,必要时辅以人工捣固密实。振捣棒头离模板的距离应不小于振捣棒的有效作用半径 R 的 1/2,以免因漏振而使混凝土表面出现蜂窝、麻面。

(4)为了避免漏振,振捣器应在仓面上按一定顺序和间距逐点插入进行振捣,插入点之间的距离不能过大。要求相邻插入点间距不应大于其影响半径 R 的 1.5~1.75 倍。振捣器插入点排列如图 8-21 所示。

(5)浇筑块第一层、卸料接触带和台阶边坡的混凝土应加强振捣。

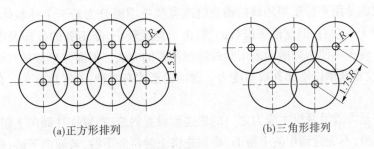

(a)正方形排列   (b)三角形排列

图 8-21 振捣器插入点排列示意图

振实标准可按以下现象来判断:混凝土表面不再显著下沉,不出现气泡,并在表面出现一层薄而均匀的水泥浆。如振捣时间不够,则达不到振实要求;如过振,则骨料下沉、砂浆上翻,产生离析。

5.混凝土养护

混凝土浇筑完毕后,应及时洒水养护,在一个相当长的时间内,应保持其适当的温度和足够的湿度,以造成混凝土良好的硬化条件。这样既可以防止混凝土成型后因曝晒、风吹、干燥、寒冷等自然因素影响,出现不正常的收缩、裂缝等现象,又可促使其强度不断增长。

塑性混凝土一般在浇筑完毕后 6~18 h 开始洒水养护。低塑性混凝土宜在浇筑完毕后立即喷雾养护,并及早开始洒水养护。用普通水泥、硅酸盐水泥拌制的混凝土,养护时间不少于 14 d;用火山灰质水泥、矿渣水泥拌制的混凝土,养护时间不少于 28 d;水工大体积混凝土无论采用何种水泥,养护时间不少于 28 d。对于重要部位,宜延长养护时间。冬季和夏季施工的混凝土,养护时间按设计要求进行。冬季应采取保温措施,减少洒水次数,气温低于 5 ℃时,应停止洒水养护。

(五)混凝土坝工程施工

1.坝体施工的分缝分块

混凝土坝的分缝分块,应首先根据建筑物的布置沿坝轴线方向,将坝分为若干坝段,每条横缝应尽量与建筑物的永久缝(伸缩缝、沉陷缝等)相结合;否则,必须进行接缝灌浆。然后每个坝段再用若干平行于坝轴线的缝即纵缝分为若干个坝块,分别进行施工,也可不设纵缝而通仓浇筑。在实际施工中,多采用竖缝分块和通仓浇筑两种形式。

混凝土坝一般多采用柱状法施工。垂直于坝轴线方向按结构布置设置伸缩缝称为横缝;顺坝轴线方向,根据施工技术和条件设置施工缝,称为纵缝。横缝间距一般为 15~20 m,纵缝间距一般为 15~30 m。

混凝土坝段的分块主要有竖缝分块、斜缝分块、错缝分块三种类型,如图 8-22 所示。

(a)竖缝分块　　(b)斜缝分块　　(c)错缝分块　　(d)通仓浇筑

1—竖缝;2—斜缝;3—错缝;4—水平施工缝

图 8-22　大坝浇筑分缝分块的基本形式

竖缝分块就是用平行于坝轴线的铅直缝或宽槽把坝段分为若干个柱状体的坝块,宽槽的宽度一般为 1 m 左右,但宽槽需进行回填,由于宽度较小,施工缝的处理及混凝土的浇筑都比较困难。现多不使用宽槽而采用竖缝接缝灌浆的方法。但灌浆形成的接缝面的抗剪强度较低,往往设置键槽以增加其抗剪能力。键槽的形式有两种:不等边直角三角形和不等边梯形。

斜缝分块是大致沿两组主应力之一的轨迹面设置斜缝,布置往往倾向上游或倾向下游。若斜缝倾向上游,不能通到坝的上游面,必须先浇上游再浇下游,若倾向下游,则必须先浇下游再浇上游。斜缝可以不进行灌浆。施工中要注意均匀上升和控制相邻块高差。

错缝分块是在早期建坝时,根据砌砖方法沿高度错开的竖缝进行分块,又叫砌砖法,目前很少采用。

混凝土坝接缝灌浆。纵缝是一种临时性的浇筑缝。对坝体的应力分布及稳定性不利,必须进行灌浆封填。重力坝的横缝一般与伸缩沉陷缝结合而不需要接缝灌浆。在实际工程中,接缝灌浆不是等所有的坝块浇筑结束后才进行,而是由于施工导流和提前发电等要求,坝块混凝土一边浇筑上升,一边对下部的接缝进行灌浆。

2.坝体混凝土的温度控制

混凝土坝体积相对较大,因此在混凝土浇筑后,因为水泥的水化热作用而形成的内部和外部的温度变化,在不同的约束条件下产生的温度应力,会使混凝土产生裂缝。因此,必须做好坝体的温度控制,防止产生温度裂缝。大体积混凝土温控措施主要有减少混凝土的发热量、降低混凝土的入仓温度、加速混凝土散热等。

1)减少混凝土的发热量

常采用低热水泥或减少单位体积混凝土中的水泥用量,以减少水化热。具体措施有:①根据坝体的应力场对坝体进行分区,不同分区采用不同强度等级的混凝土;②采用低流态或无坍落度干硬性贫混凝土;③改善级配,增大骨料粒径;④大量掺粉煤灰;⑤采用高效减水剂。

2)降低混凝土的入仓温度

具体措施:①在工程中多采用的冷水或冰水拌与预冷骨料的方法,采用深井冷水或人工冰水是首选措施;②合理安排浇筑时间如安排春秋多浇、夏季早晚浇、中午不浇等;③对骨料进行预冷等。

3)加快混凝土的散热

(1)分层分块。一般按照结构尺寸、浇筑能力大小分块,采用薄块浇筑及适当延长间歇时间,让各浇筑块间混凝土充分散热。近年来国外已经开始采用干贫混凝土,进行薄层通仓浇筑。

(2)混凝土强制散热。①预埋冷却水管;②结构上开槽,增加散热面;③喷洒冷水来降低散热面温度,从而加快散热速度。

第五节　金属结构安装

金属结构安装是指将金属结构的成品或半成品,安装在电站、泵站、拦河闸、水库等构筑物中的施工与调试过程。水利工程中金属结构通常是指压力钢管、闸门、拦污栅和各种启闭设备等。闸门种类很多,主要有平面闸门、弧形闸门、链轮门、人字门、三角门及底枢翻板闸门等。其中,平面钢闸门、弧形门和链轮门主要用于水闸、电站、泵站等建筑物起到挡水作用,正常情况下是有压启动;人字门和三角门主要用于通航需要的船闸上,正常情况下是无压启动;底横轴翻板闸门是近年来新研制的一种拦水闸坝结构,它主要用于城市内或周边河道上,很好地解决了水体、坝体与周边环境协调一致的问题,是一种既经济美观又节省资源并改善城区景区河流水体环境的方法。

上述设备大部分都是在工厂制造,以成品或半成品方式运到施工现场,然后再进行拼装与安装。

一、压力钢管安装

压力钢管一般由直管、弯管、岔管、伸缩节等组成。钢板运到现场后,经矫平、划线、切割、卷板、修弧、对圆、焊接等工序,即成待装管节,如起重运输条件允许,可将几个管节组焊成一个较长的管段,经检验合格后安装。

(1)直管、弯管是压力钢管的主体部分,一般先从水平段的弯管处开始安装第一节,称始装节。它是以后安装的基准,其中心高程、里程和中心要严格控制,经检查合格后,将它牢固固定,然后自下而上依次逐节(段)进行对装。对装时相邻两节(段)的纵缝要相互错开一段距离,待弯管安装完后,进行浇筑混凝土,浇筑混凝土须将弯管两端留出一定长度,以利下阶段的安装与焊接。

(2)岔管是起分配水流作用的,由于其体形比较复杂,且焊缝集中,因此制造前必须制定严格的制造工艺。岔管的工艺,关键在下料和焊接。岔管制作完后,对所有焊缝均须进行无损探伤、局部或整体热处理,然后进行水压试验,待其合格后才运往现场安装。

(3)伸缩节的作用是减小钢管由于温度变化而产生的轴向应力,同时也可适应不均匀的沉陷。其加工制造大部分在工厂进行。它的安装方法和钢管一样,其不同点是安装时要注意内外套管的间隙值,须调整均匀,便于填装止水盘根。近年来由于管径不断增大,给制造运输带来很大困难,经设计论证后,也有取消伸缩节的。

(4)中间支座安装,明管安装和上述安装方法一样,都是从镇墩处开始,所不同的是它增加了中间支座的安装。中间支座形式很多,主要有滚轮、滑动鞍形和摇摆等形式。支座安装后,应能灵活动作,没有卡阻现象。如系摇摆支座,还应注意安装时的温度与设计温度的差值,据此算出它的伸长或缩短的数值,进行支座位置的调整。

(5)为了检验钢管的安装与焊接质量,整条钢管安装完后,有的要求做整体水压试验。如果管线较长,则采用分段试压,以免出现其上部已超过试验压力值,下部尚未达到试验压力的现象。

二、闸门埋件、门体和拦污栅的安装

(1)埋件安装。埋件一般分底槛、门楣、主轨、反轨和侧轨等。埋件安装,通常在预先浇好的门槽内进行,先安装底槛,然后自下而上再装主轨、反轨和侧轨,并用预埋螺栓进行调整,待其中心、高程、里程以及它们的相关位置均合格后,将其加以固定,并浇筑二期混凝土。弧形闸门的门楣二期混凝土,必须晚浇,以便消除弧形闸门的里程公差。为了缩短工期,也有取消二期混凝土,先将埋件组装成整体,一次将它浇入混凝土内。但这种安装方法,固定埋件的刚度要大,消耗材料多,否则容易走样变形,质量难以控制,一般用于闸门尺寸较小的情况。

(2)平板钢闸门与栅体安装。若门体或栅体整体尺寸不大,具备整体运输条件,通常情况下,在生产车间整体制作完成,并安装滚轮或滑块及止水装置等,运至现场后直接吊装至闸门槽。若门体尺寸较大受运输上的限制则采用在生产车间分节制作,运至现场后在门槽内或门槽外拼装焊接成整体,然后再安装滚轮或滑块及止水装置等。拦污栅多在工地制造,成扇吊入槽内。闸门拦污栅安装好后,须做起落试验。如果是多孔共用的检修门,平板门安装好后,要在各个孔的门槽内,进行起落试验,防止个别门槽出现卡阻现象,如图8-23所示。

(3)弧形门安装。弧形门一般是由门体、支臂、铰链和铰座组成,无法在制造厂组装成型运输,必须到现场组装。由于弧形门尺寸较大,在运输、起吊、焊接时都可能产生一些变形。因此,组装前一定要制定工艺措施,做好每一个环节和步骤的控制才能确保安装质量。弧形门安装时主要应注意以下几方面:

①根据土建提供的参考基准点,放好线。放线中不但要根据相关部门提供的基准点和控制线,更要根据现场工程建成后的实际情况,进行相应的必要调整,放线中主要是"两点

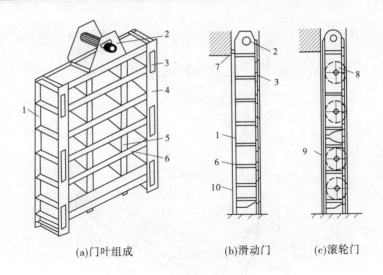

(a)门叶组成　　　(b)滑动门　　(c)滚轮门

1—面板;2—吊耳;3—支撑滑块;4—边梁;5—次梁;
6—主梁;7—顶止水;8—走行轮;9—滚柱;10—门槽

图8-23　平面闸门门叶

一面一角",两点就是两个支铰的轴心点,这两点连线必须垂直于闸门两弧轨,且平行于底坎,"一面"即弧面,"一角"是设计支铰臂安装的偏角。放好了线、定好角、确定面,就给安装弧形门打下了基础。

②按工艺顺序:首先应把支铰座安装在预埋螺栓上,点焊加固牢,然后把支铰和支臂组装件与支铰座进行连接,调整好"两点一面一角"的位置,进行门体与支臂加固定位焊接;焊接完成待冷却后将弧形门在弧轨的固定点拆除;再连接起吊设备上下空载运行,检查门叶与轨道的间隙,确保支铰转动灵活,门叶上下不卡且不离开侧轨,合格后安装封水橡皮,水封必须保证图纸设计的预压量,方可进行试水验收,如图8-24所示。

(4)人字门安装。人字门埋件分底枢、枕座、顶枢和底槛四部分。埋件的安装方法和其他门的埋件一样,唯有底槛安装程序和其他门不一样,它的里程、高程只能暂时定位,且先不浇筑二期混凝土,等门叶水封装好后,将人字门关闭,调整相关位置,再浇筑二期混凝土。门叶安装在闸门室内进行,首先把安装用的临时支座铺设好,然后将下节门叶吊放在支座上,等它调整合格后,再往上顺次吊装。在整个安装和焊接过程中,要随时检查各部位公差和监视焊接变形。等门叶拼装和焊接完成后,利用背拉杆调整门叶整体刚度,检查斜接柱的跳动量,浇筑支垫块填料,最后连机调试。

(5)底枢轴翻板门安装。底枢轴翻板闸门是近几年兴起的一种新型挡水闸门,闸门主要由支铰、底横轴、穿墙封水套管、门叶、拐臂、止水、液压驱动装置和电控系统组成,与以上几种闸门有着很大的区别。先安装支铰座,封水套和底横轴,校正其同心度和高程符合要求后,浇筑二期混凝土;安装拐臂、液压启闭机;锁定装置,初调液压启闭机;将底横轴固定在合适位置,使用吊车将门叶吊装就位进行组装,完成后进行侧封水安装,底槛安装后浇筑二期混凝土,待混凝土达到一定强度后安装底止水;全部安装完成后闸门与启闭机进行联动调试。

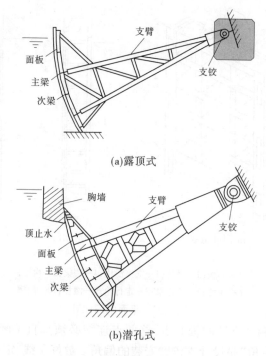

(a)露顶式

(b)潜孔式

图 8-24　弧形闸门门体形式

三、启闭机安装

启闭机是起吊闸门的设备。它分固定式和移动式两种。

(1)固定式启闭机通常又分卷扬、液压和螺杆式三种,前两种应用最为广泛,后一种在小水电和小型水利工程上应用较多。小型单吊点、单机架卷扬机一般为整体吊装,双吊点多机架卷扬机多采用分件吊装。根据闸门吊点中心来找卷筒中心,而且左右卷筒的同心度,要调整在同一一直线上,然后以卷筒开式齿轮为基准,调整其他部件,两卷筒之间如果采用刚性联轴连接,应动作灵活,无蹩劲现象。液压启闭机经检查清洗后,整体吊装,以闸门的实际中心找正安装,最后和油压系统连在一起进行调试。

(2)移动式启闭机分门式、台式和桥式三种。它们都在轨道上行走,具有一机多用的功能。这三种机型的安装方法,大致相同。门机经检查合格后,在轨道上进行安装,其安装顺序,先组装门架行走台车,接着吊装门腿、主梁和端梁。等门架组装成整体后,调整其相关的几何尺寸和公差,并利用螺栓连接成整体,然后吊装小跑车并安装调整传动装置和电气控制系统。

第六节　机电设备安装

机电设备安装包括机械设备和电气设备安装。机械设备安装主要是指水轮发电机组,水泵机组,与水轮机和泵配套的各类辅助设备和管道安装,其中水轮机按工作原理可分为冲击式水轮机和反击式水轮机两大类,按其装载方式又分为立轴、卧轴和斜轴三大类。水泵通常有立式泵、卧式泵和潜水泵等。水电站、泵站配套辅助设备包括了供排水系统、供油系统、供气系统、通风系统等。电气设备安装包含了高压、低压供电系统、操作控制系统、信号和监控系统、通信系统及照明和接地防雷系统等。

由于机械设备包括的范围广,设备品种类型多,这里就设备安装的程序、基本方法等做一描述,各种设备安装的具体细节不再一一赘述。

一、机械设备安装

(一)基本程序

熟悉设备图纸技术资料→编制安装施工方案→施工技术交底→施工准备→设备开箱检验→基础验收与处理→垫铁安装→设备的安装就位→找正、找平→设备基础的二次灌浆→二次校正→内件安装(动设备解体、清洗、装配)→附属设备及管道的安装→预试车(单机试车)→联合试运行→交工验收。

(二)安装前的准备工作

1.开箱

(1)设备开箱的方法:先拆去箱盖,待查明情况后再拆开四周的箱板,箱底一般暂不拆除。

(2)注意事项:对于装小零件的箱,可只拆去箱盖,等零件清点完毕后,仍将零件放回箱内,以便保管。对于较大的箱,可将箱盖和箱侧壁拆去,设备仍置于箱底上,这样可防止设备受震并起保护作用。

2.清点

设备的开箱检验,应在双方人员参加下,进行设备的清点和检查,并做好记录。

(1)设备表面及包装情况;

(2)设备装箱清单、出厂检验单等技术文件;

(3)根据装箱单清点全部零件及附件;

(4)各零件和部件有无缺陷、损坏、变形和锈蚀等现象;

(5)机件各部分尺寸是否与图样要求相符。

(三)设备基础放线

一般设备安装时,采用几何法放线法。通常是确定基础中心点,然后画出平面位置的纵、横向基准线,基准线的允许偏差应符合规定要求。

(1)平面位置放线时,应符合下列要求:

①根据施工图和有关建筑物的柱轴线、边沿线或标高线划定设备安装的基准线(平面位置纵、横向中心线和标高线基准线)。

②较长的基础可用经纬仪或吊线的方法,确定中心点,然后划出平面位置基准线(纵、横向基准线)。

③施工中基准线有可能被就位的设备覆盖的,且设备就位后必须复查的,应事先引出基准线,并做好标志。

(2)根据建筑物或划定的安装基准线测定标高,用水准仪转移到设备基础的适当位置上,并划定标高基准线或埋设标高基准点。根据基准线或基准点检查设备基础的标高及预留孔或预埋件的位置是否符合设计和相关规范要求。

(3)当联动设备的轴心较长,放线时有误差时,可架设钢丝替代设备中心基准线。

（4）相互有连接、排列或衔接关系的设备,应按设计要求划定共同的安装基准线。必要时应按设备的具体要求,埋设临时或永久的中心标板或基准放线点。埋设标板应符合下列要求:

①标板中心应尽量与中心线一致。

②标板顶端应外露4~6 mm,切勿凹入。

③埋设要用高强度水泥砂浆,最好把标板焊接在基础的钢筋上。

④待基础养护期满后,在标板上定出中心线,打上冲眼,并在冲眼周围画一圈红漆作为明显的标志。

（5）设备定位基准安装基准线的允许偏差应符合规定要求:

①设备与其他机械设备无联系的,设备的平面位置和标高对安装基准线有一定的允许偏差,平面位置允许偏差为±10 mm;标高允许偏差为(+20,-10) mm。

②与其他机械设备有联系的,设备的平面位置和标高对安装基准线有一定的允许偏差,平面位置允许偏差为±2 mm;标高允许偏差为±1 mm。

（四）垫铁安装

垫铁是用于设备的找正找平,使机械设备安装达到所要求的标高和水平,同时承担设备的质量和拧紧地脚螺栓的预紧力,并将设备的振动传给基础,来减少设备的振动。

1.分类

垫铁通常分为平垫铁、斜垫铁、开口垫铁和可调垫铁等。

2.安装位置

（1）根据设备或机组的结构特点确定垫铁摆放的位置。

（2）一般地脚螺栓两侧各放置一组垫铁;尽量使垫铁组靠近地脚螺栓。

（3）两组垫铁的距离控制在500 mm以内;大于500 mm时增加一组垫铁。

（4）当地脚螺栓间距小于300 mm时,可在各地脚螺栓的同一侧放置一组垫铁。

（5）当设备底座有加筋板时垫铁位置应选择在加筋板的下面。

（6）带锚板的地脚螺栓垫铁的位置应放在预留孔洞两侧。

3.安装要求

安装要求如图8-25所示。

（1）垫铁与基础、垫铁与设备底座、垫铁之间接触面应接触良好无间隙。

（2）垫铁组每组每块垫铁间接触良好无间隙,用0.05 mm塞尺检查其间隙,在垫铁同一断面处从两侧塞入长度总和,不超过垫铁宽度的1/3。

（3）垫铁应露出底座边缘10~30 mm。

（4）设备找平找正后,垫铁组每块垫铁深入设备底座面的长度均应超过地脚螺栓的直径,且保证设备底座受力均衡,设备底座面与垫铁组接触宽度不够时,垫铁放置的位置应保证底座坐落在垫铁组承压中部。

（5）配对斜铁的搭接长度应大于全长的3/4,其相互间的偏斜不应大于3°。

（6）设备用垫铁找平找正后,用0.5磅手锤敲击检查垫铁组的松紧程度,应无松动现象。

（7）确认设备找平找正后,将垫铁逐层点焊固定,但不可将垫铁与设备底座进行点焊。

（五）静设备安装

设备找正、找平的测定基准点,应符合下列规定:

垫铁与设备底座点焊

图 8-25 安装要求

（1）设备底座的底面作为安装标高的基准点。

（2）设备支架（支座）底面标高，以基础标高基准线为基准。

（3）设备中心线位置及管口方位等，以基础平面坐标及中心线为基准。

（4）立式设备垂直度，以任意相邻的方位线作为垂直度的测量基准。即设备表面上 0°、90°或 180°、270°的母线为基准。

（5）卧式设备水平度，以设备两侧水平线作为水平度的测量基准、设备上有水平法兰时在设备法兰找纵、横向水平。

（六）动设备安装

动设备的找平、找正的要点是找水平，同轴度使其均达到设计文件或规范的要求。

1.定位基准点的偏差范围

（1）定位基准点面、线或点的定位偏差与其他设备有机械联系的平面偏差为±2 mm，标高偏差为±1 mm。

（2）与其他设备无机械联系的平面偏差为±5 mm，标高偏差为±2 mm。

（3）设备安装基准点的选择和水平度偏差必须符合设计文件的规定，当设计文件无规定时纵向水平度偏差为 0.05 mm/m，横行水平偏差为 0.10 mm/m。

（4）设备找平找正时不能用松紧地脚螺栓方法，调整设备水平。

2.安装测量定位基准点的选择

当厂家给定了测量定位基准点，或设计文件规定测量定位基准点时必须严格执行，当厂家未给定或设计文件无明确规定时，按以下部位选择：

（1）机体上主要水平或垂直加工面；

（2）支撑滑动部件的导向面；

（3）转动部件的轴颈或外露轴的表面；

（4）联轴器的端面及外圆周面。

3.大型机组安装

（1）基准设备。设备就位前合理确定机组找正的基准设备，先调整固定基准设备，再以其轴线为准，调整固定其他设备；

（2）基准设备确定的原则：

①制造厂规定的安装基准设备；

②选择重量大调整困难的设备；

③设备多、轴细长时宜选择中间位置的设备,条件相同优先选择转速高的设备;

（3）水平基准点：

①纵向可在轴承座孔、轴承座、壳体中分面、轴颈或制造厂给定的专门加工面上选点测量;

②横向水平以轴承座,下机壳中分面或制造厂给定的专门加工面上进行测量;

③选择基准设备上的安装基准部位。

（七）联轴器（同心度）的找正

联轴器（同心度）的找正是设备安装的重要工作之一。找正的目的是设备在工作时使主动轴和从动轴两轴中心线在同一直线上,找正的精度关系到设备是否能正常运转,对高速运转的设备尤其重要。

（1）设备转子轴对中的找正方法,常用的有直尺塞规法、双表法、三表法、单表法、激光找正仪对中找正法等方法。

①直尺塞规法一般适用于转速较低、精度要求不高的机器。

②对于精度要求高、转速快的设备通常采用以下仪器及方法:激光找正仪、测微准直仪、活塞杆测量仪找正法和拉钢丝线电声找正法。以上四种找正方法,可根据现场施工条件及其规定型号的具体情况进行选择。

（2）无间隔轴的联轴器调整两轴对中时,应符合下列要求:

①转子轴的对中调整宜采用双表找正法和多表找正法;

②表的量程和精度等级应满足对中找正的要求;

③表架应有足够的刚性,并符合机器技术文件的要求;

④两轴应同步转动,并应克服轴向串动的影响。

（3）有间隔轴的联轴器调整两轴对中时,除符合以上 4 条规定外,尚应符合下列要求:

①转子轴的对中调整也可采用单表找正法;

②计算调整量时应考虑找正架自身挠度对表值的影响。

二、电气设备安装

（一）对电气设备安装施工的认识

参加施工的人员必须认真阅读施工阶段设计图纸,领会设计意图,对图纸进行仔细研究,对施工中的难点及重点要引起足够的重视。电气设备安装主要的内容是高压、低压供电系统、操作控制系统、信号和监控系统、通信系统及照明和接地防雷系统等,因电气工业发展很快,技术不断进步,在安装中必然会遇到一些新的技术问题,因此要求施工人员要认真对待,加强学习,不断提高自己的技术水平,并经常与生产厂家联系,积极配合厂家派出的人员进行工作,使本工程的电气设备安装达到一个更高的水平,为业主今后长期运行提供可靠的质量保证。

（二）工艺流程及其说明

根据现有的设备能力、技术水平及多年从事电气设备安装积累的经验,合理编制电气设备安装施工工艺,使之能切实可行地在安装施工过程中执行,达到规范的要求,使优越的设计变成优良的工程产品,满足业主今后安全运行的需要。

(三)电气设备安装总体要求

(1)电气设备安装前,土建工程应基本完工,屋顶、楼板、室内地面施工基本完毕。混凝土达到养护期并拆模板,安装场地清扫干净,室内装饰和地面抹灰工作都已完成,屏柜等电气设备安装场地应清洁干燥。

(2)在施工中要严格按施工图及有关技术规范要求进行,对于重要项目,应与监理工程师密切配合,向监理工程师提供该项目安装、检查、试验计划,经监理工程师签字认可后实施。

(3)预埋件、预留孔符合设计要求,门窗安装完毕。对可能造成设备损坏或污染的不良环境下施工,在实际施工中应有严密的防范措施。

(4)主要设备安装前,应仔细校对现场埋件、基础、构架的尺寸、中心、标高、水平、距离、坡度都在产品或设计要求范围内,以保证安装误差在规范内。

(5)所有设备、仪器、仪表、附件、材料等,应按有关的国家标准、部颁标准及制造厂家的要求进行试验、检验和整定。对于存在缺陷的产品或部件不得进行安装,并书面通知监理工程师,在规定的期限内予以处理或更换。

(6)严格按设计施工图和出厂装箱单对设备、备品、备件进行检查,如有与装箱单不符或元件缺损,应向监理工程师或业主进行汇报。

(7)重要设备运输时建议业主应派专人前往工厂装货运输,避免在运输途中可能发生野蛮装卸及其他原因造成设备的损坏。

(8)设备在搬运和安装时,应采用防振、防潮、防止框架变形和漆面受损等措施,必要时可将易损元件拆除。

(9)设备应存放在室内或放在能避雷、雨、雪、风沙的干燥场所。

(10)设备到达现场后,应在规定期限内对设备进行全面检查,并将部件分类存放并做好标识。

(11)设备基础混凝土应按施工图纸规定浇筑,在混凝土强度尚未达到设计强度时,不准拆除和改变设备的临时支撑,更不得进行调试和试运转。

(12)安装时使用计量局检测证明合格的量具,电流表、电压表等。

(13)所有设备、仪器、仪表附件、材料等应按有关标准及制造厂家要求进行试验,检验和整定。

(四)配电设备安装措施

(1)柜基础应有可靠的明敷接地,柜与基础、柜与柜之间应用螺栓可靠连接,水平度和垂直度应在规定范围内。

(2)母线安装应平直,各接头处应平整牢固,用塞尺检查接触面的间隙应符合要求。

(3)母线相位应与各柜之间相位相一致。

(4)断路器的接触电阻、行程、三相不同期、弹跳时间应在厂标范围内,操作灵活可靠。

(5)电压互感器应有牢固可靠的接地,变比的误差在规范范围以内,绕线组别极性符合设计要求,相序与母线相序一致,外观清洁,接线柱螺母齐全,按规范进行检查试验。

(6)配电设备的安装,执行规范中关于电工一、二次设备的安装技术要求。

(7)配电设备在安装前,应按施工图纸进行屏柜基础的制作安装,基础高程、间距尺寸、全长平直度等进行仔细检查,均应符合规范要求。

(8)各种电压等级的电气设备基础应有可靠的明敷接地。

(9)各式线路金具按施工图正确配置,导线和金具的规格、间隙必须匹配,软导线和金具的连接如果采用液压压接,在液压压接前,应先进行试压,合格后方可进行施工压接。

(五)电气照明装置安装措施

(1)照明管路一般为暗敷设,根据土建进度,应按施工图纸完成照明管路、接线盒、灯头盒等预埋。施工前应仔细阅读图纸及设计说明,严防漏埋。

(2)照明箱、插座、开关等照明电器离地高程等应符合设计要求,对一些本身较重的灯具,必须有承重措施。

(3)照明箱、插座、开关等照明电器离地高程应符合设计要求,电气照明装置的施工安装标准和工艺及施工验收应执行《建筑电气工程施工质量验收规范》(GB 50303)的规定。

(六)防雷接地系统安装措施

(1)接地体埋设深度须符合设计图纸的要求。接地体应作防腐处理。

(2)干线应在不同的两点及以上与接地网相连接。自然接地体在不同的两点及以上与接地网相连。

(3)每个电气装置的接地应用单独的明敷接地线与接地体相连,不许在同一个接地线中串联几个需要接地的电气装置。

(4)接地体与接地线的连接应采用焊接方式连接。接地电气装置与接地线采用接线卡子用镀锌螺丝连接,使之可以方便地测量安全接地电阻值。

(5)接地装置的敷设,接地体(线)的连接等应符合《电气装置安装工程接地装置施工及验收规范》(GB 50169)的规定。

(七)电线电缆安装施工措施

(1)电缆安装前须熟悉设计图纸,统计电缆规格和数量,制订电缆的采购及接收计划。

(2)电缆施工严格按《电气装置安装工程电缆线路施工及验收规范》(GB 50168)执行。

(3)电缆在施工短途搬运中应防止摔坏电缆盘,特别要注意对易受外部着火的电缆密集场所或可能着火蔓延而酿造成严重事故的电缆回路,必须按设计要求进行防阻燃措施。

(4)电缆敷设的排列、弯曲半径、固定点距离,应符合设计或规范要求。

(5)电缆敷设完成后,对各系统应进行成组模拟试验。试验前,应向监理工程师提交书面试验计划。

(6)电缆头制安前后应进行直流耐压试验,三相泄流基本平衡,相差在规范的范围内,泄流值不应随时间而增加。

(7)所有的高、低压动力电缆、控制电缆的出口处应加以密封。

(8)电缆管的加工与敷设技术要求应按招标文件有关技术条款执行。

(9)电缆敷设的最小弯曲半径,电力电缆头布置,电缆支架等的技术要求应按招标文件条款及提供的电气施工图的要求进行。

(10)所用的预埋钢管及PVC塑料管应在预埋前进行检查,管径、壁厚等是否符合设计要求。

(11)如果电气穿线管为明管布置,其管子托架及固定按施工规范要求进行,管子固定螺孔要求用钻头钻孔,不允许现场用氧气割孔。

(12)所采购的管件,如弯头、接头要符合规范要求,不合格产品坚决退回供货单位。

(13)电缆管道安装按规范要求,水平管除有下水坡度要求外,按水平装设,垂直管不允许倾斜。施工后要美化整理,使之排列整齐,并按要求涂漆。

(14)低压电缆穿越高压电缆时,低压部分电缆要用钢管进行保护。

(八)微机保护、控制系统安装

(1)微机保护控制柜基础接地应明敷,牢固可靠,柜与柜、柜与基础之间用螺丝连接。

(2)柜的水平、垂直度应符合安装规范要求。

(3)电压回路、电流回路、相序相位与一次回路应一致,应有明显的标志,与设备连接应牢固可靠,符合设计要求。弱电控制、测量信号、保护等电缆应用屏蔽电缆,电缆两端应有可靠接地。

(4)控制电缆的排列、固定点、支撑点、层次、距离应符合设计要求。

(5)穿越高压或强电电缆时,弱电部分电缆要用钢管进行保护防止干扰。

(6)调出菜单按设计要求进行检查整定。

第九章 施工管理

项目施工管理是自项目开始至项目完成,通过项目策划和项目控制,以使项目的费用目标、进度目标和质量目标得以实现。施工方作为项目建设的一个参与方,其项目管理的主要目标包括施工的成本目标、施工的进度目标和施工的质量目标。

施工方项目管理的任务包括:施工成本控制、施工进度控制、施工质量控制、施工安全管理、施工合同管理、施工信息管理、组织协调等。

第一节 施工安全管理

水利水电工程施工安全管理的宗旨是紧紧围绕"安全第一、预防为主、综合治理"的安全生产方针,通过建立健全及落实安全生产责任制、安全管理规章制度、安全操作规程、安全经费保障等措施,有效防范和治理"人的不安全状态"、"物的不安全行为"及"管理缺陷",实现项目生产安全的根本目标。施工安全管理贯穿项目整个施工周期。

一、安全生产责任制及安全生产管理机构

施工单位及项目应当设置安全生产管理机构或者配备专职安全生产管理人员,并建立安全生产责任制体系,包含责任制制定、公示、教育培训、交底及考核等环节。

二、安全生产管理制度

施工单位应当建立各项安全管理规章制度,如安全生产目标管理制度、安全生产责任制度、安全生产考核奖惩制度、安全生产费用管理制度、工伤保险及意外伤害保险管理制度、安全教育及安全技术交底管理制度、事故隐患排查及治理制度、危险性较大的单项工程及重大危险源管理制度、应急救援及事故管理制度等,并严格落实各项安全管理规章制度。

三、安全操作规程

施工单位应按工种和施工环节制定水利水电工程作业人员安全操作规程,内容应具有针对性和可操作性。

四、安全生产费用管理

施工单位应建立安全生产费用管理制度,明确安全费用的提取、使用管理要求。水利水电工程安全生产费用应按工程造价的2%足额提取,并按照相关要求实行专款专用。

五、安全教育培训管理

施工单位应制定安全教育计划并按计划开展教育培训工作。项目对新进场的工人,必

须进行公司、项目、班组三级安全教育培训,并经考核合格后方能允许上岗作业,其培训学时分别不低于 15 学时、15 学时、20 学时,且三级培训内容应按相关要求各有侧重。

六、生产安全事故隐患排查治理

施工单位应采用定期综合检查、专项检查、季节性检查、节假日检查和日常检查等方式,开展隐患排查,并对排查出的事故隐患及时书面通知有关责任单位,定人、定时、定措施进行整改,并按照事故隐患的等级建立事故隐患信息台账。一般事故隐患项目部应立即整改,重大事故隐患应编制治理方案并经监理单位审核,报项目法人同意后实施。

七、重大危险源管理

施工单位应定期对重大危险源的安全设施和安全监测监控系统进行检测、检验,并进行经常性维护、保养,保证安全设施和安全监测监控系统有效、可靠运行,并在重大危险源现场设置明显的安全警示标志和警示牌,完善项目重大危险源事故应急预案体系。项目部应根据施工进展加强重大危险源的日常监督检查,对危险源实施动态的辨识、评价和控制。

八、绿色施工管理

项目部应在项目开工前编制绿色施工策划方案,结合项目实际将绿色施工管理要求(节能、节地、节水、节材及环境保护)纳入并经审核批准后实施。

九、作业行为安全管理

项目部应采取措施,控制施工过程及物料、设施设备、器材、通道、作业环境等存在的事故隐患;对动火作业、受限空间内作业、临时用电作业、高处作业等危险性较高的作业活动实施作业许可管理,严格履行审批手续;项目部应在施工现场入口处、特种设备、临时用电设施、脚手架、出入通道口、楼梯口、电梯井口、孔洞口、桥梁口、隧道口、基坑边缘、爆破物及有害危险气体和液体存放处等危险部位,设置明显的安全警示标志;项目部应向作业人员提供安全防护用具和安全防护服装,并书面告知危险岗位的操作规程和违章操作的危害;项目部应对施工区域采取封闭措施,对关键区域和危险区域应封闭管理;项目部在工程实施前,应全面布设各类设施、设备、器具的安全防护设施,作业前,安全防护设施应齐全、完善、可靠;施工现场作业人员应遵守安全操作规程和项目部安全管理规章制度,不得违章作业、违章指挥和违反劳动纪律。

十、消防管理

项目部要成立以项目经理为第一责任人的消防领导小组、建立消防制度、配备消防器材、履行消防安全职责,开展消防检查、培训及演练,并按照国家有关规定进行消防验收、备案;项目部应明确重点防火部位和场所,建立重点防火部位和场所档案;项目部办公区、宿舍区应独立设置,且材质防火等级、防火间距及布置要求等应符合 GB 50720 的要求;项目动火作业应实行审批制度。

十一、危化品管理

项目部应建立危化品管理制度,并严格危化品的采购、运输、出入库、使用及报废的管理制度。

十二、应急救援管理

项目部应制订施工现场生产安全事故应急救援预案、专项应急预案、现场处置方案并报审查后实施;施工单位及项目部各自建立应急救援组织,组建应急救援队伍,配备应急救援人员,器材、设备,并定期组织演练;发生生产安全事故后施工单位应及时上报,并采取正确的应急响应,确保将事故损失降至最低;事故按"四不放过"原则开展事故处理。

十三、职业健康管理

项目部应在开工前对工程存在的职业危害环节、场所、工种进行辨识,对存在职业危害因素的场所和岗位,应制订专项防控措施,按规定进行专门管理和控制,并告知作业人员;项目部应提供必要的劳动防护用品,配置现场急救用品、设备;根据职业危害类别,进行上岗前、在岗期间、离岗时的职业健康检查并建立职业健康监护档案。

在工程施工过程中经常使用各类特种设备。项目部是特种设备管理主体,配备专职设备管理人员,对特种设备安全管理全面负责,并按照有关规定和技术要求实施管理,定期组织检查,发现违章违规行为和事故隐患的,应及时予以制止纠正。

特种设备应严格按照使用流程(设备备案、安装告知、安装、检测、联合验收、使用登记、拆除告知、拆除等环节)使用。安拆及使用过程的特种作业人员须取得行业主管部门颁发的特种作业操作证。安拆和使用过程特种作业人员配备数量应满足当地行业主管部门的要求。

特种设备租赁、安装、维保和拆卸活动交由具有起重设备安装工程专业承包资质的单位完成。特种设备检测应由工程项目部委托具有相应检测资质的检验检测机构进行检测,检验周期应满足工程所在地行业主管部门的要求。

使用单位应当履行下列安全职责:

(1)根据不同施工阶段、周围环境及季节、气候的变化,对建筑起重机械采取相应的安全防护措施。

(2)制订建筑起重机械生产安全事故应急救援预案。

(3)在建筑起重机械活动范围内设置明显的安全警示标志,对集中作业区做好安全防护。

(4)设置相应的设备管理机构或者配备专职的设备管理人员。

(5)指定专职设备管理人员、专职安全生产管理人员进行现场监督检查。

(6)建筑起重机械出现故障或者发生异常情况的,立即停止使用,消除故障和事故隐患后,方可重新投入使用。

项目部应根据施工图纸和现场实际辨识危险性较大的单项工程,建立项目危险性较大工程公示牌,并在危险区域设置安全警示标志。项目部应将辨识出的危险性较大的(含超规模)单项工程等级建档进行论证审查。

施工单位应在施工前,对达到一定规模的危险性较大的单项工程编制专项施工方案;对于超过一定规模的危险性较大的单项工程,施工单位应组织专家对专项施工方案进行审查论证。

专项施工方案应由施工单位技术负责人组织施工技术安全、质量等部门的专业技术人员进行审核,经审核合格的。应由施工单位技术负责人签字确认;不需专家论证的专项施工方案,经施工单位审核合格后应报监理单位,由项目总监理工程师审核签字,并报项目法人备案;需专家论证的专项施工方案,施工单位应根据审查论证报告修改完善专项施工方案,经审查后实施。

专项施工方案实施前,编制人员或者项目技术负责人应当向施工现场管理人员进行方案交底;施工现场管理人员应当向作业人员进行安全技术交底,并由双方和项目专职安全生产管理人员共同签字确认。

施工单位应严格按照专项施工方案组织施工,不得擅自修改、调整专项施工方案。如因设计、结构、外部环境等因素发生变化确需修改的,修改后的专项施工方案应当重新审核。对于超过一定规模的危险性较大的单项工程的专项施工方案,施工单位应重新组织专家进行论证。

危险性较大的单项工程合格后,监理单位或施工单位应组织有关人员进行联合验收。验收合格的,经施工单位技术负责人及总监理工程师签字后,方可进行后续工程施工。

监理、施工单位应指定专人对专项施工方案实施情况进行旁站监理。发现未按专项施工方案施工的,应要求其立即整改;存在危及人身安全紧急情况的,施工单位应立即组织作业人员撤离危险区域;总监理工程师、施工单位技术负责人应定期对专项施工方案实施情况进行巡查。

第二节 工程质量控制

工程质量是指工程适合一定用途,满足使用者要求,符合国家法律法规、技术标准、设计文件、合同等规定的特性综合。水利工程质量是指工程满足国家和水利行业相关标准及合同约定要求的程度,在安全、功能、适用、外观及环境保护等方面的特性总和。

现场工程质量管理应坚持缺陷预防的原则,按照策划、实施、检查、处置的循环方式进行系统运作。应通过对人员、机具、材料、方法、环境要素的全过程管理,确保工程质量满足质量标准和相关方要求。

一、影响工程质量主要因素的控制

(一)人的因素

水利工程建设项目中的人员包括决策管理人员、技术人员和操作人员等直接参与水利工程建设的所有人员。人作为质量的创造者,人的因素是质量控制的主体;人作为控制的动力,应充分调动其积极性,以发挥人的主观能动性、积极性和责任感,坚持持证上岗,组织专业技术培训,以人的工作质量保证工程质量。根据工程特点,从确保质量出发,在人的技术水平、生理缺陷、心理行为、错误行为等方面来控制人的使用。

（二）机械设备的因素

机械设备控制包括施工机械设备、工具等控制。机械设备是实现施工机械化的重要物质基础，是确保施工质量的关键条件，因此必须做好有效的控制工作。机械设备是生产的手段，对工程质量也有重要影响。所以，要根据不同施工工艺特点和技术要求，选用合适的机械设备，正确使用、管理和保养好机械设备。同时，也要健全各种对机械设备的管理制度，如人机固定制度、操作证制度、岗位责任制度、交接班制度、技术保养制度等确保机械设备处于最佳使用状态。

（三）材料的因素

材料包括原材料、成品、半成品、构配件，是工程施工的主要物质基础，材料质量是工程质量的重要因素，材料质量不符合要求，工程质量也就不可能符合标准。所以，加强材料的质量控制，是提高工程质量的重要保证，是创造正常施工条件，实现投资、进度控制的前提。要严格控制材料的采购、加工、储备、运输，并建立起严密的计划台账和管理体系。加强材料检查验收，严把材料质量关。对用于工程的主要材料，进场时必须具备正规的材质化验单和正式的出厂合格证，对于重要工程或关键施工部位所用的材料，必须进行全部检（试）验，材料质量抽样和检（试）验的方法要符合有关材料质量标准和测试规程，能反映送检批次材料的质量与性能。

（四）工艺方法的因素

方法控制包含施工方案、施工工艺、施工组织设计、施工技术措施等的控制。施工方案正确与否，直接影响到工程质量控制能否顺利实现。在施工过程中，往往会由于施工方案考虑不周而拖延进度，影响质量，增加投资。为此，制订和审核施工方案时，必须结合工程实际，从技术、管理、工艺、组织、操作、经济等方面进行全面分析，综合考虑，力求方案技术可行、经济合理、工艺先进、操作方便，有利于提高质量、加快进度、降低成本。工艺流程选择和控制可有效提高项目施工质量。方法是实现工程建设的重要手段，无论方案的制订、工艺的设计、施工组织设计的编制、施工顺序的开展和操作要求等，都必须以确保质量为目的，严加控制。

（五）环境的因素

影响工程质量的环境因素比较多，且对工程质量的影响具有复杂而多变的特点，如工程地质、水文、气象等条件就变化万千，温度、湿度、大风、暴雨、酷暑、严寒都直接影响工程具体条件与施工特点、施工方案和技术措施对影响工程质量的环境因素是紧密相关。为此，采取有效的措施加以控制，如在雨季、冬季、风季、炎热季节施工，应针对工程的特点，尤其是对沥青路面工程、水泥混凝土工程、路基土方工程、桥涵基础工程等，必须拟定季节性施工保证质量的有效措施，以避免工程质量受到冻害、干裂、冲刷、坍塌等环境因素的影响与危害。

二、施工各阶段质量管理

（一）施工准备阶段

施工准备阶段的控制是指工程正式开始前所进行的质量策划，这项工作是工程施工质量控制的基础和先导，主要包括以下方面：

（1）建立项目质量管理体系和质量保证体系，编制项目质量保证计划。

（2）制订施工现场的各种质量管理制度，完善项目计量及质量检测技术和手段。

（3）组织设计交底和图纸审核，是施工项目质量控制的重要环节。通过设计图纸的审查，了解设计意图，熟悉关键部位的工程质量要求。通过设计交底，使建设、设计、施工等参加单位进行沟通，发现和减少设计图纸的差错，以保证工程顺利实施，保证工程质量和安全。

（4）编制施工组织设计，将质量保证计划与施工工艺和施工组织进行融合，是施工项目质量控制的至关紧要环节。施工组织设计是指导施工准备和组织施工的全面性技术经济文件。对施工组织设计要进行两方面的控制：一是选定施工方案后，制订施工进度计划表时，必须考虑施工顺序、施工流向、主要分部分项工程的施工方法、特殊项目的施工方法和技术措施能否保证工程质量；二是制订施工方案时，必须进行技术经济比较，使工程项目满足符合性、有效性和可靠性要求，取得施工工期短、成本低、安全生产、效益好的经济质量。

（5）严格控制工程所使用原材料的质量，根据工程所使用原材料情况编制材料检（试）验计划，并按计划对工程项目施工所需的原材料、半成品、构配件进行质量检查和复验，确保用于工程施工的材料质量符合规范规定和设计要求。材料质量控制的内容主要有：材料质量的标准、材料的性能、材料取样、试验方法材料的适用范围和施工要求等。材料质量验收标准、检验材料质量的依据，不同的材料有不同的标准。材料质量检验、试验方法包括书面检验、外观检验、理化检验和无损检验四种。原材料、成品、半成品采用抽样检验方法。在复试中出现不合格项应取双倍数量重新复试，例如：一批钢筋有1个试验项目的1个试件不符合规定数值的时候，则另取两倍数量的试件，对不合格的项目进行复验，如仍有1个试件不合格，则该批钢筋即为不合格。材料检验的取样必须有代表性，即所采取的样品的质量应能代表该批材料的质量。为此，取样必须按规定的部位、数量及采选的操作要求进行。必须针对工程特点，根据材料的性能、质量标准、适用范围和对施工的要求综合考虑选择和使用材料。

（二）施工阶段

施工阶段质量控制是整个工程质量控制的重点。根据工程项目质量目标的要求，加强对施工现场及施工工艺的监督管理，重点控制工序质量，督促施工人员严格按设计施工图纸、施工工艺、国家有关质量标准和操作规程进行施工和管理。

1.施工方案

应依据工程条件和有关标准规定编制关键分部工程和危险性较大分部工程施工方案，如基础工程专项施工方案、深基坑支护专项方案、模板支架施工专项方案、脚手架专项施工方案、钢筋（预应力）工程专项方案、混凝土工程专项方案、预制安装工程专项方案、施工现场临时用电施工方案、塔吊安装拆除施工方案、施工现场与周边防护施工方案、质量通病防治施工方案等。方案一旦确定就不得随意更改，并组织项目有关人员及分包负责人进行方案书面交底。如提出更改，必须以书面申请的方式，经项目技术负责人批准后，以修改方案的形式正式确定。重大修改应执行原方案的审批程序。

2.技术交底

技术交底是施工技术管理的重要环节，通常分为分项、分部和单位工程，按照企业管理规定在正式施工前分别进行。水利工程技术交底经常采用技术安全交底形式，以便科学合理地组织施工，安全地进行作业技术交底的内容应根据具体工程有所不同，主要包括施工图纸、施工组织设计、施工工艺、技术安全措施、规范要求、操作规程；其中质量标准要求是重要部分。对于重点工程、特殊工程，采用新结构、新工艺、新材料、新技术有特殊要求的工程，需要分别进行技术安全交底。技术安全交底应采取会议或现场讲解形式,且应形成会议纪要或技术交底记录。

3.三检制执行

班组自检是工序施工质量的首道检查,是班组工作人员对自己产品按照图纸或规范要求自行进行检查并做出合理判断的过程。通过自行检验,发现质量上存在的问题,寻求办法解决,避免下次重犯。要做好技术交底,使操作者和施工管理者了解工程规模、明确工程任务、清楚施工方法、牢记质量标准。

施工队复检是工序施工质量的第二道检查,是班组之间相互进行的检验,或是班组负责人对本道工序的检验,这种检验不仅有利于保证工程质量,防止班组的疏忽大意而出现违规行为,更有利于加强工人之间互相监督,提高班组的质量意识和管理水平。

项目部终检是工序施工质量的第三道检查,在前两道检查合格的基础上由专职质检员对工序或单元工程进行检查,前两道检查服从终检的指导或安排,因为终检人员都是专业质检员,无论是对施工图纸的理解还是在技术标准的执行上都比现场操作及管理人员更清楚、更明白,检测技能和检验方法更先进,检验结果更准确。初检、复检、终检三道检验逐层进行,严格按照程序执行。

4.设计变更手续

因施工现场情况发生变化,常会导致设计变更;诸如设计单位对原施工图纸和设计文件中所表达的设计标准状态的改变和修改;施工单位发现设计与施工条件不符;建设方为节约投资、加快进度等非施工单位自身因素引起的变更,均应有依据、有理由、有条件和有手续办理设计变更,并及时修改质量标准和变动质量控制点。

5.隐蔽工程验收

隐蔽工程在隐蔽前应进行质量验收,是施工质量控制的重要环节。在施工单位自检符合规定的基础上,填写隐蔽工程验收记录,内容应真实可靠并与隐蔽工程实物一致。隐蔽验收影像资料齐全。重要隐蔽单元工程及关键部位单元工程质量经施工单位自评合格、监理单位抽检后,由项目法人(或委托监理)、监理、设计、施工、工程运行管理(施工阶段已经有时)等单位组成联合小组,共同检查核定其质量等级并填写签证表,报工程质量监督机构核备。

6.成品保护措施

成品保护是工程施工质量控制的重要环节之一。质量管理人员应对现场施工人员加强成品保护教育;在养护期间派专人看护,在没达到设计要求前,任何人都不得在其上行走或作业;竣工维护期间,应制订切实可行的保护措施,保护成品免遭损坏。

7.质量文件档案

对质量有关的技术文件存档保存,如水准点,坐标位置,测量放线,沉降、变形观测记录,图纸会审记录,材料合格证,试验报告,技术交底记录,各种施工原始记录,隐蔽验收记录,设计变更记录,竣工图等。

(三)质量评定与验收阶段

1.组织与程序

水利工程验收按验收主持单位分为法人验收和政府验收。法人验收包括分部工程验收、单位工程验收、水电站(泵站)中间机组启动验收、合同工程完工验收等;政府验收包括阶段验收、专项验收、竣工验收等。验收的组织和程序应按照《水利水电建设工程验收规程》的要求执行。

2.质量控制与管理

在水利工程的各验收阶段,施工单位要检查单元工程质量评定汇总资料、分部工程及单位工程施工质量评定资料是否符合有关规定要求,检查工程原材料、中间产品、金属结构及启闭机制造、机电产品及工程实体的质量检验资料是否齐全,统计分析方法是否准确,是否满足规程、规范和设计要求,并依据《水利水电工程施工质量评定规程》等规程、规范的规定,评价被验工程的施工质量。原材料、中间产品一次抽样检验不合格时,应及时对同一取样批次另取2倍数量进行检验,如仍不合格,则该批次原材料或中间产品应当定为不合格,不得使用。单元(工序)工程质量不合格时,应按合同要求进行处理或返工重做,并经重新检验且合格后方可进行后续工程施工。混凝土(砂浆)试件抽样检验不合格时,应委托具有相应资质等级的质量检测机构对相应工程部位进行检验。如仍不合格,由项目法人组织有关单位进行研究,并提出处理意见。工程完工后的质量抽检不合格,或其他检验不合格的工程,应按有关规定进行处理,合格后才能进行验收或后续工程施工。

第三节　其他管理

一、施工成本管理

施工成本管理贯穿于项目实施的全过程。施工成本管理要在保证工期和质量要求的情况下,采取相应管理措施,包括组织措施、经济措施、技术措施和合同措施,把成本控制在计划范围内,并进一步寻求最大限度的成本节约。

二、施工进度管理

施工进度控制不仅关系到施工进度目标能否实现,它还直接关系到工程的质量和成本。在工程施工实践中,必须在确保工程安全和质量的前提下,控制工程的进度。建设工程项目的总进度目标指的是整个项目的进度目标,它是在项目决策阶段项目定义时确定的,项目管理的主要任务是在项目的实施阶段对项目的目标进行控制。在进行建设工程项目总进度目标控制前,首先应分析和论证目标实现的可能性。

三、施工质量管理

工程质量不仅关系建设工程的适用性、可靠性、耐久性和项目的投资效益,而且直接关系人民群众生命和财产的安全。切实加强工程施工质量管理,预防和正确处理可能发生的工程质量事故,保证工程质量达到预期目标,是工程施工管理的主要任务之一。质量管理的主要内容包括施工质量管理与施工质量控制、施工质量管理体系、施工质量控制的内容和方法、施工质量事故预防与处理、建设行政管理部门对施工质量的监督管理。

四、施工职业健康安全与环境管理

随着人类社会进步以及科技经济的发展,职业健康安全与环境的问题越来越受到关注。

为了保证劳动生产者在劳动过程中的健康安全和保护生态环境,防止和减少生产安全事故发生,促进能源节约和避免资源浪费,使社会的经济发展与人类的生存环境相协调,必须加强职业健康安全与环境管理。安全与环境管理的主要内容包括职业健康安全管理体系与环境管理体系、工程安全生产管理、工程生产安全管理事故应急预案和事故处理及工程施工现场文明施工和环境保护。

五、施工合同管理

合同管理是工程项目管理的重要内容之一。施工合同管理是对工程施工合同的签订履行、变更和解除等进行筹划和控制的过程,其主要内容有根据项目特点和要求确定工程施工发承包式和合同结构、选择合同文本、确定合同计价和支付方法、合同履行过程的管理与控制、合同索赔和反索赔,以及施工合同险管理等。

六、施工信息管理

工程项目的信息管理是通过对各个系统、各项工作和各种数据的管理,使项目的信息能方便和有效地获取、存储、处理和交流。施工项目相关的信息管理的主要工作为:收集并整理相关公共信息、收集并整理工程总体信息、收集并整理相关施工信息、收集并整理相关项目管理信息。

第十章　信息技术

信息技术(information technology,简称 IT)是主要用于管理和处理信息所采用的各种技术的总称,它主要是应用计算机科学和通信技术来设计、开发、安装和实施信息系统及应用软件,主要包括传感技术、计算机与智能技术、通信技术和控制技术。

信息化是当今世界经济和社会发展的大趋势,也是我国产业优化升级和实现工业化、现代化的关键环节。

应用信息技术,对加强水利工程管理极其重要。它可以改善传统人工管理上的诸多不足,避免恶劣天气、复杂的地理环境、危险的突发事件等多种不利因素对水利工程建设的影响,提高水利工程管理的适应性;可以突破人工操作的观测精度,提高数据处理的精确度;可以有效实现管理工作的自动化,节约人力资源成本。

目前,水利工程的常用信息技术有二维码技术、物联网技术、大数据分析、远程监控技术和 BIM 技术等。

第一节　二维码技术

一、概述

二维码技术是指用某种特定的几何图形按一定规律在平面(二维方向上)分布的黑白相间的图形记录数据符号信息。二维码是一种比一维码更高级的条码格式,能存储汉字、数字、图片等信息,因此二维码技术的应用领域极广,具有高密度、范围广、可靠性高、成本低、容错能力强等特点。

工程巡检记录及检查经历了纯人工纸质录入、PC 端辅助录入、PDA 辅助录入三个阶段,这三种录入方式都存在不足。

纯人工纸质录入:携带纸质不方便,模板更换不灵活,后期统计工作量大;

PC 端辅助录入:携带纸质或者 PC 不方便,可能需要重复输入;

PDA 辅助录入:PDA 和软件定制费用高,后期维护成本大。

二维码技术的应用:工作人员只需在手机端即可录入巡检记录、查看工程资料,更能通过工程管理 APP 直接管理,最大程度上实现无纸化、移动化及简约性。

二、二维码在水利行业中应用

水利行业为民生行业,包含防洪防涝、抗旱、灌溉及水资源调整利用等,水利设施安全关乎民生工程,所涉及的泵站、水闸、河闸等水利设备的巡检也尤为重要。而目前水工建筑物的现场管理和运营维护的记录工作基本依靠现场人工填表方式,难免出现漏检。

下面我们分设备物资管理、劳务人员管理、材料管理、工程项目信息公示及项目技术交底几个方面了解一下二维码技术在施工现场管理深度应用的具体解决方案。

（一）设备物资管理

施工企业在后台建立系统平台。在后台，管理员可以创建设备二维码，将设备的参数信息添加上去，批量生成设备二维码。

设备信息可以通过扫描设备二维码展现在手机端或其他端口，可以随时查看设备参数信息；另外也通过扫描二维码查看或者添加维护记录。用手机扫描代替传统的纸质记录或者台账系统。系统后台可以设置管理员，授予相应的管理权限，就可以查看或者添加维护记录。用扫码软件扫描就可以进行设备维护管理，十分便捷地解决识别终端问题。有权限的还可以查看维护记录，可以通过字段筛选查找相应的维护记录，后台所有的设备信息及维护数据都可以通过 Excel 数据表格导出或生成报表，可以设置不同内容的查看权限，保护施工企业的内部数据安全。

（二）劳务人员管理

施工企业将工人信息制生成二维码记录在安全帽上，可以通过扫描安全帽直接在手机上进行劳务人员管理，如图 10-1 所示。

图 10-1　安全帽二维码信息

（三）材料管理

原材料、物资进场验收时，材料员需要在现场对材料进行标识。通常在材料堆放区树立材料标识牌，或将材料标识卡悬挂在材料上，方便告知领料员、试验员该批次材料的验收状况。

随着项目信息化水平的提高，材料员开始引入二维码技术，来帮助他们提升工作效率。运用二维码制作的材料标识卡，不仅可以将材料名称、规格、厂家、批号等信息生成电子表单，还能展示合格证、检验报告、现场取样照片等内容，如图 10-2 所示。

图 10-2　材料标识牌二维码信息

将二维码贴在材料标识牌上,可供查询的内容更多了,监管人员例行检查时可以随时查询材料合格证、检验报告等信息。当材料标识牌信息发生变更时,材料员可以随时修改二维码内容,具有重复利用性。

(四)工程项目信息公示

施工工地现场的入口处,都会放置一张项目公示牌,将项目信息、各参建单位信息、责任人信息等内容公示在展板上,但上面的信息偏少,又无法提供动态信息。由于二维码可承载更多的信息,项目的管理人员可以通过二维码,将工程进度、现场施工照片、项目视频介绍等更丰富的信息展示给民众,而且信息更新方便,图 10-3 为将二维码做成立方体放置在项目部的广场上。

图 10-3 工地入口处二维码信息

(五)项目技术交底

之前施工技术交底,通常采用书面形式,由施工技术负责人向参与施工的人员进行上课交底,工人接受交底并签认后即开始施工。但纸质形式,不便于内容变更;资料多,携带不方便、容易丢失,不能随时查看;工人看完就放下,交底后会出现理解不透彻的现象。通过二维码技术交底,信息清晰、内容全面。技术交底、施工方案等要求性文件,用二维码标出,一目了然,如图 10-4 所示。

图 10-4 项目技术交底

此外,二维码还可实现对项目进度、安全质量的信息展示、管控、项目人员培训及考试等。

第二节　物联网技术

一、概述

物联网是通过传感设备、控制设备,按约定协议,将物件信息或物件间的互动信息与互联网连接起来,进行信息交换和通信,实现智能化识别、定位、跟踪、监控和管理等功能的一种应用架构。

物联网诞生之前,人们一直是将物理基础设施和 IT 基础设施分开。而在物联网时代,把感应器等芯片嵌入到桥梁、隧道、公路、电网、管线等各种物体中,然后与现有的互联网整合统一,实现人类社会与物理系统的整合。如工地垂直塔吊上先进的传感器,能对风向、粉尘、温度等做出实时监测,并及时做出安全预警;建设工人通过人脸识别进入施工区域,防止无关人员进入施工场地,保障施工人员与物资的安全;项目负责人在千里之外就能对工地的意外情况进行远程指挥;施工设备需人脸识别后方可启用。这些都是物联网技术在建筑行业的运用。

二、物联网在水利行业的应用现状

(一)物联网技术用于监控管理

通过物联网技术实现对事物和作业的不间断监测,及时响应突发事件是物联网的一项重要应用。具有灵敏度高、体积小、易于敷设、对被检测场无干扰、抗电磁干扰能力强,能够进行分布测量等特点的光纤传感器在建筑智能化中将发挥越来越大的作用,而且还可以设计一些通过提供工作活动必需的实时信息来帮助工作人员的有过程意识的智能工具,如以压缩空气为动力的气动路面破碎机,具有效率高、可靠性强、反冲力小、经久耐用等优点。能高效完成钢筋混凝土、岩石、沥青的破碎工作,适宜桥梁、道路、建筑物、电力、自来水管网的养护、抢修及拆除的施工作业。

利用物联网技术可以预知高层建筑、桥梁、隧道、水坝等主体结构局部的载荷及状况,并对突发状况进行紧急响应。光纤光栅传感器可以贴在结构的表面或预先埋入结构中,对结构同时进行冲击检测、形状控制和振动阻尼检测等,以监视结构的缺陷情况。

(二)物联网技术用于施工安全管理

在施工过程中,施工安全隐患无处不在,这也成为各承包商和相关部门关注的头等大事。基于 BIM 技术的物联网应用可以大大改善这一情况:如使用无线射频识别标识在临边洞口、出入口防护棚、电梯井口防护等防护设施上,并在标签芯片中载入对应编号、防护等级、报警装置等与管理中心的 BIM 系统相对应,达到实时监控的效果。同样也可以对高空作业人员的安全帽、安全带、身份识别牌进行相应的无线射频识别,同样在 BIM 系统中精确定位,如操作作业未符合相关规定,身份识别牌与 BIM 系统中相关定位同时报警,使管理人员精准定位隐患位置,迅速采取措施以避免安全事故的发生。

(三)物联网技术用于技术质量管理

在施工过程中经常需要对隐蔽工程进行抽样检验以确保工程质量,这样的弊端在于不可能全面地检测所有的隐蔽工程。此外,部分隐蔽工程的检测通常采取的是破坏性检测,对质量本身就会造成比较大的影响。利用物联网技术对隐蔽工程部位放置的反映质量参数的传感器进行信息采集,再结合 BIM 系统的三维信息即可以精准定位到每个隐蔽工程的关键部位,从而检测质量状况是否达到相应要求。一套感应器采集系统加上 BIM 系统的三维信息技术的报警系统,可以将工程质量损失降到最低。

(四)物联网技术用于成本控制

工程施工发生实际工程量及工程返工是造成工程成本变化的重要因素。利用 BIM 技术和物联网技术的结合可以根据时间、部位、工序等维度进行条件统计,制订详细的物料采购计划,并对物料批次标注无线射频标签来控制物料的进出场时间和质量状况,避免出现因管理不善造成的物料损耗增加和因物料短缺造成的停工或误工。在复杂钢结构装配工作中,基于 BIM 技术的物联网技术应用应运而生:首先通过无线射频识别技术将芯片分门别类地安装在每一个钢结构构件中,再将对应的读取器设置在 BIM 信息模型中与之对应。装配过程中保证所有的构件必须与 BIM 中的对应代码相匹配,否则以警报的形式提醒工程技术人员,从而避免装配错误的情况出现。

三、基于物联网技术的施工现场解决方案

下边我们分人员车辆管理、施工监控、实时追踪、物资管理和施工进度管理几个方面谈一下物联网技术在施工现场管理深度应用的具体解决方案。

(一)人员车辆管理

1.数据初始化

(1)为现场管理、施工人员和其他临时进出施工现场人员发放制作好的人员身份卡。

(2)为常驻车辆发放车辆身份卡。

(3)给工地用安全装备,如安全帽,贴上 RFID 识别标签。

2.数据采集

(1)当施工人员或车辆进入现场时,系统自动采集施工人员的身份信息和安全帽信息;

(2)抓拍图像。

3.数据校验

系统自动进行校验,判断人员是否允许进出,是否进行正确安全防护。

4.反馈结果

自动将处理结果反馈给控制门闸,门闸自动放行或提示错误、告警。

5.信息记录、查询

自动记录当前人员信息到服务器;根据筛选条件,如人员编号、时间段等进行查询。

(二)施工监控

(1)布设网络摄像头:在基坑的适当位置上布设网络摄像头。

(2)布设传感器:在指定位置布设压力或松动、透水传感器,当压力或湿度或水分值达到临界点时,自动向后台发送信息,并警报;记录压力变化便于分析。

(三)实时追踪

(1)预构模型,将建筑整体区域分布在系统内构建。

(2)在各楼层出入口布设控点,采集楼层出入数据。

(3)图表显示:

①根据 ID 选择显示路径；

②根据控点查看路径信息；

③远程桌面展示。

（四）物资管理

1.入库

（1）数据初始化：为所有入库的物资进行数据初始化（低价值单元化管理、高价值单品管理）；

（2）自动采集数据：自动采集入库产品数据；

（3）数据比对，将采集到的数据跟入库单进行对比；

（4）反馈结果，根据对比的结果执行入库或异常处理。

2.出库

（1）根据项目施工计划领用材料；

（2）自动采集数据，自动采集出库物料数据；

（3）数据对比，将采集到的数据跟出库单进行对比；

（4）反馈结果，根据对比的结果执行出库或异常处理。

（五）施工进度管理

根据传感器自动录入施工进度计划，自动将每日采集到的人员数据、物资数据进行收集、解析、处理转换为工作进度，根据当日进度实时进行反馈报警和预警。

第三节　大数据分析

一、概述

所谓大数据，是指无法在一定时间范围内用常规软件工具进行捕捉、管理和处理的数据集合，是需要新处理模式才能具有更强的决策力、洞察发现力和流程优化能力的海量、高增长率和多样化的信息资产，大数据主要作用是预警、分析。

随着数据分析应用在水利行业的渗透与发展中，水利信息技术对行业的影响日趋显著，利用自控、感知、智能等技术手段，提升水利管理水平。水利信息化建设热点从物联网建设、数字化信息建设，逐步蔓延到实时数据采集应用、数据中心、智慧水利系统平台、大数据分析等技术。这种趋势的转变，让各行各业重视到数据分析带来的效果。

水利的主要管理对象是江河湖泊及为防汛抗旱、水资源开发利用等建设的水利基础设施，服务对象是经济社会。我国地域广阔，水系多而复杂，水利工程点多、面广、量大、种类多，经济社会发展对江河安澜和水利工程安全高效运行要求很高。传统水利已经难以满足新时代经济社会发展提出的专业化、精细化、智能化管理要求，水利必须以流域为单元、以江河水系为经络、以水利工程为节点，通过智慧水利构建起现代水利基础设施网络平台，满足新时代经济社会发展的新要求。通过大数据统计分析能够在整体上反映水利行业的发展情况，并引导政府、企业管理者进行预警与调控。

二、水利施工中的大数据挖掘技术

在施工过程中除前期准备工作不足、项目设计偏差、施工管理不当、设备未按时按要求到位以及天气情况等原因导致工程进度缓慢外，还有很多被忽略的因素会影响工程进度，实际施工中客观存在一些我们不了解的因果关系，要想更好地了解这些因果关系，需要对大量工程项目管理数据进行挖掘，基于数据分析结果做出决策。

施工现场数据采集的及时性、可靠性和完整性对于实现工程项目的动态管理是十分必要的，同时工程施工阶段采集的数据为工程项目的安全监测和运营维护提供了很好的信息平台。按照不同的使用用途，工程施工现场常用的自动化数据采集技术主要可分为以下几类：自动识别技术、定位跟踪技术、图像采集技术和传感器与智能监测技术。

（一）条形码技术/二维码技术

条形码及二维码技术的出现，克服了传统手工输入数据效率低、错误率高以及成本高的缺点，逐渐被应用于建筑行业，实现以较少的人力投入，获取高效准确的信息。条形码技术应用于施工现场主要在于加强对建筑材料和机械设备的管理，通过获得的实时数据，完成从材料计划、采购、使用、回收到储备的全过程跟踪，减少材料浪费。还可以制成工作人员的工作卡，方便对现场人员的控制和管理。

（二）射频识别技术

它是一种基于电子信号检测的非接触式的无线传感技术，通过射频信号自动识别目标对象并获取相关数据，识别工作无须人工干预，可工作于各种恶劣环境。应用 RFID 解决施工管理问题主要在于以下几方面：

（1）建筑材料的跟踪：建筑材料成本统计，对工程项目施工期间采购的所有建筑材料的成本进行统计；用于材料供应链管理，减少库存，降低成本；寻找、跟踪建筑材料；记录建筑材料的使用记录及放置位置；依据材料使用信息对工程项目进行进度监控；通过对建筑材料的有效管理提升现场工作效率。

（2）现场施工人员、机械设备的管理：监测场区范围内施工人员身上的 RFID 标签，掌握工地现场人员状况；将工人工作经验、培训情况等信息存储于 RFID 标签中，方便雇主管理与查阅；跟踪机械设备、工具的位置，方便工作人员取得所需工具；将施工机械的驾驶员与机械日常维护等信息存储于 RFID 标签中，方便检视施工机械的操作情况。

（3）现场安全管理：设置对现场人员、车辆进行出入辨识的门禁系统，加强对施工现场的进出管理；跟踪危险物品或现场废弃物；监视工作人员位置，当处于或即将处于危险区域时，对其提出警告；出现事故或发生人员伤亡时，发出求救信号，予以迅速救援。

（三）定位跟踪技术

全球定位系统，是一种基于卫星导航的定位系统，可以在视野之内全天候提供可靠、动态的定位跟踪信息。

在工程施工中的应用主要有三方面：一是用于各种等级的大地测量与线路放样，测量员在 GPS 技术使用中，仅需将 GPS 定位仪安装到位并开机即可，GPS 定位仪可自动化完成大地测量；二是工程结构的健康监测，作为一种全新的结构健康监测方法，GPS 中的 RTK 技术具有其独特的优越性，克服了传统的结构监测方法的众多缺陷；三是对施工人员和施工车辆的定位跟踪，科学合理地完成车辆运营调度，掌握施工机械的工作路线以及工作状态。

（四）图像采集技术

视频监控也称图像监控，它利用摄像机把即时的场景采集下来，通过传输介质传输到远端的监控中心，同时通过在视频采集点配备机械转动装置和电控可变镜头实现对远端场景的全方位观察,达到远程实时监控的目的。采用视频监控技术能够实现声音与图像的同步传送,可以得到与施工现场环境一致的场景信息,用来实现较周密的外围区域及建筑物内重要的区域管理,减少管理人员的工作强度,提高管理质量及管理效益。视频监控技术在日常的管理工作中比较常见,作为现代化管理有力的辅助手段,视频监控系统将现场内各场景的视频图像传送至监控中心,管理人员在不亲临现场的情况下可客观地对各监测地区进行集中监视,发现情况统一调动,节省大量巡逻人员,还可避免许多人为因素。结合现在的高科技图像处理手段,还可为以后可能发生的事件提供强有力的证据。但是,目前国内基于视频监控技术的施工现场管理还主要依靠人工对视频文件进行管理和分析,这就造成管理易受监控者的主观经验影响。通过技术的引进和推广,下一步智能视频监控技术的应用应该越来越多。

(五)传感器与监测技术

传感器是能感受(或响应)规定的被测量并按照一定规律转换成可用输出信号的器件或装置。随着现代计算机技术等相关领域的发展,无线监控应用的需求孕育出无线传感器网络技术。它是一个由若干空间分布式传感器节点组成的自组织无线网络。它通过传感器节点感知真实世界,获取被监测对象的各种信息。一个无线传感器网络可将不同的传感器节点布置于监控区域的不同位置并自组织形成无线网络,协同完成诸如温湿度、噪声、粉尘、速度、照度等环境信息的监测传输。在建筑人员管理中,可以进行现场进出控制、人员出勤记录与人员安全管理;在建筑材料管理中,能完成供应链管理、库存管理、材料质量保证;在建筑机械管理中,能进行实时机械工具追踪、机械运行记录、机械维护记录等工作。

三、大数据在水利施工现场管理中的应用

(一)资源管理

在项目施工过程中,劳动力、材料、机械设备等生产要素的优化配置和动态管理是保证工期、控制质量、节约成本的关键。项目资源管理的基本工作主要包括:编制项目资源管理计划,确定所需资源的数量、进场时间、进场要求和进场安排;保证资源的供应,优化选择资源的来源;节约使用资源,根据每种资源的特性,进行动态配置和组合,协调投入,合理使用;对资源使用情况进行核算,根据使用情况进行资源投入的调整;对资源使用效果进行分析,总结经验,反馈问题。

(二)质量管理

施工中的数据对施工质量至关重要。比如在打桩的时候在桩的端部植入 RFID 标签,通过无线电信号判断是否到达设计的深度;对于标记的建筑材料,可以将其供应商、品种、规格、尺寸、交付日期等信息都储存于识别装置中,以确保所使用的材料是合格的并可以正确的使用;在混凝土中嵌入有源 RFID 标签与温度传感器,以便轻松准确地监测固化过程,评估混凝土表面质量、平整度、厚度;利用嵌入式传感器可以用于长期监测结构或构件的性能,可以随时获取数据,降低检测成本以及劳动力;建立竣工三维模型,检测竣工模型相对于设计模型的偏差和存在的缺陷;实时跟踪结构制作和安装的过程,避免超出容许的偏差而造成返工;当某个构件出现质量问题时,可立即通过相关数据记录查询到问题是由哪一批材料引起且该批材料使用在哪些工程部位上,以便迅速查出有质量问题的材料,从而确保材料的质量和使用状态,反过来可实现责任的溯源。

（三）进度管理

施工进度管理被视为建设项目能否成功的关键因素之一。当施工进度偏离了原来的计划时，通过有效的施工进度监控，可以采取及时的纠正措施，使最终的产品满足原有计划。

当工期延误时，我们采用基于大数据的算法分析原因，将所有存在工期延误的项目组组成一个集合 Y，将 Y 中所有导致工期延误的原因组成集合 I，包括事故、资金短缺、施工监管不当、雨雪、天气炎热、地质变化等，用 $I=\{i_1,i_2,\cdots,i_m\}$ 表示，建立单层布尔关联关系挖掘模型。通过此模型可以获得一组频繁项集，从两方面对其进行描述：一是支持度，即一个项集在 Y 中出现的百分比，比如所有工期延误的项目中由于雨雪和施工监管不当造成的工期延误占 20%，则支持度为 20%；二是置信度，比如因为雨雪天气导致的施工监管不当占 50%，则该频繁项集的置信度为 50%。

（四）安全管理

对于施工现场安全管理，现有的手段一方面是通过培训、监督、奖励等措施来提高现场工人的安全意识，另一方面通过架设临时性保护措施以及个人安全防护装备来降低安全风险。事实上，这些措施都很难保证对现场工人在复杂的施工环境下进行动态的安全管理。研究表明，施工现场发生安全问题的一个主要原因就是工作人员不按规定穿戴安全装备，特别是在高温或潮湿的工作环境中。利用定位跟踪技术就可以实时监控工人是否有违规行为，并及时对其提出警告，减少现场安全隐患。利用自动识别和定位技术，可以对进出施工现场的人员、材料和设备进行有效识别，记录人员和车辆到达和离开工地的情况。在安全要求较高的施工现场，可采用"射频识别+指纹识别"、"射频识别+人脸识别"、"射频识别+指纹识别+人脸识别"等监控模式，当有问题人员进入时，即触发报警。另外，还可以随时掌握现场人员的所在位置，当施工现场工作人员进入危险区域时对其进行警告，或是当施工人员位于施工机械操作人员的工作盲点时向施工机械操作人员下达暂停施工的指令，帮助避免任何可能发生的碰撞，以减少施工现场的伤亡事故。还可以通过高精度传感器采集塔式起重机和施工升降机的运行情况，同时把相关的安全信息发送给服务器，根据实时采集的信息采取安全报警和规避危险的措施，在发生违规操作等不安全因素时发出报警，同时将报警数据上传到远程平台，对某些不安全运行的机械设备进行自动控制，以提升机械设备的安全运行水平，如图 10-5 所示。

图 10-5　城市桥梁养护管理信息系统大数据分析平台

第四节　远程监控技术

一、概述

(一)远程监控系统功能

远程监控系统可以实现各级用户对工程的监测数据共享功能,并对流域内的业务数据进行流程分析,它主要包括与工程运行相关数据的全方位采集、传输、存储、计算、查询和显示等主要功能。

监控功能是远程监控的最主要功能,它主要用于水利工程的远程启动和关闭操作,从而实现远程的实时控制,以提高流域内水利工程的自动化程度,提高水利工程管理工作的高效率。同时,也为水权分配机构提供有效的监控手段,来完成流域水量调度的科学监督。监控功能在实现水利工程的远程自动化控制时,还可实现自身安全系统的自动保护。

远程监控技术还可实现对监控设备运行的全面维护和检测,及时发现系统中存在的故障隐患,并进行调整,从而实现远程的系统运行、维护管理,如图 10-6 所示。

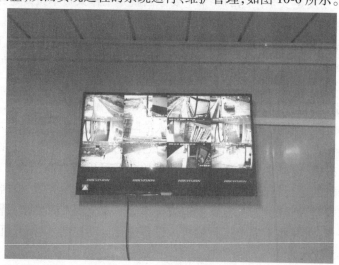

图 10-6　项目部远程监控示意图

(二)远程监控系统的组成

1.视频采集设备

这部分设备主要用于被监控区域图像光信号的采集,并将其转化成数字信号,也称为摄像装置。它是整个视频采集系统的重要部件,是收集一手信息的关键设备。

2.数据通信设备

现代的水利工程所采用的数据通信设备种类较多,应该较为频繁的是 DST. 323MCS 所组成的网络监控系统,它采用 TCP/IP 标准协议,可以直接与局域网或者互联网进行连接。它支持不同的网络接入方式,适应于水利工程采集点距离较远的特点。

3.控制中心设备

控制中心设备的良好运行是保证水利工作人员进行正确决策的关键,所以控制中心设备十分重要。控制中心主要由计算机设备、数据交换设备、图像显示设备以及终端摄像设备组成。它是实现水利工程远程监控技术的核心所在,也是进行决策和操作的终端设备。控制中心能够实现多画面的影像显示和多路输出控制,以保证水利工程整个远程监控系统的实时性和有效性。

二、远程监控技术在水利工程中的作用

(一)水库的运行管理监控

利用远程监控的视频监控系统,可以实现对各水库蓄水情况和水位情况的实时监控,为水库管理人员和操作人员的远程操作提供必要的实时依据。水库管理人员通过远程的视频监视,观察水库的水位情况,并通过远程的控制系统对水库闸门的流量进行及时调整。尤其是在一些比较特殊的区域和环境下,使水库工作人员不用经常处于危险的工作环境当中,只要对着操作系统便可实现水库管理的远程控制。

(二)对河道及航道状态进行监控

水利工作人员可以通过远程视频监控系统,及时了解河道及航道的水文状态。系统的操作人员只需要在系统室进行远程的控制操作,便可以及时操作闸门的开合操作。远程监控还可以对河道及航道水面的清洁状况进行观察,以便工作人员及时对河道及航道进行清洁,保证河道的畅通和农田灌溉的需要。

三、现代技术手段在水利工程远程监控系统中的应用

(一)CDMA 在水利灌溉远程监控系统中的应用

CDMA 监控系统可按照"控制中心–终端监控"的模式进行设计,控制中心主要负责收集监控终端上传的数据及图像信息,并向监控终端发送出一系列的操作指令。由 CDMA 技术组成的灌溉泵站远程监控系统主要由泵站现场的终端设备、数据传输系统、监控管理控制中心所组成,其中数据的传输网络则由 CDMA 网络和 Internet 组成。监控现场的视频图片可以通过安装在站内的 3G 路由器通过 CDMA 无线网络接入到网络的管理中心。控制中心可采用 PC 机结合固定 IP 地址的方式,当 3G 模块进入 CDMA 网络时,可以进行自动连接,使其在泵站终端与控制中心之间建立起良好的通讯链接,实现双向通信。控制中心的计算机装有数据采集、控制软件和视频服务软件。监控设备终端则分为数据采集处理单元、视频采集处理单元和 3G 路由器等设备组成,PLC 需要与现场的压力传感器、人机界面和变频器等设备相连接,PLC 端口与 3G 路由器的通信口相连接,来实现数据信息的双向交换;视频采集处理单元主要由安装在站内的红外摄像头和视频服务器组成。

管理中心工作站的计算机软件,需要完成从泵站终端进行数据获取,并根据获取到的数据在界面上显示出动态画面和数据,来实现人机的互动。管理软件作为监控系统的管理软件,需要对所有的现场监控进行组态运行。组态软件具有开发速度快、设计灵活和修改方便等优点。将 3G 路由器通信程序设计成组态软件的控件,来实现现场设备与组态软件的完美结合。用管理中心视频服务管理软件来完成泵站视频数据的解码,实现泵站图像的远程呈现。

(二)3G 技术在水利工程视频监控中的应用

3G 技术可根据水利监控点的实际情况,进行视频摄像机的设置安装,以便采集视频信

号。每个监控点的摄像机都与无线网络的视频服务器连接,其中包含视频编解码的模块,控制中心的计算机可通过视频编解码模块来进行控制。可随时对摄像机进行角度和变焦的调整。

无线传输系统的组成部分就是网络视频服务器,这包含视频编解码和无线传输两个模块。无线传输模块一般采用嵌入式结构,这可以实现 TCP/IP 协议、POP3/SMTP 协议,并支持动态的 IP。视频编码模块在将数字视频信号压缩后,传输给无线传输模块并自动拨号,通过 UIM 卡将数字信号传送出去,并由 CDMA 基站负责接收,传送到 Internet 网络上。与代理服务器的 IP 地址建立通信。监控中心是由一台公网 IP 代理服务器所组成,它同时具备存储服务器功能、中继服务器功能以及视频编解码器功能。在无线网络视频服务与代理服务器建立了连接之后,代理服务器便可对前端摄像机进行控制,并将接收到的视频信号进行存储,为水利工作人员提供视频依据,也可通过监控中心与其他用户建立信号往来。

水利工程的远程监控系统,不但可以大量减少水利工作人员的工作量,也提高了水利监测的准确性和高效性。用于远程监控技术的设备较为简单、方便携带、便于安装,且兼容性较强,非常适合用于水利工程的监控管理。现代的水利工程就需要现代化的技术进行管理,这样才能保证国家水利工程的持续发展。

第五节　BIM 技术

1975 年,查克·伊士曼(Chuck Eastman,Ph.D.)借鉴制造业的产品信息模型,提出"building description system"的概念,透过计算机对建筑物使用智能模拟,这是 BIM 的起源思想。20 世纪 80 年代,有芬兰的学者对计算机模型系统深入研究后,提出"product information model"系统。2002 年,Autodesk 公司提出 BIM 并推出了自己的 BIM 软件产品,此后全球另外两个大软件开发商 Bentley、Graphisoft 也相继推出了自己的 BIM 产品。从此,BIM 从一种理论思想变成了用来解决实际问题的数据化工具和方法,通常称为"BIM 技术"。

建筑信息模型(building information modeling,简称 BIM)提供的是一种数字化建筑信息模型的表达方式,它可以全面反映建筑全生命周期不同阶段的数据过程和这个过程中所需要的资源;可以简单地理解为信息+模型,其中信息是模型的核心,而模型是信息的载体。BIM 技术贯穿于建筑工程的规划、设计、施工和运营维护全生命周期,可为各个阶段的参与单位提供统一模型并实现协同工作。

水利工程牵涉面广,投资大,专业性强,建筑结构形式复杂多样,尤其是水库、水电站、泵站工程,水工结构复杂、机电设备多、管线密集,传统的二维图纸设计方法,无法直观地从图纸上展示设计的实际效果,造成各专业之间打架碰撞,导致设计变更、工程量漏记或重计、投资浪费、施工效率低、安全隐患高、后期运营成本高等现象出现。采用基于 BIM 技术的三维设计和协同设计技术为有效地解决上述问题提供了平台,对于水利行业的发展意义重大。

对业主方而言,利用 BIM 技术,可以有效控制造价和投资、减少返工、节约工期、提升质量安全管理、积累项目数据、提升管理水平、降低运维成本。

对设计院而言,运用 BIM,可以提升设计效率和质量,提高竞争力,扩大服务范围;实现多专业设计协同,减少设计错误;通过 BIM 模型,可以模拟建筑的声学、光学以及建筑物的能耗、舒适度,进而优化其物理性能,为绿色建筑建造提供助力;随着经验的积累,族库可重复利用并不断完善;使项目团队结构发生改变,分工更加明确,可把设计师从大量绘图工作中解放出来,专注做设计。

对施工方而言,BIM 带来的价值主要体现在三个层级的应用上。

一是专业应用,可以实现快速建模、碰撞检查、快速算量等,大大提高工作效率,这是工具级应用。作为信息工具,可以获得模型和数据,为建筑后期运维奠定基础。

二是项目级应用。将全专业模型导入 BIM 5D 管理平台,同时关联项目的进度和成本数据。在项目全过程中利用 BIM 模型中的信息,通过随时随地获取数据为人材机计划制定、限额领料等提供决策支持;通过碰撞检查、施工模拟,优化工程计划、避免返工、实现工程项目的精细化管理,项目利润可提高 10% 以上。这是 BIM 技术的深度应用,也是为企业提供项目整合数据、支持决策的关键。

三是企业级应用。一方面可以将企业所有的工程项目 BIM 模型集成在一个服务器中,成为工程海量数据的承载平台,实现企业总部对所有项目的跟踪、监控与实时分析,还可以通过对历史项目的基础数据分析建立企业定额库,为未来项目投标与管理提供支持;另一方面 BIM 可以与 ERP 相结合,ERP 从 BIM 数据系统中直接获取数据,可以避免现场人员海量数据的录入,使 ERP 中的数据能够流转起来,有效地提升企业管理水平。

一、项目建模

(一)BIM 建模概述

当前,2D 图纸是我国建筑设计行业最终交付的设计成果,这是目前的行业惯例。因此,生产流程的组织与管理均围绕着 2D 图纸的形成来进行(客观地说,这是阻碍 BIM 技术广泛应用的一个重要原因)。3D 设计能够精确地表达建筑的几何特征,相对于 2D 绘图,3D 设计不存在几何表达障碍,对任意复杂的建筑造型均能准确表现。尽管 3D 是 BIM 设计的基础,但不是其全部。通过进一步将非几何信息集成到 3D 构件中,如材料特征、物理特征、力学参数、设计属性、价格参数、厂商信息等,使得建筑构件成为智能实体,3D 模型升级为 BIM 模型。BIM 模型可以通过图形运算并考虑专业出图规则自动获得 2D 图纸,并可以提取出其他的文档,如工程量统计表等,还可以将模型用于建筑能耗分析、日照分析、结构分析、照明分析、声学分析、客流物流分析等诸多方面。

水工建筑物的型式、构造和尺寸,与建筑物所在地的地形、地质、水文等条件密切相关,设计选型独特,各构件不具有通用性。由于软件本身限制,进行族划分时应尽量分解到最小单元,方便后期施工模拟。桥梁建模如图 10-7 所示。

(二)BIM 建模技术在水利水电工程中的应用

1.BIM 建模水利工程优势

我们从设计方、施工方和运营方讨论 BIM 建模优势。

1)设计方优势

(1)可视化交流:依托 BIM 软件进行三维建模,可以准确地生成坝工程各部分剖面图,减少了传统二维设计中绘制剖面图的工作量,提高了设计工作效率。

(2)联动化设计:传统二维设计时,由于工作人员疏忽,容易导致错误。BIM 建模之后,所有视图、剖面以及三维图具备联动功能,一处更改之后,其他处自动更新,方便设计修改。

(3)多专业协调:水电站设计中各专业的最新设计成果实时反映在同一 BIM 上,错误碰

图 10-7　BIM 桥梁建模图

撞、交叉干扰的问题显而易见。

（4）标准化设计：传统的二维设计对工程设计人员空间想象力的要求很高，标准不统一。应用 BIM，可以有效避免一些由于工程设计人员空间想象不正确而导致的错误。

2）施工方优势

（1）多维施工分析：通过 BIM 系列软件建模，进行三维施工工况演示，与施工进度结合进行四维模拟建设，通过与概预算结合进行五维成本核算分析。

（2）读图效率辅助：对于读图的施工人员，通过三维 BIM，将大大提高读图效率和准确度。

（3）施工现场管理：BIM 可有效支撑施工管理过程，针对技术探讨和简单协同进行可视化操作，自动计算工程量，有效减少工艺冲突。

3）运营方优势

（1）运营信息集成：BIM 可有效地集成设计、施工各个环节的信息，减少传统的施工竣工图整理的冗杂过程和避免竣工资料归档的人为错误，提高效率，优化管理。

（2）资产及空间管理：通过 BIM 对资产及空间进行优质、高效的管理，可视化进程与监控系统有机结合，节省人力、物力。

（3）建筑加固改造：建筑运营过程中出现的病险加固和改造，可以直接通过 BIM 分析处理，减少工作量。

2.BIM 在水利建设中的应用实例

由于水利工程造价具有大额性、个别性、动态性、层次性、兼容性的特点，BIM 技术在水利建设项目造价管理信息化方面有着传统技术不可比拟的优势：一是大大提高了造价工作的效率和准确性，通过 BIM 技术建立三维模型自动识别各类构件，快速抽调计算工程量，及时捕捉动态变化的结构设计，有效避免漏项和错算，提高清单计价工作的准确性；二是利用 BIM 技术的模型碰撞检查工具优化方案、消除工艺管线冲突。造价工程师可以与设计人员协同工作，从造价控制的角度对工艺和方案进行比选优化，可有效控制设计变更，降低工程投资。

BIM 技术的出现，使工程造价管理与信息技术高度融合，必将引发工程造价的一次革命性变革。目前，国内部分水利水电勘测设计单位已引进三维设计平台，并利用 BIM 技术实现了协同设计，在提高水利工程造价的准确性和及时性方面进行了有益探索，值得借鉴。

1）南水北调中线工程

在南水北调工程中，长江勘测规划设计研究院将建筑信息模型 BIM 的理念引入其承建的南水北调中线工程的勘察设计工作中，并且由于 3D 建模软件良好的标准化、一致性和协调性，最终确定该软件为最佳解决方案。利用 3D 技术快速地完成勘察测绘、土方开挖、场地规划和道路建设等三维建模、设计和分析等工作，提高设计效率，简化设计流程，其三维可视化模型细节精确，使工程三维微观一目了然。基于 BIM 理念的解决方案帮助南水北调项目的工程师和施工人员，在真正施工之前，以数字化的方式看到施工过程，甚至整个使用周期中的各个阶段。该解决方案在项目各参与方之间实现信息共享，从而有效避免了可能产生的设计与施工、结构与材料之间的矛盾，避免了人力、资本和资源等不必要的浪费。

2）云南金沙江阿海水电站

中国水电顾问集团昆明勘测设计研究院有限公司在水电设计中也引入了 BIM 的概念。在云南金沙江阿海水电站的设计过程中，其水工专业部分利用 BIM 建模软件完成大坝及厂房的三维形体建模；利用软件平台，机电专业（包括水力机械、通风、电气一次、电气二次、金属结构等）建立完备的机电设备三维族库，最终完成整个水电站的 BIM 设计工作。BIM 设计同时提供了多种高质量的施工设计产品，如工程施工图，PDF 三维模型等。最后利用软件平台制作漫游视频文件。

二、场布应用

（一）场布应用概述

水利工程枢纽布置的任务是确定各建筑物在平面和高程上的布置。水利枢纽布置是一项复杂的工程，不是一般性确定算法能够解决的，而应该在工程条件的约束下，进行多种方案比选。目前的方案比选都是建立在平面图的基础上，需要水工专家有丰富的实践经验和综合推理能力。在方案比选阶段建立各水工建筑物的 BIM 模型，并结合地形的 BIM 模型形成完整的项目总体沙盘，能使决策人员直观地了解各水工建筑物之间、各水工建筑物与周围地形条件之间的制约关系。同时，基于参数的 BIM 模型可在空间位置任意移动，能够实现一处更改，处处更改，使每一种决策都成为一个完整可视的沙盘。某一级水电站拱坝中心线布置方案比选效果图如图 10-8 所示。

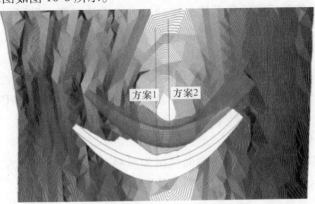

图 10-8　某一级水电站拱坝中心线布置方案比选

项目比选阶段方案可视化也能够使项目参建者迅速把握关键项目控制点，确定施工重难点,分析资源配置合理性,为后续的施工组织设计优化调整提供决策支持。

(二)水利工程的场布应用技术

当前水利施工企业应用 BIM 技术主要体现在投标、施工、竣工结算三大阶段。投标阶段中,BIM 价值点主要体现为清单核量、不平衡报价、视觉展示辅助投标、BIM 技术标的应用等;施工阶段包括图纸问题净高检查、施工场地布置、材料管理、成本管理、质量安全协同管理等;竣工结算中,BIM 则可以进行结算配合,减少漏算、竣工资料档案管理等。各阶段的 BIM 技术应用时有交叉。BIM 可以简单地形容为模型+信息,通过正确的方法从模型中不同角度提取对应的信息,即形成了 BIM 技术的各个应用点。

1.总体规划

三维可视化是 BIM 技术最直观的特点。三维建模软件的强大地形处理功能,可帮助实现工程三维枢纽方案布置以及立体施工规划,结合 AIM 快速直观地建模和分析功能,则可轻松、快速帮助布设施工场地规划,有效传递设计意图,并进行多方案比选。

2.枢纽布置建模

枢纽布置、厂房机电等需由水工、机电、金属结构等专业按照相关规定建立基本模型与施工总布置进行联合布置。

1)基础开挖处理

结合建模工具建立的三角网数字地面模型,在坝基开挖中建立开挖设计曲面,可帮助生成准确施工图和工程量。

2)土建结构

水工专业利用 BIM 三维建模软件进行大坝及厂房三维体型建模,实现坝体参数化设计,协同施工组织实现总体方案布置。

3)机电及金属结构

机电及金属结构专业在土建 BIM 模型的基础上,利用 BIM 三维建模软件同时进行设计工作,完成各自专业的设计,在三维施工总布置中则可以起到细化应用的目的。

3.施工导流

导流建筑物如围堰、导流隧洞及闸阀设施等及相关布置由导截流专业按照规定进行三维建模设计,BIM 三维建模软件帮助建立准确的导流设计方案,AIM 利用 BIM 三维建模软件数据进行可视化布置设计,可实现数据关联与信息管理。

4.场内交通

在 BIM 三维建模软件强大的地形处理能力及道路、边坡等设计功能的支撑下,通过装配模型可快速动态生成道路挖填曲面,可准确计算道路工程量,通过 AIM 可进行概念化直观表达。

5.渣场与料场布置

在 BIM 三维建模软件中,以数字地面模型为参照,可快速实现渣场、料场三维设计,并准确计算工程量,且通过 AIM 实现直观表达及智能信息管理。

6.施工工厂

施工工厂模型包含场地模型和工厂三维模型,帮助参数化定义造型复杂施工机械设备,联合 BIM 三维建模软件可实现准确的施工设施部署,AIM 则帮助三维布置与信息表达。

7.营地布置

施工营地布置主要包含营地场地模型和营地建筑模型,其中营地建筑模型可进行二维规划,然后导入 AIM 进行三维信息化和可视化建模,可快速实现施工生产区、生活区等的布置,有效传递设计意图。

8.施工总布置设计集成

BIM 信息化建模过程中将设计信息与设计文件进行同步关联,可实现整体设计模型的碰撞检查、综合校审、漫游浏览与动画输出。其中,AIM 将信息化与可视化进行完美整合,不仅提高了设计效率和设计质量,而且大大减少了不同专业之间协同和交流的成本。

9.施工总布置面貌

在进行施工总布置三维一体信息化设计中,通过 BIM 模型的信息化集成,可实现工程整体模型的全面信息化和可视化,而且通过 AIM 的漫游功能可从坝体到整个施工区,快速全面了解项目建设的整体和细部面貌,并可输出高清效果展示图片及漫游制作视频文件。

BIM 技术可应用到施工过程中的进度管理和现场管理等多方面。在进度管理方面,BIM 技术的可视化特性减少了进度计划编制人员翻阅图纸的工作量,提高了工作效率;在现场管理方面,项目人员可根据现场实际情况对模型进行深化调整,并将深化方案和工作量变化情况记录在冲突碰撞点清单上。在具体施工过程中,施工人员通过模型可更深层次地理解设计意图和施工方案要求,以模型指导施工,还可以减少施工中因信息传达错误而导致的各种不必要的问题,加快施工进度和提高施工质量,保证项目决策尽快执行。

BIM 技术的工程信息储存和共享特性可大幅提高竣工结算质量,极大地改善传统工程交底中出现的工作重复、效率低下、信息流失严重等问题。在 BIM 技术平台上,由于工程各参与方在项目全生命周期内可随时调用查看工程信息,如工期、合同、价格等,因此相关人员在进行结算资料的整理时,也可直接调取 BIM 数据库中保存的全部工程资料。这不仅极大地缩短了结算审查的前期准备工作时间,同时也提高了结算工作的效率和质量。

三、深化设计

(一)深化设计概述

深化设计是根据合同的技术规程、施工规范、施工图集,并参照材料、设备的实际尺寸对原设计图纸进行方案优化、系统复核、综合协调,使设计图纸的功能更完美、工艺更美观,可执行性更强,同时对设计图纸进行精确标注,以达到施工需要。

(二)BIM 深化设计类型

1.专业性深化设计

专业深化设计的内容一般包括:土建结构深化设计、钢结构深化设计、幕墙深化设计、电梯深化设计、机电各专业深化设计(暖通空调、给排水、消防、强电、弱电等)、冰蓄冷系统深化设计、机械停车库深化设计、精装修深化设计、景观绿化深化设计等。这种类型的深化设计应该在建设单位提供的专业 BIM 模型上进行。

2.综合性深化设计

对各专业深化设计初步成果进行集成、协调、修订与校核,并形成综合平面图、综合管线图。这种类型的深化设计着重与各专业图纸的协调。

(三)BIM 深化设计功能及应用案例

尽管不同类型的深化设计所需的 BIM 模型有所不同,但是从实际应用来讲,建设单位结合深化设计的类型,采用 BIM 技术进行深化设计应实现以下基本功能:

(1)能够反映深化设计特殊需求,包括进行深化设计复核、末端定位与预留,加强设计对施工的控制和指导。

(2)能够对施工工艺、进度、现场、施工重点、难点进行模拟。

(3)能够实现对施工过程的控制。

(4)能够由 BIM 模型自动计算工程量。

(5)实现深化设计各个层次的全程可视化交流。

(6)形成竣工模型,集成建筑设施、设备信息,为后期运营提供服务。

这种类型的深化设计着重与各专业图纸协调一致,应该在建设单位提供的总体 BIM 模型上进行。

例如在昆明院,设计人员将 BIM 应用到了水电工程的施工组织设计与规划中,特别是在黄登水电站施工总布置设计应用中,在 BIM 的支持下,实现了以施工总布置为基础的三维协同一体化设计,如图 10-9 所示。

图 10-9　黄登水电站深化设计效果图

建设单位应将 BIM 各阶段输出的模型、动画和信息等成果提供给承包单位,作为承包单位进行工程深化设计、施工模拟、方案优化、工程进度以及场地管理的参考。

总承包单位、机电主承包单位及各分包单位应在 BIM 基础上密切配合,完成和实现 BIM 模型的各项功能,确保深化设计内容真实反映到 BIM 模型内,并积极利用 BIM 技术手段指导施工管理。

总承包单位应统筹全专业包括建筑结构机电综合图纸,并按要求提供 BIM 所需的各类信息和原始数据,建立本工程所有专业的 BIM 模型。

四、仿真模拟

(一)仿真模拟概述

施工仿真即通过直观的三维模型动画并结合相关的施工组织,来指导复杂的施工过程。与二维图纸的施工组织设计相比,BIM 技术的三维模型和动画漫游施工仿真具有其无法比拟的优势,基于 BIM 技术从根本上解决了施工中可能遇到的碰撞问题,实现了各专业及构件的协调,减少了不必要的损失。

施工仿真模拟更容易提前发现问题,节省造价,减少工期。同时,施工人员能够更清楚、更透彻地掌握施工的流程,有效避免了传统技术交底模式中可能出现的信息沟通不畅等问题。BIM 技术的模型可以直接导出详细的工程量统计表,方便后期进度计划及工程造价工作的进行。全面提升了建筑施工阶段的效率、质量,有效降低了工程造价和施工风险。

(二)仿真模拟在水利工程的应用

BIM 在水工建筑物的仿真设计中,首先是建立水利工程的可视化工程模型。水利工程的 BIM 三维建模主要包括以下几个方面:大坝总体结构的建模,坝体与厂房细节结构建模,水利机电设备的建模。在水利工程结构设计与施工组织设计中,3D 建模都十分重要。

在 BIM 中的主要用途有以下三个方面:

其一,将 2D 工程数据转化为 3D 可视化模型,便于工程人员与施工管理人员消化熟悉工程的具体结构与布置。

其二,可赋予 3D 模型材料属性与边界条件后,用于工程力学仿真分析。

其三,为后续的地形仿真、施工布置、施工进度仿真、施工动画模拟提供实体模型。

1.BIM 技术在水利工程施工方案布置中的仿真应用

BIM 系统一般还配置有 AIM 软件,可用于在虚拟环境中快速布置建筑、设备、地形等模型。可以将以上几个模块建立的模型快速导入其中进行虚拟布置,其中由 Revit 模块建立不同时段的施工混凝土结构模型,也可以进行时序化布置,以进行工程各阶段的施工展示,在应用 AIM 模块进行施工方案快速布置展示时,应注意不同施工场景文件的分类与时序化管理。BIM 的 4D 施工管理除 3D 外的第 4 个参数就是时间,对于施工进度的体现,是 BIM 的一个非常重要的特色功能,因此时序化在 AIM 设计中要认真处理。

2.BIM 技术在水利工程导流三维动态中的可视化仿真应用

水利水电工程在对导流进行设计和管理的施工过程中,一般需要使用大量的数据和图形信息。譬如水坝地区的水文、地形、地貌、地质资料和枢纽设计、施工场地布置和施工导流方案设计等各式各样的数据和图纸。如何对这些错综复杂、数量繁多的信息进行高效、快速地取用、管理,是提高设计效率和施工管理水平的关键。施工导流的方案设计作为施工组织设计的重要环节,它的设计过程极其复杂,并且设计出来的导流方案没办法做出实际的、直观的比较。所以,在水利水电工程导流设计中,实现 BIM 水利水电工程施工过程可视化仿真技术可以形象直观地表达出导流设计的实际效果,有着重大的现实意义。

3.BIM 技术在混凝土坝施工中的动态仿真应用

由于需要注意施工现场温度、应力、浇筑机械设备布置和浇筑能力等因素的作用,在对混凝土坝进行施工时,需要根据施工现场温度、应力、浇筑机械设备布置和浇筑能力将混凝土坝按照一定原则进行分缝分块浇筑。混凝土坝浇筑的数量大,通常需要浇筑成千上万块混凝土,并且由于混凝土坝浇筑的施工约束条件过于复杂,就造成在人工安排浇筑顺序和进度上难度较高。现在通常在一般水利水电工程中使用的是凭经验类比的方法,按照每月升高的浇筑层数和混凝土浇筑强度的指标来作为施工计划的参照指标。但是,这种方法没有系统的定量技术分析,在施工过程中无法准确判断施工各阶段进度和混凝土坝升高过程是否能达到大坝施工的要求。

由于计算机和系统仿真技术的出现,特别是系统仿真技术的不断发展,可以实现在计算机上将混凝土上坝施工的动态过程真实地模拟出来。通过对不同混凝土施工方案进行模拟,观察产生的施工动态过程,然后根据不同施工方案下混凝土施工进程的模拟的各项定量指标进行预测,制订出科学合理的施工进度计划。通过在计算机系统上输入各种可影响浇筑施工的变量,建立一个混凝土坝的施工系统模型,在这个模型的基础上建立一个可模拟水利水电工程的仿真计算软件。然后使用软件对水利水电工程进行模拟建设,通过输入可实行的机械配套方案和相应的施工技术参数,可以计算出机械配套的数量最优比、机械的最优利用率、每月的混凝土浇筑强度,并且还能获取对应的施工方案下对大坝进行浇筑施工的详细规划进度表。

4.BIM 技术在水利施工结构仿真中的应用

BIM 中还集成了建筑施工结构工艺仿真模块,主要包括建筑结构配筋、施工设备建模、施工布置等。BIM 软件可以赋予三维模型多种建筑材料特性,比如结构钢、现浇混凝土、预制混凝土、砖砌等多个种类。进行混凝土结构配筋设计时,可以直接利用现有三维模型,选取不同类型的配筋形式转化成施工配筋模型,供后续施工进度模拟。另外,还可以建立施工设备模型,并且进行布置,使用 BIM 建模软件进行结构工程的设计计算时,在强度设计方面,应该注意材料特性设置以及载荷的定义,如图 10-10 所示。

图 10-10　BIM 工艺模拟仿真技术

综上所述,通过对 BIM 技术的发展分析,了解其模块化结构的构成,然后具体探讨在水利工程结构、结构布置、三维动态中的应用,期望 BIM 技术在水利工程施工设计中得到推广,以提高水利工程的经济效益。

附表　水利工程常用标准、规程、规范目录

序号	标准名称	编号
1	地下工程防水技术规范	GB 50108
2	地下防水工程质量验收规范	GB 50208
3	低热微膨胀水泥	GB 2938
4	防洪标准	GB 50201
5	钢管混凝土工程施工质量验收规范	GB 50628
6	钢结构工程施工质量验收规范	GB 50205
7	钢结构现场检测技术标准	GB/T 50621
8	给水排水构筑物工程施工及验收规范	GB 50141
9	给水排水管道工程施工及验收规范	GB 50268
10	工程测量规范	GB 50026
11	工程岩体试验方法标准	GB/T 50266
12	工程岩体分级标准	GB 50218
13	通用硅酸盐水泥	GB 175
14	混凝土结构工程施工质量验收规范	GB 50204
15	混凝土强度检验评定标准	GB/T 50107
16	混凝土外加剂应用技术规范	GB 50119
17	混凝土质量控制标准	GB 50164
18	机械设备安装工程施工及验收通用规范	GB 50231
19	建设边坡工程技术规范	GB 50330
20	建筑地基基础工程施工质量验收标准	GB 50202
21	建筑地面工程施工质量验收规范	GB 50209
22	建筑电气工程施工质量验收规范	GB 50303
23	建筑电气照明装置施工与验收规范	GB 50617
24	电梯工程施工质量验收规范	GB 50310
25	建筑防腐蚀工程施工及验收规范	GB 50212
26	建筑给水排水及采暖工程施工质量验收规范	GB 50242
27	建筑工程施工质量评价标准	GB/T 50375

续附表

序号	标准名称	编号
28	沥青路面施工及验收规范	GB 50092
29	铝合金结构工程施工质量验收规范	GB 50576
30	锚杆喷射混凝土支护技术规范	GB 50086
31	建筑节能工程施工质量验收规范	GB 50411
32	水轮发电机组安装技术规范	GB/T 8564
33	建筑物防雷工程施工与质量验收规范	GB 50601
34	通风与空调工程施工质量验收规范	GB 50243
35	建筑装饰装修工程质量验收标准	GB 50210
36	节水灌溉工程技术规范	GB/T 50363
37	水利工程工程量清单计价规范	GB 50501
38	碗扣式钢管脚手架构件	GB 24911
39	屋面工程技术规范	GB 50345
40	屋面工程质量验收规范	GB 50207
41	土工合成材料应用技术规范	GB/T 50290
42	土工试验方法标准	GB/T 50123
43	水土保持综合治理技术规范 沟壑治理技术	GB/T 16453.3
44	水土保持综合治理技术规范 荒地治理技术	GB/T 16453.2
45	水土保持综合治理技术规范 坡耕地治理技术	GB/T 16453.1
46	起重设备安装工程施工及验收规范	GB 50278
47	砌体结构工程施工质量验收规范	GB 50203
48	水利水电工程钢闸门制造、安装及验收规范	GB/T 14173
49	安全防范工程技术标准	GB 50348
50	泵站设备安装及验收规范	SL 317
51	泵站技术改造规程	SL 254
52	泵站施工规范	SL 234
53	大坝安全自动监测系统设备基本技术条件	SL 268
54	大型灌区技术改造规程	SL 418
55	堤防工程施工规范	SL 260
56	混凝土面板堆石坝施工规范	SL 49
57	灌溉与排水渠系建筑物设计规范	SL 482
58	地面灌溉工程技术管理规范	SL 558

续附表

序号	标准名称	编号
59	节水灌溉设备现场验收规程	SL 372
60	聚乙烯(PE)土工膜防渗工程技术规范	SL /T 231
61	农田排水工程技术规范	SL 4
62	渠道防渗工程技术规范	SL 18
63	砂石料试验筛检验方法	SL 126
64	疏浚工程施工技术规范	SL 17
65	水工(常规)模型试验规程	SL 155
66	水工混凝土施工规范	SL 677
67	水工混凝土试验规程	SL 352
68	水工建筑物地下开挖工程施工技术规范	SL 378
69	水工建筑物滑动模板施工技术规范	SL 32
70	水工建筑物抗震试验规程	SL 539
71	水工建筑物强震动安全监测技术规范	SL 486
72	水工建筑物水泥灌浆施工技术规范	SL 62
73	水工建筑物岩石基础开挖工程施工技术规范	SL 47
74	水工金属结构防腐蚀规范	SL 105
75	水工金属结构焊接通用技术条件	SL 36
76	水工金属结构术语	SL 543
77	水工金属结构制造安装质量检验通则	SL 638
78	水工碾压混凝土施工规范	SL 53
79	水工预应力锚固施工规范	SL 46
80	水利工程水利计算规范	SL 104
81	水利工程压力钢管制造安装及验收规范	SL 432
82	水利技术标准编写规定	SL 1
83	水利水电工程等级划分及洪水标准	SL 252
84	水利水电单元工程施工质量验收评定标准 土石方工程	SL /T 631
85	水利水电工程单元工程施工质量验收评定标准 混凝土工程	SL 632
86	水利水电单元工程施工质量验收评定标准 地基处理与基础工程	SL 633
87	水利水电单元工程施工质量验收评定标准 堤防工程	SL 634
88	水利水电单元工程施工质量验收评定标准 水工金属结构工程	SL 635
89	水利水电工程单元工程施工质量验收评定标准 水轮发电机组安装工程	SL 636

续附表

序号	标准名称	编号
90	水利水电单元工程施工质量验收评定标准 水利机械辅助设备系统安装工程	SL 637
91	水利水电工程单元工程施工质量验收评定标准 发电电气设备安装工程	SL 638
92	水利水电工程单元工程施工质量验收评定标准 升压变电电气设备安装工程	SL 639
93	水利水电工程混凝土防渗墙施工技术规范	SL 174
94	水利水电工程技术术语	SL 26
95	水利水电工程金属结构与机电设备安装安全技术规程	SL 400
96	水利水电工程锚喷支护技术规范	SL 377
97	水利水电工程启闭机制造安装及验收规范	SL 381
98	水利水电工程施工测量规范	SL 52
99	水利水电工程施工通用安全技术规程	SL 398
100	水利水电工程施工质量评定规程	SL 176
101	水利水电工程施工组织设计规范	SL 303
102	水利水电工程施工作业人员安全操作规程	SL 401
103	水利水电工程施工安全管理导则	SL 721
104	水利水电建设工程验收规程	SL 223
105	水利水电工程土工合成材料应用技术规范	SL /T 225
106	水利水电工程岩石试验规程	SL 264
107	水利水电工程注水试验规程	SL 345
108	水利水电工程钻孔抽水试验规程	SL 320
109	水利水电工程钻孔压水试验规程	SL 31
110	水利水电工程钻探规程	SL 291
111	水利水电建设工程验收规程	SL 223
112	水利水电起重机械安全规程	SL 425
113	水利系统通信工程验收规程	SL 439
114	土工合成材料测试规程	SL 235
115	水土保持工程质量评定规程	SL 336
116	水土保持监测技术规程	SL 277
117	水土保持试验规程	SL 419

续附表

序号	标准名称	编号
118	水文基础设施建设及技术装备标准	SL 276
119	水文缆道测验规范	SL 443
120	水文自动测报系统技术规范	SL 61
121	水闸施工规范	SL 27
122	土工试验规程	SL 237
123	小型水电站技术改造规程	SL 193
124	小型水电站建设工程验收规程	SL 168
125	小型水电站施工技术规范	SL 172
126	岩溶地区水土流失综合治理技术标准	SL 461
127	转子式流速仪	JJG（水利）001
128	高压旋喷注浆技术规程	YBJ 43
129	碾压式土石坝施工规范	DL/T 5129
130	浮子式水位计	JJG（水利）002
131	钢筋焊接及验收规程	JGJ 18
132	钢筋焊接接头试验方法标准	JGJ/T 27
133	高层建筑混凝土结构技术规程	JGJ 3
134	回弹法检测混凝土抗压强度技术规程	JGJ/T 23
135	混凝土用水标准	JGJ 63
136	混凝土泵送施工技术规程	JGJ/T 10
137	公共建筑节能检测标准	JGJ/T 177
138	建筑基桩检测技术规范	JGJ 106
139	建设工程大模板技术标准	JGJ 74
140	建筑拆除工程安全技术规范	JGJ 147
141	建筑地基处理技术规范	JGJ 79
142	建筑桩基技术规范	JGJ 94
143	建筑涂饰工程施工及验收规程	JGJ/T 29
144	建筑基坑支护技术规程	JGJ1 20
145	普通混凝土配合比设计规程	JGJ 55
146	疏浚工程土石方计量标准	JTJ/T 321

参 考 文 献

[1] 陈再平.水利水电工程基础(水利水电工程技术专业)[M].北京:中国水利水电出版社,2003.

[2] 孙文怀.水利水电工程地质[M].北京:中央广播电视大学出版社,2007.

[3] 唐涛.水利水电工程管理与实务[M].北京:中国建筑工业出版社,2004.

[4] 胡敏辉,黄宏亮,武桂芝.水工建筑材料[M].武汉:华中科技大学出版社,2013.

[5] 武汉水利电力学院施工教研室.水利工程施工机械[M].北京:中国工业出版社,1965.

[6] 华东水利学院.水工设计手册第3卷.结构计算[M].北京:水利电力出版社,1984.

[7] 王正中.水工钢结构[M].郑州:黄河水利出版社,2010.

[8] 金晓鸥.水利工程材料[M].北京:高等教育出版社,2008.

[9] 陈海迟,郝和平.水力学[M].北京:中国水利水电出版社,2008.

[10] 丁学所.工程力学基础[M].北京:高等教育出版社,2014.

[11] 李廉锟.结构力学[M].4版.北京:高等教育出版社,1979.

[12] 殷有泉,邓成光.材料力学[M].4版.北京:北京大学出版社,1992.

[13] 郑颖人.岩土力学与工程进展[M].重庆:重庆出版社,2003.

[14] 东南大学,同济大学,郑州大学.面向21世纪课程教材.普通高等教育土建学科专业"十五"规划教材 高校土木工程专业指导委员会规[M].北京:中国建筑工业出版社,2004.

[15] 过镇海.钢筋混凝土原理[M].北京:清华大学出版社,1999.

[16] 《建筑材料》课程建设团队.建筑材料[M].北京:中国水利水电出版社,2012.

[17] 中国疏浚协会,东北勘探设计院装备技术开发公司.水利疏浚及施工设备[M].长春:吉林科学技术出版社,2007.

[18] 黄河水利学校.水利工程施工[M].北京:水利电力出版社,1985.

[19] 陈意平,等.水利工程施工项目管理概论[M].太原:山西经济出版社,2003.

[20] 薛振清.水利工程项目施工组织与管理[M].北京:中国矿业大学出版社,2008.

[21] 田景熙.物联网概论[M].南京:东南大学出版社,2010.

[22] 瑞柱.水利工程BIM模型构建方法及应用[J].珠江水运,2019(9):70-71.

[23] 朱茜,包腾飞.BIM技术在拱坝工程中的应用研究[J].水利水电技术,2019,50(4):107-112.

[24] 耿祺.基于BIM的施工导流系统风险评价方法研究[D].武汉:武汉大学,2018.

[25] 王仁超,张海涛,刘严如.基于BIM的混凝土坝浇筑仿真智能建模方法研究[J].水电能源科学,2016,34(9):76-79,55.

[26] 姬忠凯.混凝土坝施工仿真智能建模方法研究[D].天津:天津大学,2014.

[27] 王建山.基于BIM技术的可视化水利工程设计仿真[J].治淮,2017(7):23-24.